PROCESS OF BASIC ARCHITECTURAL DESIGN

기 초 건 축 설 계 프 로 세 스

김기상 / 김인철 / 박종기 / 이선무

실측 사이즈 도면 제공

www.kuhminsa.co.kr (구민사 홈페이지-자료실)

구민사 Technology Computer

www.kuhminsa.co.kr

머리말

이 책은 건축설계 전공자를 위해, 기초 단계에 해당하는 내용을 위주로, 수작업에 의한 진행을 염두에 두고 구성되었습니다. 내용 면에서는 건축설계 진행에 필요한 기초적인 요소들을 살펴볼 수 있도록 했으며, 결과물을 정리하는 간단한 프로세스를 예시하여 학습 단계의 건축설계 진행시 전반적인 흐름을 미리 살펴볼 수 있도록 했습니다. 이 책에 실린 내용을 통해서 표현의 숙달 보다는 의도하는 바를 표현해내는 적절한 방법을 모색할 수 있었으면 합니다. 진행 면에서는 전공초기와 같이 CAD 등의 설계용 프로그램을 익숙하게 다룰 수 없는 상황을 고려하여 수작업을 위한 준비물에서부터 표현 및 작성법법 등을 익히고 적용해 볼 수 있도록 하였습니다. 실무에서도, 더 이상은 수작업에 의한 최종 결과물을 만들어 내지 않는 상황이지만 수작업에 의한 학습 효과와 활용가치는 아직 유효하다고 생각합니다. 구성 면에서는 많은 부가설명이 첨부될 수도 있겠지만 되도록 간략화했습니다. 이는 이 책에서 제시한 내용을 단지 하나의 예로 보고, 이해된 내용을 바탕으로 자신만의 방법을 만들어 가야 한다는 의도입니다.

이 책에 포함된 내용을 학습하는 동안 설계와 관련된 프로그램을 함께 학습한다면, 시너지 효과를 기대할 수 있을 것입니다. 글보다 말을 먼저 배우는 것이 당연한 것처럼 의사소통을 위한 기본적인 규칙을 충분히 익히는 것이 표현에 필요한 방법을 익혀 나갈 때에도 적절하고 효과적인 도움을 줄 수 있을 것입니다. 건축설계를 한다는 것이 어떤 것인지 떠올릴 때마다, 'ㅂ' 교수님께서 신입생들에게 해주시던 말씀이 떠오릅니다. 바로 '건축설계와 관련된 직업을 가진 사람들에게는 남다른 장점이 있다'고 하시던 말씀이었습니다.

찾아오는 사람들의 모습을 살펴보면, '어디가 불편하고 아플 때' 찾아오는 것도 아니고, '불행한 일로 남과 시시비비를 가려야 할 때' 찾아오는 것이 아니라, '기대에 부풀고, 꿈꾸는 바가 충만해 있어서 이를 꼭 실현하고 싶을 때' 찾아오게 되니, 어쩌면 '가장 행복한 사람들을 만날 기회가 많다는 것'이 바로 그 '장점'이라는 것이 었습니다. 부족하겠지만, 이 책이 건축설계를 진행하면서 경험하게 될 많은 부분 중에 아주 적은 부분이라도 알아볼 수 있게 하고, 그로 인해서 행복한 사람들을 만나러 가는 첫걸음에 조금이라도 부담을 덜어줄 수 있다면 좋겠습니다.

저자 일동

| CONTENTS |

05 CHAPTER 도면 작성 연습 - 3차원

06 CHAPTER 도면 작성 연습 - 기타

07 CHAPTER 모 형

08 CHAPTER 판 넬

09 CHAPTER 부 록

01 CHAPTER 진행 준비

1. 진행의 전제

| 01 | 대상

| 02 | 진행방식

2. 준비 도구

| 01 | 제도 용구의 종류 및 용도

1. 진행의 전제

01 대상

이 책은 건축설계 전공자 혹은 학습 희망자에게 기초적인 진행 절차의 한 예를 보여주고자 작성 되었습니다. 건축설계를 이끌어가는 다양한 방법 중 한 예를 학습하므로써 적용 가능한 기본 내용들을 습득하게 되고, 이를 바탕으로 다양한 방식의 접근 방법을 터득하게 되길 희망합니다.

02 진행방식

이 책은 수작업을 통한 진행 방식을 염두에 두고 작성되었습니다. CAD 등 설계지원 프로그램을 학습하기 전 단계에서 수작업을 통해 설계의 기본적인 내용들을 체득하는 것이 오히려 설계지원 프로그램의 빠른 숙지에도 유리하고, 보다 중요하게는 설계에 대한 기본적인 이해를 돕게 될 것이라는 믿음을 전제로 합니다.

2. 준비 도구

01 제도 용구의 종류 및 용도

구 분		용 도	구 분		용 도
	샤프, 샤프심	도면 작성용 필기구		운형자 / 자유곡선자	자유로운 형태의 곡선 작성
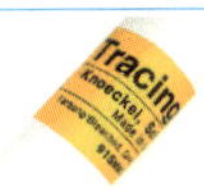	트레이싱지	제도용지, 계획용지		홀더 / 홀더심갈이	굵은 글자의 작성, 렌더링
	T 자	수평의 기준선 작도, 삼각자 등 기타 용구 보조	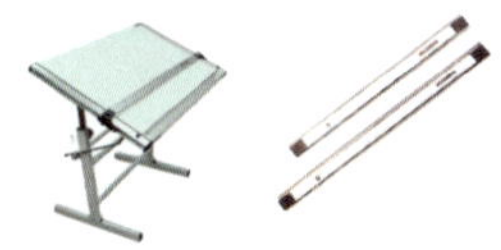	제도판 / I 자	I 자 : 임의 장소에 탈부착 가능한 평형자
	삼각자	수직선 및 사선 작성 (30˚, 45˚, 60˚)		ink pen	아트펜 : 다양한 선 굵기의 필기구(잉크 사용) 로트링펜 : 제도용 필기구(잉크 사용)
	각도자	수직선 및 사선 작성 (임의각도 가능)		쇠자	치수 측정 및 모형 제작시 절단 보조
	스케일	축척이 다른 요소들의 길이 측정		도면걸이	제도판, 책상 등에 부착하여 도면 등 걸이
	컴파스 / 디바이더	원, 호 작성 / 지정 치수 반복 작성		마스킹 / 매직테이프	제도용지의 정착 / 트레이싱지 보존
	지우개 / 지우개판	제도 내용의 수정		도면통 / 도면화일	제도용지 운반 및 보관
	빗자루	필기구 가루, 지우개 부스러기 처리	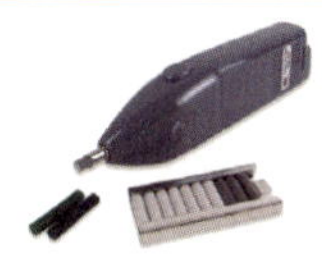	전동지우개	잉크형 필기구의 수정
	템플릿	지정 형태의 작성 (원향, 타원형, 각형, 가구 등)	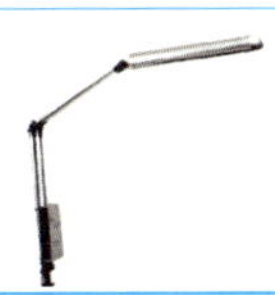	스탠드	제도판 조명

02 CHAPTER 표현 요소

1. 도면

2. 선

3. 축척

4. 글자

5. 기호

1. 도면

01 도면이란

(1) 의사 소통을 위해 우리가 사용하는 매개체에는 언어, 문자, 행동 등 다양한 종류들이 있을 수 있지만, 시간과 공간의 제약이 적은 것으로는 문자가 당연 앞선다고 할 수 있다. 오래된 문헌을 통해서도 필요한 정보를 습득할 수 있다는 것은 문자의 이런 특징에 기인한다고 할 수 있는 것이다.

(2) 건축 설계에 있어서는 도면이라는 매개체가 이런 '문자'에 해당한다고 할 수 있다. 결과물을 이끌어내기 위한 각종 정보를 집약해 높은 것이 바로 '도면'이기 때문이다. 도면에는 표현하고자 하는 내용에 따라 다양한 작성 방식이 있고, 각각 명칭도 달리한다. 도면의 종류별 특징을 이해하는 것은 곧 표현하고자 하는 바를 올바르게 표현하기 위해서 어떤 작성법을 사용해야 하는 지 알게 되는 것과 같다.

02 도면의 구분

1 도면의 구분 - 1

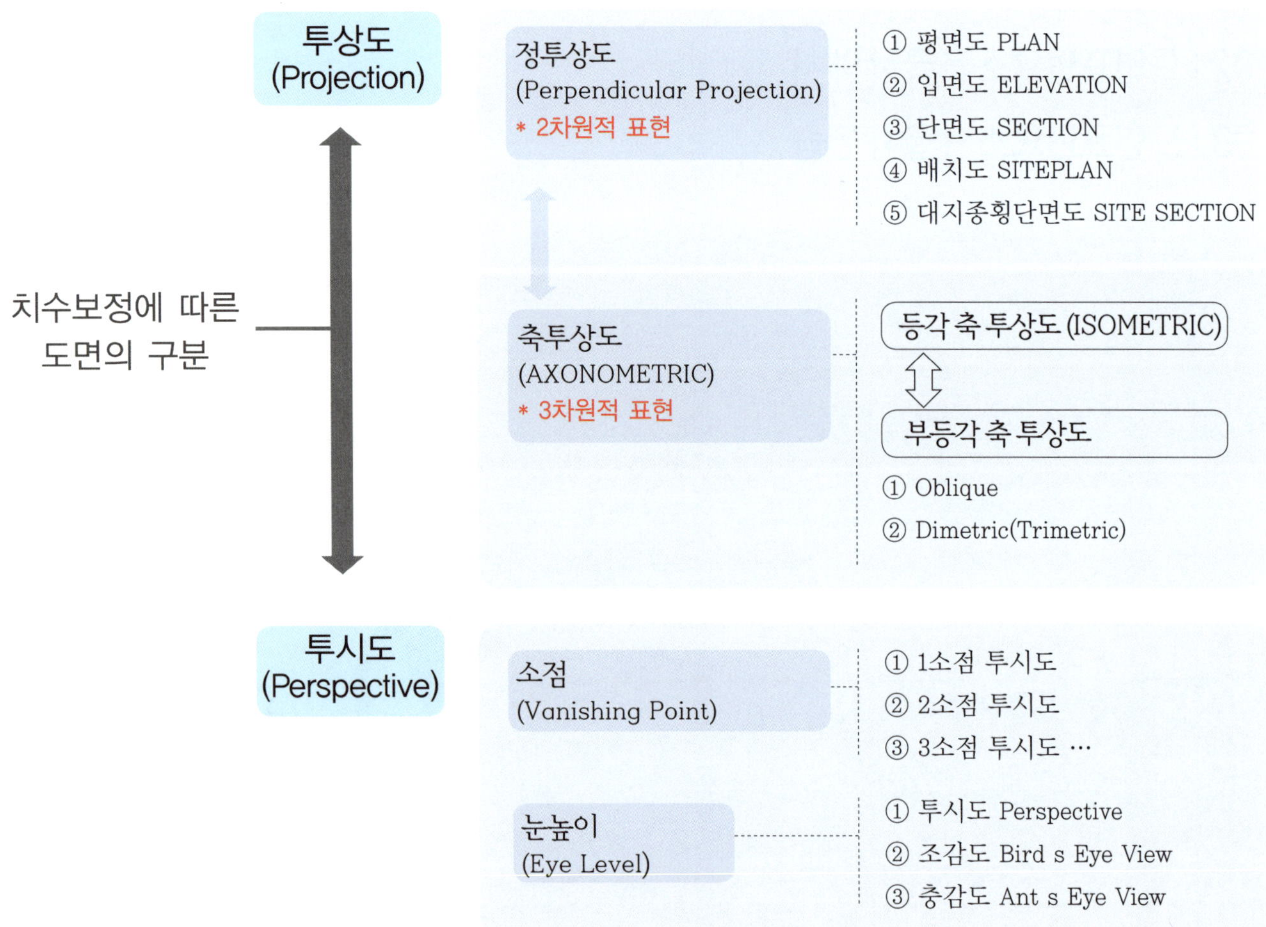

2 도면의 구분 - 2

(1) 정투상도 (Perpendicular Projection)

① 평면도 PLAN
② 입면도 ELEVATION
③ 단면도 SECTION
④ 배치도 SITEPLAN
⑤ 대지종횡단면도 SITE SECTION

(2) 축투상도 (AXONOMETRIC)

등각 축 투상도 (ISOMETRIC)

⬍

부등각 축 투상도

① Oblique
② Dimetric(Trimetric)

가. 등각 축 투상도 (ISOMETRIC)

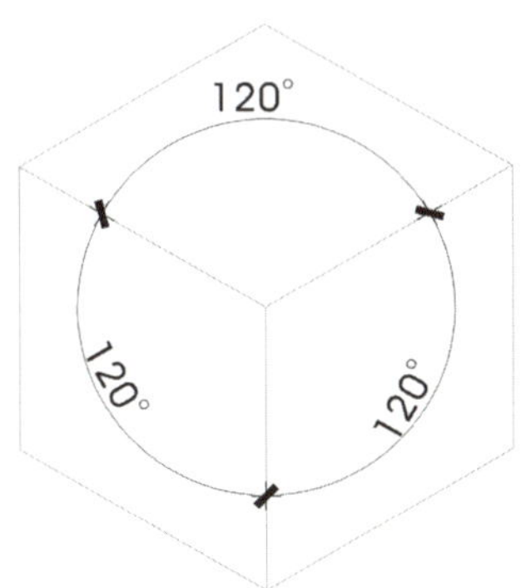

나. 부등각 축 투상도

㉠ 오블리크 Oblique

표현하고자 하는 입면을 정투상도로 고정 시키고, 전체적인 비례감을 위해 측면의 투상 길이를 보정하여 작성한다.

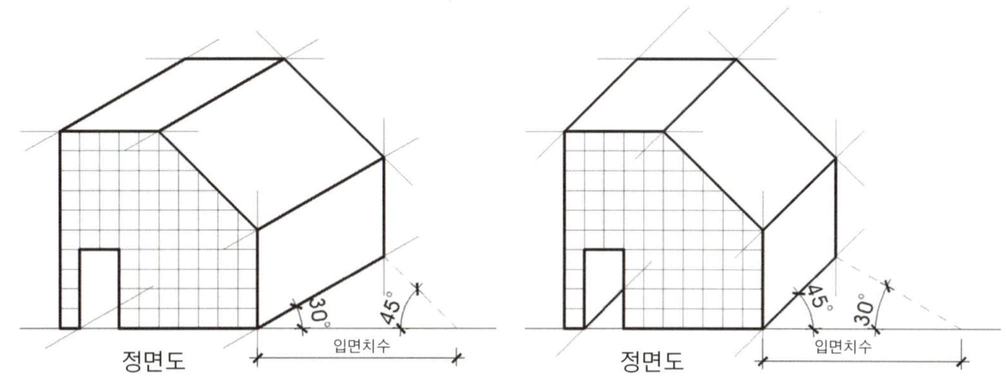

㉡ 디메트릭 Dimetric(Trimetric)

① 기준 평면을 수평선에 고정하고 수직으로 벽체를 작성
② 입면의 실제 치수를 지정 각도로 보정하여 해당 높이를 찾고 평면의 수직선과 연결하여 각각의 부분을 완성한다.

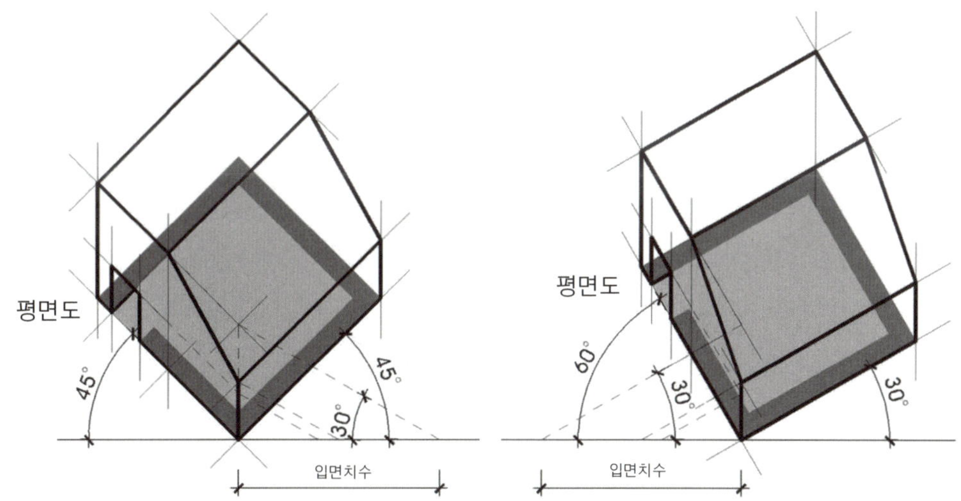

1. 도면

3 도면의 구분 - 3

■ 치수 보정에 따른 도면의 구분

축투상도 Axonometric

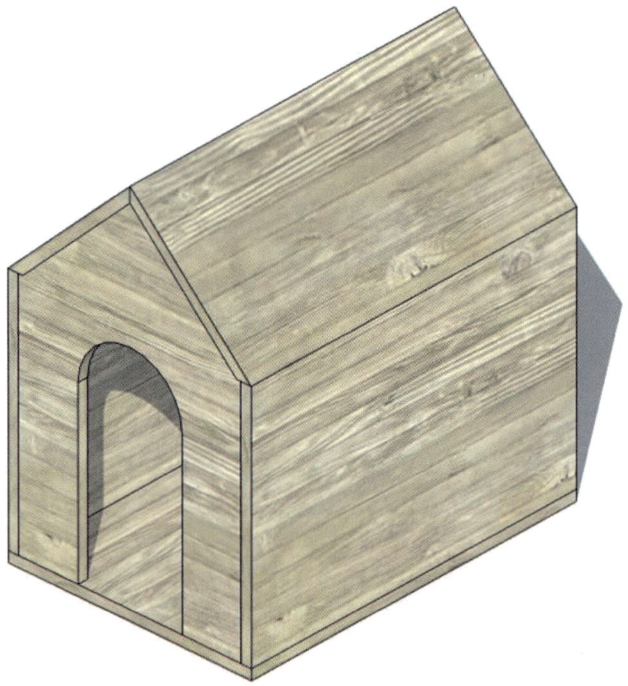

투시도 Perspective

4 도면의 구분 - 4

■ 소점에 따른 투시도의 구분

투시도 Perspective

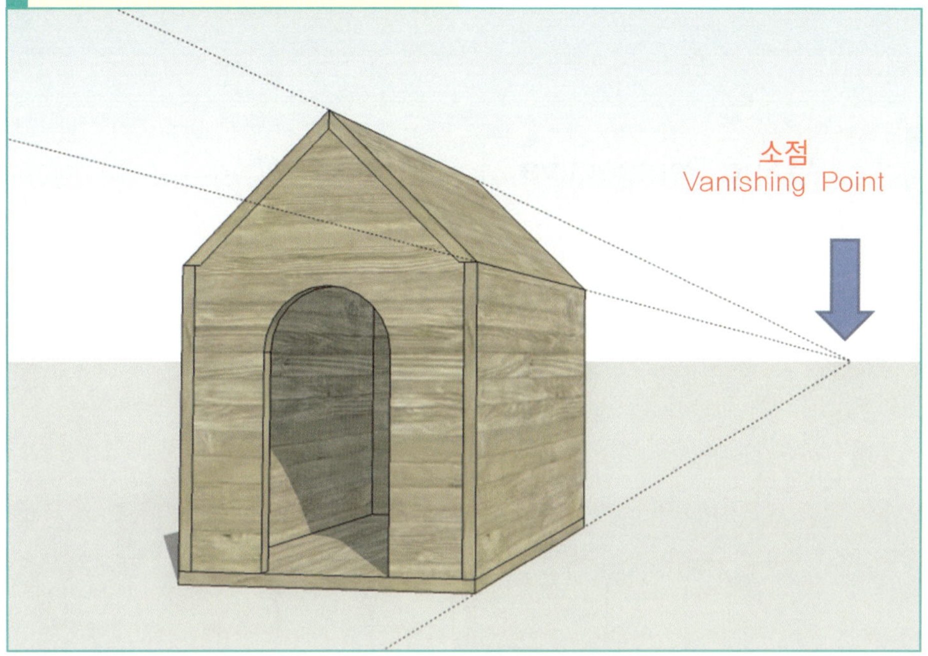

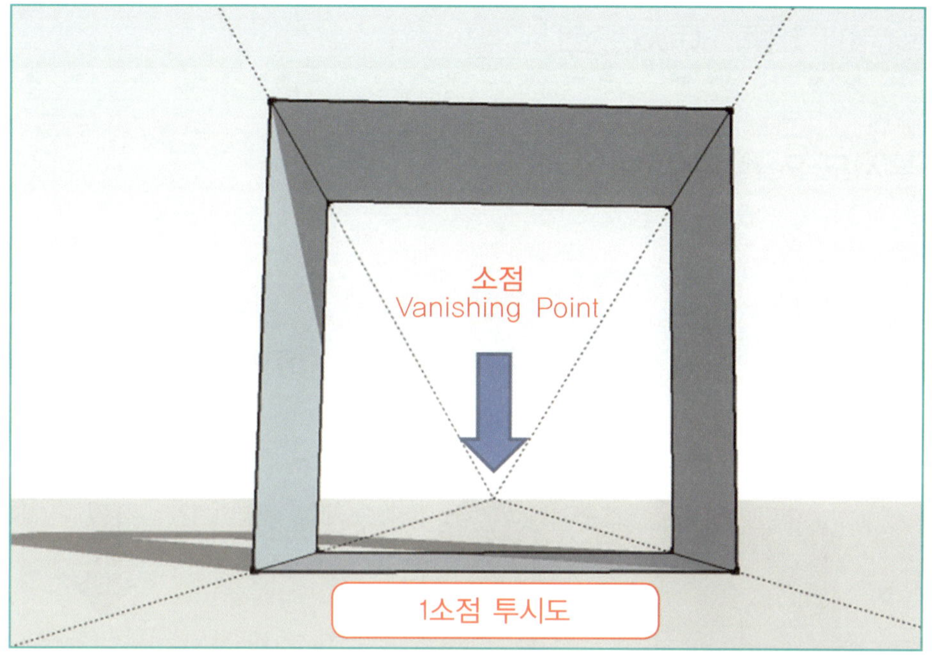

1소점 투시도

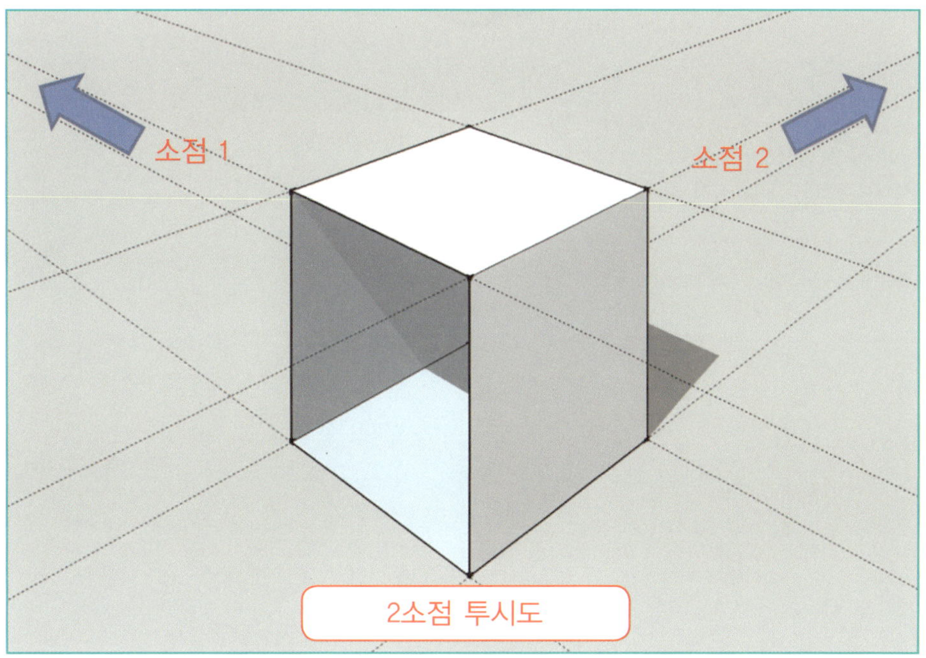

2소점 투시도

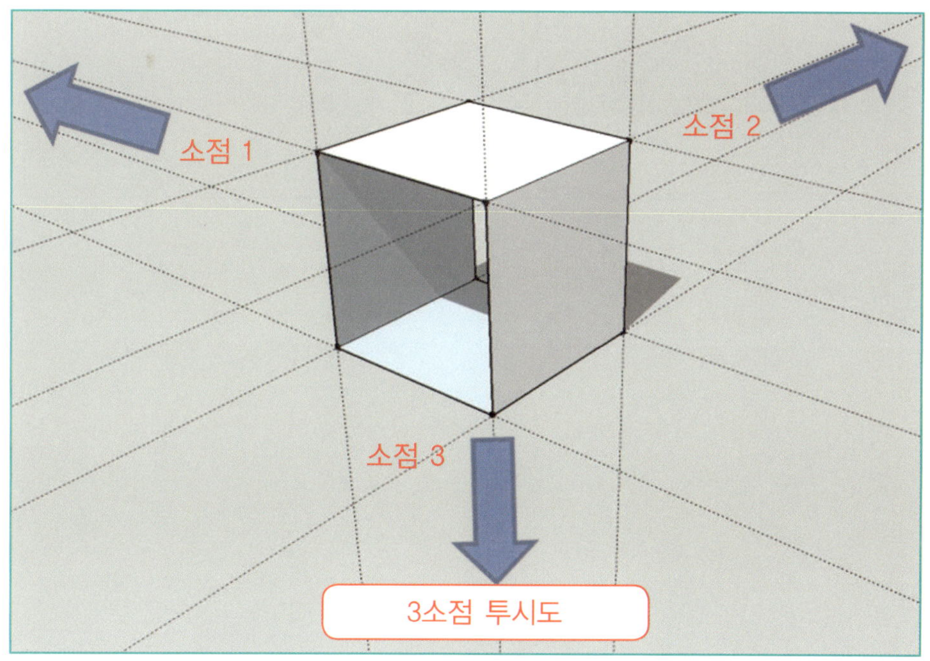

3소점 투시도

5 도면의 구분 - 5

■ 눈높이에 따른 투시도의 구분 – 1

투시도 Perspective

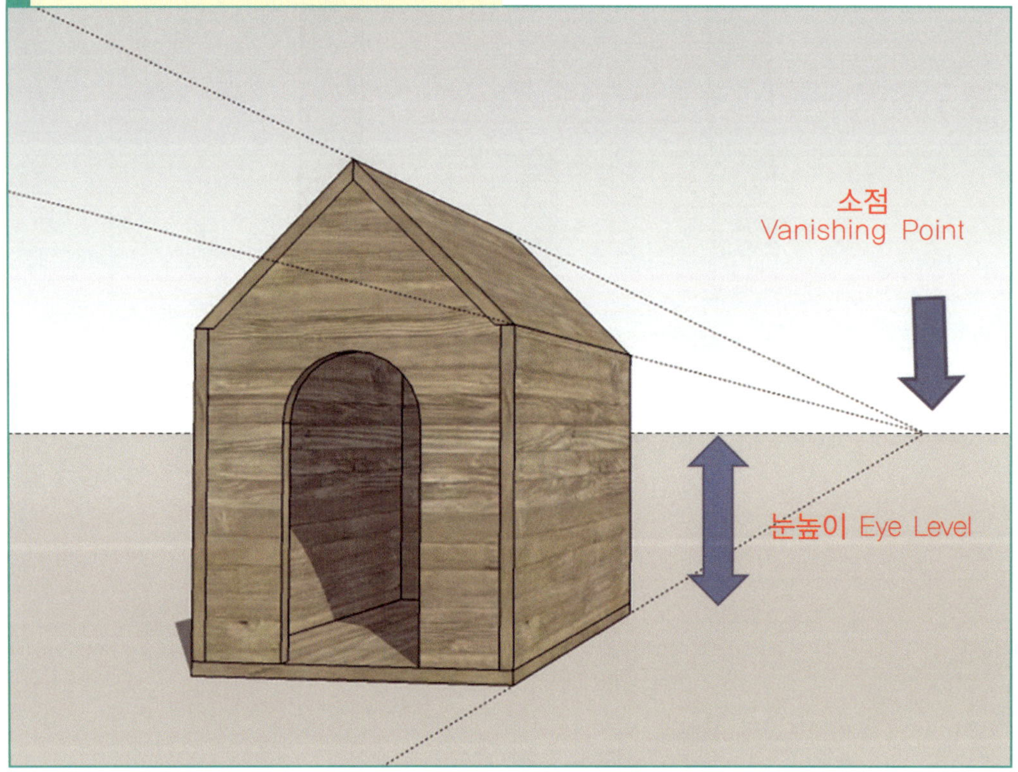

투시도 Perspective

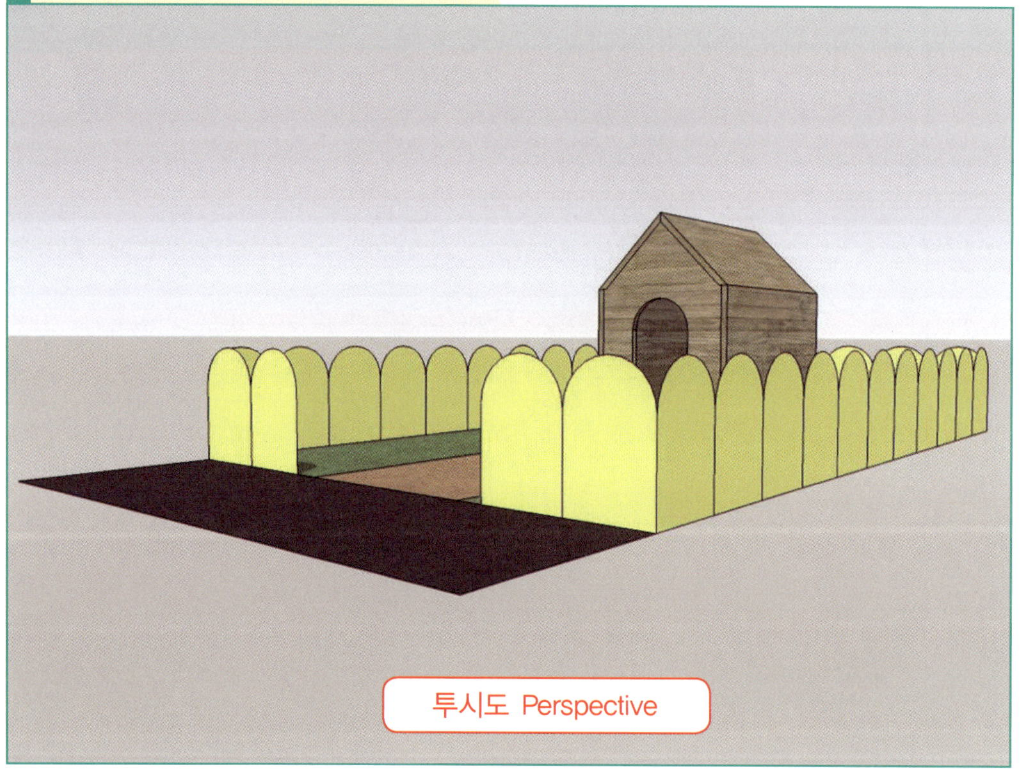

6 도면의 구분 - 6

■ 눈높이에 따른 투시도의 구분 - 2

조감도 Bird's Eye View

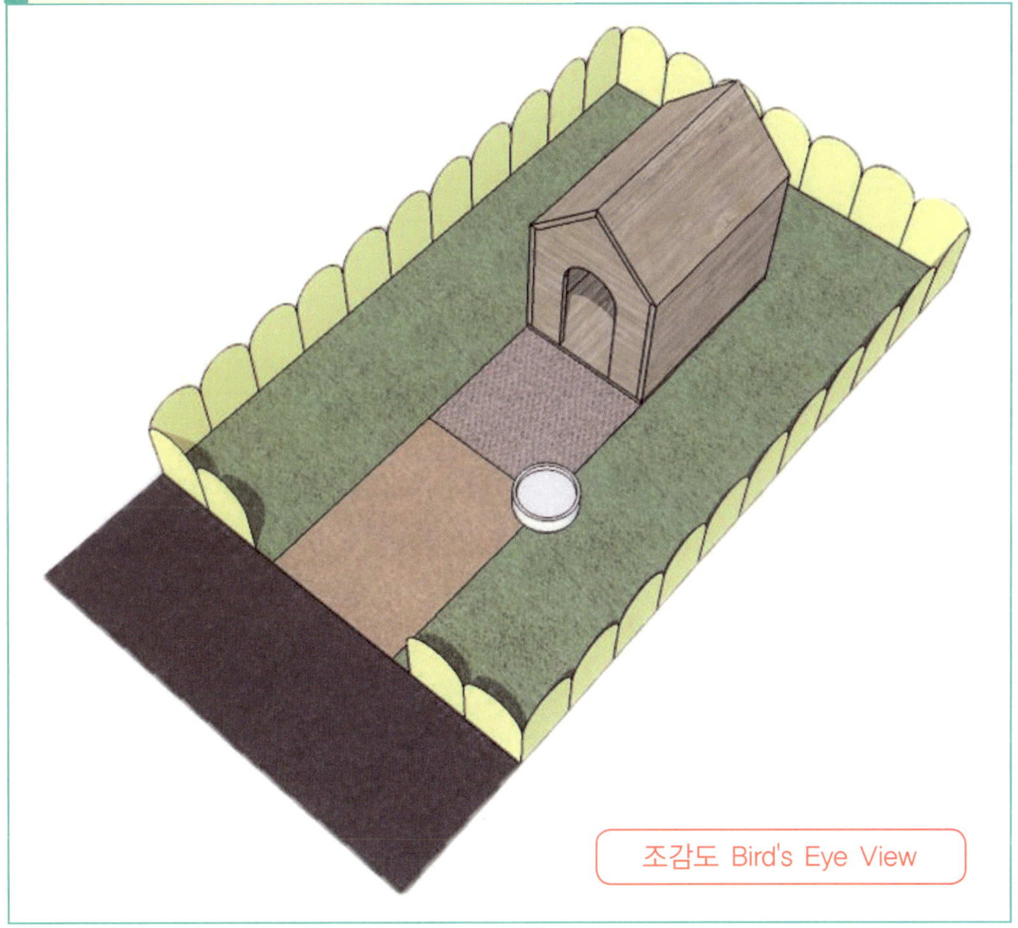

조감도 Bird's Eye View

충감도 Ant's Eye View

충감도 Ant's Eye View

03 도면 종류별 작성 개념(정투상도)

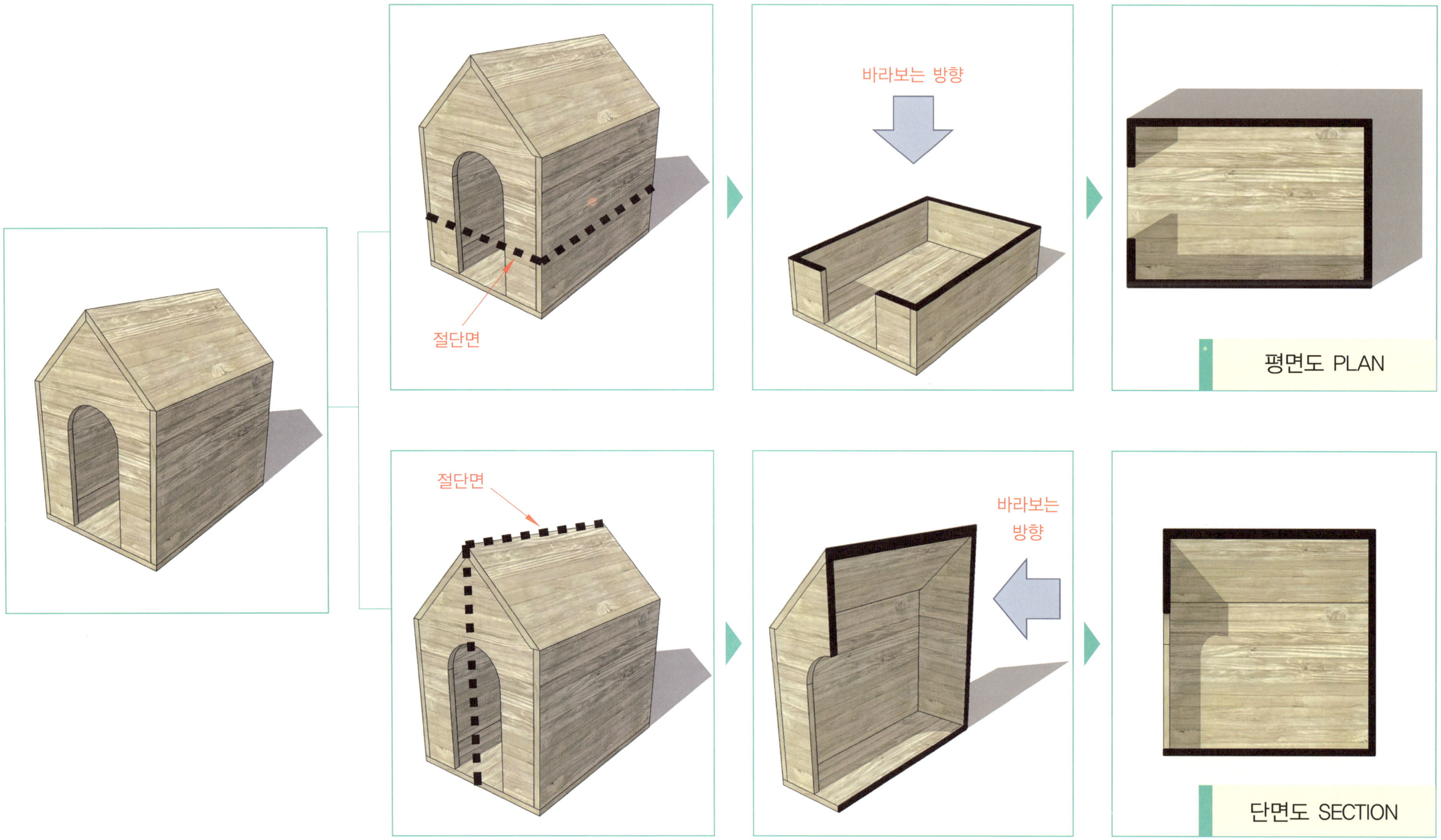

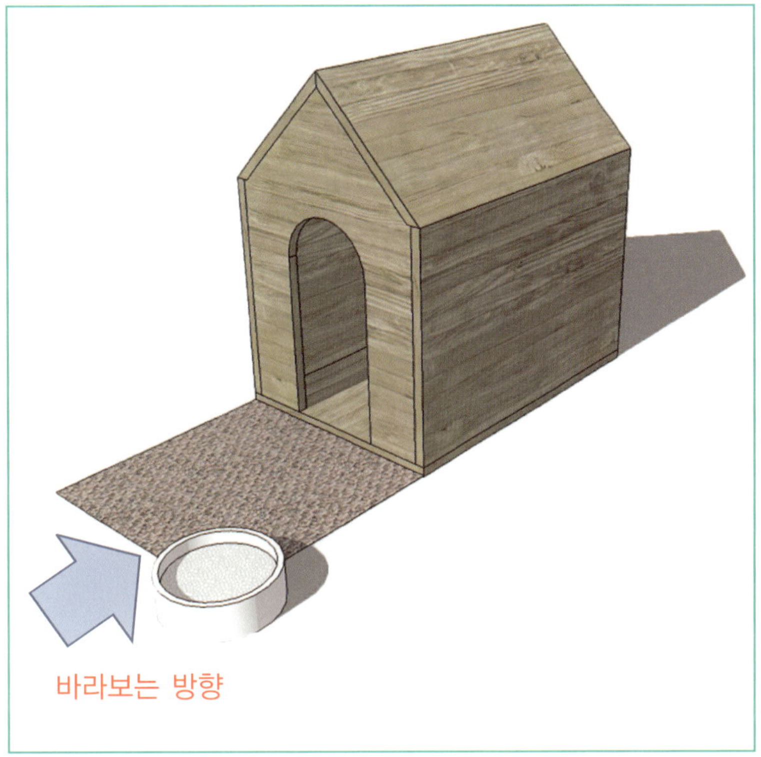

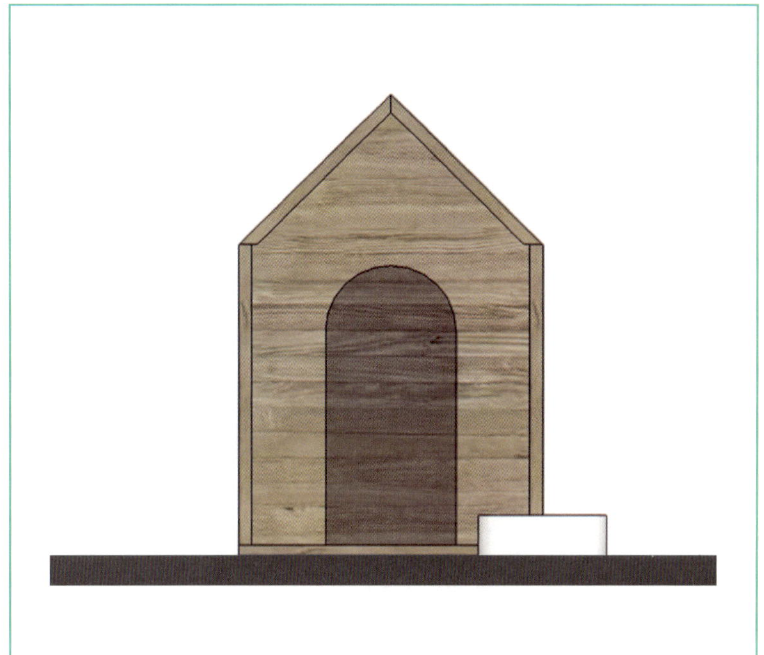

정면도 FRONT VIEW

좌측면도 LEFT VIEW

우측면도 RIGHT VIEW

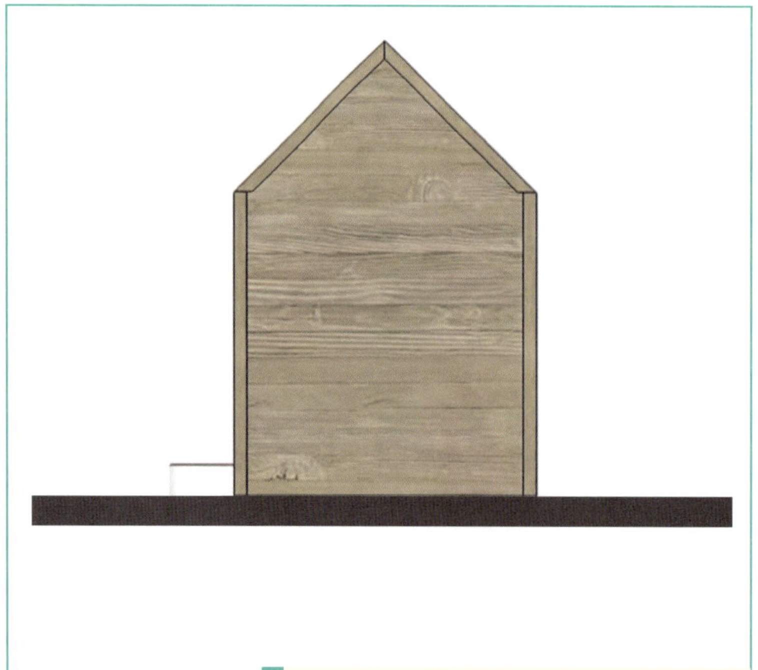

배면도 REAR VIEW

입면도 ELEVATION

정면도 FRONT VIEW

좌측면도 LEFT VIEW

우측면도 RIGHT VIEW

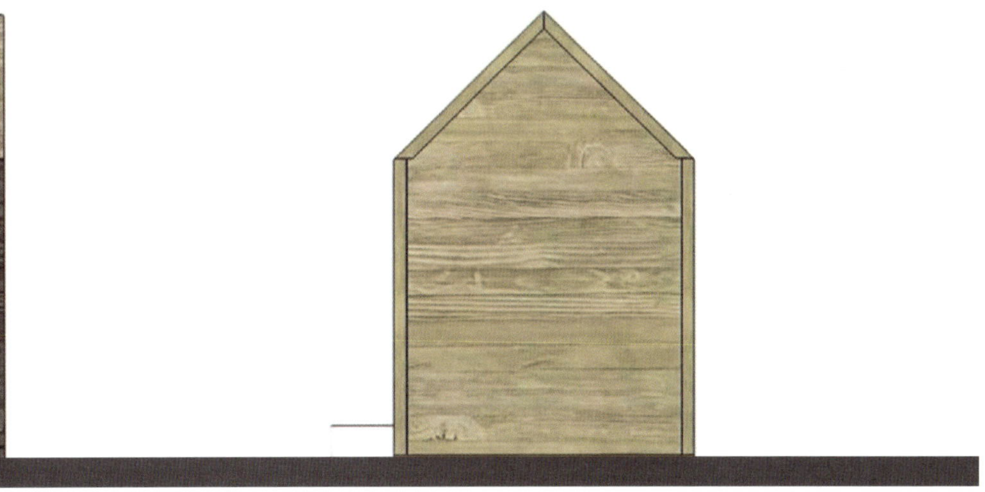

배면도 REAR VIEW

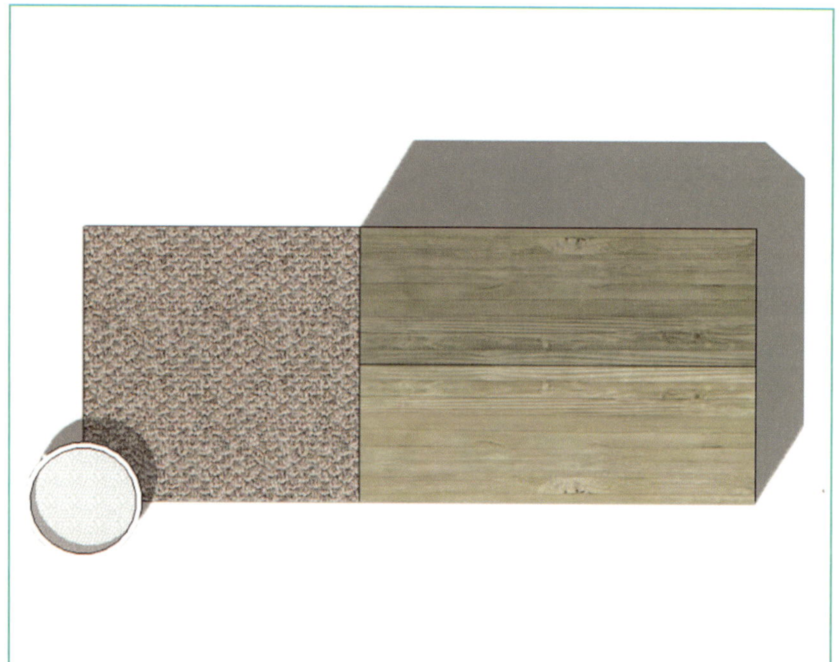

지붕평면도 ROOF PLAN

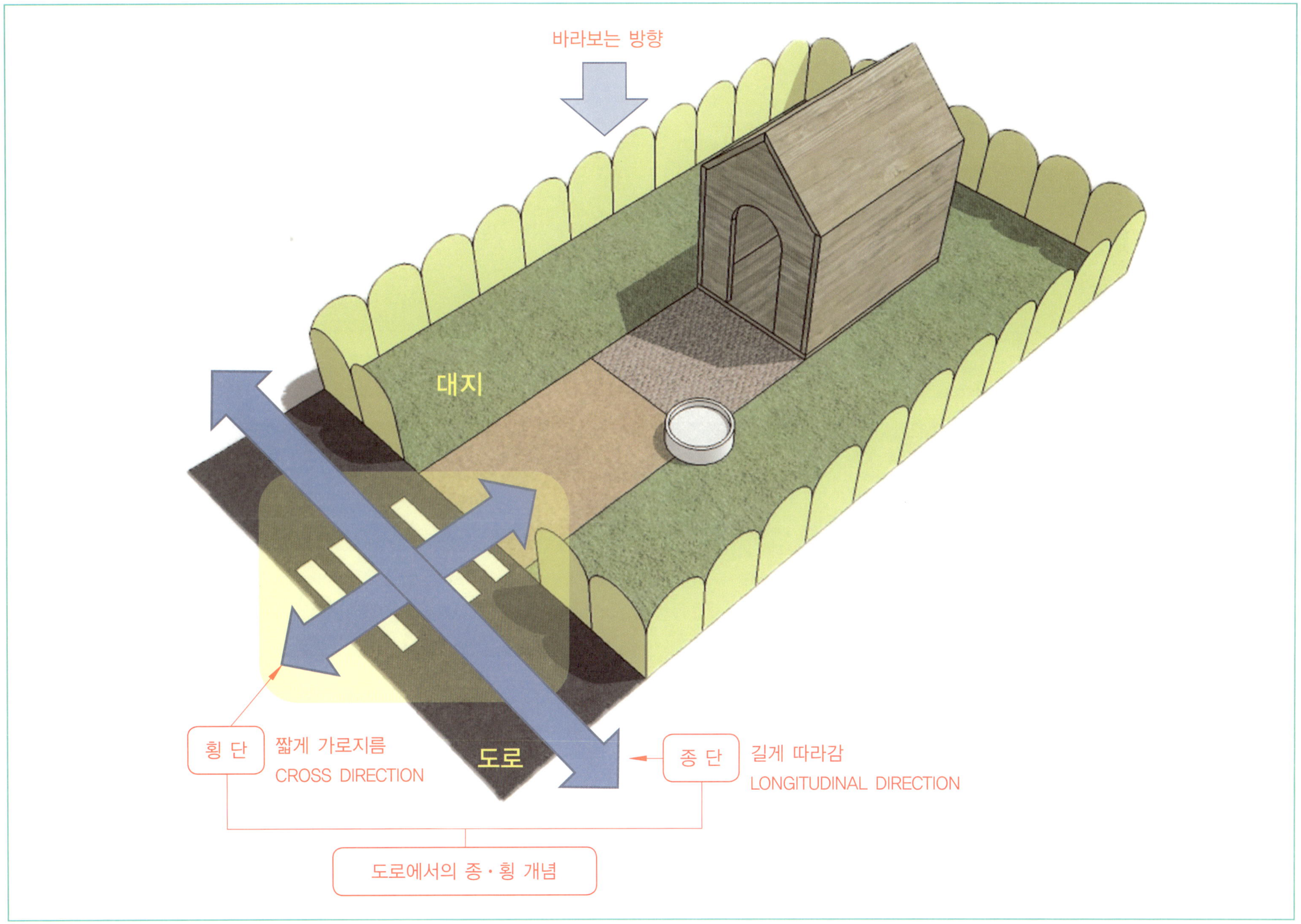
바라보는 방향
대지
도로
횡 단
짧게 가로지름
CROSS DIRECTION
종 단
길게 따라감
LONGITUDINAL DIRECTION
도로에서의 종·횡 개념

배치도 SITE PLAN

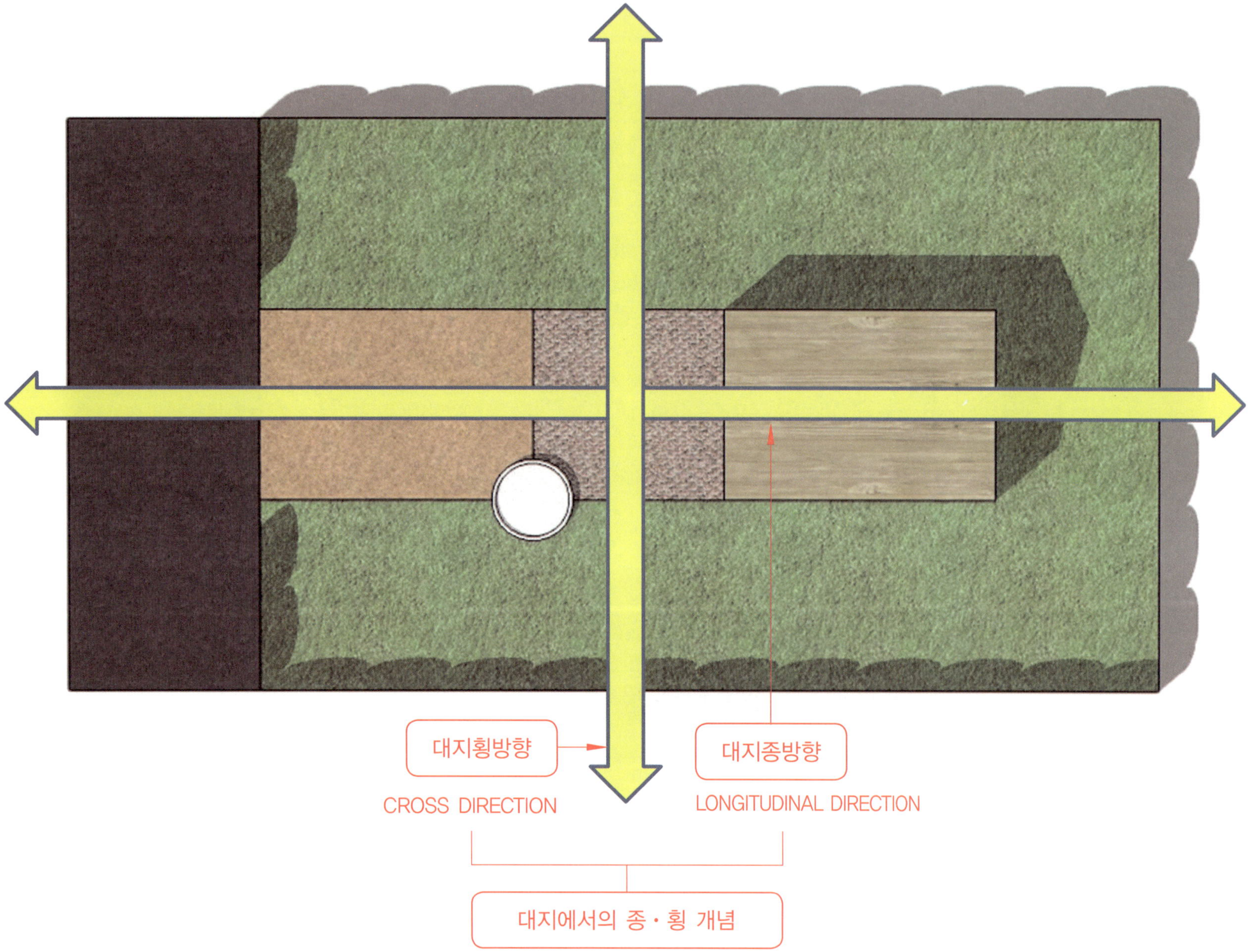

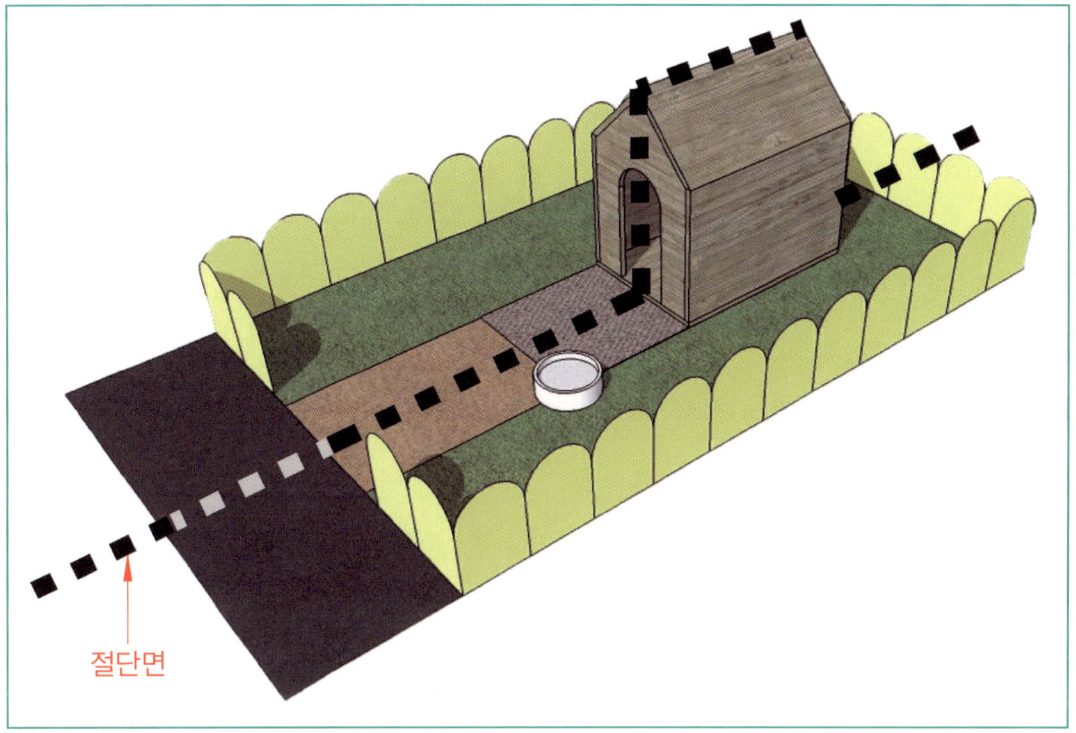

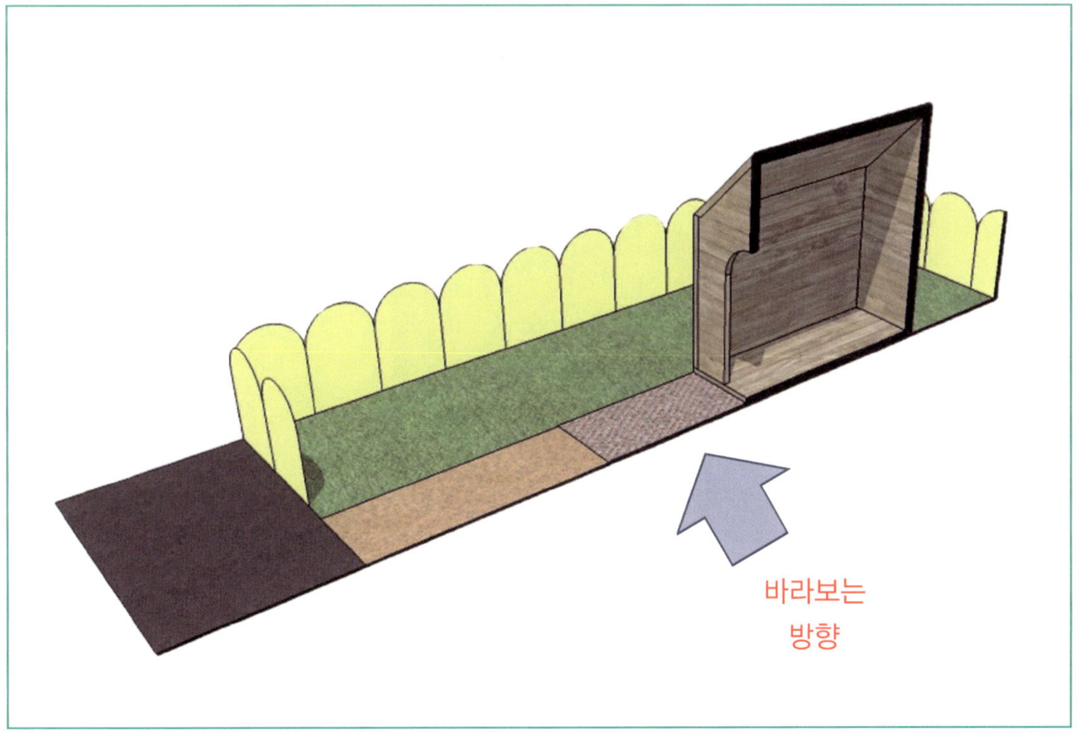

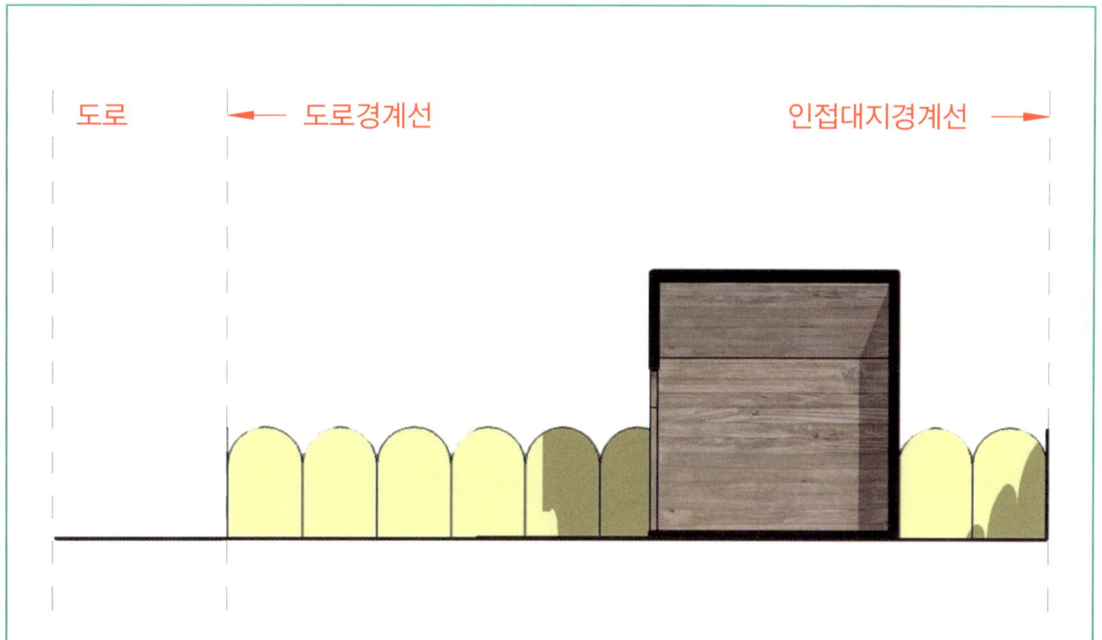

대지종단면도 SITE LONGITUDINAL SECTION

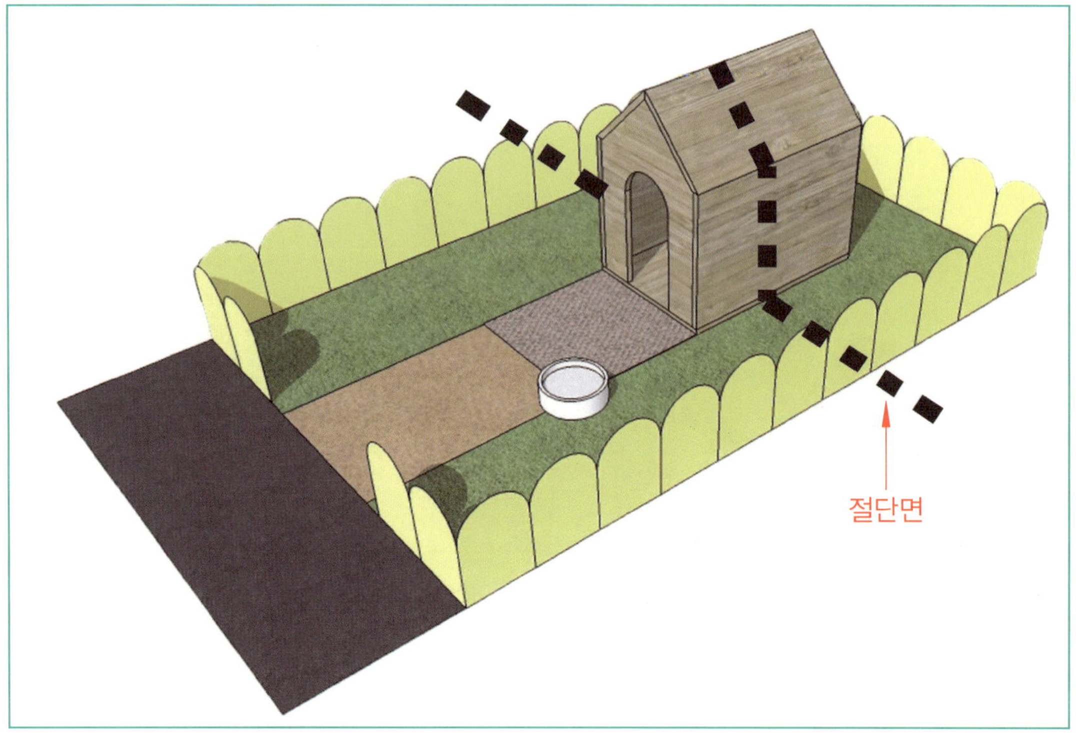

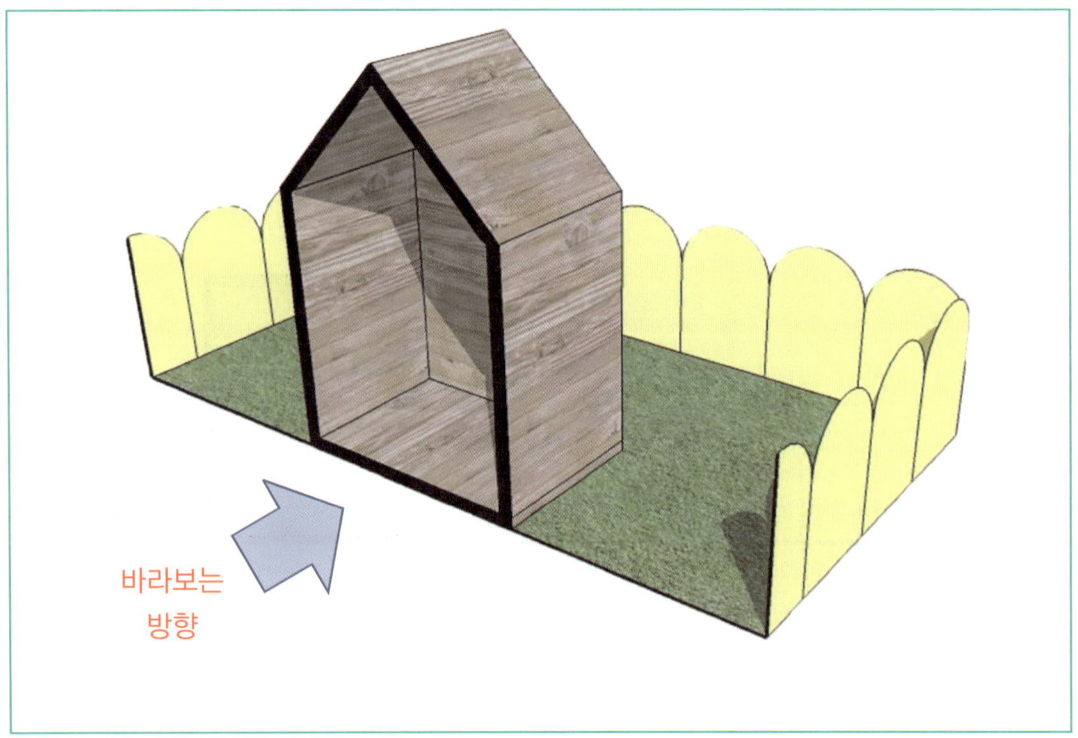

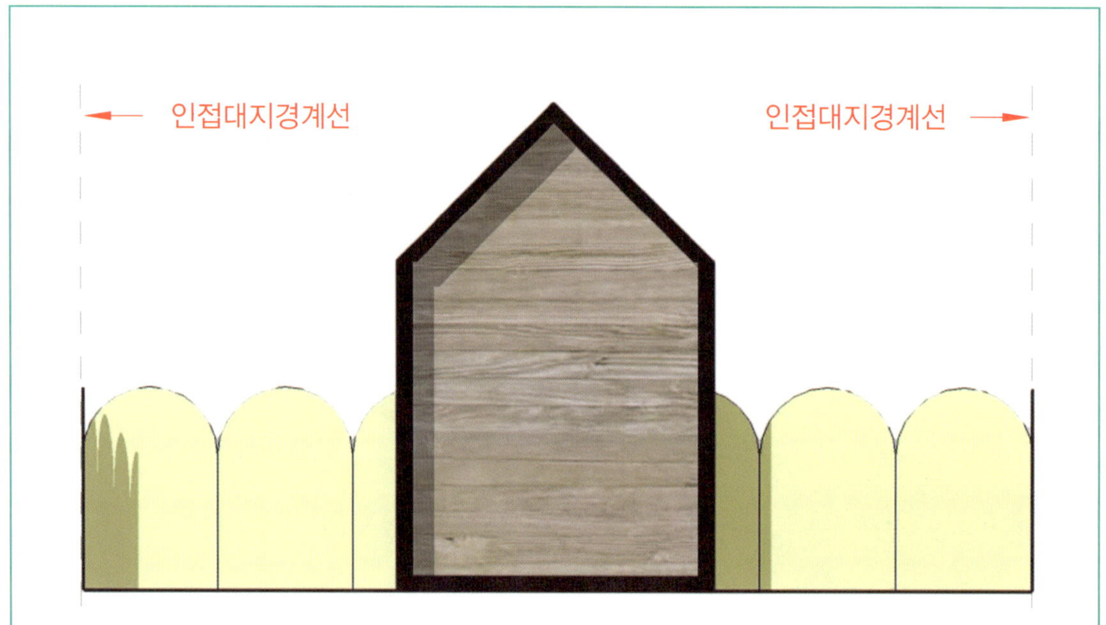

대지횡단면 SITE CROSS SECTION

2. 선

01 선의 종류 및 이해

(1) 선

도면에서의 선은 도면내에 표현된 점, 면과 함께 설계된 내용을 직, 간접적으로 설명하는 기호이다. 그러므로 도면을 올바로 이해하기 위해서는 선의 굵기, 간격, 형상 등 다양한 선의 종류와 이에 따른 설명 내용을 정해진 규칙에 맞게 이해하여야 하고, 반대로 자신의 설계 의도를 정확히 전달하기 위해서도 용도 및 규칙에 적합하게 사용 되어야 한다.

(2) 선의 종류 및 용도

구분		표현 예	용도	작도요령
보조선	가선		한계지정 등의 작도 보조	선의 흘리듯이 작도
	치수보조선	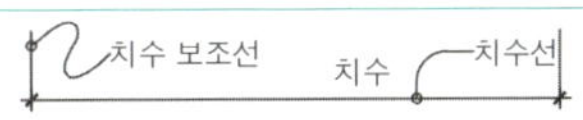	치수 기입을 위한 보조	45~60° 기울여서 작도
실선	가는실선		입면선, 빗금(HATCH)	최대한 기울여서 작도
	중간실선		치수선, 인출선	45~60° 기울여서 작도
	굵은실선		단면선, 외벽선	선을 밀듯이 작도
점선	점선		가구, 숨은부분	선의 간격을 일정게 작도
	일점쇄선		중심선, OPEN부분	선의 간격을 일정게 작도
	미점쇄선		대지경계선	선의 간격을 일정게 작도

(3) 단일선의 작도

작도 단계 구분	작도 요령
	- 가선에서 2~3mm 이격된 곳에서 시작 (1/20 회전)
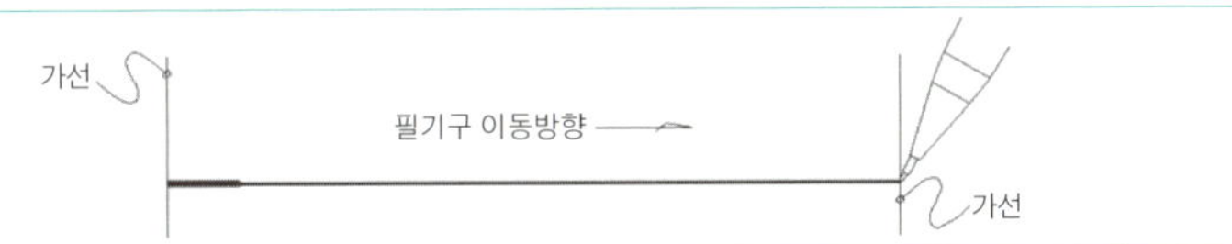	- 선 굵기를 유지하며 진행 (8/20회전)
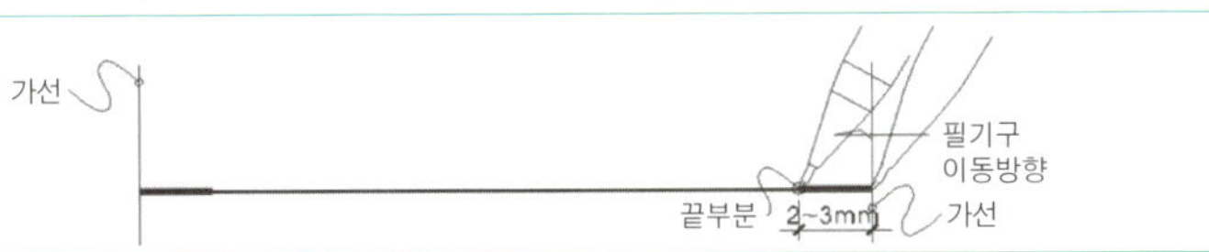	- 가선에서 2~3mm 이격된 곳에서 마무리 (1/20 회전)

(4) 반복 선의 작도

수평선

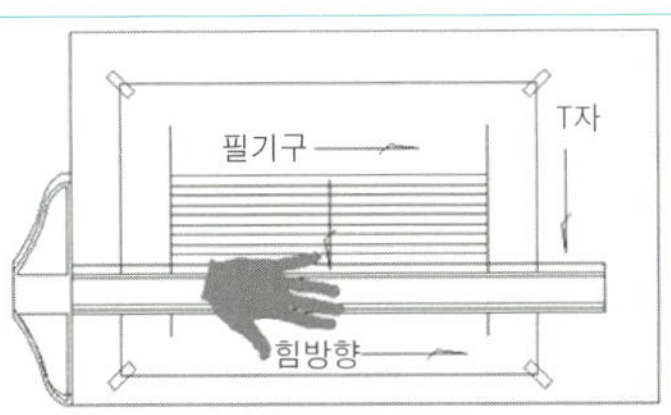

수직선

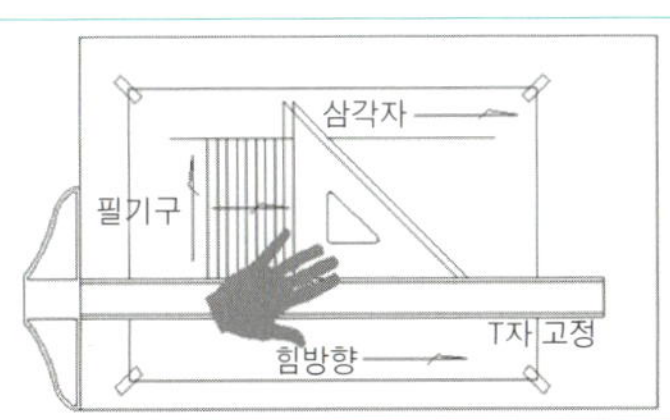

좌측사선

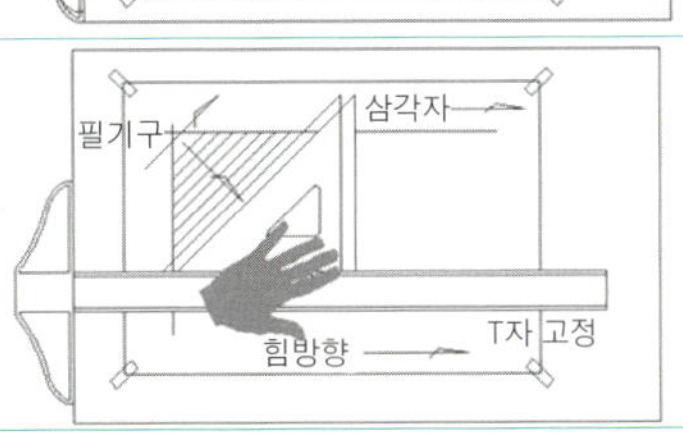

우측사선

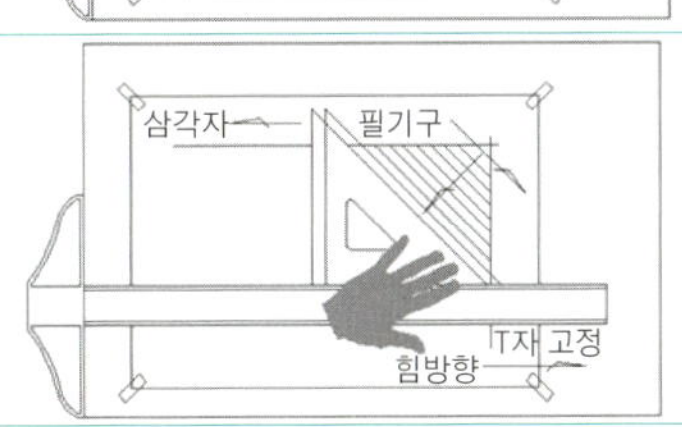

(5) 필기구 각도에 따른 선의 성질

제도선	필기구의 각도	프리핸드선

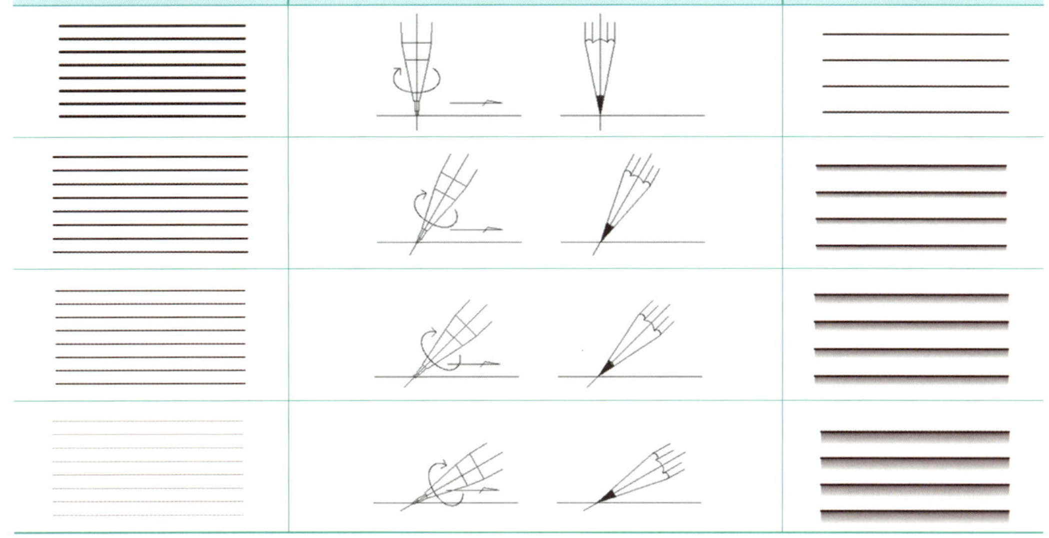

(6) 필기구의 기울기 방향

제도선

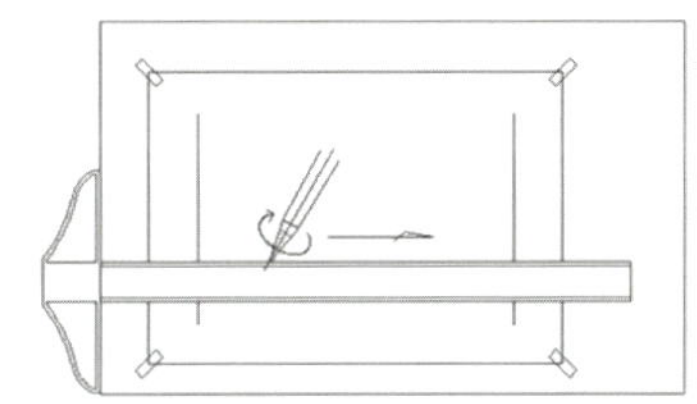

프리핸드선

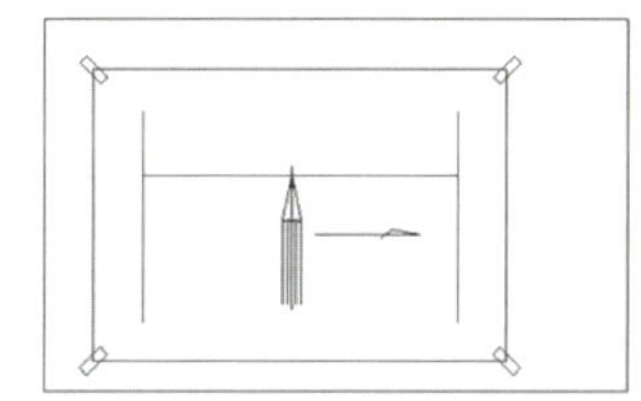

(7) 직선과 곡선의 연결

1. 가선 작성 후 곡선작도

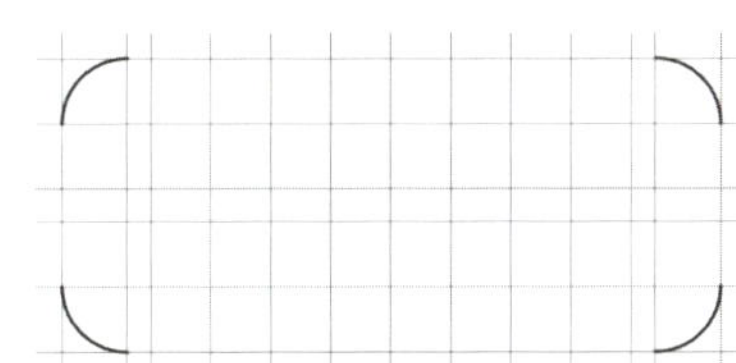

2. 직선작도

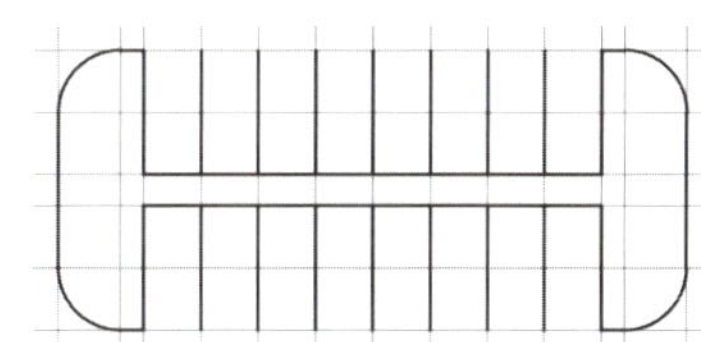

(8) 교차선, 평행선의 작도

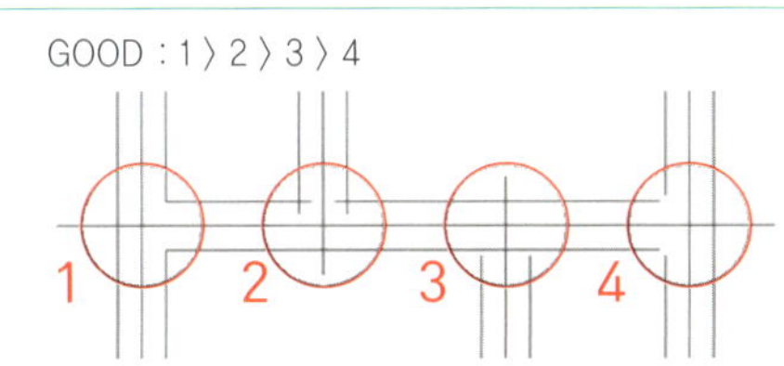

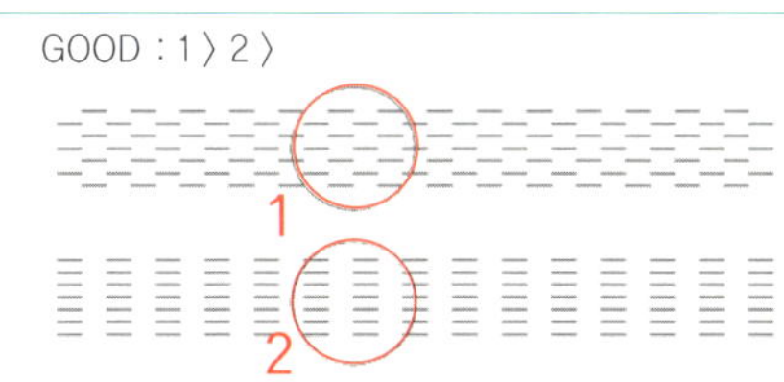

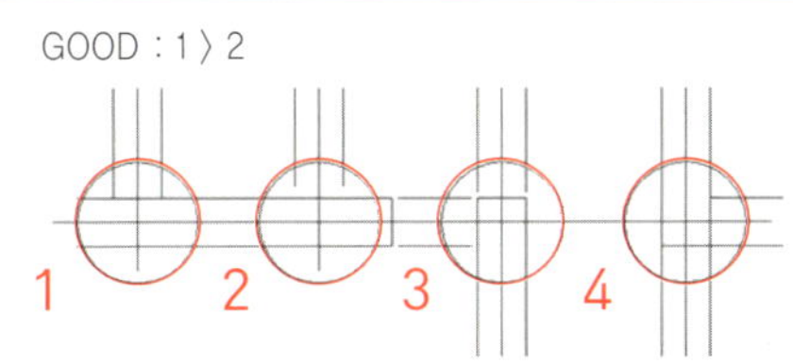

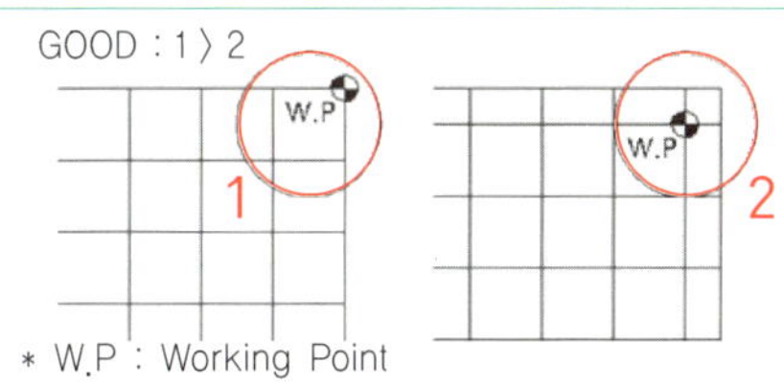

* W.P : Working Point

02 선의 종류 적용 예시

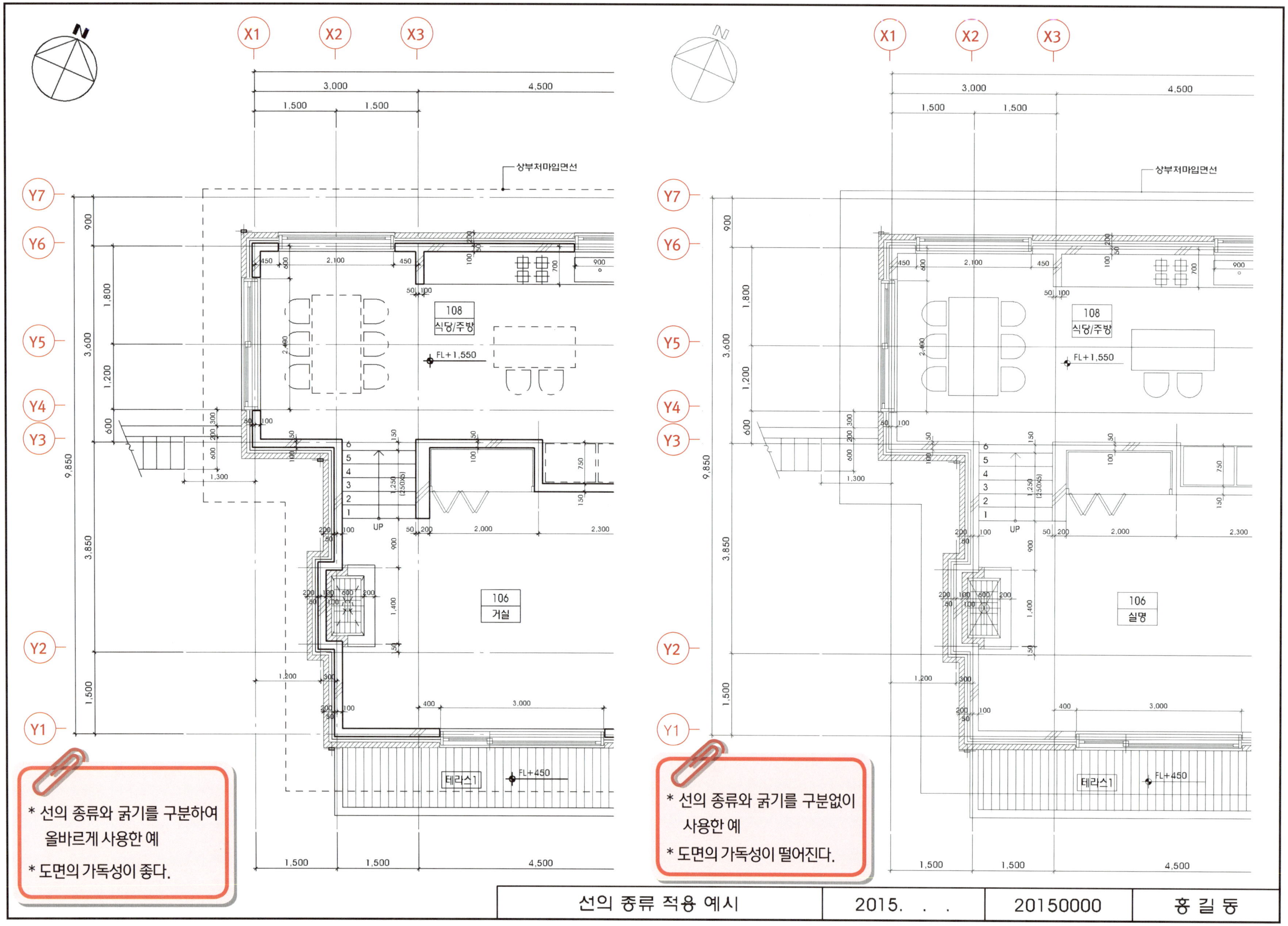

* 선의 종류와 굵기를 구분하여 올바르게 사용한 예
* 도면의 가독성이 좋다.
* 선의 종류와 굵기를 구분없이 사용한 예
* 도면의 가독성이 떨어진다.
상부처마입면선
108 식당/주방
FL+1,550
106 거실
106 실명
테라스1
FL+450
UP
선의 종류 적용 예시
2015. . .
20150000
홍 길 동

03 도면 FORM 규정

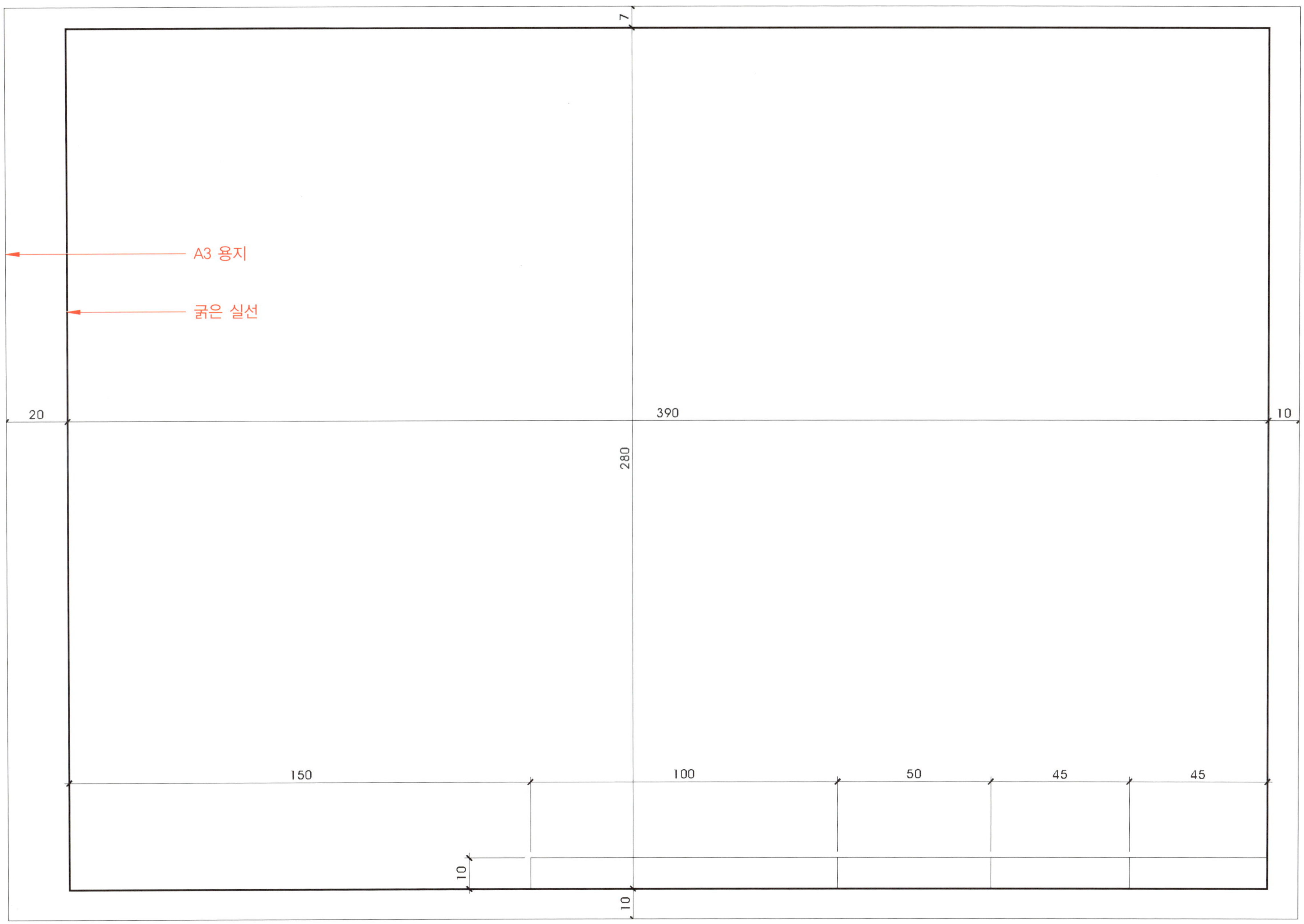

04 선 연습 규정 A – 직선

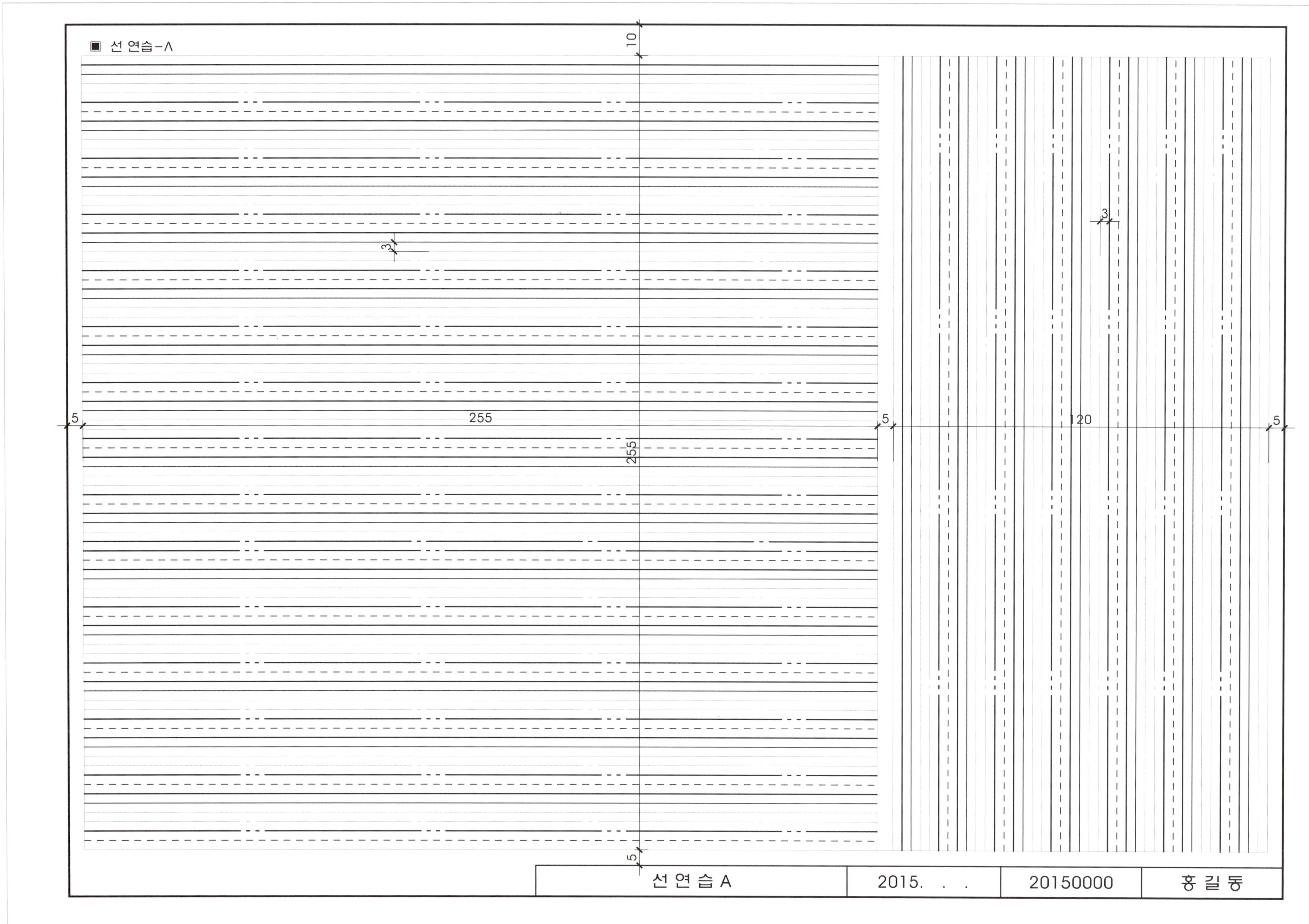

05 선 연습 규정 B – 사선

06 선의 종류 적용 연습

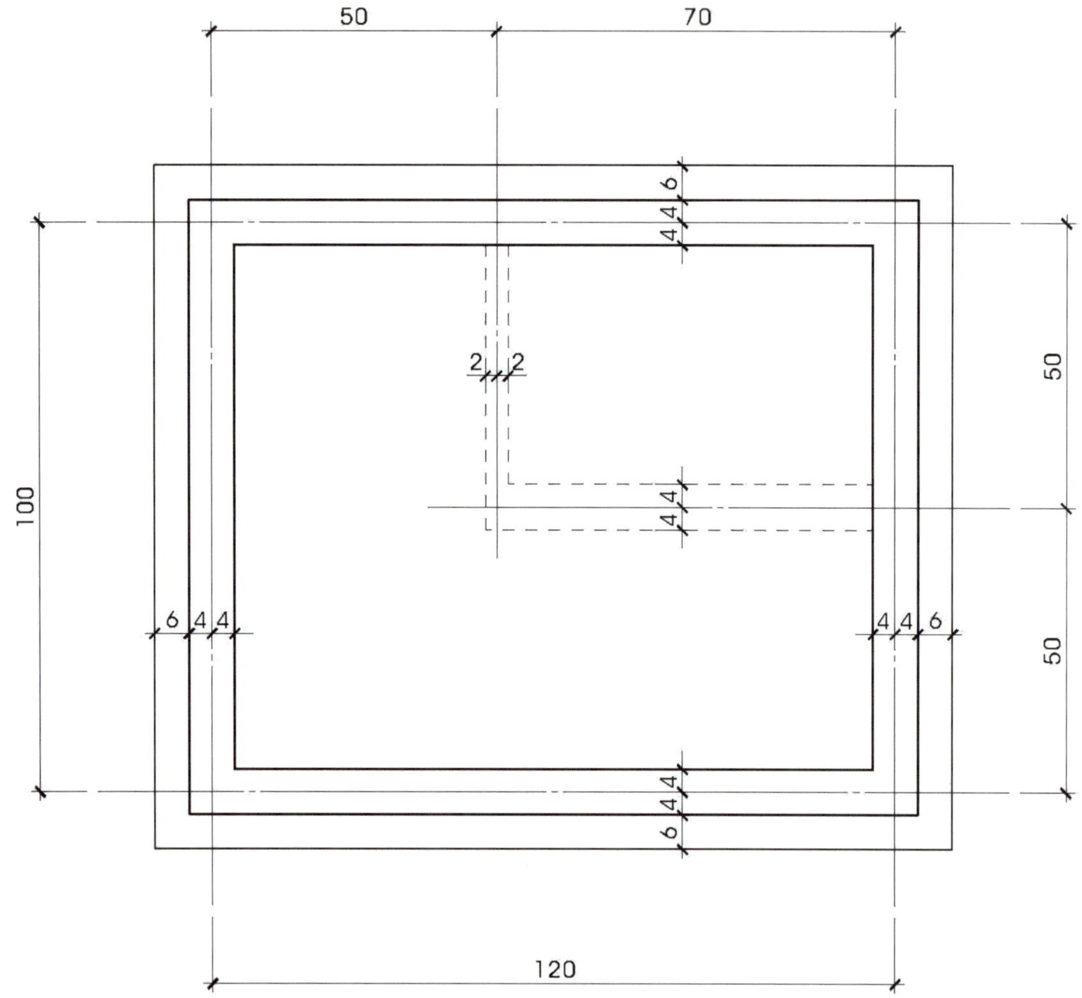

선의 종류 적용 연습	2015. . .	20150000	홍 길 동

3. 축척

01 축척의 이해

(1) 치수단위, 축척자의 사용

① 제도에 사용하는 기본 치수는 mm 단위로 표기한다.
(예 : 1.5m는 "1,500"으로 표기)

② 축척자는 기본축척(1/100 ~ 1/600)이 새김 되어 있는 것을 주로 사용하며, 부득이한 경우 1/150 등의 특별한 축척자를 사용할 수 있다.

③ 축척자는 정확한 측정을 위해 선을 작성하기 위한 작도자로 사용하지 않는다.

(2) 축척자 보기

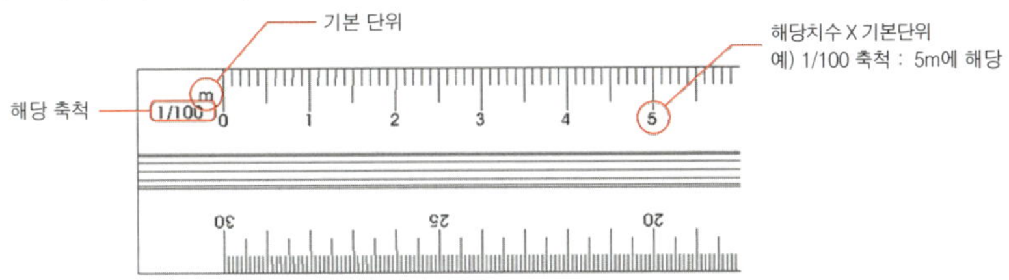

(3) 축척자 보기 예시 : 해당 축척의 기본(M) 단위에 해당 하는 곳이 어디인지 먼저 확인 한다.

적용축척 / 사용자	1/1	1/10	1/100	1/1,000	형 상
1/100	0.001M =1mm	0.01M =10mm	0.1M =100mm	1.0 M	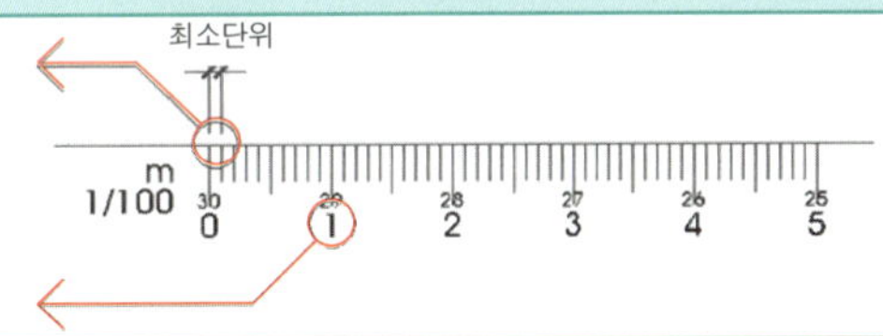
	0.01M =10mm	0.1M =100mm	1.0 M	10.0 M	
적용축척 / 사용자	**1/2**	**1/20**	**1/200**	**1/2,000**	**형 상**
1/200	0.001M =1mm	0.01M =10mm	0.1M =100mm	1.0 M	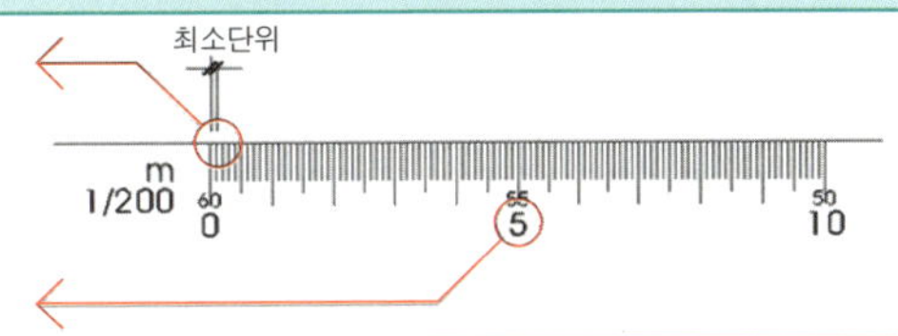
	50mm =0.05M	500mm =0.5M	5.0 M	50.0 M	
적용축척 / 사용자	**1/3**	**1/30**	**1/300**	**1/3,000**	**형 상**
1/300	2mm =0.002M	20mm	200mm =0.2M	2.0 M	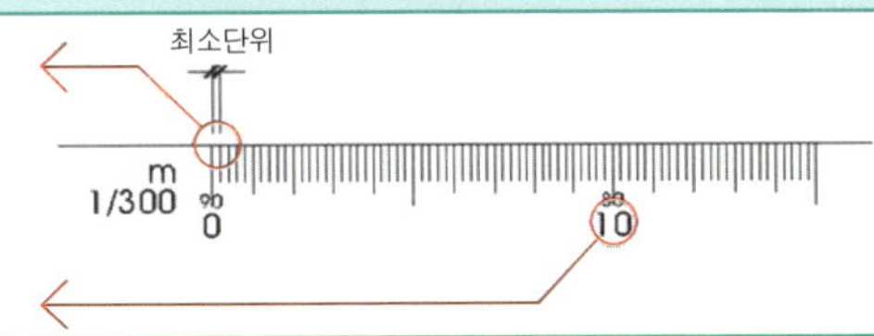
	100mm =0.1M	1.0 M	10.0 M	100.0 M	
적용축척 / 사용자	**1/4**	**1/40**	**1/400**	**1/4,000**	**형 상**
1/400	2mm =0.002M	20mm =0.02M	200mm =0.2M	2.0 M	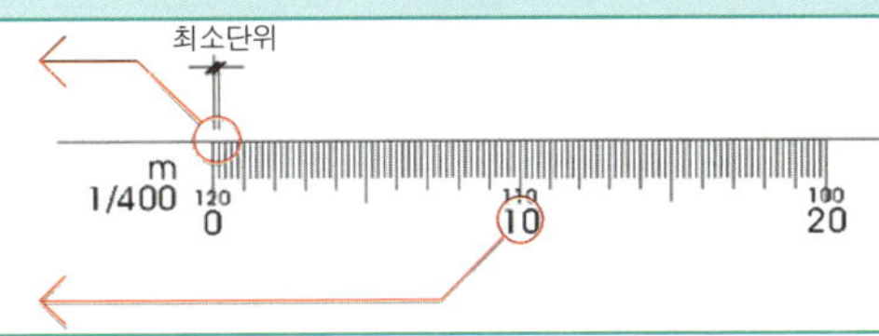
	100mm =0.1M	1.0 M	10.0 M	100.0 M	
적용축척 / 사용자	**1/5**	**1/50**	**1/500**	**1/5,000**	**형 상**
1/500	2mm =0.002M	20mm =0.02M	200mm =0.2M	2.0 M	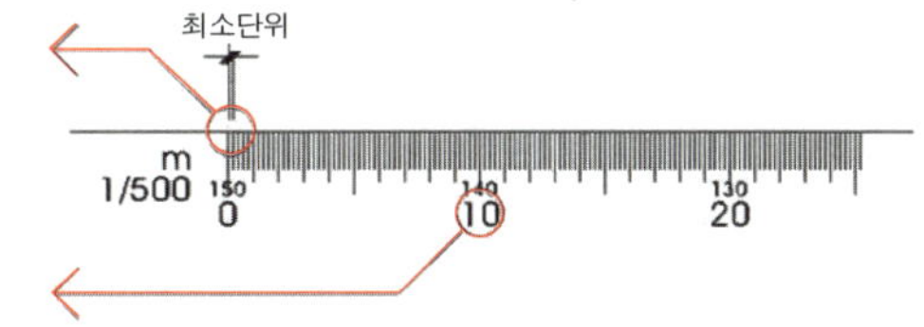
	100mm =0.1M	1.0 M	10.0 M	100.0 M	
적용축척 / 사용자	**1/6**	**1/60**	**1/600**	**1/6,000**	**형 상**
1/600	5mm =0.005M	50mm =0.05M	500mm =0.5M	5.0 M	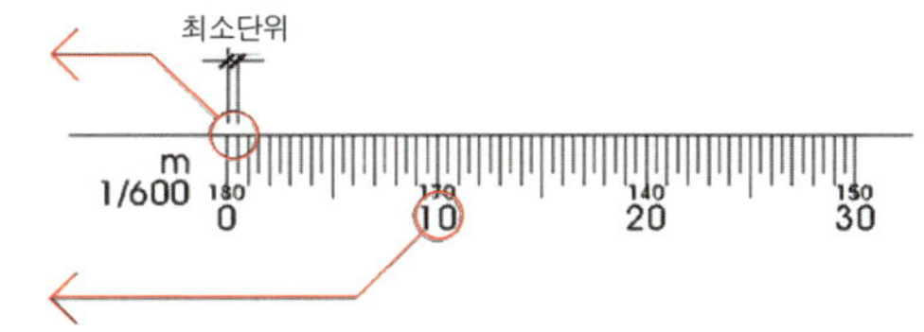
	100mm =0.1M	1.0 M	10.0 M	100.0 M	

(4) 축척자의 활용 연습

축척	치수	형태
1/100	5,000	
1/200	11,000	
1/300	18,000	
1/400	26,000	
1/500	35,000	
1/600	45,000	
1/100	2,300X5,000	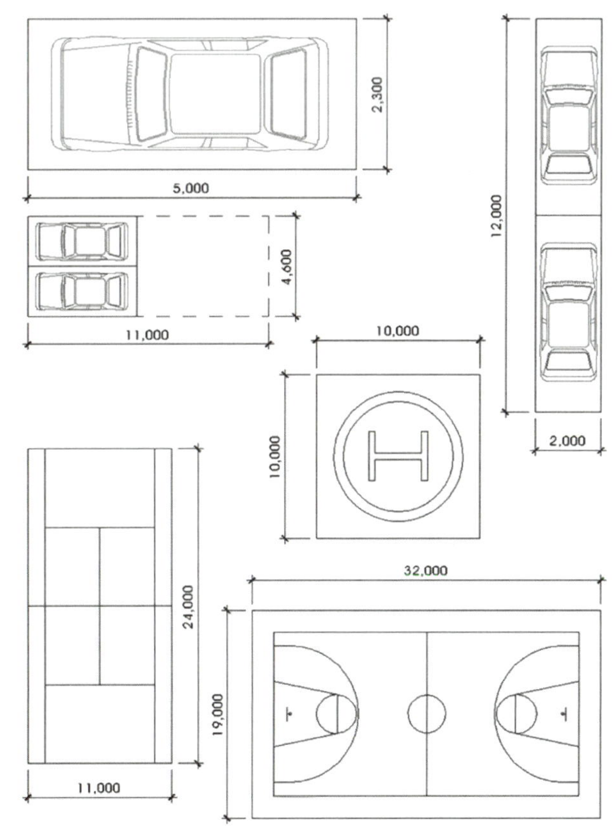
1/200	2,000X12,000	
1/300	11,000X4,600	
1/400	10,000X10,000	
1/500	11,000X24,000	
1/600	32,000X19,000	

02 축척자 활용 연습 - 1

축척	치수(L)	형태
1/1	48	
1/2	204	
1/3	360	
1/4	456	
1/5	240	
1/6	252	
1/10	1,140	
1/20	1,800	
1/30	2,160	
1/40	2,400	
1/50	2,400	
1/60	3,960	
1/80	6,720	
1/100	10,800	
1/150	3,600	
1/200	9,600	
1/300	5,400	
1/400	19,200	
1/500	30,000	
1/600	39,600	
1/1	108	
1/2	144	
1/3	234	
1/4	216	
1/5	450	
1/6	936	
1/10	900	
1/20	600	
1/30	2,880	
1/40	2,880	
1/50	3,000	
1/60	4,320	
1/80	7,200	
1/100	7,800	
1/150	17,100	
1/200	24,000	
1/300	34,200	
1/400	50,400	
1/500	18,000	
1/600	64,800	

축척	치수(L)	형태
1/1	48	
1/2	204	
1/3	360	
1/4	456	
1/5	240	
1/6	252	
1/10	1,140	
1/20	1,800	
1/30	2,160	
1/40	2,400	
1/50	2,400	
1/60	3,960	
1/80	6,720	
1/100	10,800	
1/150	3,600	
1/200	9,600	
1/300	5,400	
1/400	19,200	
1/500	30,000	
1/600	39,600	
1/1	108	
1/2	144	
1/3	234	
1/4	216	
1/5	450	
1/6	936	
1/10	900	
1/20	600	
1/30	2,880	
1/40	2,880	
1/50	3,000	
1/60	4,320	
1/80	7,200	
1/100	7,800	
1/150	17,100	
1/200	24,000	
1/300	34,200	
1/400	50,400	
1/500	18,000	
1/600	64,800	

축척자 활용 연습 1	2015. . .	20150000	홍 길 동

03 축척자 활용 연습 - 2

축척	치수(L)	형태
1/1	114	
1/2	192	
1/3	378	
1/4	528	
1/5	390	
1/6	504	
1/10	1,020	
1/20	1,080	
1/30	1,980	
1/40	3,600	
1/50	4,800	
1/60	2,520	
1/80	2,880	
1/100	4,800	
1/150	16,200	
1/200	25,200	
1/300	39,600	
1/400	48,000	
1/500	12,000	
1/600	18,000	
1/1	66	
1/2	168	
1/3	270	
1/4	504	
1/5	600	
1/6	756	
1/10	1,200	
1/20	2,040	
1/30	2,160	
1/40	1,920	
1/50	900	
1/60	1,440	
1/80	8,160	
1/100	13,800	
1/150	19,800	
1/200	22,800	
1/300	36,000	
1/400	38,400	
1/500	45,000	
1/600	32,400	

축척	치수(L)	형태
1/1	126	
1/2	264	
1/3	450	
1/4	576	
1/5	60	
1/6	108	
1/10	420	
1/20	720	
1/30	1,260	
1/40	240	
1/50	2,100	
1/60	2,160	
1/80	5,760	
1/100	8,400	
1/150	23,400	
1/200	18,000	
1/300	25,200	
1/400	52,800	
1/500	63,000	
1/600	36,000	
1/1	102	
1/2	180	
1/3	252	
1/4	312	
1/5	630	
1/6	792	
1/10	720	
1/20	2,160	
1/30	1,440	
1/40	1,680	
1/50	5,400	
1/60	7,200	
1/80	9,120	
1/100	6,600	
1/150	7,200	
1/200	10,800	
1/300	21,600	
1/400	40,800	
1/500	66,000	
1/600	46,800	

축척자 활용 연습 2	2015. . .	20150000	홍 길 동

04 축척자 활용 연습 - 2 - 확인

축척	치수(L)	형태
1/1	114	
1/2	192	
1/3	378	
1/4	528	
1/5	390	
1/6	504	
1/10	1,020	
1/20	1,080	
1/30	1,980	
1/40	3,600	
1/50	4,800	
1/60	2,520	
1/80	2,880	
1/100	4,800	
1/150	16,200	
1/200	25,200	
1/300	39,600	
1/400	48,000	
1/500	12,000	
1/600	18,000	
1/1	66	
1/2	168	
1/3	270	
1/4	504	
1/5	600	
1/6	756	
1/10	1,200	
1/20	2,040	
1/30	2,160	
1/40	1,920	
1/50	900	
1/60	1,440	
1/80	8,160	
1/100	13,800	
1/150	19,800	
1/200	22,800	
1/300	36,000	
1/400	38,400	
1/500	45,000	
1/600	32,400	

축척	치수(L)	형태
1/1	126	
1/2	264	
1/3	450	
1/4	576	
1/5	60	
1/6	108	
1/10	420	
1/20	720	
1/30	1,260	
1/40	240	
1/50	2,100	
1/60	2,160	
1/80	5,760	
1/100	8,400	
1/150	23,400	
1/200	18,000	
1/300	25,200	
1/400	52,800	
1/500	63,000	
1/600	36,000	
1/1	102	
1/2	180	
1/3	252	
1/4	312	
1/5	630	
1/6	792	
1/10	720	
1/20	2,160	
1/30	1,440	
1/40	1,680	
1/50	5,400	
1/60	7,200	
1/80	9,120	
1/100	6,600	
1/150	7,200	
1/200	10,800	
1/300	21,600	
1/400	40,800	
1/500	66,000	
1/600	46,800	

축척자 활용 연습 2-답	2015. . .	20150000	홍 길 동

4. 글자

01 도면표현요소 - 글자

(1) 글자

도면에서의 글자는 도면내에 표현된 치수와 함께 설계된 내용을 직접적으로 설명하는 기호이다. 그러므로 정보 내용을 제대로 전달하기 위해서는 정확한 내용파악이 가능하도록 명확하게 기입하여야 한다.

① 글자의 획 하나 하나를 선으로 인식하여, 각각의 시작과 끝을 명확히 한다.
② 세로선을 가늘게, 가로선을 굵게 처리하여 글자의 안정감을 부여한다.
③ 가로선의 기울기를 일정하게(수평 혹은 경사) 유지하여 통일성을 준다.
④ 도면 전체의 정보 내용을 고려하여 글자 크기의 위계를 정한다.
⑤ 보조 가선 및 글상자를 활용 한다.

(2) 글자 작성 예시

구분	형태
도면명	평면상세도
	평면상세도
	배치평면도
	배치평면도
일반글자	투시도 조감도 일반사항 설계개요 기타
	투시도 조감도 일반사항 설계개요 기타
	대지종횡단면 주차계획 표준마감상세도
	대지종횡단면 주차계획 표준마감상세도
영문글자	ABCDEFGHIJKLMNOPQR
	STUVWXYZ ABCDEFGHIJ
	ABCDEFGHIJKLMNOPQR
	STUVWXYZ ABCDEFGHIJ
숫자	1234567890 123456
	1234567890 123456

02 도면표현요소 - 글자 예시

■ 도면 표현요소 - 글자 예시

건축개요배치도평면도입면도단면도창호일람표
투시도조감도조경계획도코아상세도대지종횡도
마감상세도천장도출입구상세도화장실전개기타

건축 공통도면 표지 도면목록 투시도 조감도 일반사항 기타 개요 설계개요 안내도 지적도 구적도 구적표 배치도 대지종횡단면도 주차계획도
면적산출도 각층계획도 기타 마감 실내재료마감표 표준마감상세도 기타 기본도면 평면도 입면도 주단면도 기타 수직수평동선관련상세도 코아상세도
계단상세도 승강기샤프트상세도 주차경사로상세도 주차리프트상세도 기타 부분상세도 평면상세도 입단면상세도 출입구상세도 내부벽체일람표 기타
창호도 창호평면도 창호일람표 창호상세도 창호입면도 창호잡철물목록 기타 내부전개도 천장도 로비관련도면 주요실전개도 승강기홀전개도 화장실
전개도 칸막이전개도 기타 기타분야 정화조 소음및방음 무대또는조명 주방 음향 전시 기타 구조 공통도면 표지 도면목록 일반사항 기타 위치도
기초위치도 기둥중심도 기타 구조평면도 평면도 기타 일람표 기초일람표 기둥일람표 콘크리트벽일람표 보일람표 슬래브일람표 벽개구부일람표 기타
건축 공통도면 표지 도면목록 투시도 조감도 일반사항 기타 개요 설계개요 안내도 지적도 구적도 구적표 배치도 대지종횡단면도 주차계획도
면적산출도 각층계획도 기타 마감 실내재료마감표 표준마감상세도 기타 기본도면 평면도 입면도 주단면도 기타 수직수평동선관련상세도 코아상세도
계단상세도 승강기샤프트상세도 주차경사로상세도 주차리프트상세도 기타 부분상세도 평면상세도 입단면상세도 출입구상세도 내부벽체일람표 기타
창호도 창호평면도 창호일람표 창호상세도 창호입면도 창호잡철물목록 기타 내부전개도 천장도 로비관련도면 주요실전개도 승강기홀전개도 화장실
전개도 칸막이전개도 기타 기타분야 정화조 소음및방음 무대또는조명 주방 음향 전시 기타 구조 공통도면 표지 도면목록 일반사항 기타 위치도
기초위치도 기둥중심도 기타 구조평면도 평면도 기타 일람표 기초일람표 기둥일람표 콘크리트벽일람표 보일람표 슬래브일람표 벽개구부일람표 기타

ABCDEFGHIJKLMNOPQRSTUVWXYZ ABCDEFGHIJKLMNOPQRSTUVWXYZ ABCDEFGHIJKLMNOPQRSTUVWXYZ ABCDEFGHIJKLMNOPQRSTUVWXYZ ABCDEFGHIJKLMNOPQRSTUVWXYZ
ABCDEFGHIJKLMNOPQRSTUVWXYZ ABCDEFGHIJKLMNOPQRSTUVWXYZ ABCDEFGHIJKLMNOPQRSTUVWXYZ ABCDEFGHIJKLMNOPQRSTUVWXYZ ABCDEFGHIJKLMNOPQRSTUVWXYZ
ABCDEFGHIJKLMNOPQRSTUVWXYZ ABCDEFGHIJKLMNOPQRSTUVWXYZ ABCDEFGHIJKLMNOPQRSTUVWXYZ ABCDEFGHIJKLMNOPQRSTUVWXYZ ABCDEFGHIJKLMNOPQRSTUVWXYZ
ABCDEFGHIJKLMNOPQRSTUVWXYZ ABCDEFGHIJKLMNOPQRSTUVWXYZ ABCDEFGHIJKLMNOPQRSTUVWXYZ ABCDEFGHIJKLMNOPQRSTUVWXYZ ABCDEFGHIJKLMNOPQRSTUVWXYZ
1234567890 1234567890 1234567890 1234567890 1234567890 1234567890 1234567890 1234567890 1234567890 1234567890 1234567890 1234567890
1234567890 1234567890 1234567890 1234567890 1234567890 1234567890 1234567890 1234567890 1234567890 1234567890 1234567890 1234567890
1234567890 1234567890 1234567890 1234567890 1234567890 1234567890 1234567890 1234567890 1234567890 1234567890 1234567890 1234567890
1234567890 1234567890 1234567890 1234567890 1234567890 1234567890 1234567890 1234567890 1234567890 1234567890 1234567890 1234567890

도면 표현요소 - 글자 예시	2015. . .	20150000	홍 길 동

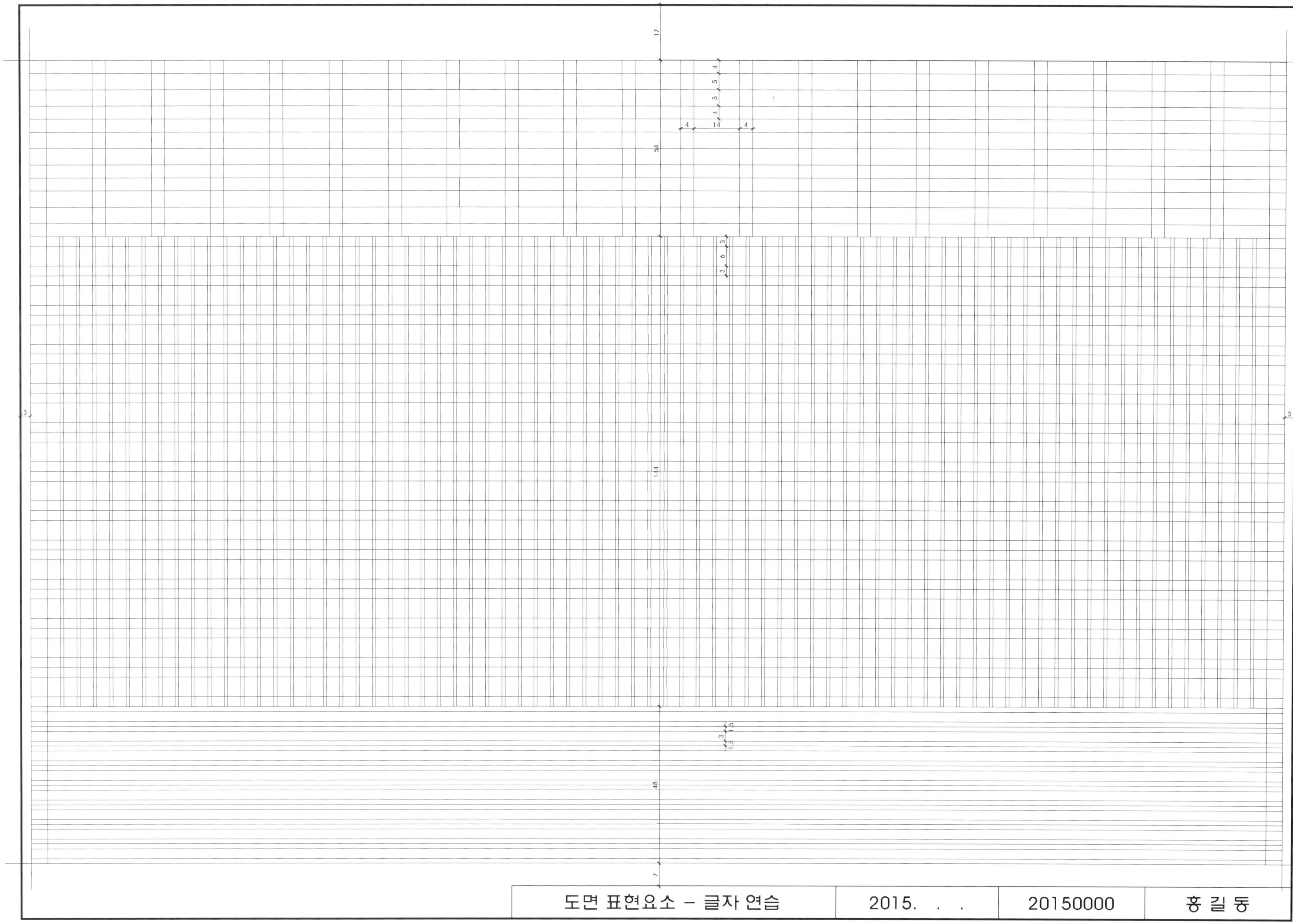
도면 표현요소 – 글자 연습
2015. . .
20150000
홍 길 동

5. 기호

01 도면 표현요소 - 기호

1 도면 표현요소 - 기호 1

(1) 도면 기본 기호

기호의 선은 중간 굵기 이하의 선으로 진하게, 글자는 중간이상의 굵은 선으로 작성한다.

① 도면명 : 해당 도면의 우측 하단에 간섭이 없는 부분에 기입

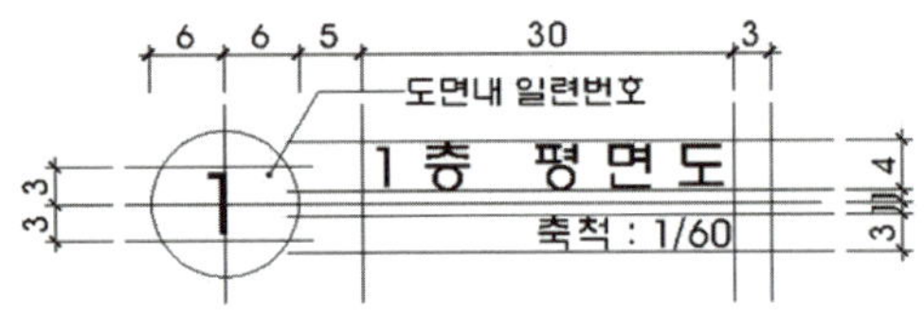

② 열번호 : 주요 구조물의 중심선 연장선상에 위치시키며 세로선을 X열, 가로선을 Y열로, 좌특 및 하단에서부터 X1, X2,... / Y1, Y2...식으로 순차적으로 기입

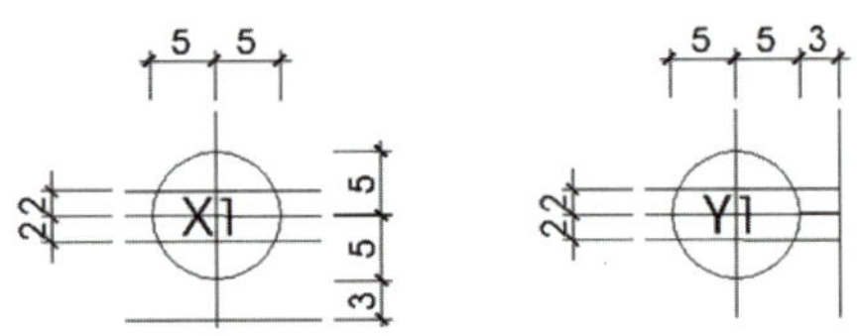

③ 실명 : 평면에는 실번호와 실명을, 단면에는 실명만 표기하고 필요시 인출선 사용하여 표기

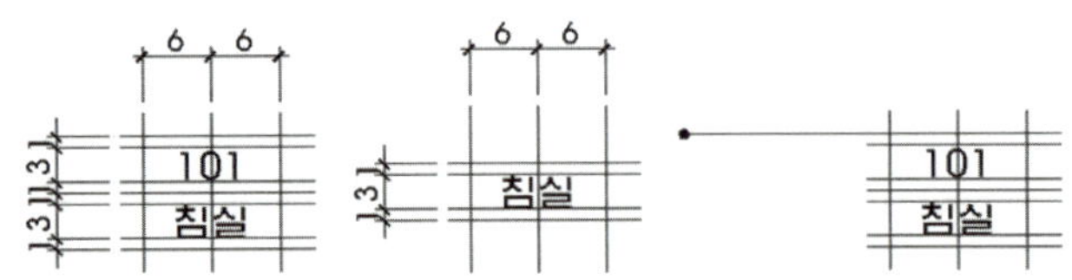

④ 단면 : 부득이한 경우를 제외하고, 관련 단면이 단부의 상부 또는 좌측을 투상 하도록 표기

⑤ 높이

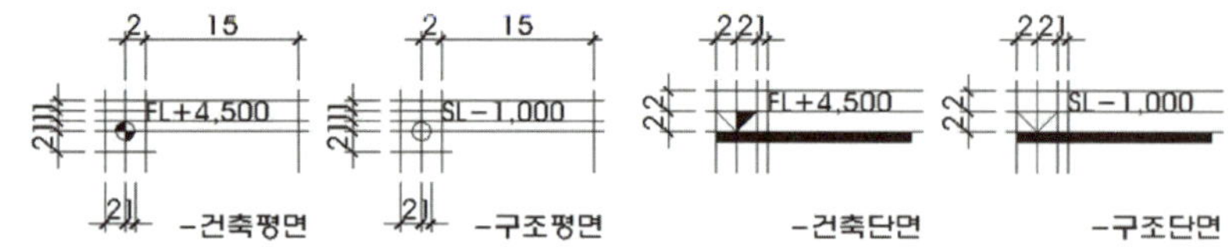

⑥ 방위표

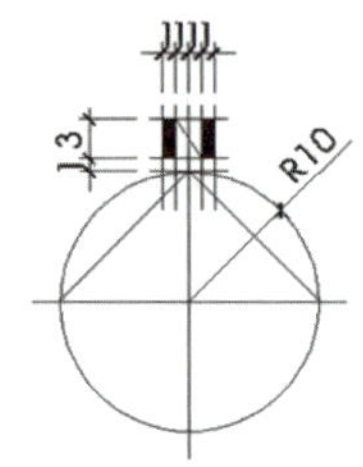

⑦ 상세도

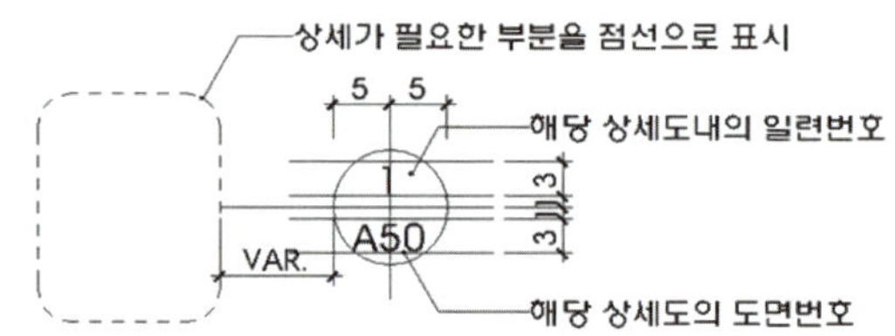

⑧ 전개도

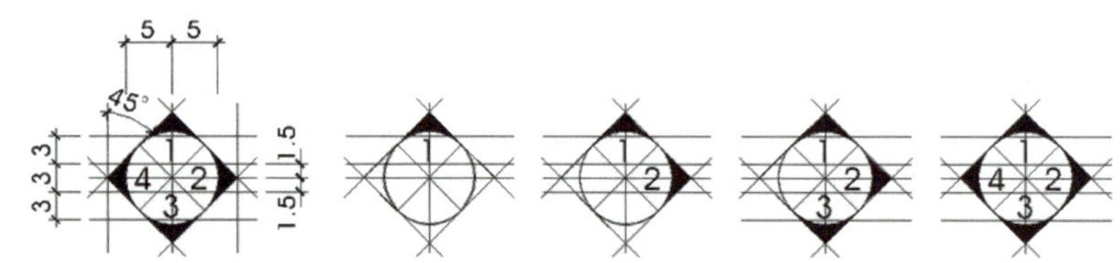

⑨ 수정 : 완성 도면이 승인을 거쳐 대외적으로 공개 되었을 때 변경사항이 생길 경우에는 수정기호를 표기하고 표제란에 수정사항과 날짜를 기입한다. 이 때 구름모양의 수정부분 표시는 윈도의 뒷면에 한다.

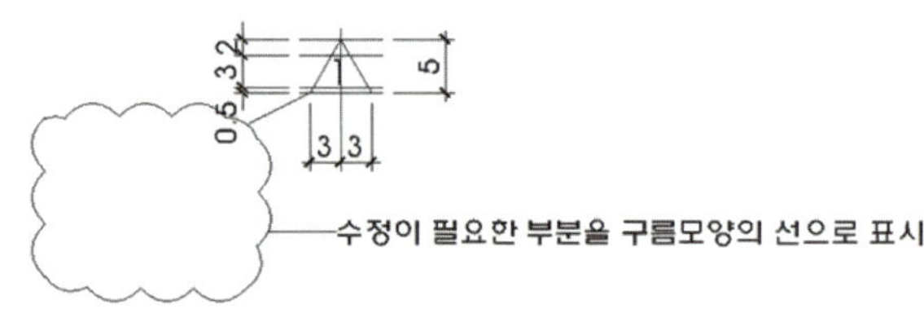

⑩ 문 및 창호 : 창호부호평면도 등에서 해당 문 또는 창호와 근접하여 표기

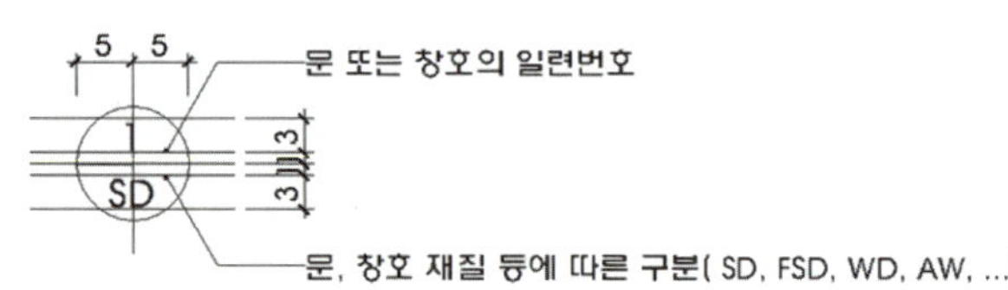

⑪ 경사

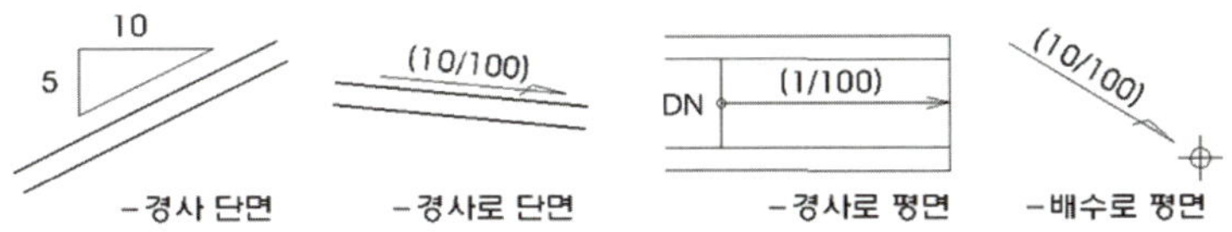

⑫ 표현 생략, 개구부

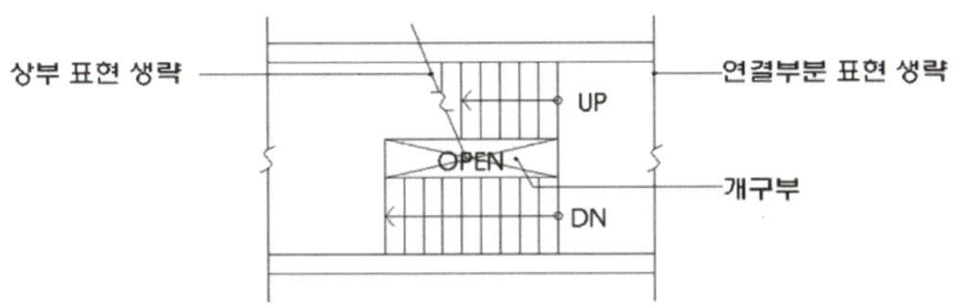

⑬ 배치도 요소

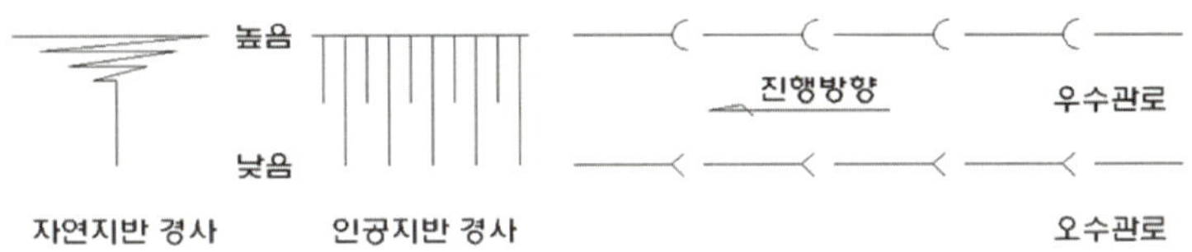

⑭ 주차

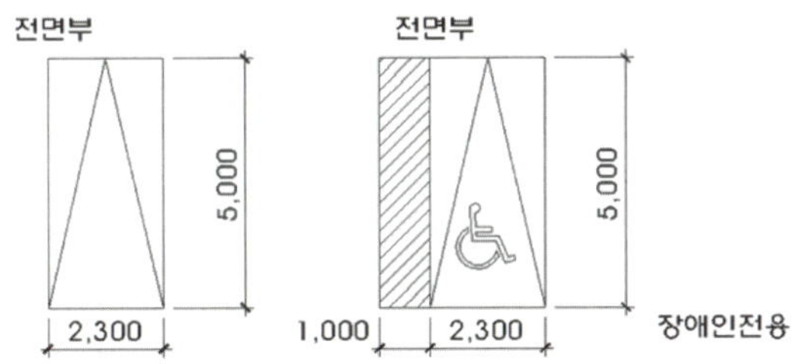

⑮ 구조부재

구분	기초	기둥	보	옹벽	바닥판
형태	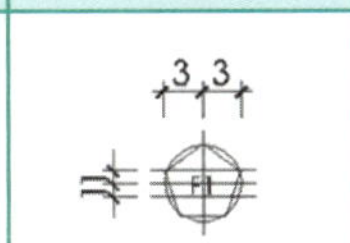	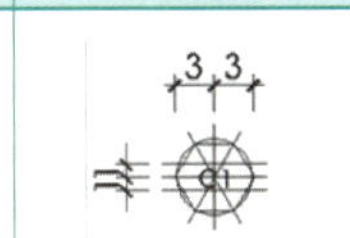	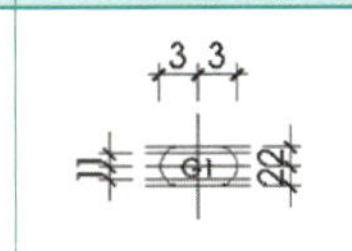	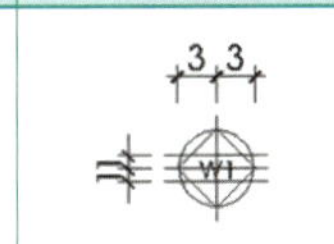	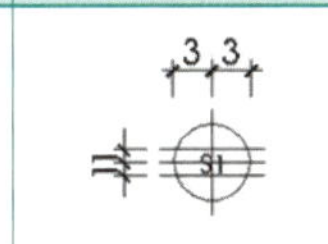

(2) 치수선

① 치수선은 전체 해당 치수에서 열번호, 간격, 칸막이벽 치수, 개구부 치수 순서로 중요하고 큰 치수부터 세부적이고 작은치수 순으로 기입한다.
② 치수선은 3개선 이상은 기입하지 않는 것을 원칙으로 한다.
③ 표기 단위는 mm로 한다. (예 : 4.0M는 4,000으로 표기)
④ 소수점 표기 필요시 소수 셋째자리에서 반올림하여 둘째자리까지 표기한다.

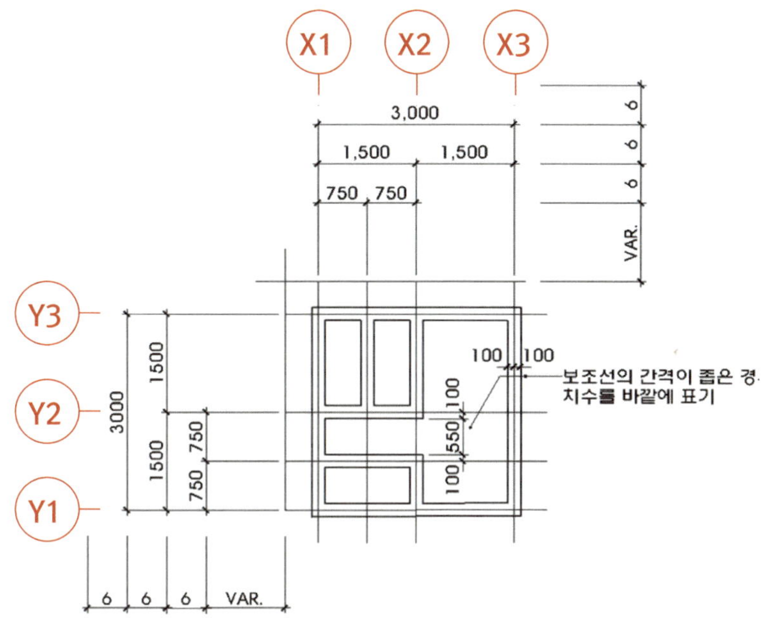

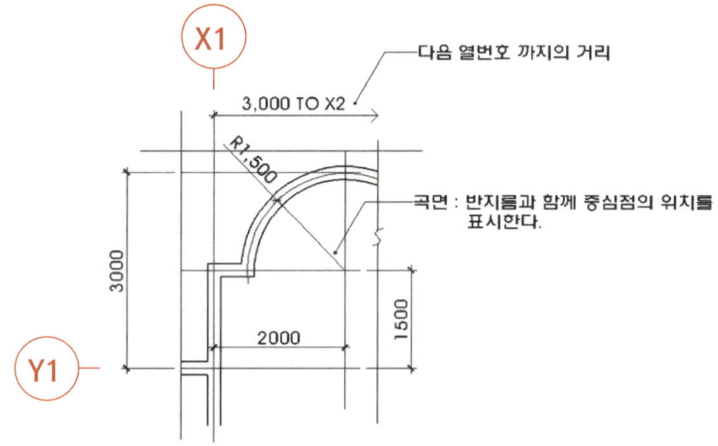

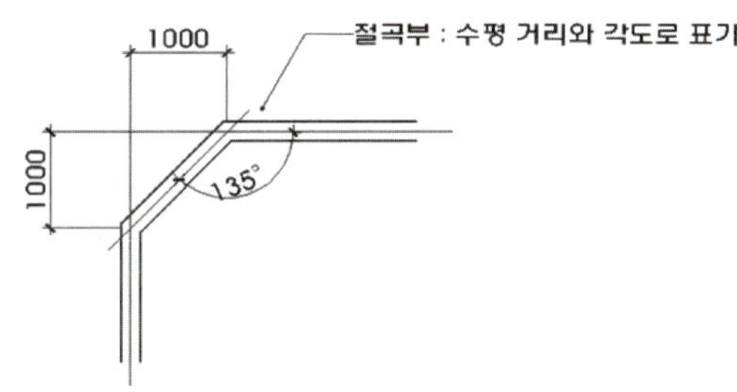

2 도면 표현요소 - 기호 2

1) 재료 기호

구분 재료명	형태 ~1/10	 1/20~1/50	 1/100~
벽돌			
시멘트블럭			
철근콘크리트			
무근콘크리트		좌동	ex) T100 무근콘크리트
경량콘크리트		좌동	ex) T150 경량콘크리트
석재		좌동	ex) T130 화강석버너구이
잡석지정		좌동	ex) T150 잡석
자연지반		좌동	ex) 자연지반
다짐지반		좌동	ex) 다짐지반
암반		좌동	ex) 암반
금속			좌동
목재(주요/보조)		좌동	ex) □−50×100각재
목재(보조구조)		좌동	ex) □−50×100각재
목재(치장재)		ex) 30×50 각재가공	좌동
목재(합판)		ex) T15 미송합판	좌동
단열재(비드법)		좌동	ex) T60 단열재
단열재(압출법)		좌동	ex) T100 압출법단열재
시멘트몰탈		좌동	ex) T30 시멘트몰탈

구분 재료명	형태 ~1/10	 1/20~1/50	 1/100~
유리			
자갈지정		ex) 자갈지정	좌동
인조석물갈기		ex) 인조석물갈기	좌동
경량칸막이벽			ex) T100 경량칸막이
타일		1/50 1/20	ex) T10 자기질타일
방수		좌동	ex) T3 도막방수
메탈라스		좌동	ex) T3 도막방수
벽지 / 천장지	바탕면	ex) 지정천 장치	좌동

2) 창호 기호

구분 재료명	형태 ~1/10	 1/20~1/50	 1/100~
여닫이문		좌동	
미세기문	* 두 짝을 한편으로 밀어 겹쳐지게 여닫는 문	좌동	
행거문(미닫이)		좌동	
미닫이문	* 옆으로 밀어서 열고 닫는 방식의 문	좌동	

구분 재료명	형태 ~1/10	 1/20~1/50	 1/100~
접이문	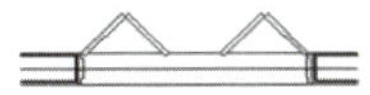	좌동	
셔터		좌동	
회전문	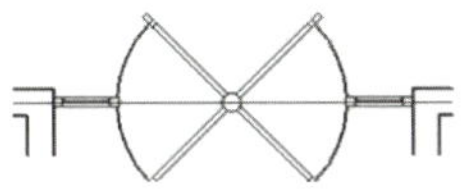	좌동	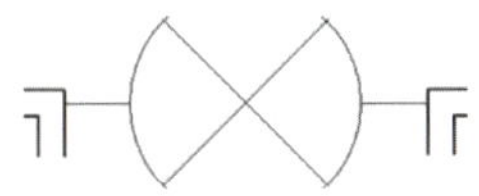
자재문	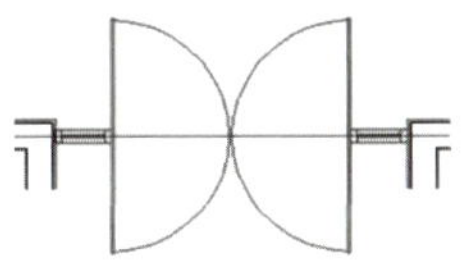	좌동	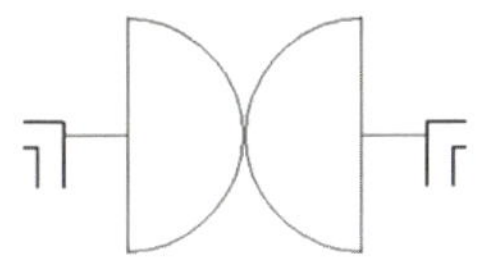
자동문		좌동	
고정창		좌동	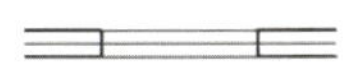
미세기창	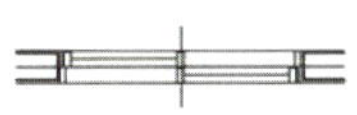	좌동	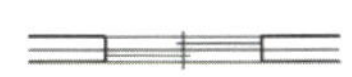
고정+미세기창	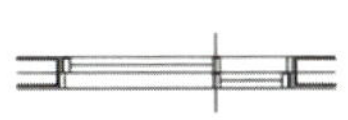	좌동	
회전창	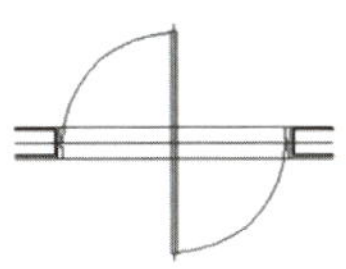	좌동	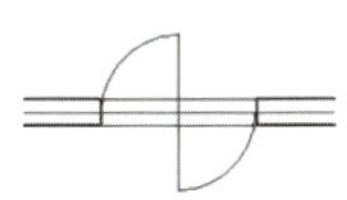

3 도면 표현요소 - 기호 3

1) 수목 및 기타 기호

구분	형태 예시
단일교목	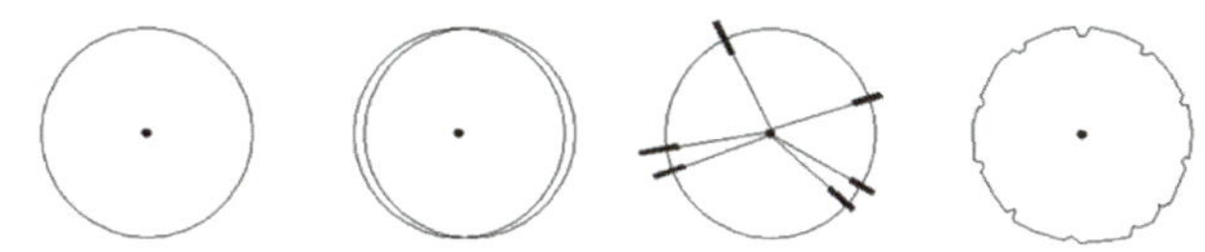
	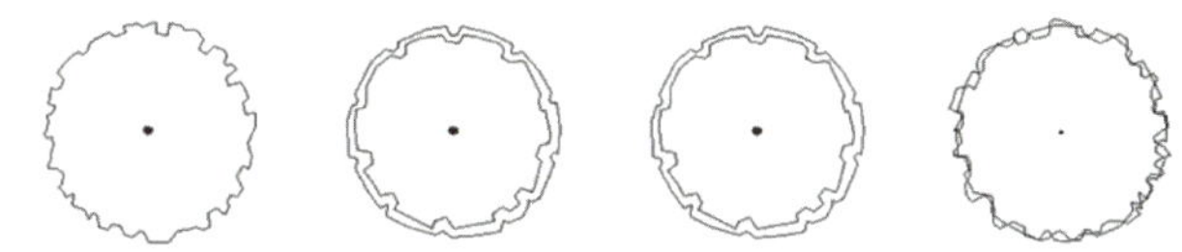
	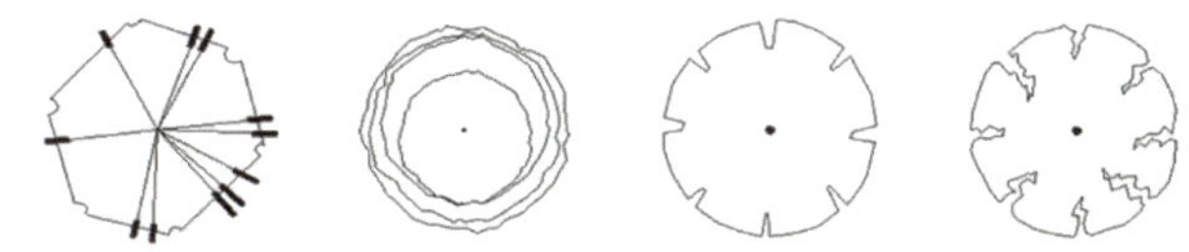
	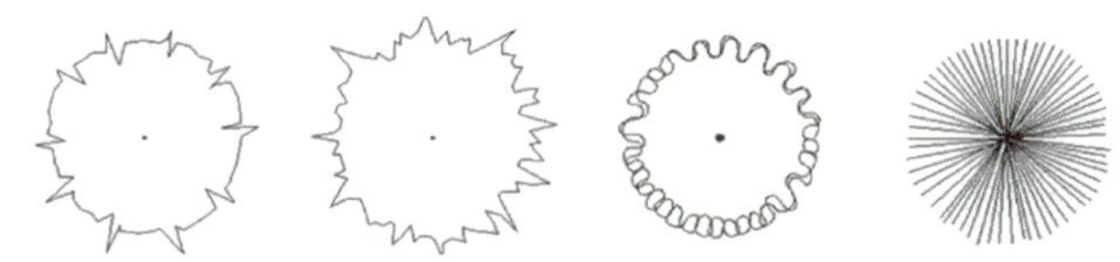
	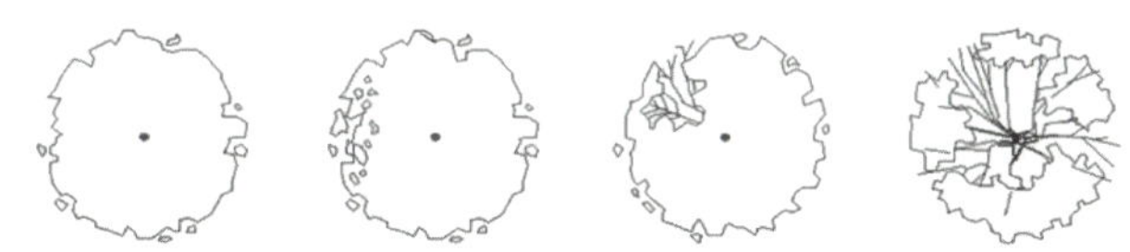
	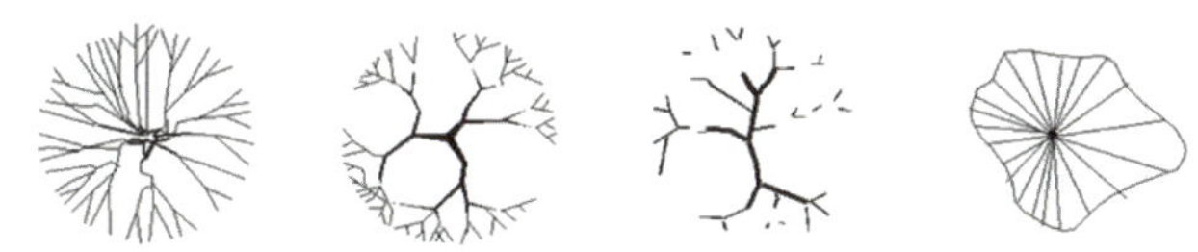
교목군식	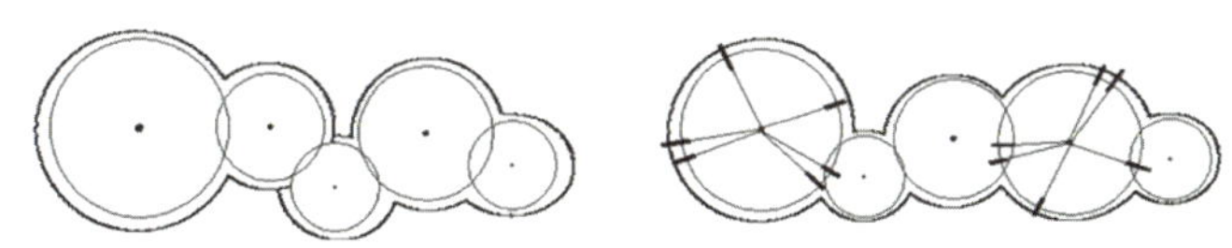
관목군식	
지피식물	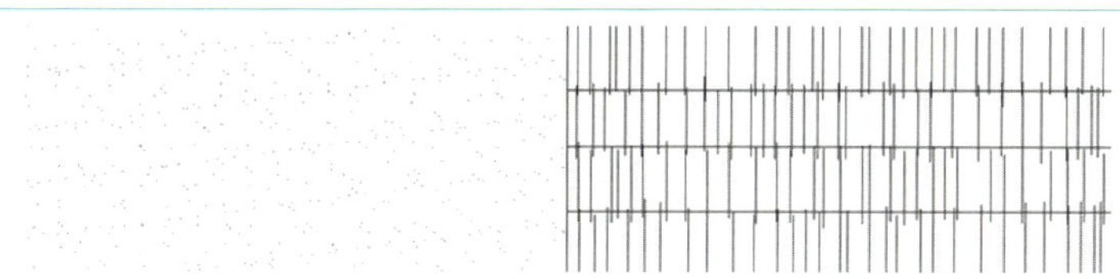

구분	형태 예시	구분	형태 예시
지피식물	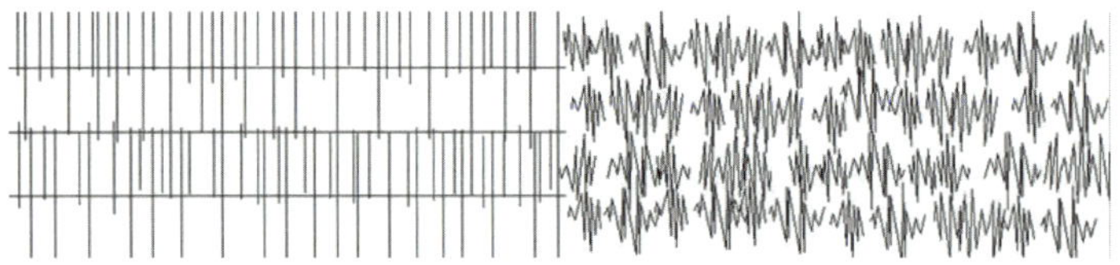	관목입면	
군식예	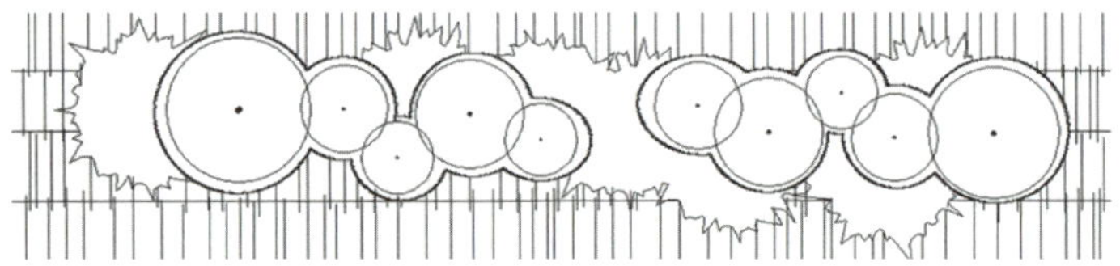	사람	평면 
	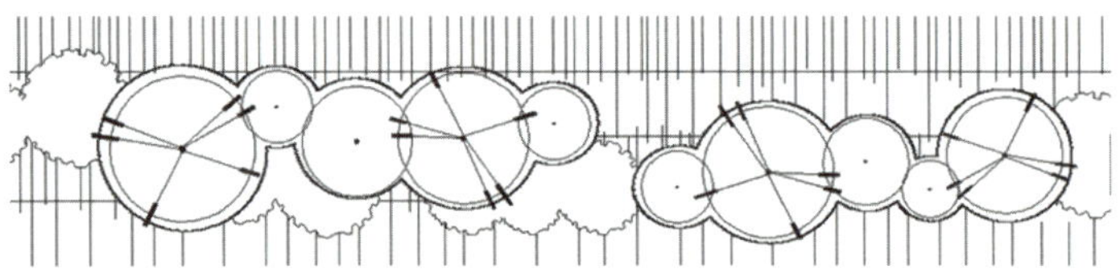		
교목입면	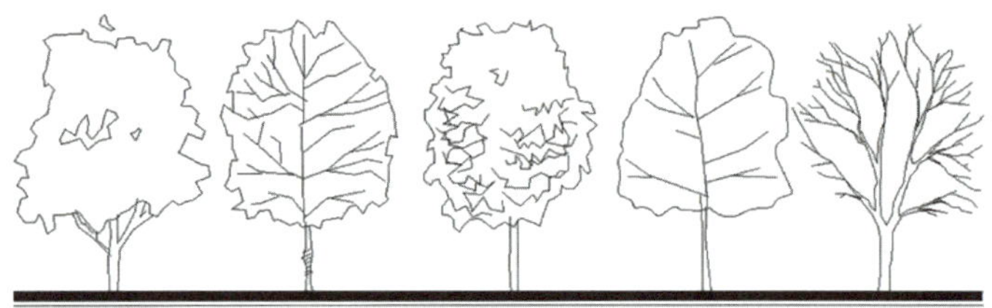	자동차	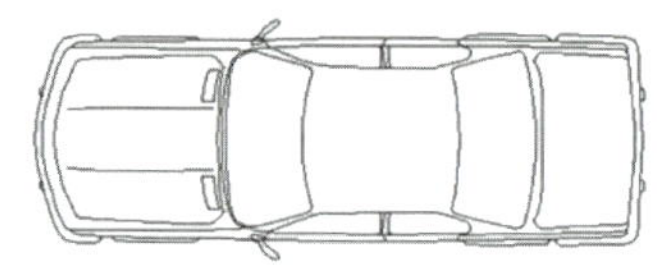

입면표현예			

02 기호 적용 예시

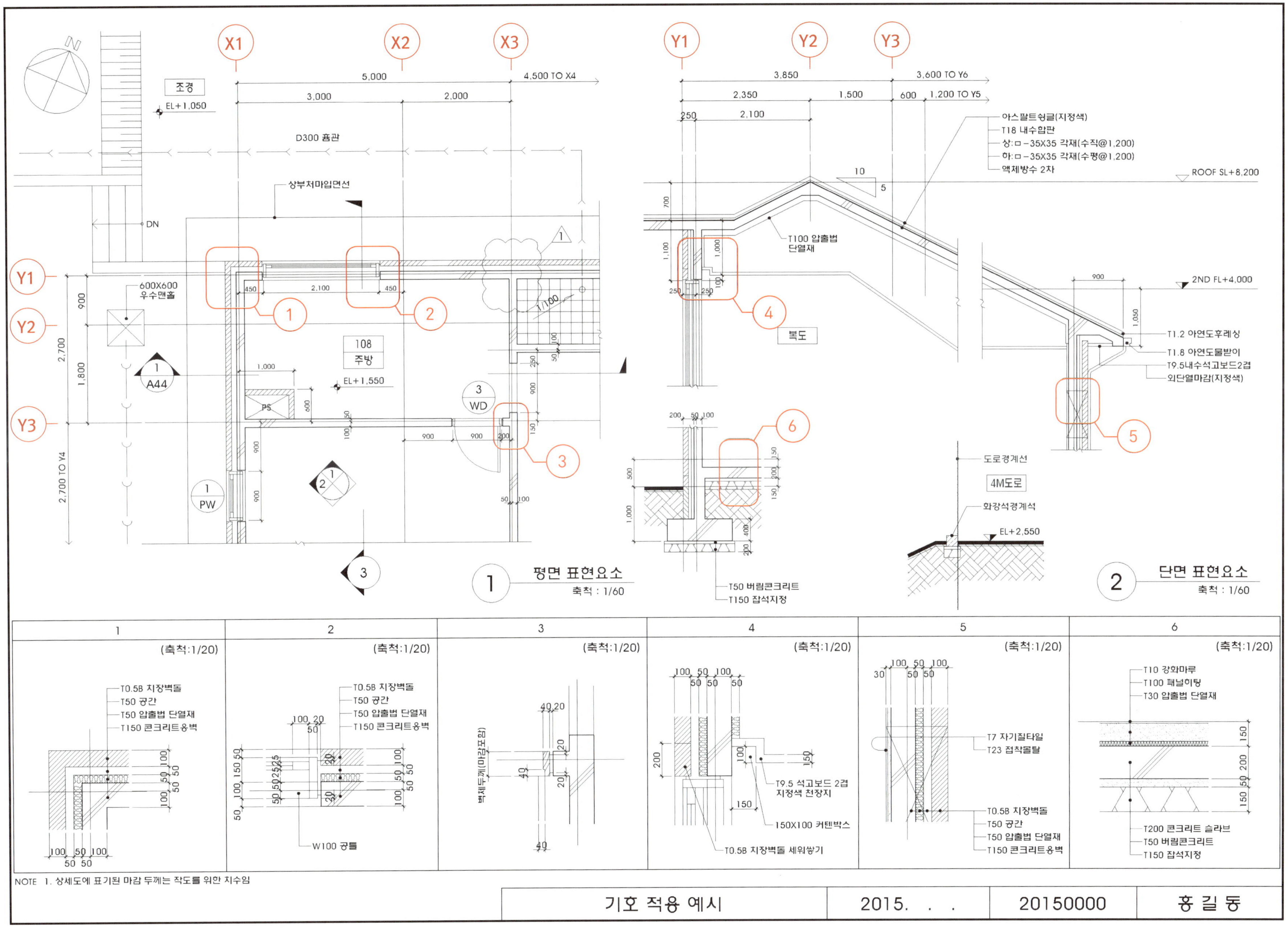
X1
X2
X3
Y1
Y2
Y3
조경
EL+1,050
D300 흄관
상부처마입면선
DN
600X600
우수맨홀
108
주방
EL+1,550
PS
A44
WD
PW
평면 표현요소
축척 : 1/60
아스팔트쉬글(지정색)
T18 내수합판
상:ㅁ-35X35 각재(수직@1,200)
하:ㅁ-35X35 각재(수평@1,200)
액체방수 2차
ROOF SL+8,200
T100 압출법
단열재
2ND FL+4,000
복도
T1.2 아연도후레싱
T1.8 아연도물받이
T9.5내수석고보드2겹
외단열마감(지정색)
도로경계선
4M도로
화강석경계석
EL+2,550
T50 버림콘크리트
T150 잡석지정
단면 표현요소
축척 : 1/60
(축척:1/20)
T0.58 지장벽돌
T50 공간
T50 압출법 단열재
T150 콘크리트옹벽
W100 공틀
벽체두께(마감포함)
T9.5 석고보드 2겹
지정색 천장지
150X100 커텐박스
T0.58 지장벽돌 세워쌓기
T7 자기질타일
T23 접착몰탈
T10 강화마루
T100 패널히팅
T30 압출법 단열재
T200 콘크리트 슬라브
T50 버림콘크리트
T150 잡석지정
NOTE 1. 상세도에 표기된 마감 두께는 작도를 위한 치수임
기호 적용 예시
2015. . .
20150000
홍 길 동

03 기호 작성 연습

1 재료기호 작성 연습

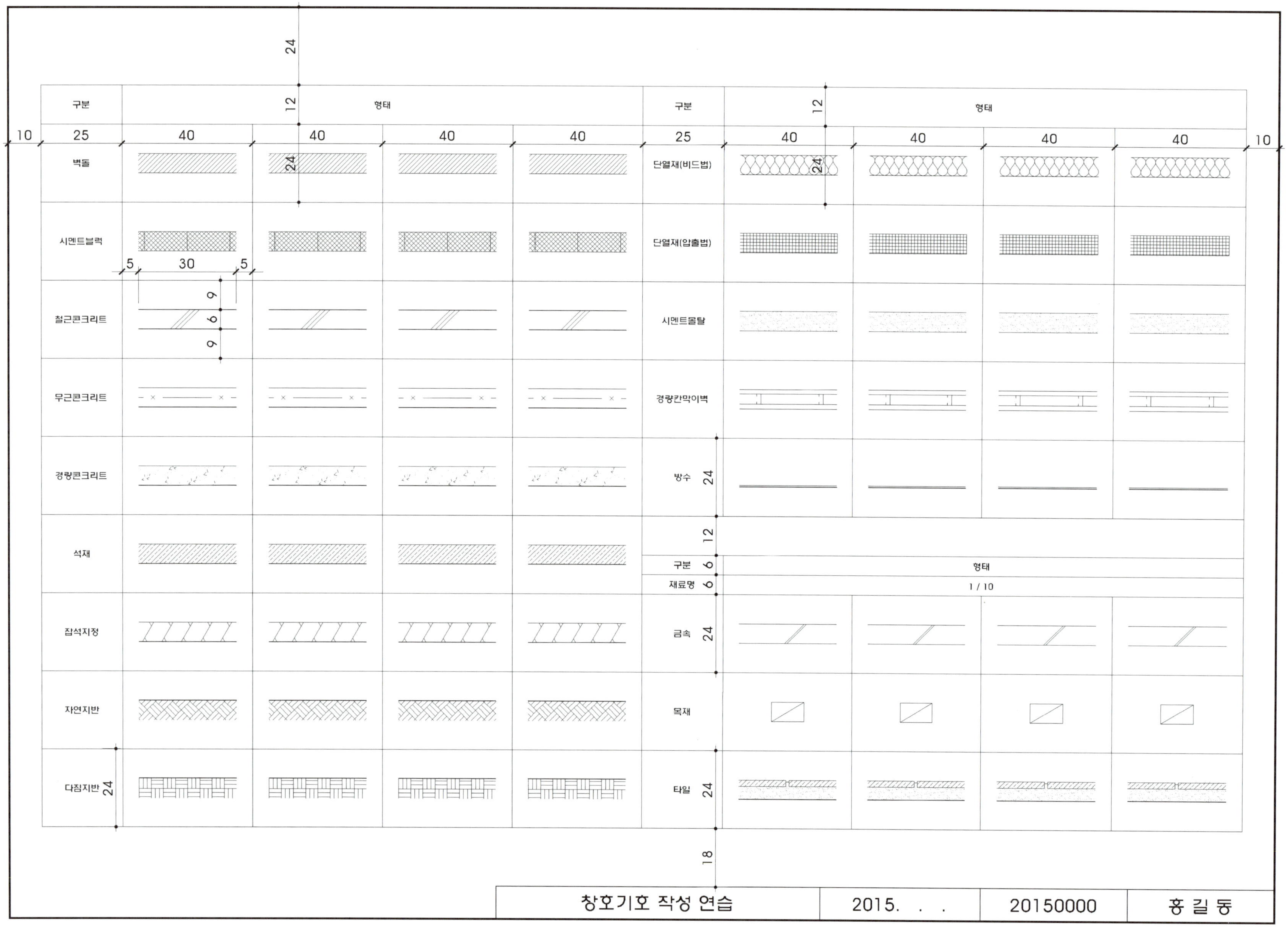

2 창호기호 작성 연습

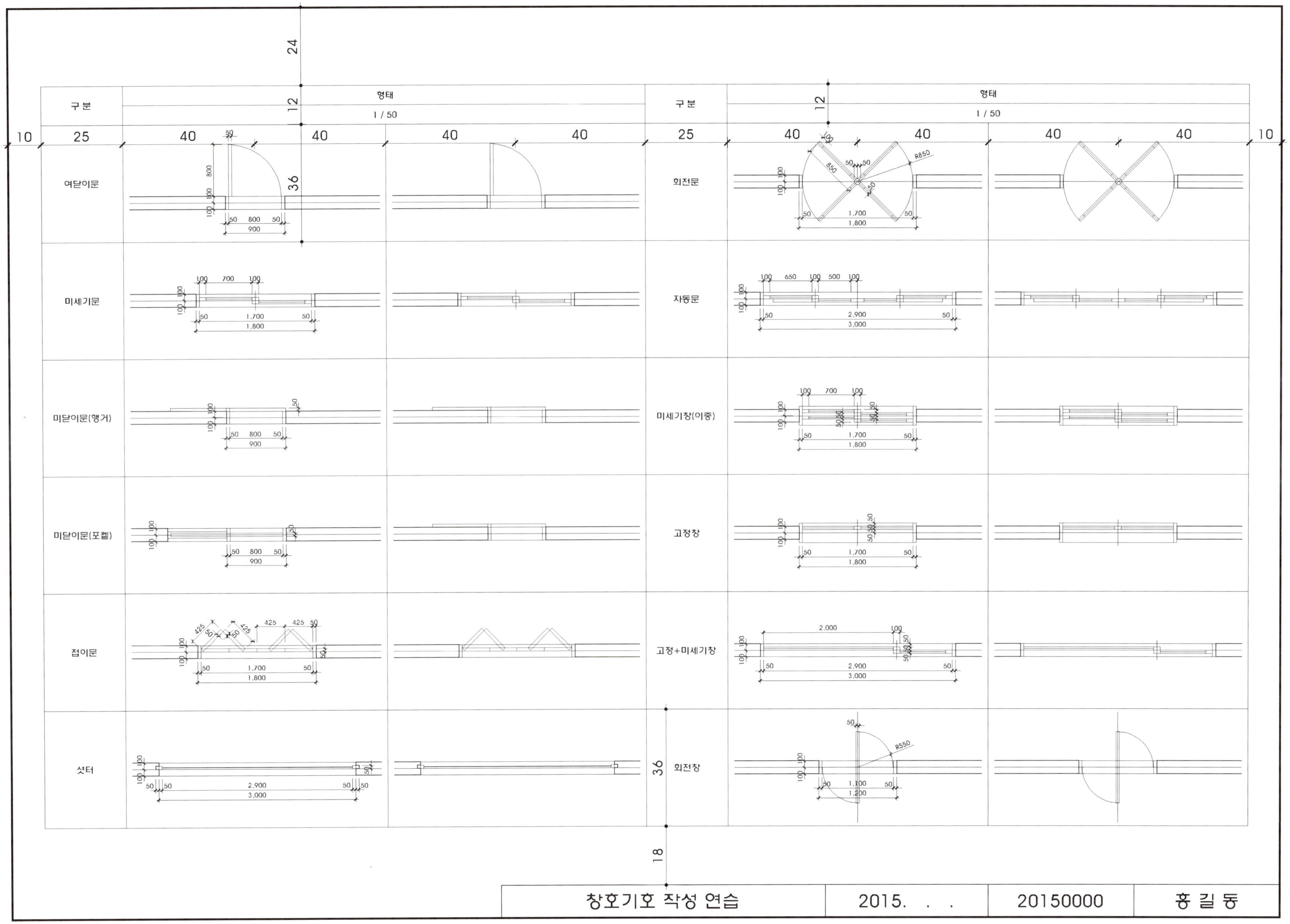
구분
형태
1 / 50
여닫이문
미세기문
미닫이문(행거)
미닫이문(포켓)
접이문
셧터
회전문
자동문
미세기창(이중)
고정창
고정+미세기창
회전창
창호기호 작성 연습
2015. . .
20150000
홍 길 동

3 수목기호 작성 연습

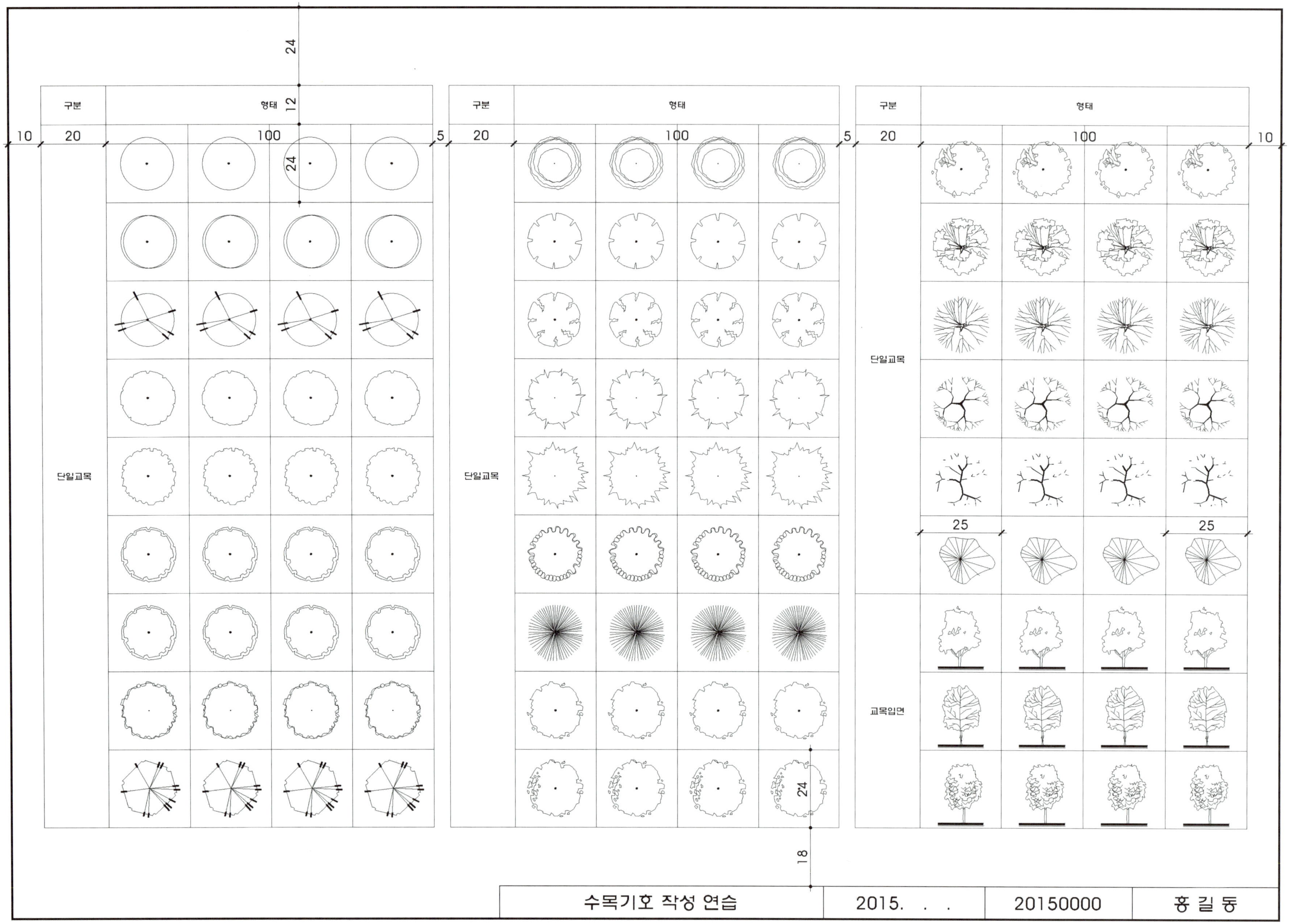

구분
형태
10
20
100
5
24
12
18
25
단일교목
교목입면
수목기호 작성 연습
2015. . .
20150000
홍 길 동

4 수목 및 기타기호 작성 연습

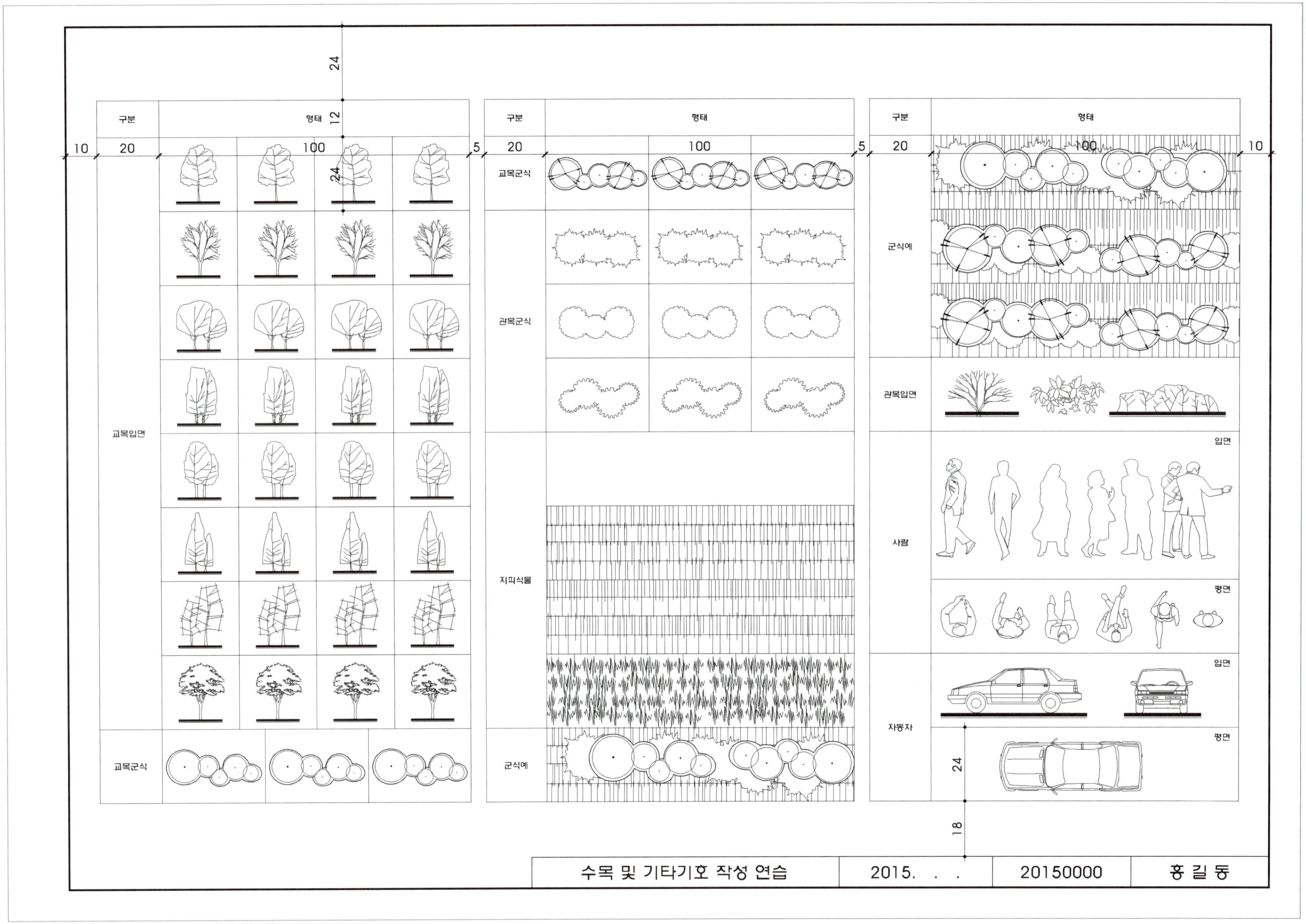

03 CHAPTER 도면 작성 연습 -단선

1. 단선형 Mass 전개도

01 단선형 Mass 전개도 1

* 이해를 돕기위한 Mass 제작용
* 번호에 맞게 맞대어 접합을 전제

➡ Mass를 보면서 도면작성을 해본다.

구분	선유형	골접기	산접기
절단선	——		
골접기	- - - -		
산접기	—·—		
접착부	*		

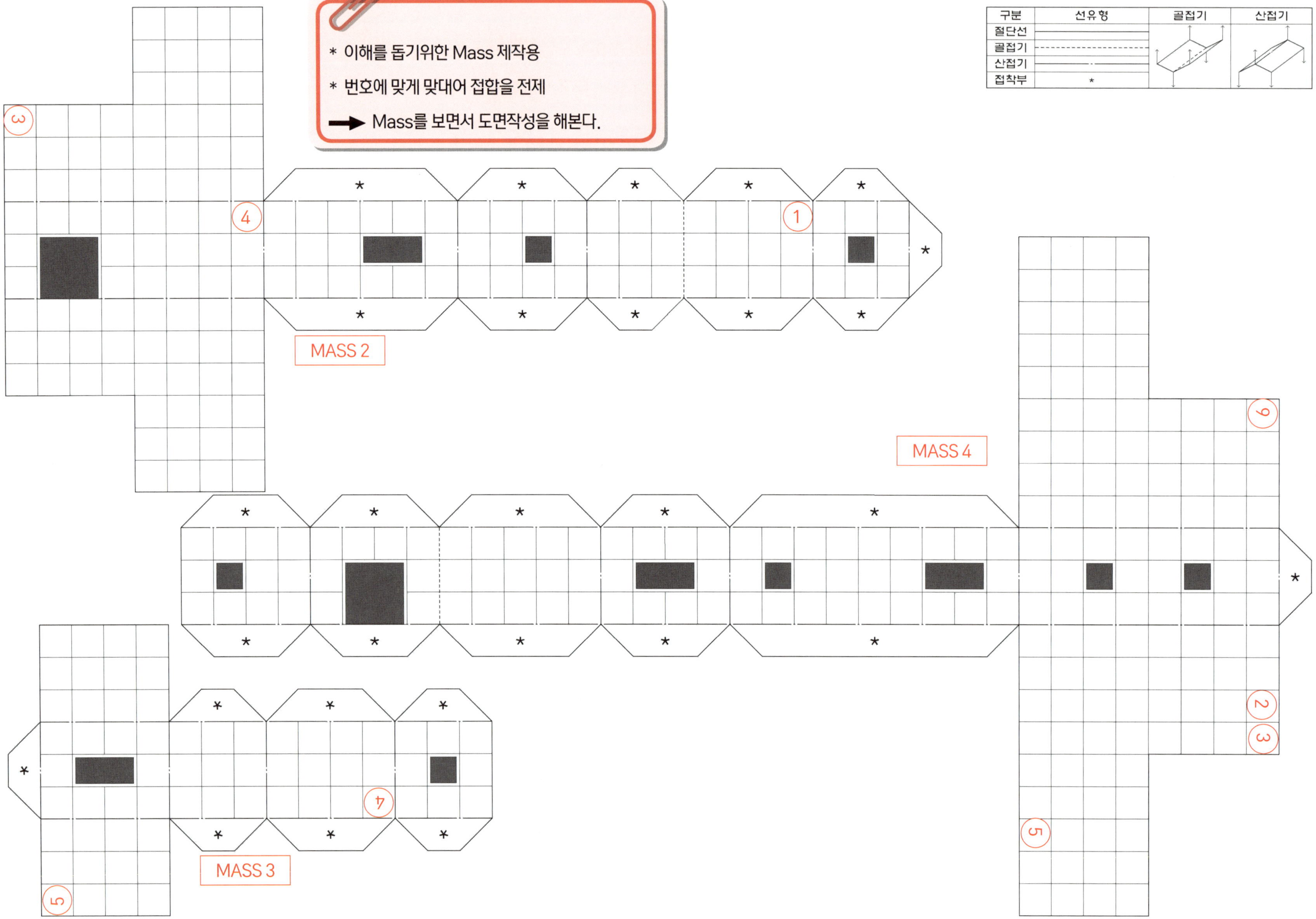

02 단선형 Mass 전개도 2

구분	선유형	골접기	산접기
절단선	————		
골접기	- - - - - -		
산접기	——·——		
접착부	*		

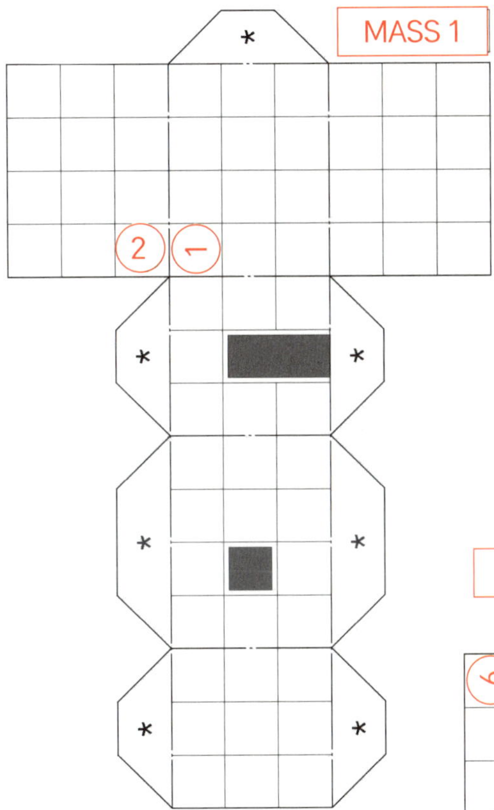

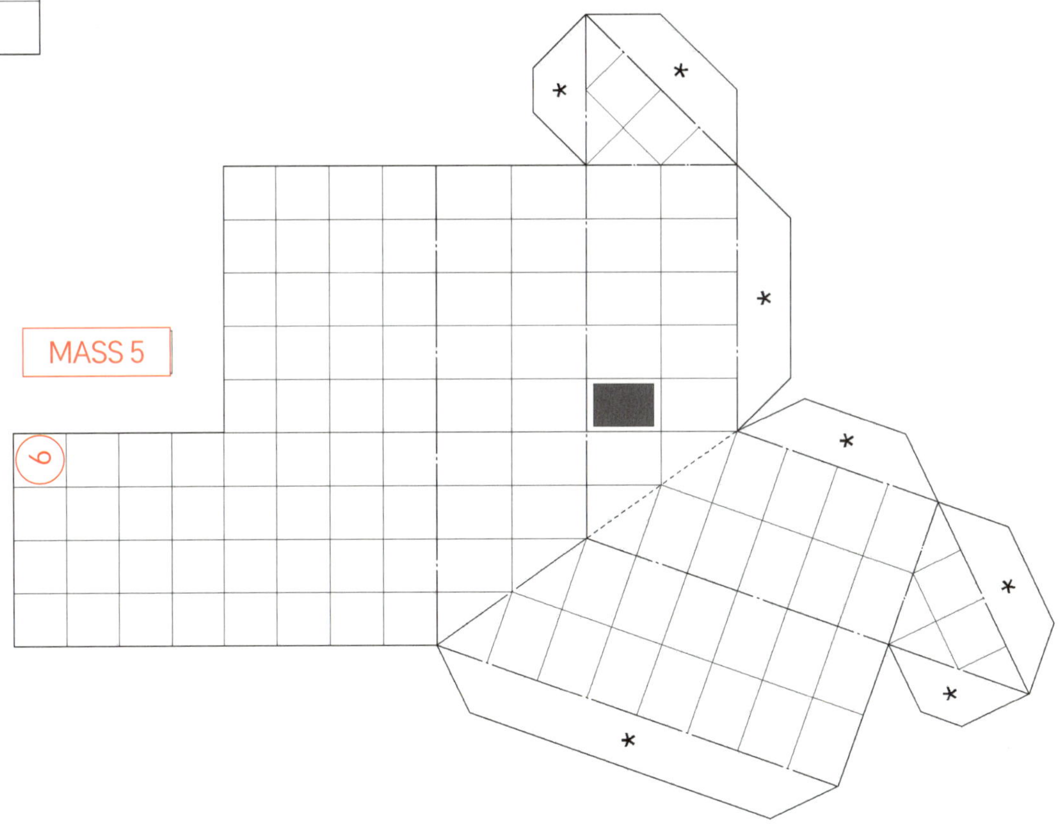

2. 단선형 Mass A

3. 단선형 Mass B

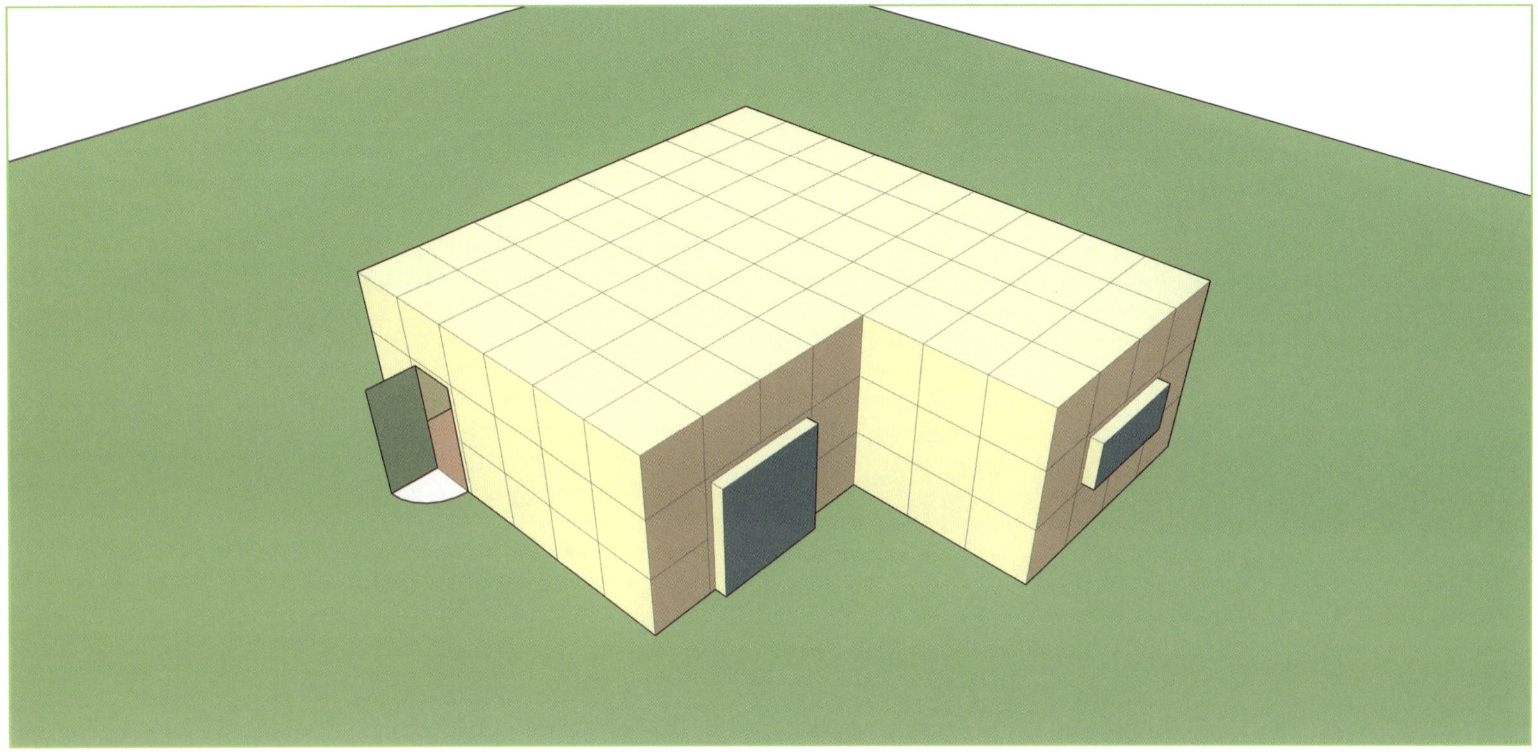

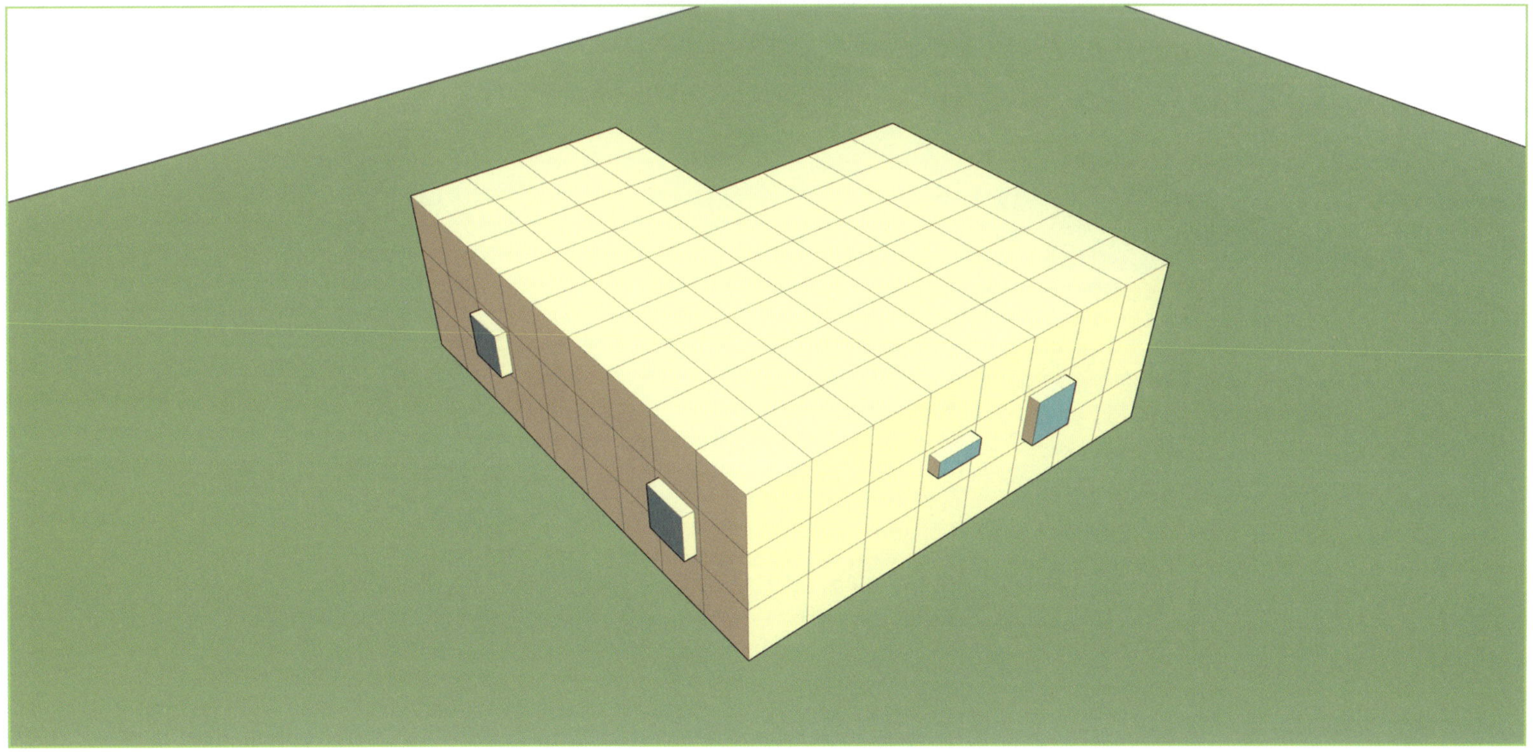

4. 단선형 Mass C

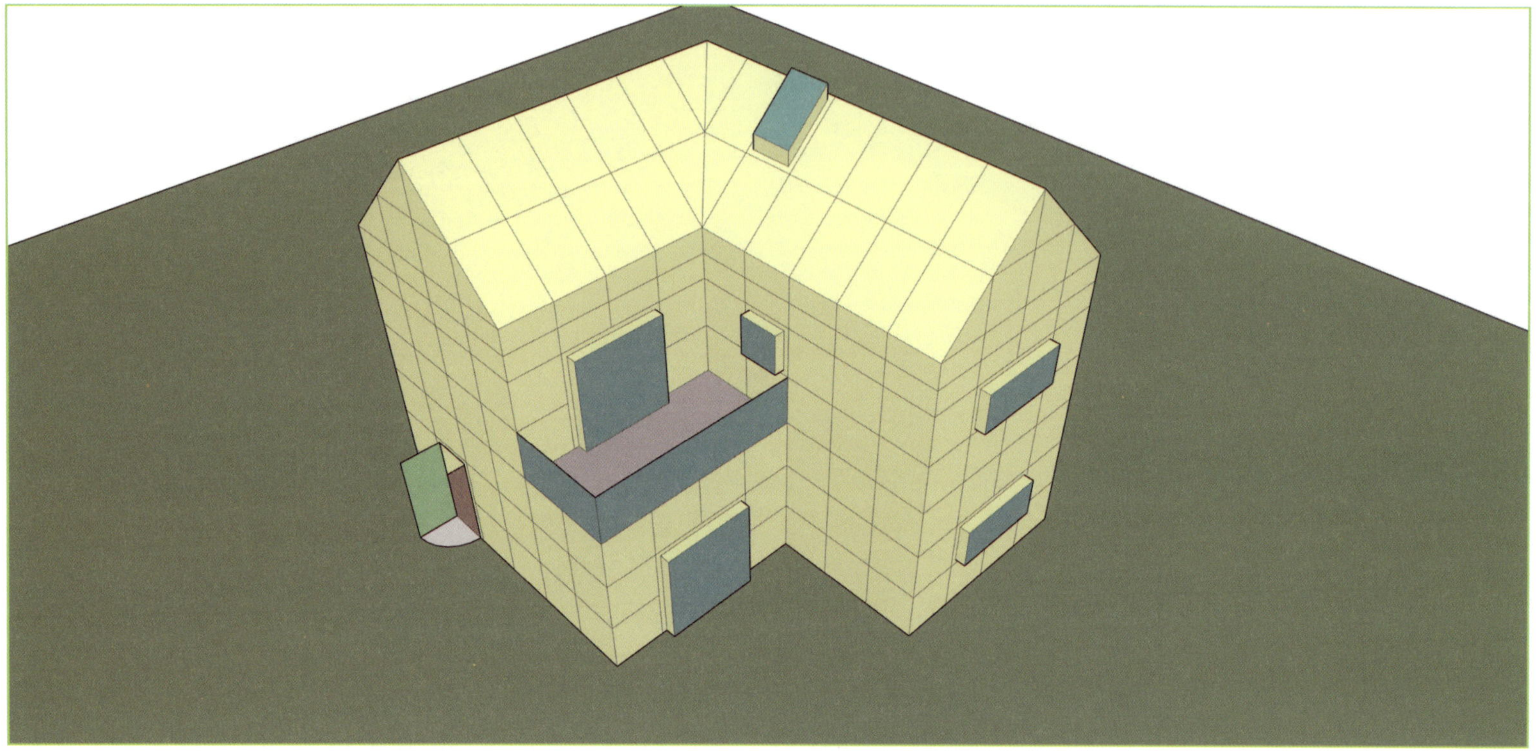

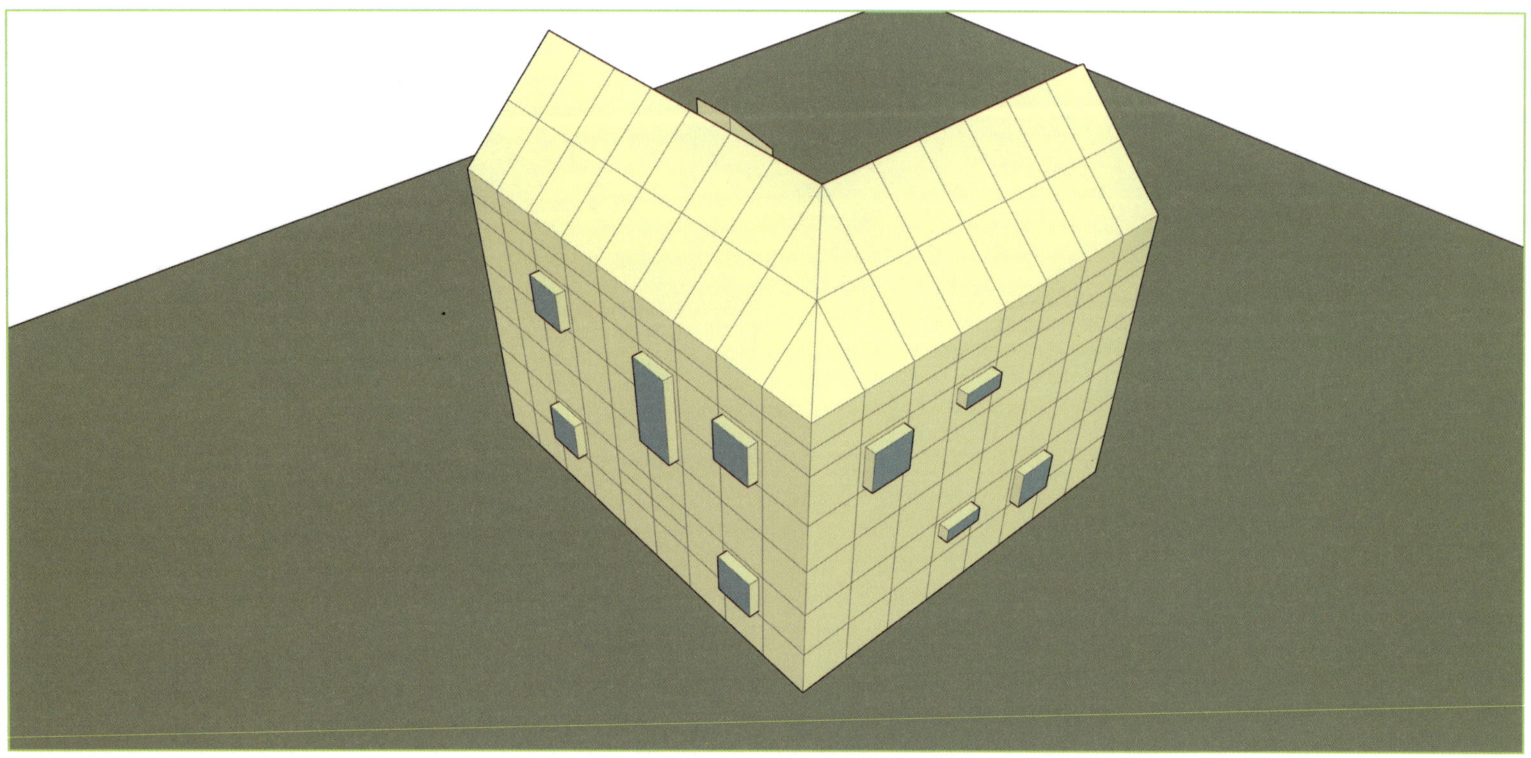

5. 단선형 Mass 작성예시

01 단선형 Mass A 작성예시

* ☒ : 창이나 문과 같은 개구부의 위치
* 창문의 표현 규칙 : 벽체보다 튀어나오게 표시하여 위치확인 가능하게 한다.

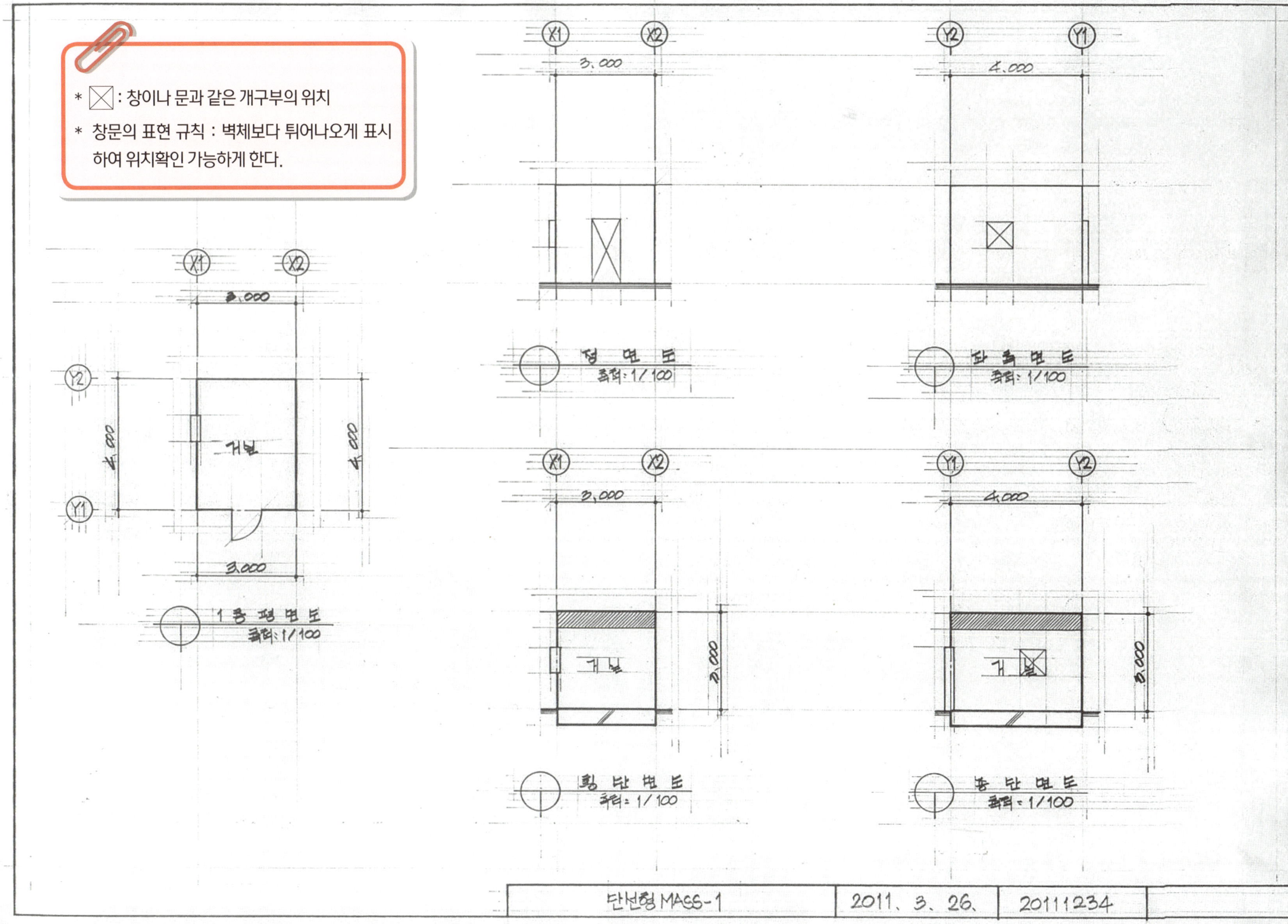

02 단선형 Mass B 작성예시 - 1

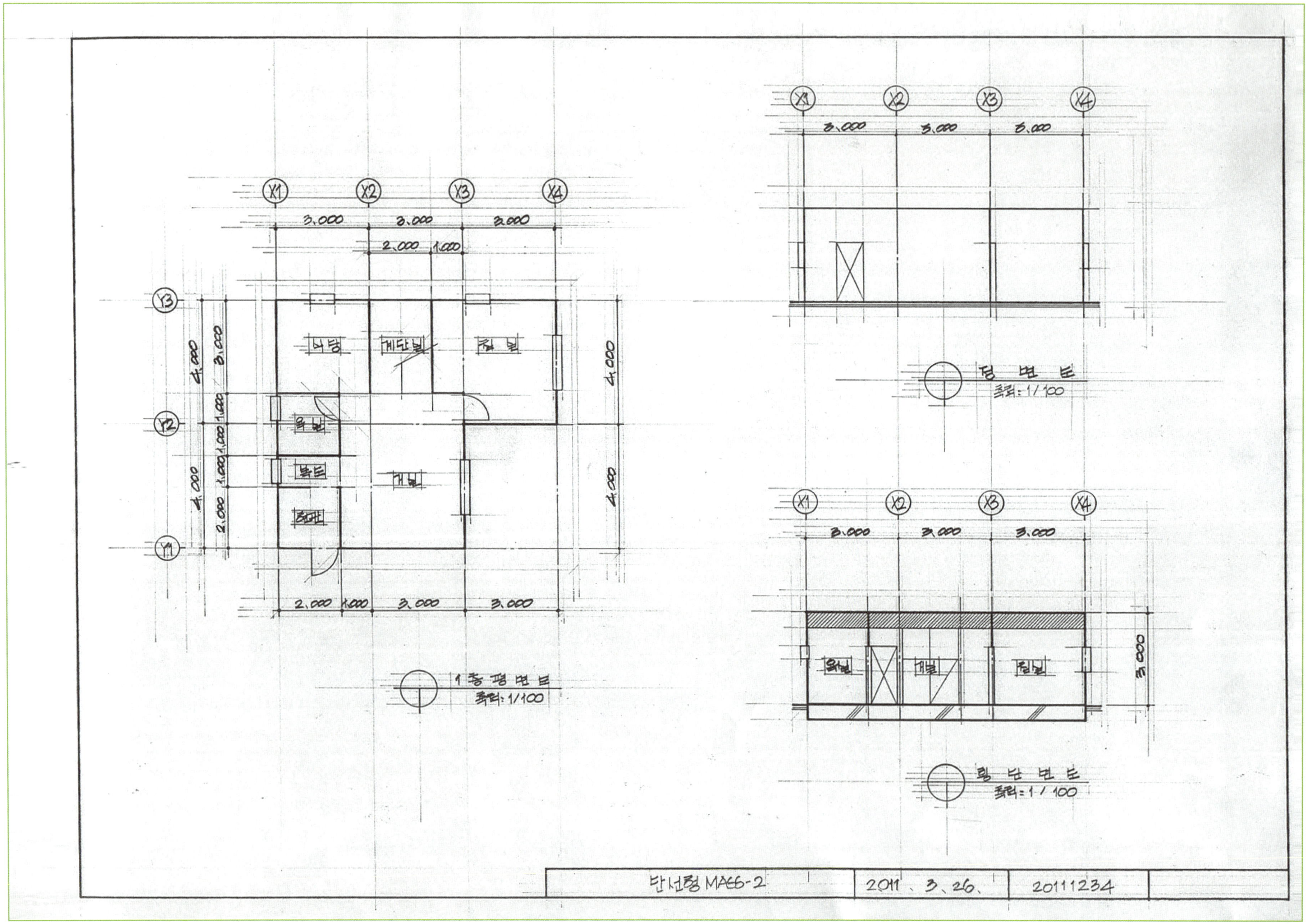

03 단선형 Mass B 작성예시 – 2

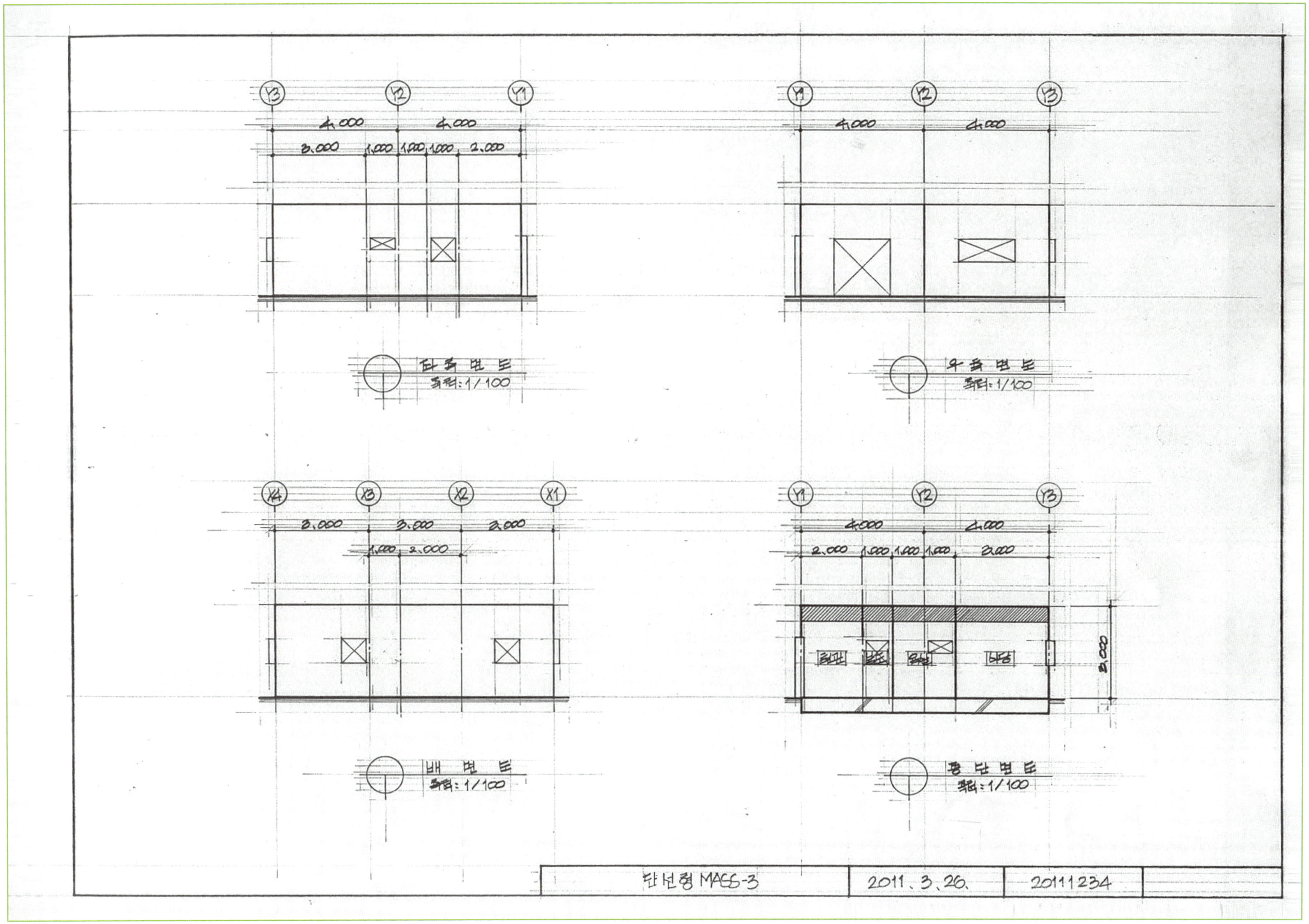

04 단선형 Mass C 작성예시 - 1

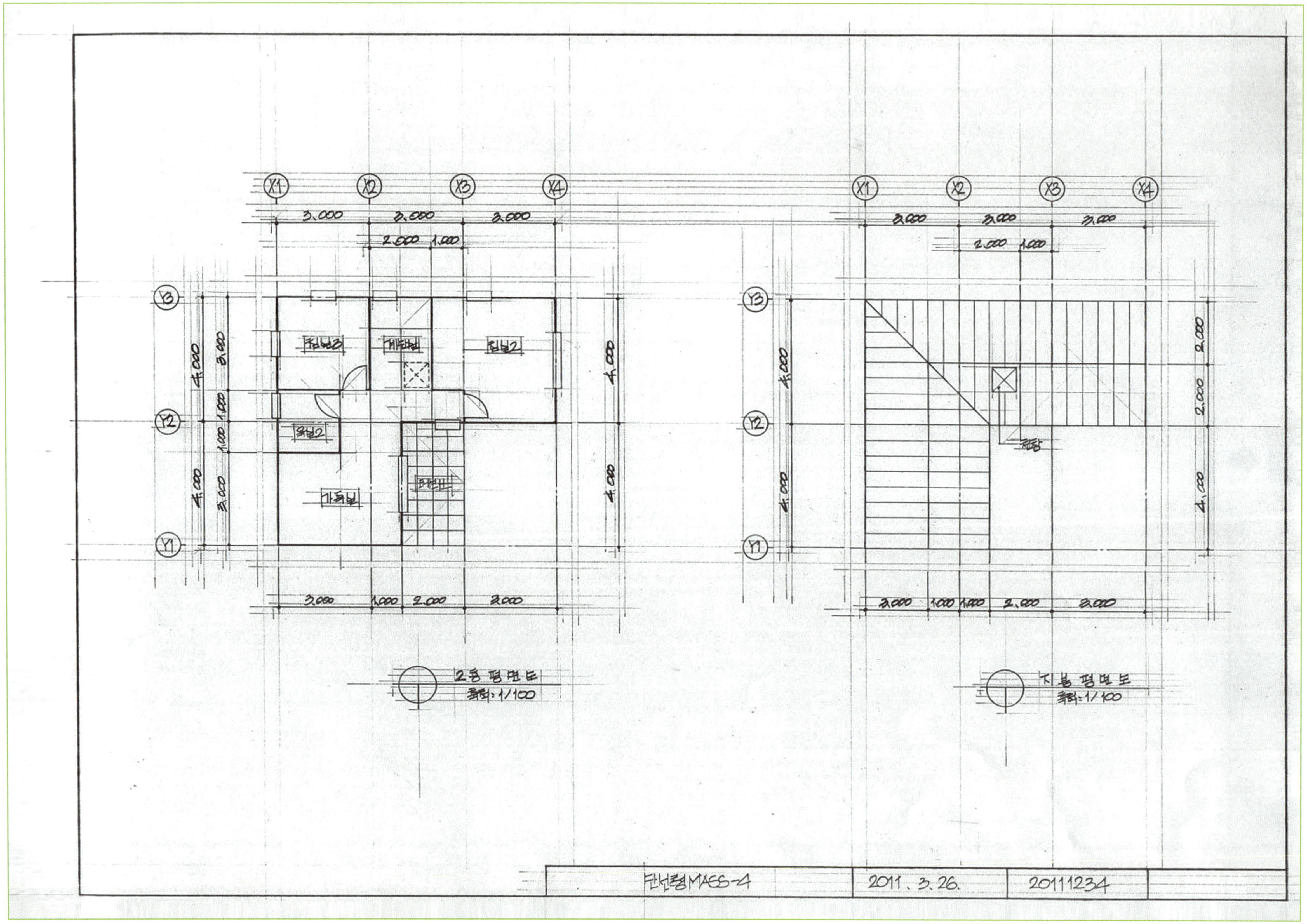

05 단선형 Mass C 작성예시 – 2

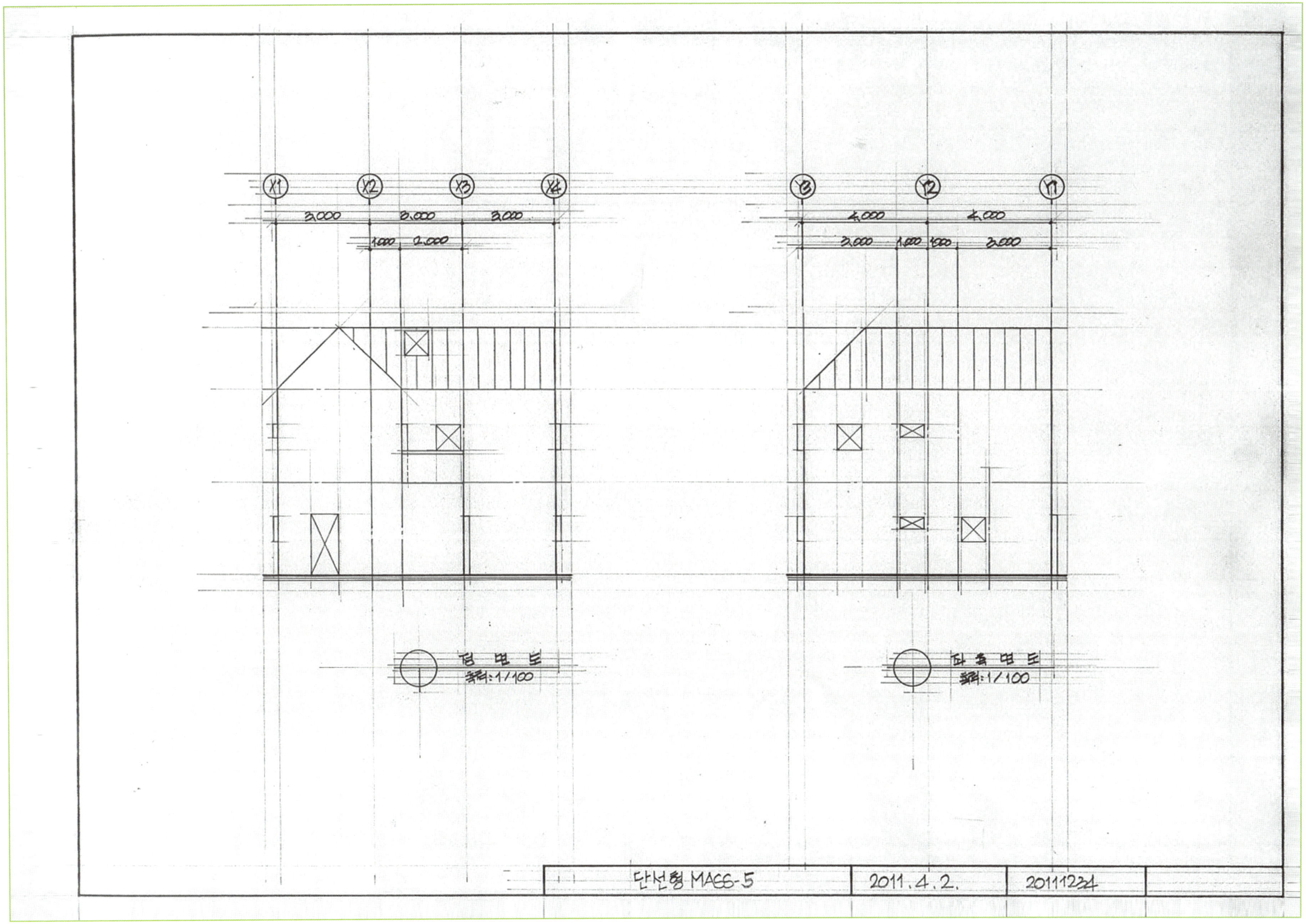

06 단선형 Mass C 작성예시 – 3

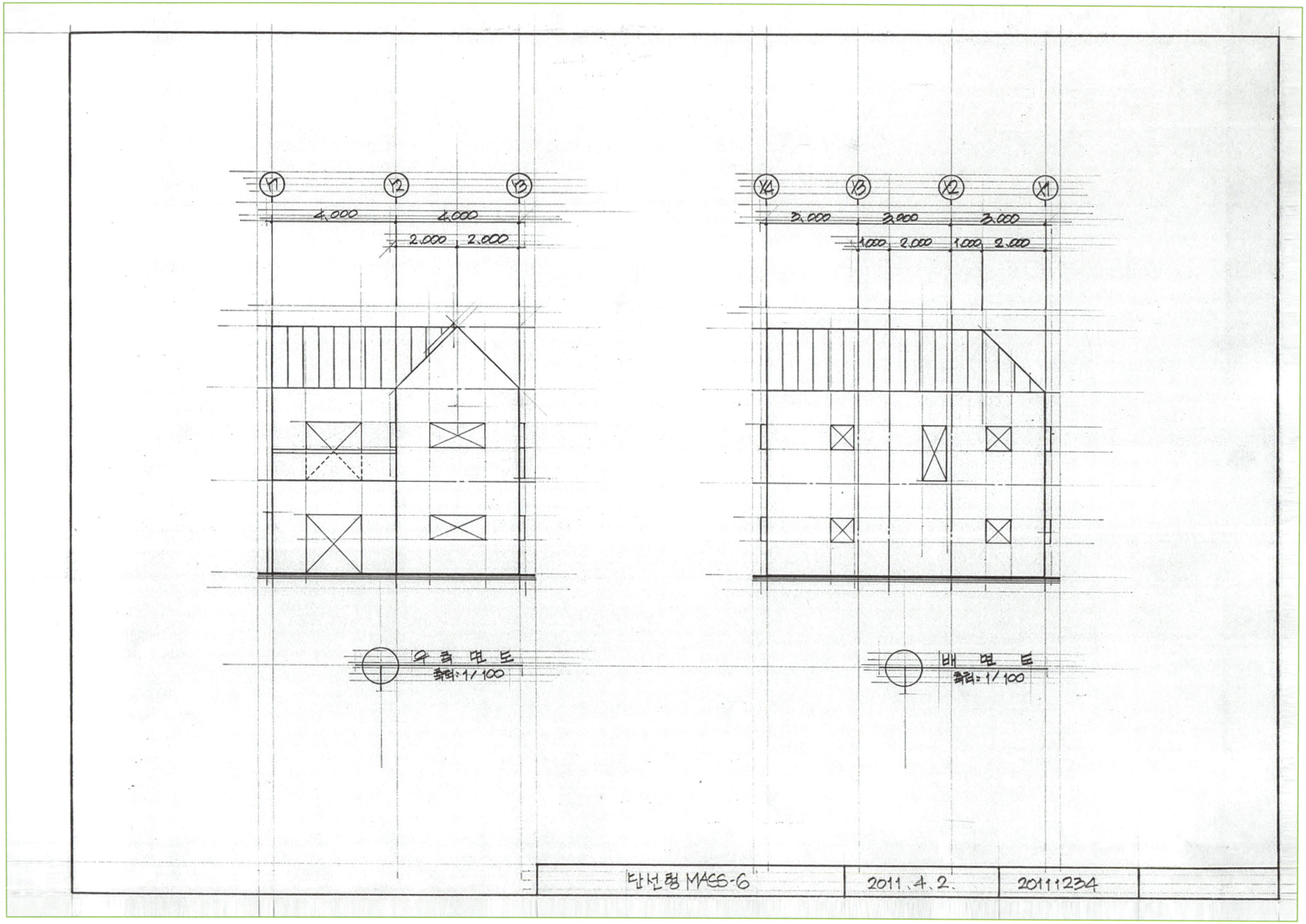

07 단선형 Mass C 작성예시 – 4

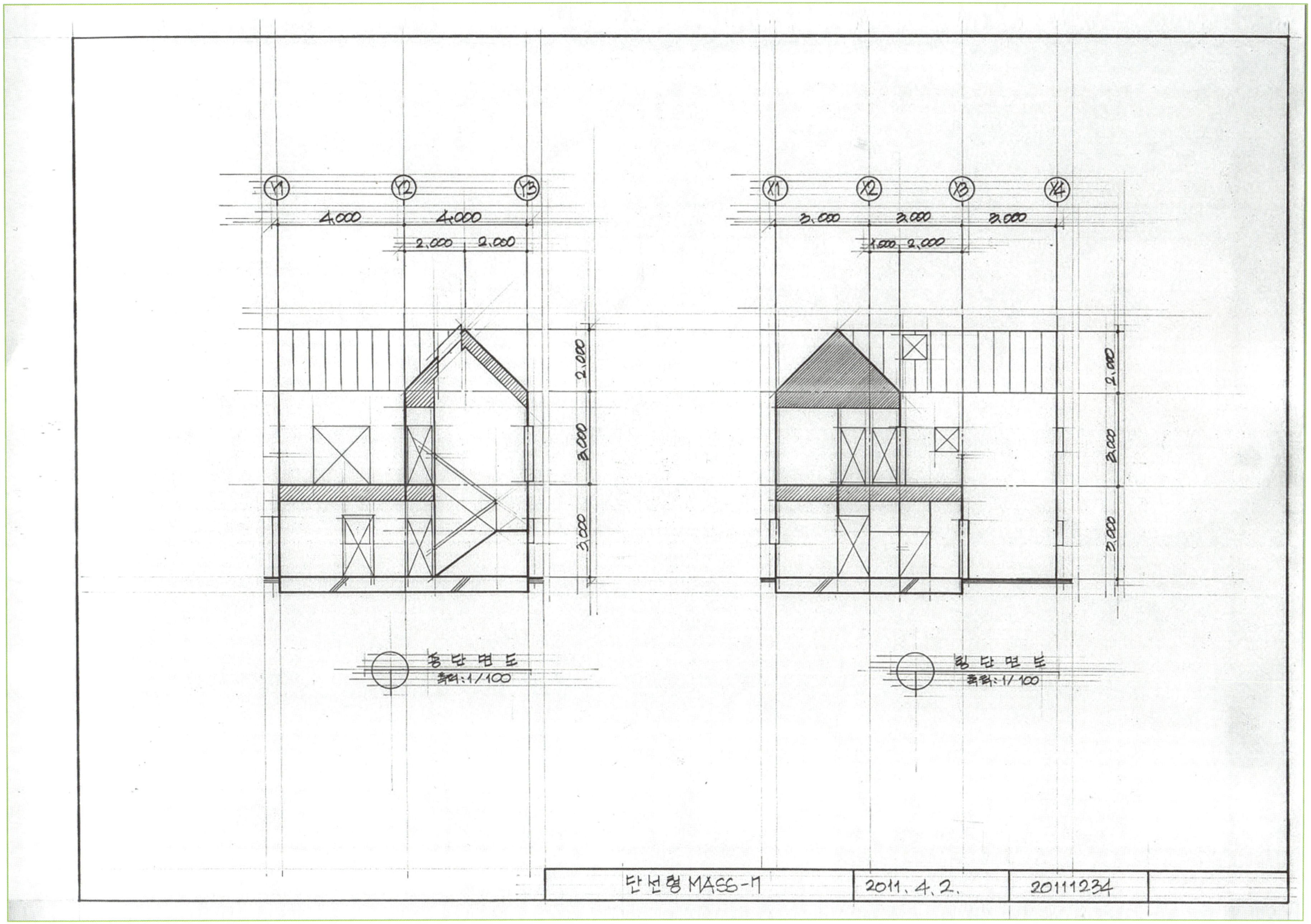

04 CHAPTER

도면 작성 연습 -복선

1. 도면 작성 예시 – 단독주택

2. 도면 작성순서 예시

3. 도면 작성 연습 – 부분 상세도

4. 도면 작성 연습 – 개요 및 배치도, 대지 단면도

1. 도면 작성 예시 - 단독주택

01 조감도

* 예시로 사용된 단독주택의 내용은 저자가 '이도 건축(현, 국민대 김개천 교수)' 재직 중 담당했던 내용을 수작업을 고려하여 재구성한 것이다.

02 도면목록표

(1) 도면목록표

도면번호	도면명	축척
A01	도면목록표, 건축개요, 지적도, 안내도	NONE
A02	투시도	NONE
A11	배치도	1/120
A12	대지종횡단면도	1/120
A21	1층 평면도	1/60
A22	2층 평면도	1/60
A23	지붕 평면도	1/60
A31	입면도-1	1/60
A32	입면도-2	1/60
A33	입면도-3	1/60
A34	입면도-5	1/60
A41	단면도-1	1/60
A42	단면도-2	1/60
A43	단면도-3	1/60
A44	단면도-4	1/60

(2) 건축개요

구분		내용	비고
공사명		향린동산 전원주택 신축공사	
대지위치		경기도 용인시 구성면 동백리 75-273	
지역지구		관리지역	
대지면적		632.00m²	
도로현황		전면 6.0m, 배면 4.0m	
건축면적		137.97m²	
건폐율	법정	40.00%	
	설계	21.83%	
연면적		236.64m²	
용적률	법정	100.00%	
	설계	30.63%	
구조		철근콘크리트조	
층수		지하1층, 지상2층	
건물높이		7.70m	
주자대수	산정	1+(236.64-150)/100=1.87	
	법정	2대	
	설계	2대	
조경	법정	31.60m²	
	비율	5.00%	
	설계	215.21m²	
	비율	34.05%	
공개공지	법정	해당없음	
	비율	-	
	설계	-	
	비율	-	
외장재료	지붕	아스팔트싱글	
	주재료	벽돌	
정화조		단독정화조(10인조)	
기타			

(3) 안내도(축척 : NONE)

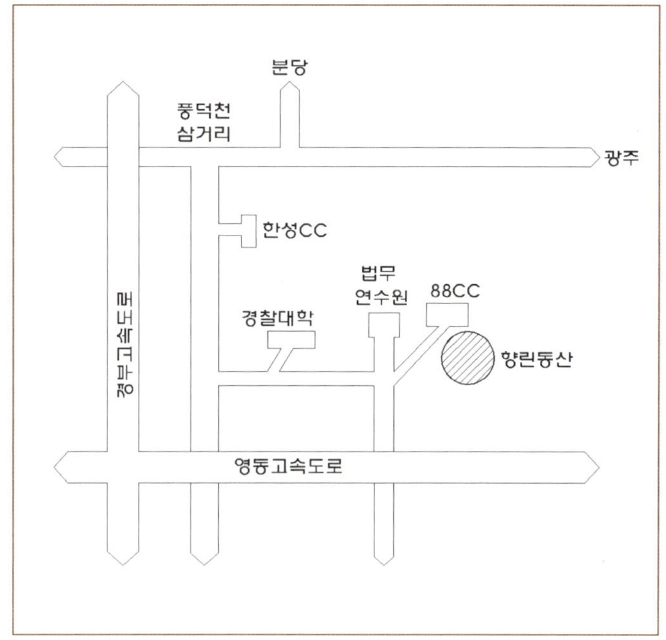

(12) 지적도(축척 : NONE)

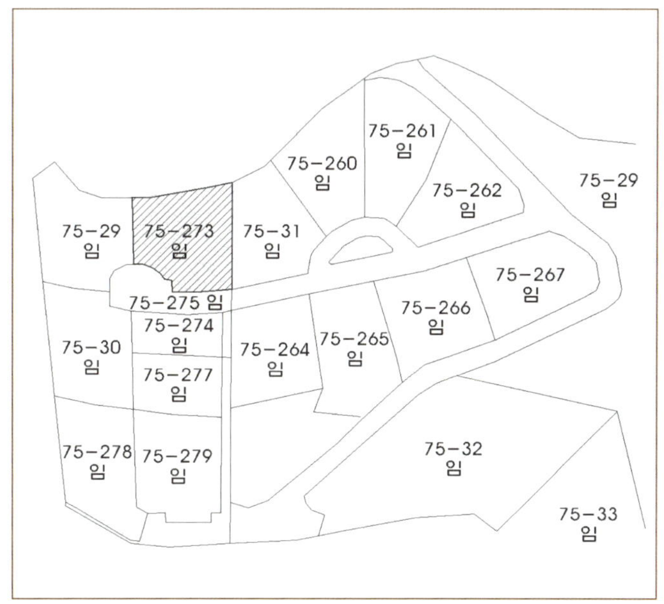

03 투시도

A02. 투시도	2015. . .	20150000	홍 길 동

04 배치도

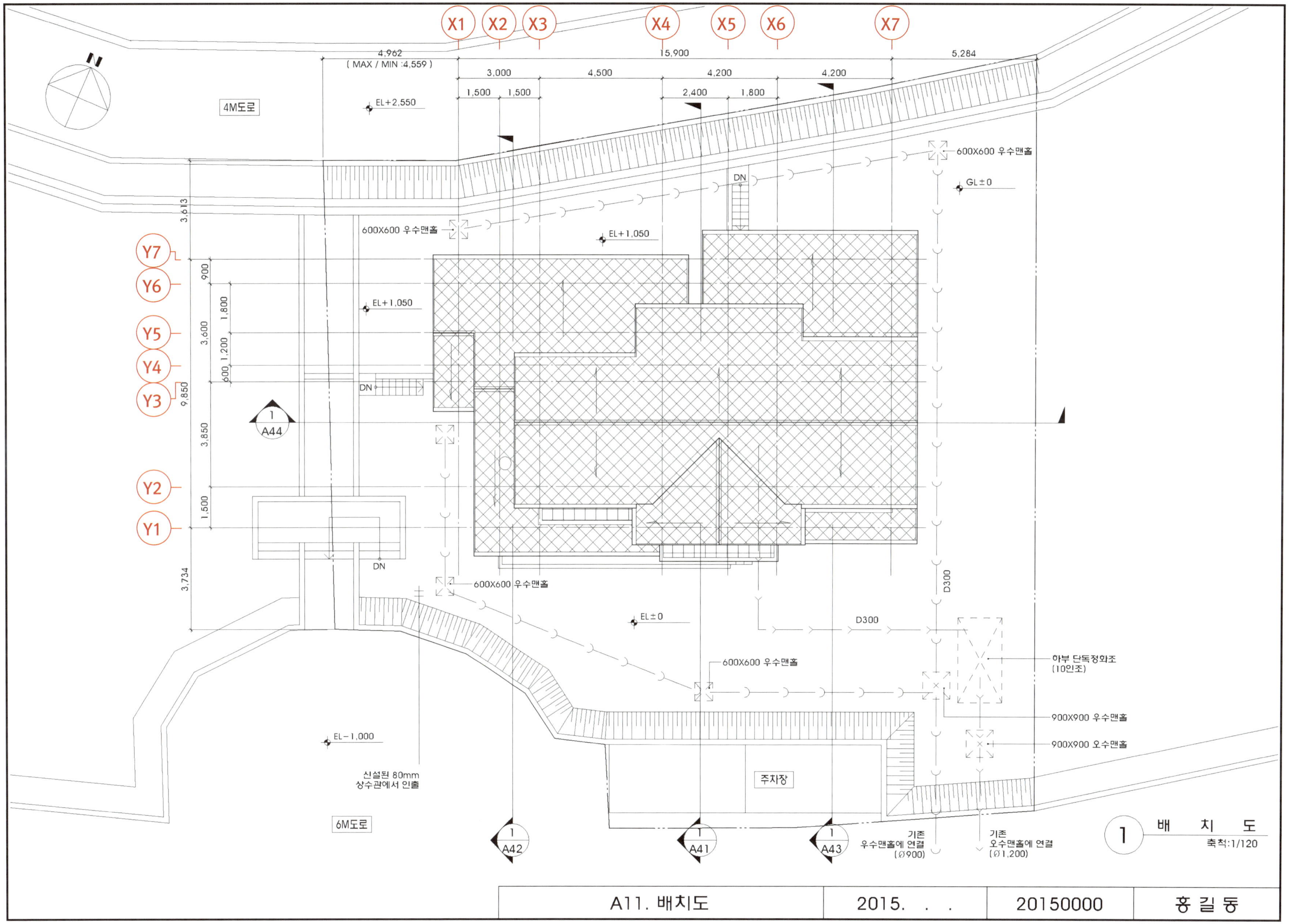

X1
X2
X3
X4
X5
X6
X7
Y1
Y2
Y3
Y4
Y5
Y6
Y7
4,962
(MAX / MIN :4,559)
15,900
5,284
3,000
4,500
4,200
4,200
1,500
1,500
2,400
1,800
3,613
900
1,800
3,600
1,200
600
9,850
3,850
1,500
3,734
4M도로
6M도로
EL+2,550
EL+1,050
EL+1,050
EL±0
EL-1,000
GL±0
600X600 우수맨홀
600X600 우수맨홀
600X600 우수맨홀
600X600 우수맨홀
900X900 우수맨홀
900X900 오수맨홀
하부 단독정화조
(10인조)
DN
DN
DN
D300
D300
주차장
신설된 80mm
상수관에서 인출
기존
우수맨홀에 연결
(Ø900)
기존
오수맨홀에 연결
(Ø1,200)
1 A44
1 A42
1 A41
1 A43
1 배 치 도
축척:1/120
A11. 배치도
2015. . .
20150000
홍 길 동

05 대지종횡단면도

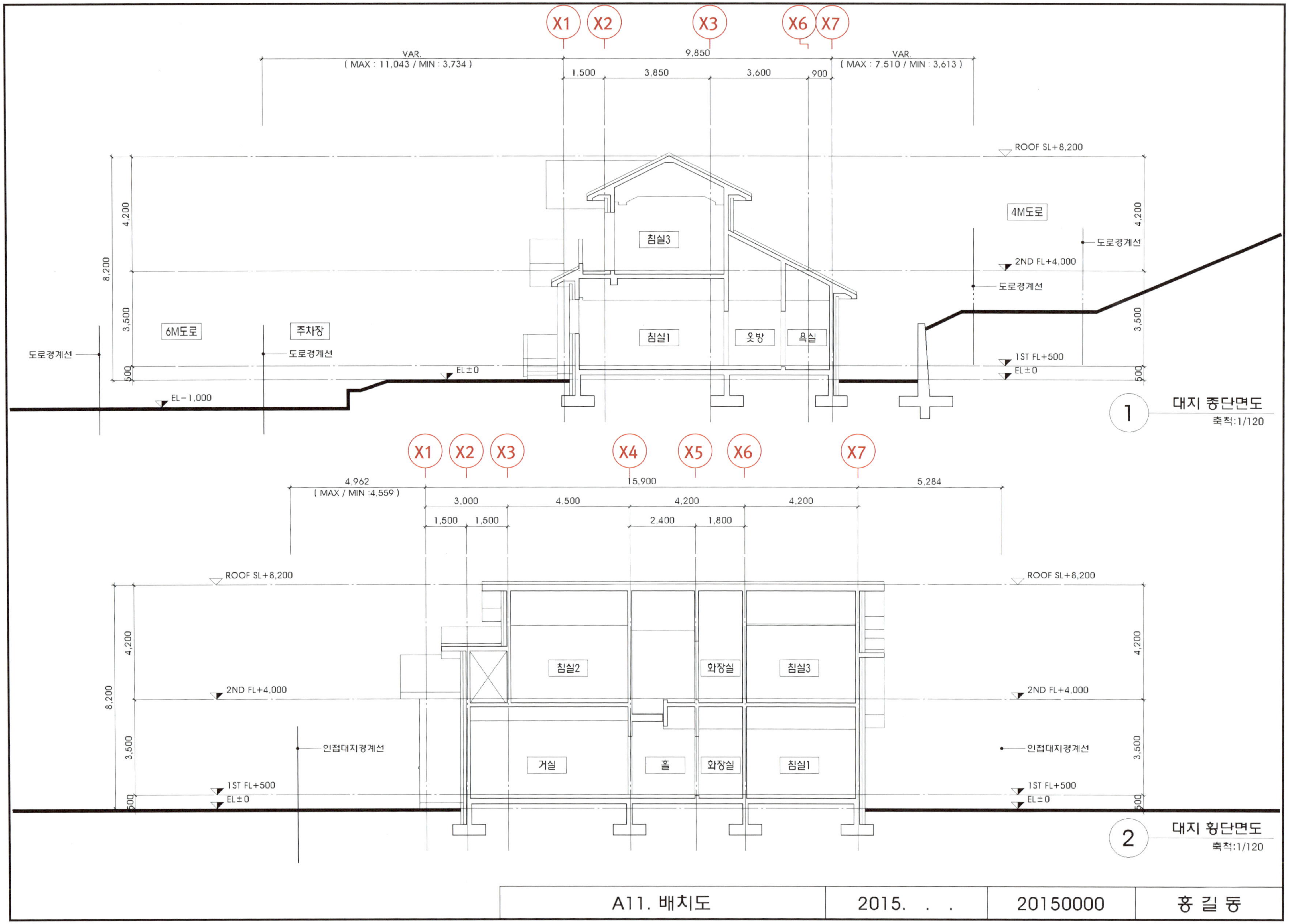
X1
X2
X3
X6
X7
VAR.
(MAX : 11,043 / MIN : 3,734)
9,850
1,500
3,850
3,600
900
VAR.
(MAX : 7,510 / MIN : 3,613)
ROOF SL+8,200
4M도로
도로경계선
2ND FL+4,000
도로경계선
침실3
침실1
옷방
욕실
6M도로
주차장
도로경계선
도로경계선
EL±0
1ST FL+500
EL±0
EL-1,000
4,200
3,500
500
8,200
대지 종단면도
축척:1/120
X1
X2
X3
X4
X5
X6
X7
4,962
(MAX / MIN :4,559)
15,900
5,284
3,000
4,500
4,200
4,200
1,500
1,500
2,400
1,800
ROOF SL+8,200
ROOF SL+8,200
침실2
화장실
침실3
2ND FL+4,000
2ND FL+4,000
인접대지경계선
인접대지경계선
거실
홀
화장실
침실1
1ST FL+500
EL±0
1ST FL+500
EL±0
대지 횡단면도
축척:1/120
A11. 배치도
2015. . .
20150000
홍 길 동

06 1층 평면도

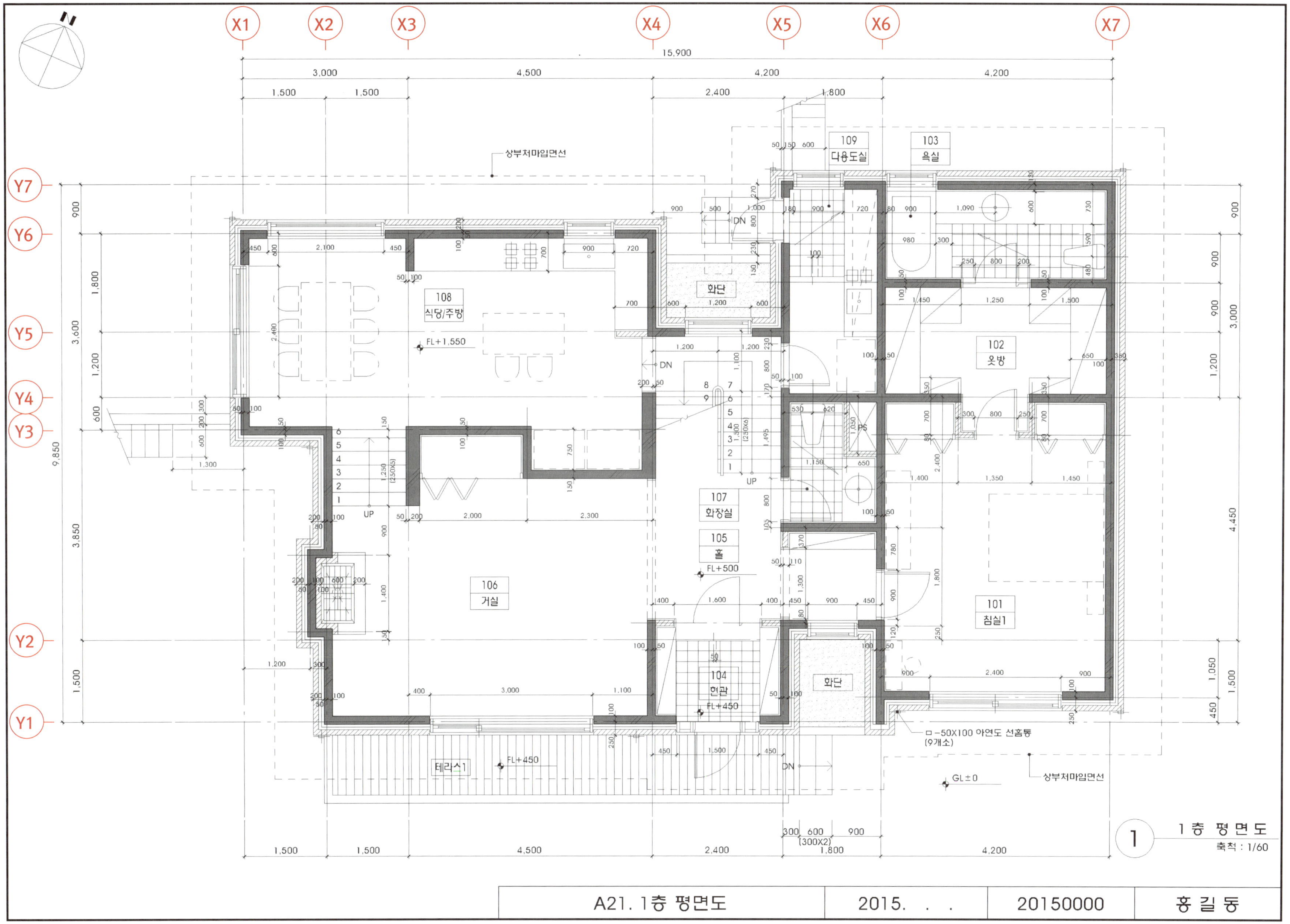
109
다용도실
103
욕실
108
식당/주방
화단
102
옷방
107
화장실
105
홀
106
거실
101
침실1
104
현관
테라스1
상부처마입면선
1 층 평 면 도
축척 : 1/60
A21. 1층 평면도
2015. . .
20150000
홍 길 동

07 2층 평면도

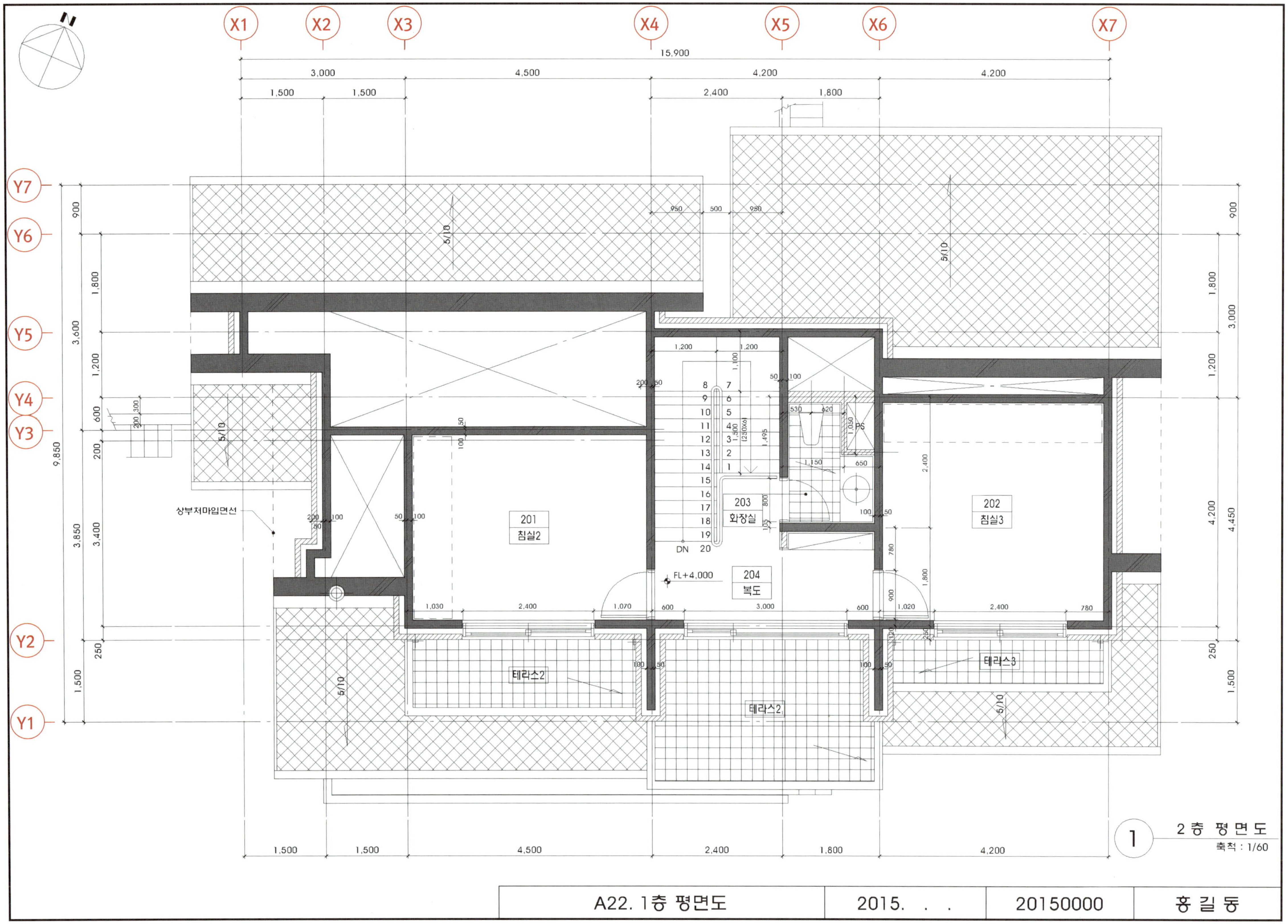
X1
X2
X3
X4
X5
X6
X7
Y7
Y6
Y5
Y4
Y3
Y2
Y1
15,900
3,000
4,500
4,200
4,200
1,500
1,500
2,400
1,800
201
침실2
202
침실3
203
화장실
204
복도
FL+4,000
DN
테라스2
테라스3
상부처마일면선
PS
2층 평면도
축척 : 1/60
A22. 1층 평면도
2015. . .
20150000
홍 길 동

08 지붕 평면도

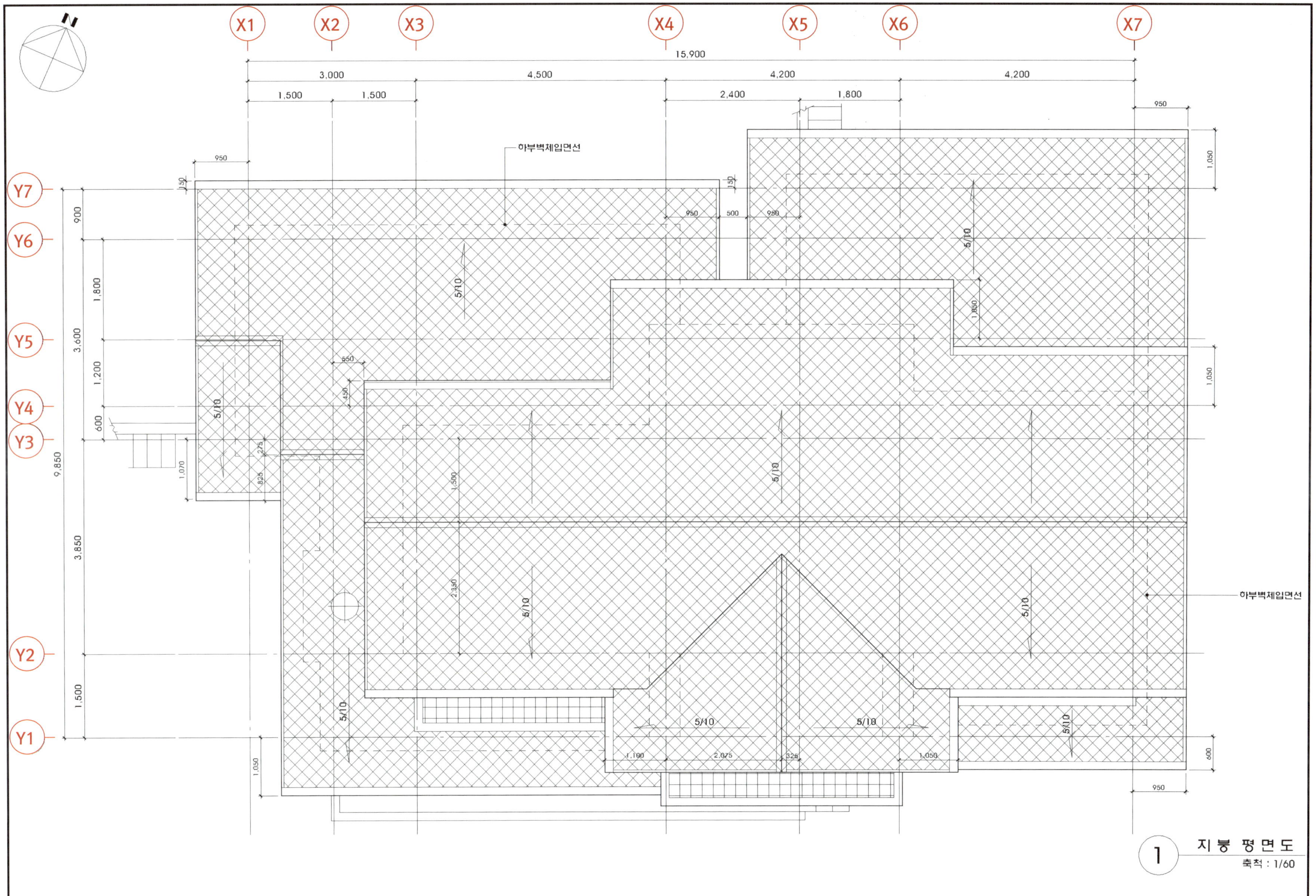

A23. 지붕 평면도	2015. . .	20150000	홍 길 동

09 정면도

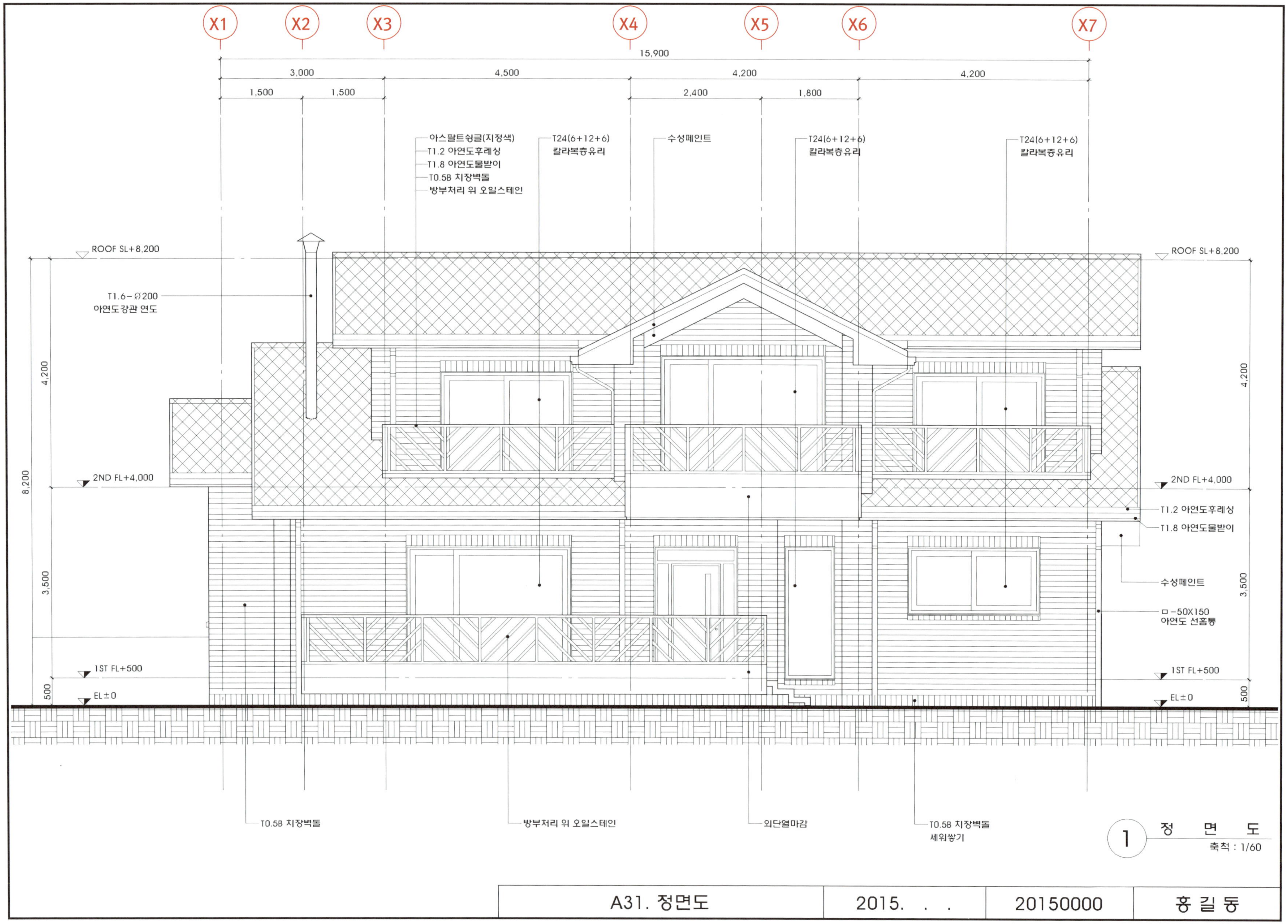
X1
X2
X3
X4
X5
X6
X7
15,900
3,000
4,500
4,200
4,200
1,500
1,500
2,400
1,800
아스팔트싱글(지정색)
T1.2 아연도후레싱
T1.8 아연도물받이
T0.58 지장벽돌
방부처리 위 오일스테인
T24(6+12+6)
칼라복층유리
수성페인트
T24(6+12+6)
칼라복층유리
T24(6+12+6)
칼라복층유리
ROOF SL+8,200
T1.6-Ø200
아연도강관 연도
ROOF SL+8,200
4,200
8,200
4,200
2ND FL+4,000
2ND FL+4,000
T1.2 아연도후레싱
T1.8 아연도물받이
수성페인트
3,500
3,500
□-50X150
아연도 선홈통
1ST FL+500
1ST FL+500
500
EL±0
EL±0
500
T0.58 지장벽돌
방부처리 위 오일스테인
외단열마감
T0.58 지장벽돌
세워쌓기
1 정 면 도
축척 : 1/60
A31. 정면도
2015. . .
20150000
홍 길 동

10 좌측면도

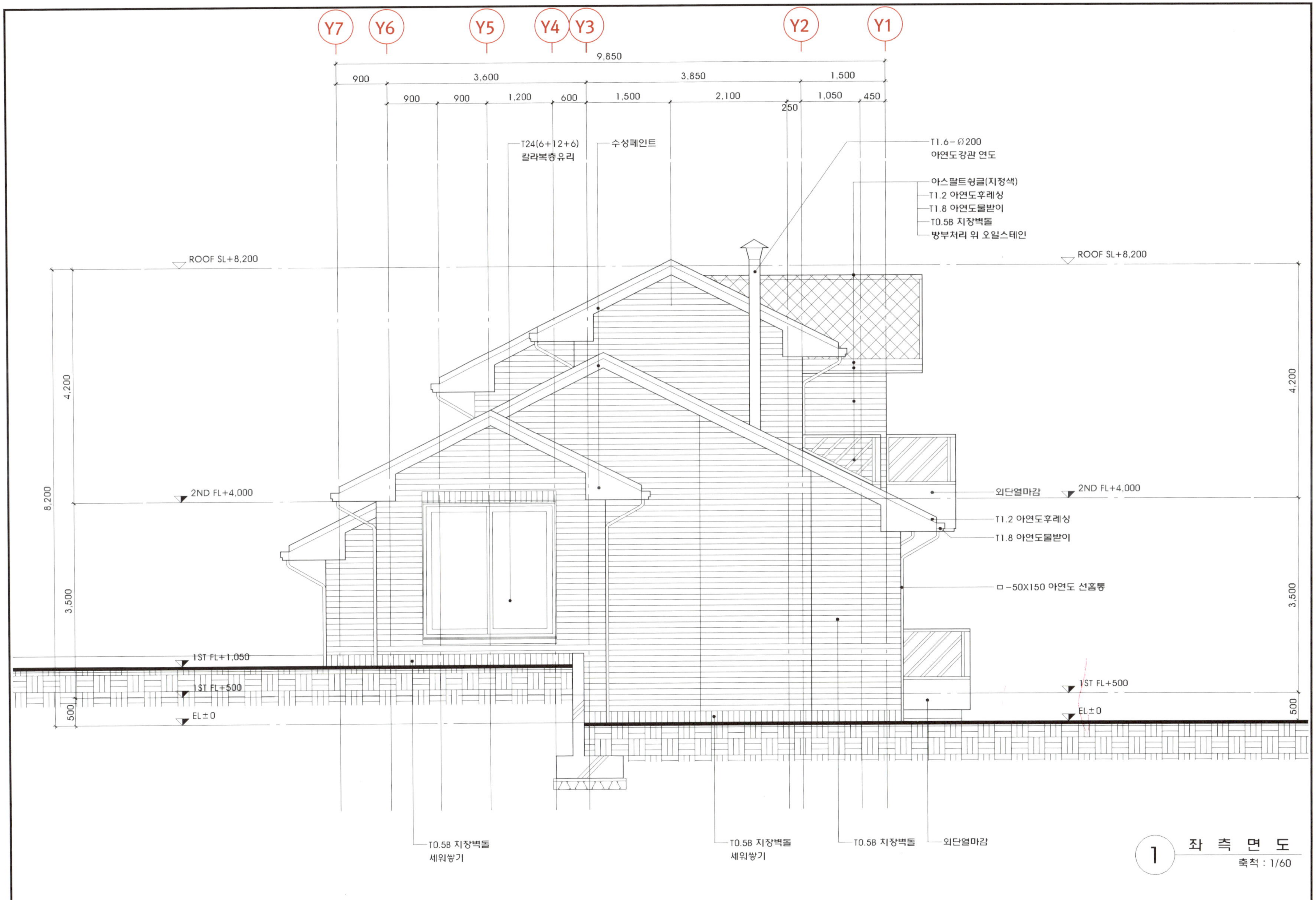

A32. 좌측면도	2015. . .	20150000	홍 길 동

11 우측면도

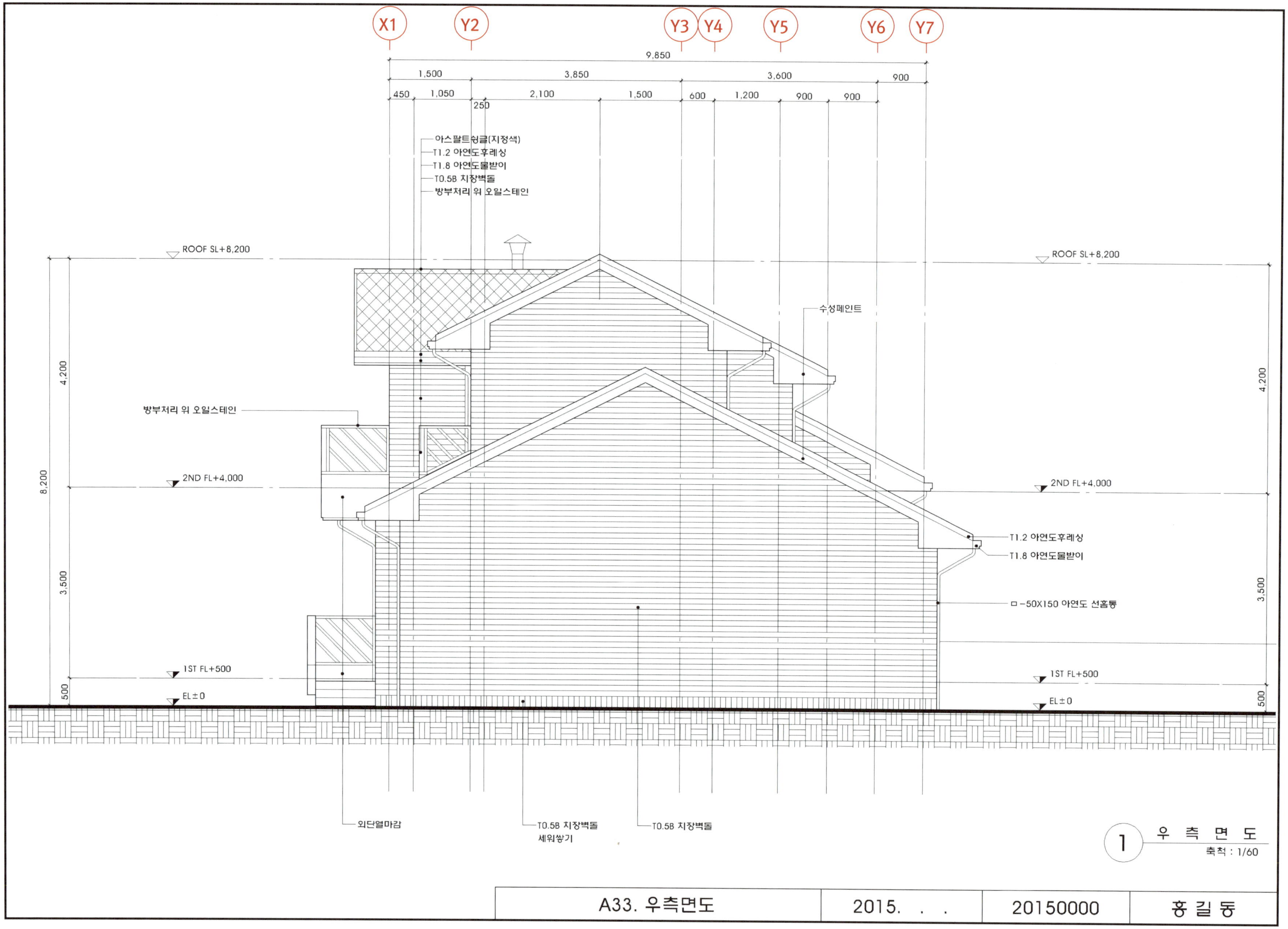
X1
Y2
Y3
Y4
Y5
Y6
Y7
9,850
1,500
3,850
3,600
900
450
1,050
2,100
1,500
600
1,200
900
900
250
아스팔트쉬글(지정색)
T1.2 아연도후레싱
T1.8 아연도물받이
T0.5B 치장벽돌
방부처리 위 오일스테인
ROOF SL+8,200
수성페인트
방부처리 위 오일스테인
2ND FL+4,000
T1.2 아연도후레싱
T1.8 아연도물받이
ㅁ-50X150 아연도 선홈통
1ST FL+500
EL±0
4,200
8,200
3,500
500
외단열마감
T0.5B 치장벽돌
세워쌓기
T0.5B 치장벽돌
1 우 측 면 도
축척 : 1/60
A33. 우측면도
2015. . .
20150000
홍 길 동

12 배면도

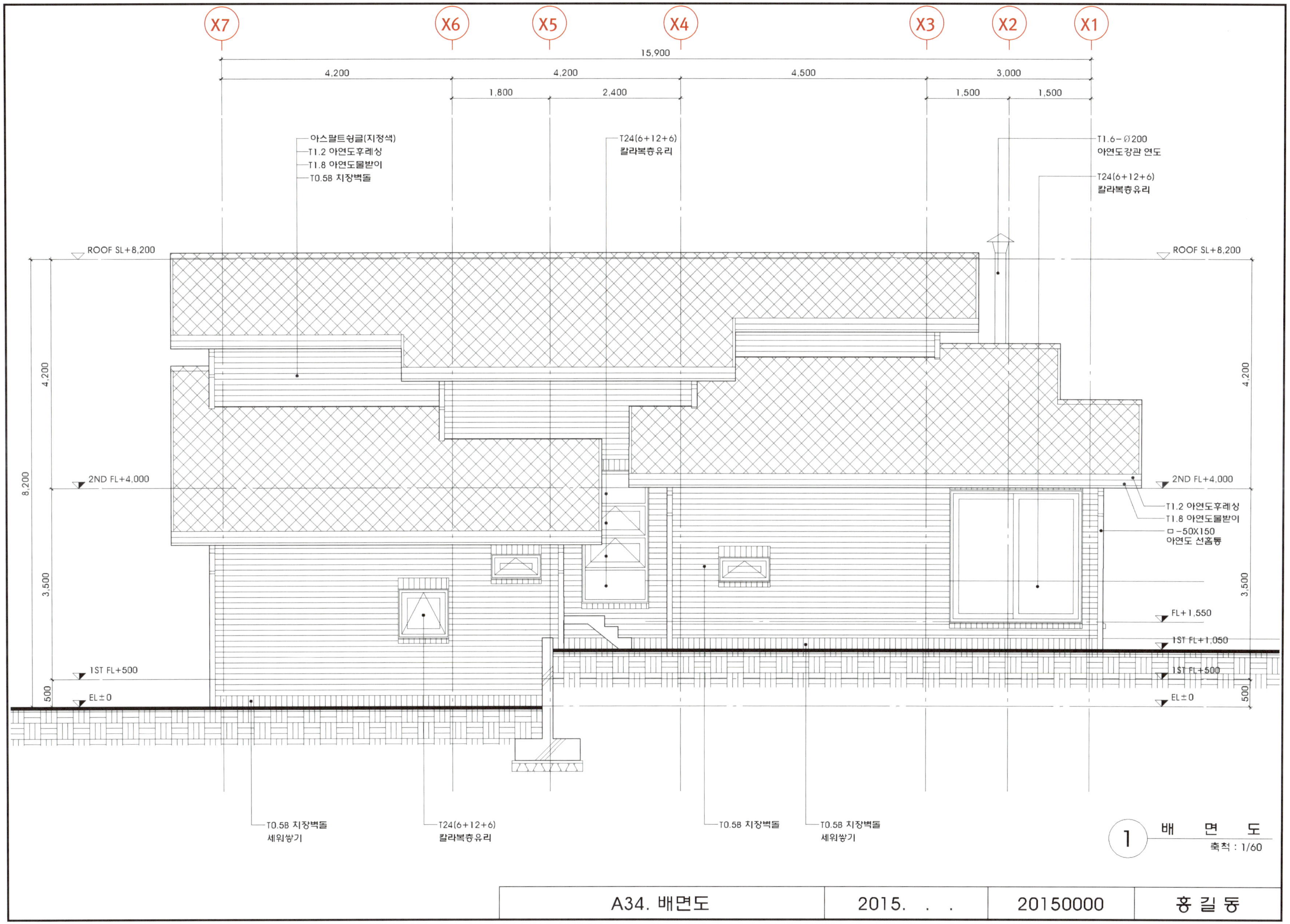

X7
X6
X5
X4
X3
X2
X1
15,900
4,200
4,200
4,500
3,000
1,800
2,400
1,500
1,500
아스팔트쉬글(지정색)
T1.2 아연도후레싱
T1.8 아연도물받이
T0.5B 지장벽돌
T24(6+12+6)
칼라복층유리
T1.6-Ø200
아연도강관 연도
T24(6+12+6)
칼라복층유리
ROOF SL+8,200
ROOF SL+8,200
2ND FL+4,000
2ND FL+4,000
T1.2 아연도후레싱
T1.8 아연도물받이
ㅁ-50X150
아연도 선홈통
FL+1,550
1ST FL+1,050
1ST FL+500
1ST FL+500
EL±0
EL±0
8,200
4,200
3,500
500
4,200
3,500
500
T0.5B 지장벽돌
세워쌓기
T24(6+12+6)
칼라복층유리
T0.5B 지장벽돌
T0.5B 지장벽돌
세워쌓기
1
배 면 도
축척 : 1/60
A34. 배면도
2015. . .
20150000
홍 길 동

13 단면도 1

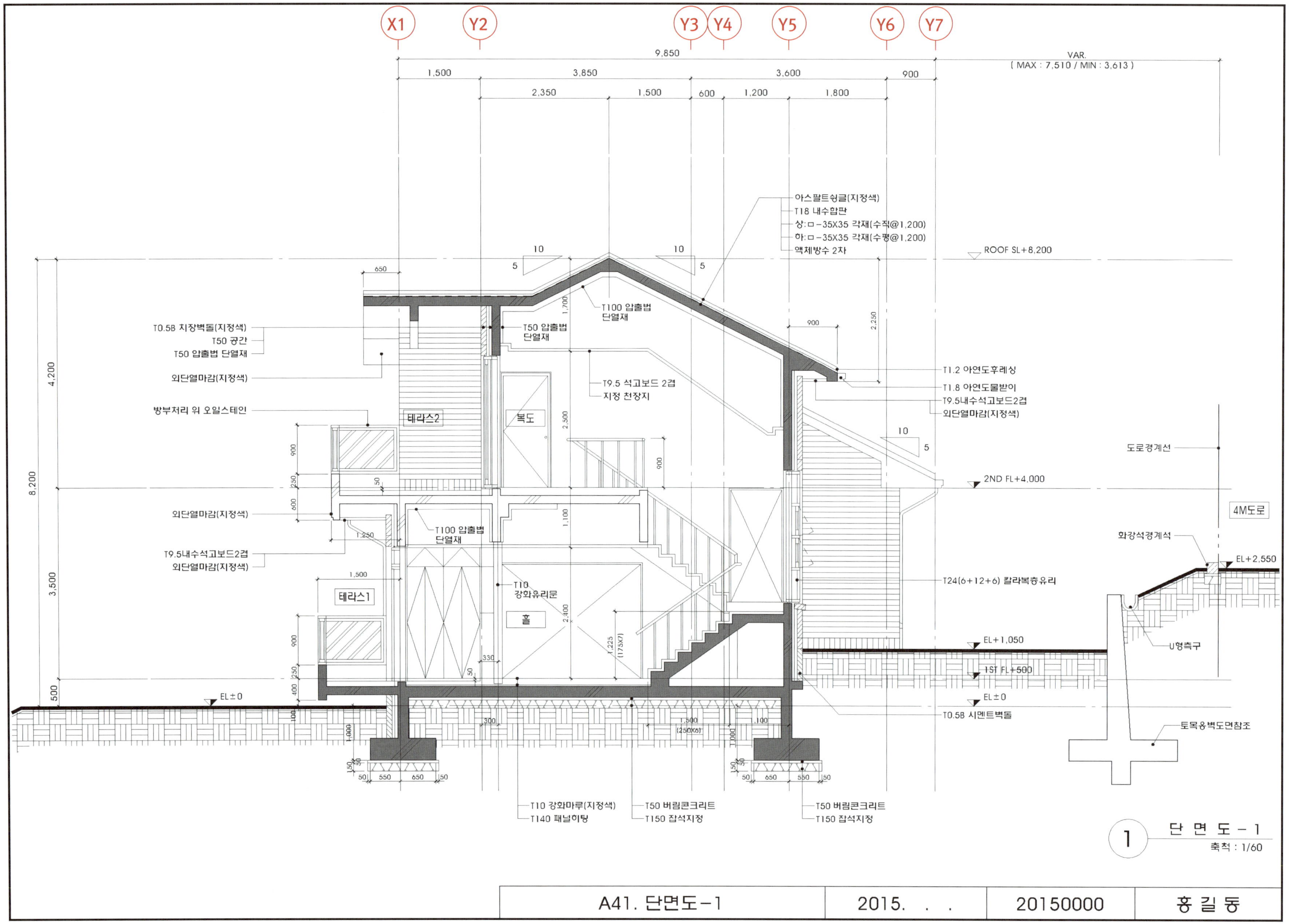
X1
Y2
Y3
Y4
Y5
Y6
Y7
9,850
1,500
3,850
3,600
900
2,350
1,500
600
1,200
1,800
VAR.
(MAX : 7,510 / MIN : 3,613)
아스팔트싱글(지정색)
T18 내수합판
상:ㅁ-35X35 각재(수직@1,200)
하:ㅁ-35X35 각재(수평@1,200)
액체방수 2차
ROOF SL+8,200
T100 압출법
단열재
T50 압출법
단열재
T0.58 지정벽돌(지정색)
T50 공간
T50 압출법 단열재
외단열마감(지정색)
방부처리 위 오일스테인
테라스2
복도
T9.5 석고보드 2겹
지정 천장지
T1.2 아연도후레싱
T1.8 아연도물받이
T9.5내수석고보드2겹
외단열마감(지정색)
도로경계선
2ND FL+4,000
4M도로
외단열마감(지정색)
T100 압출법
단열재
화강석경계석
EL+2,550
T9.5내수석고보드2겹
외단열마감(지정색)
테라스1
T10
강화유리문
홀
T24(6+12+6) 칼라복층유리
U형측구
EL+1,050
1ST FL+500
EL±0
EL±0
T0.58 시멘트벽돌
토목옹벽도면참조
T10 강화마루(지정색)
T140 패널히팅
T50 버림콘크리트
T150 잡석지정
T50 버림콘크리트
T150 잡석지정
1
단 면 도 - 1
축척 : 1/60
A41. 단면도-1
2015. . .
20150000
홍 길 동

14 단면도 2

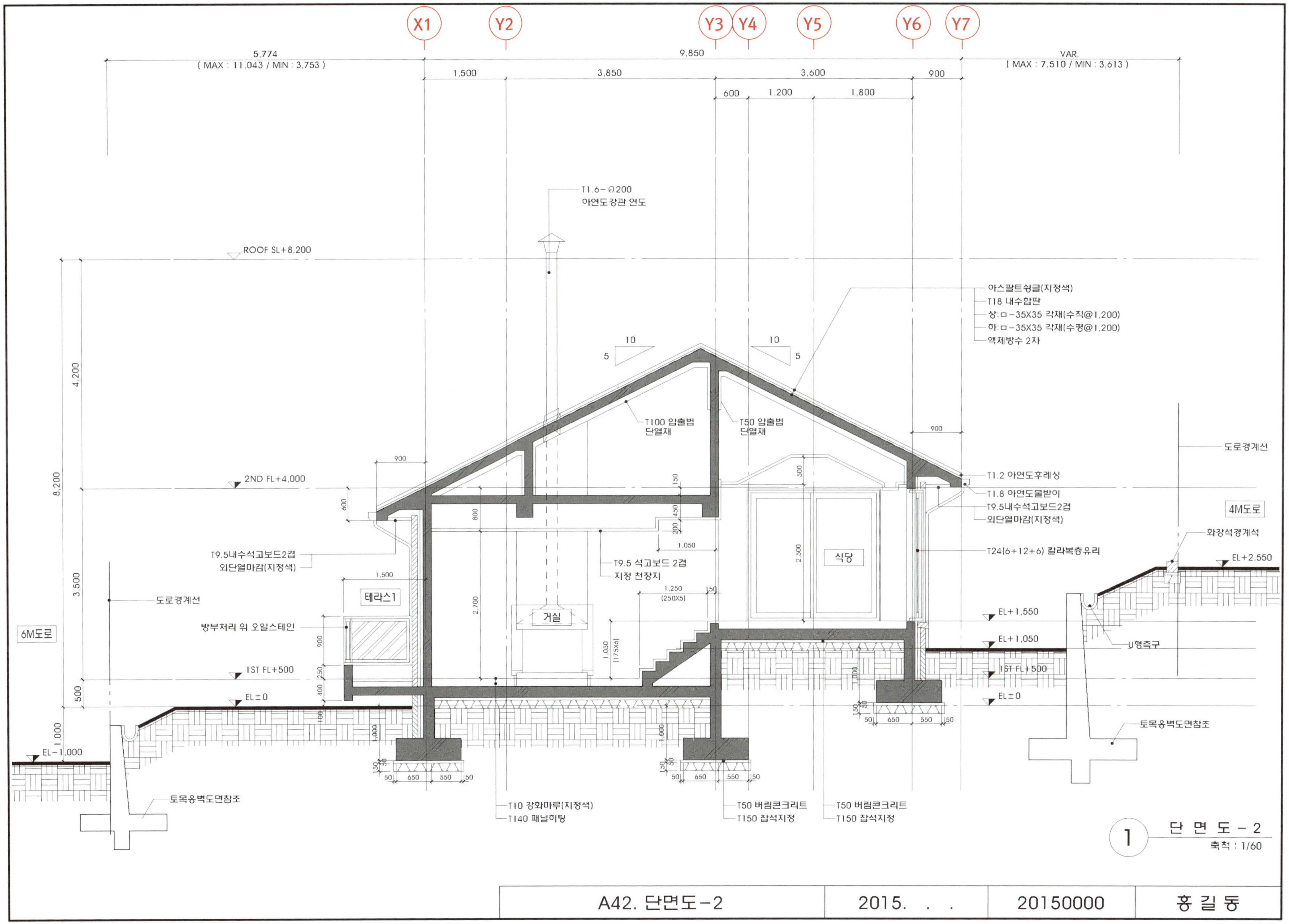
X1
Y2
Y3
Y4
Y5
Y6
Y7
5,774
(MAX : 11,043 / MIN : 3,753)
9,850
VAR.
(MAX : 7,510 / MIN : 3,613)
1,500
3,850
3,600
900
600
1,200
1,800
T1.6-Ø200
아연도강관 연도
ROOF SL+8,200
아스팔트쉬글(지정색)
T18 내수합판
상:ㅁ-35X35 각재(수직@1,200)
하:ㅁ-35X35 각재(수평@1,200)
액체방수 2차
T100 압출법
단열재
T50 압출법
단열재
2ND FL+4,000
T1.2 아연도후레싱
T1.8 아연도물받이
T9.5내수석고보드2겹
외단열마감(지정색)
T24(6+12+6) 칼라복층유리
도로경계선
4M도로
화강석경계석
EL+2,550
T9.5 석고보드 2겹
지정 천장지
식당
테라스1
거실
방부처리 위 오일스테인
6M도로
1ST FL+500
EL±0
EL-1,000
EL+1,550
EL+1,050
U형측구
토목옹벽도면참조
T10 강화마루(지정색)
T140 패널히팅
T50 버림콘크리트
T150 잡석지정
1
단 면 도 - 2
축척 : 1/60
A42. 단면도-2
2015. . .
20150000
홍 길 동

15 단면도 3

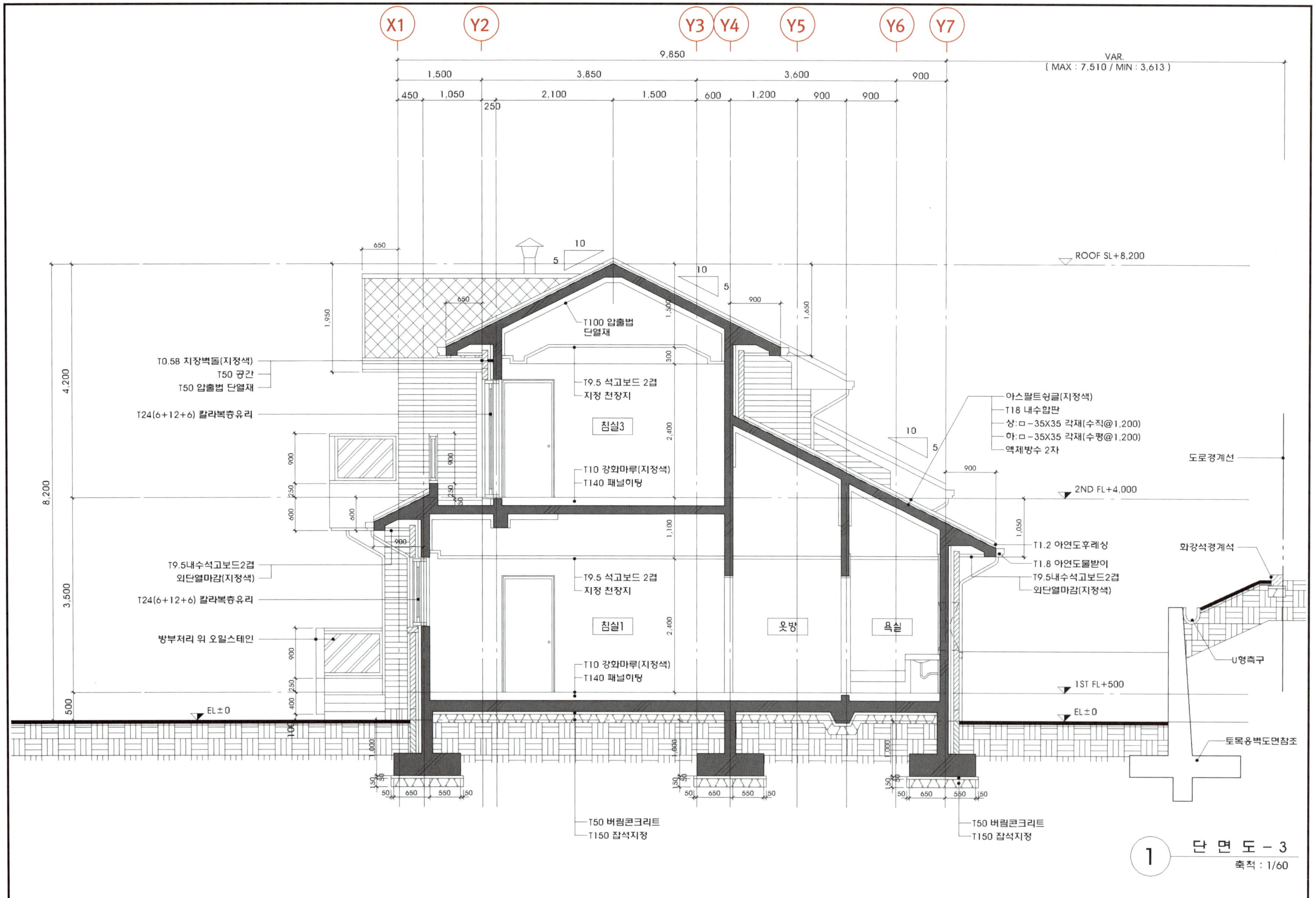

A43. 단면도-3	2015. . .	20150000	홍 길 동

16 단면도 4

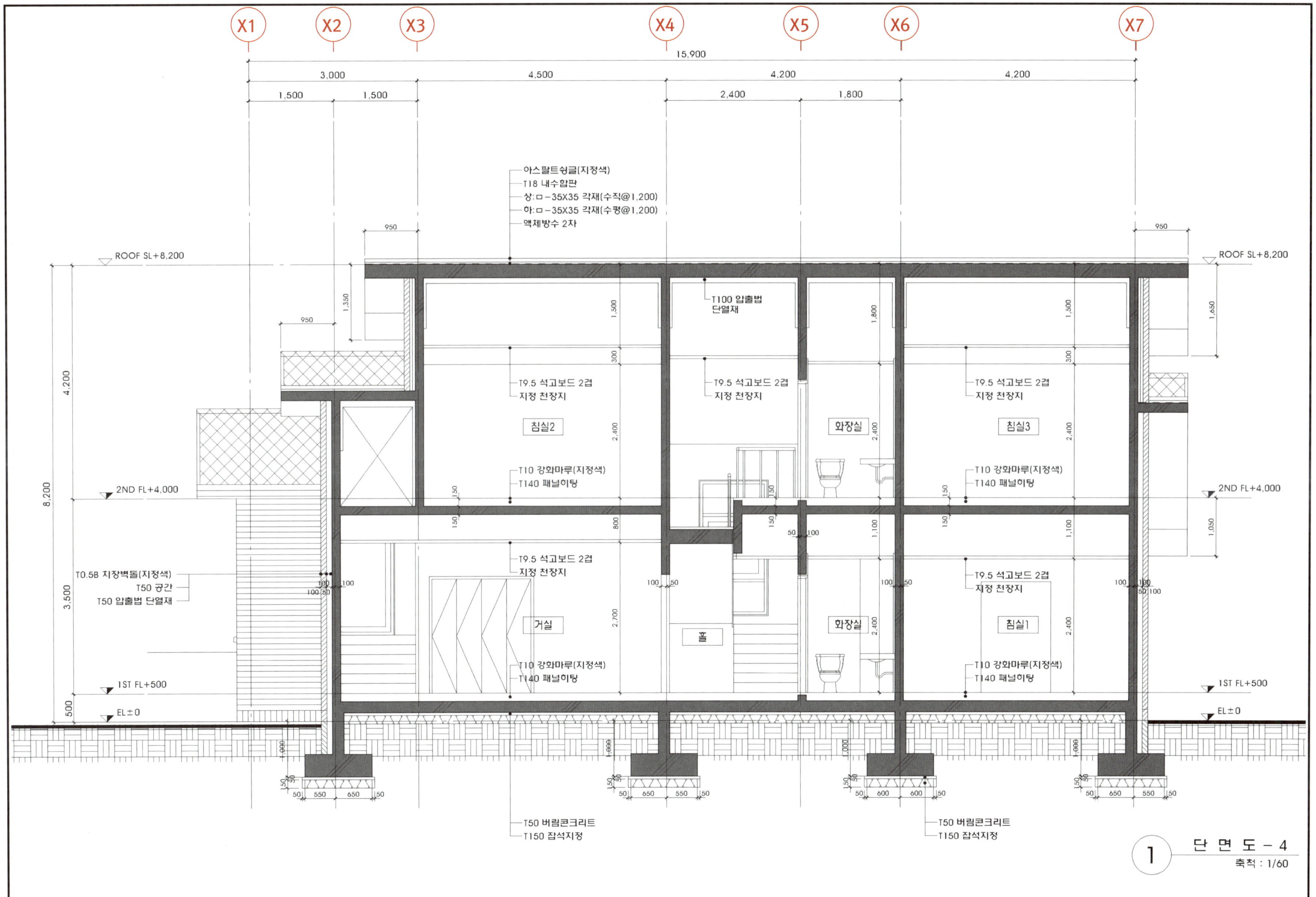

A44. 단면도-4	2015. . .	20150000	홍 길 동

17 단면도 5

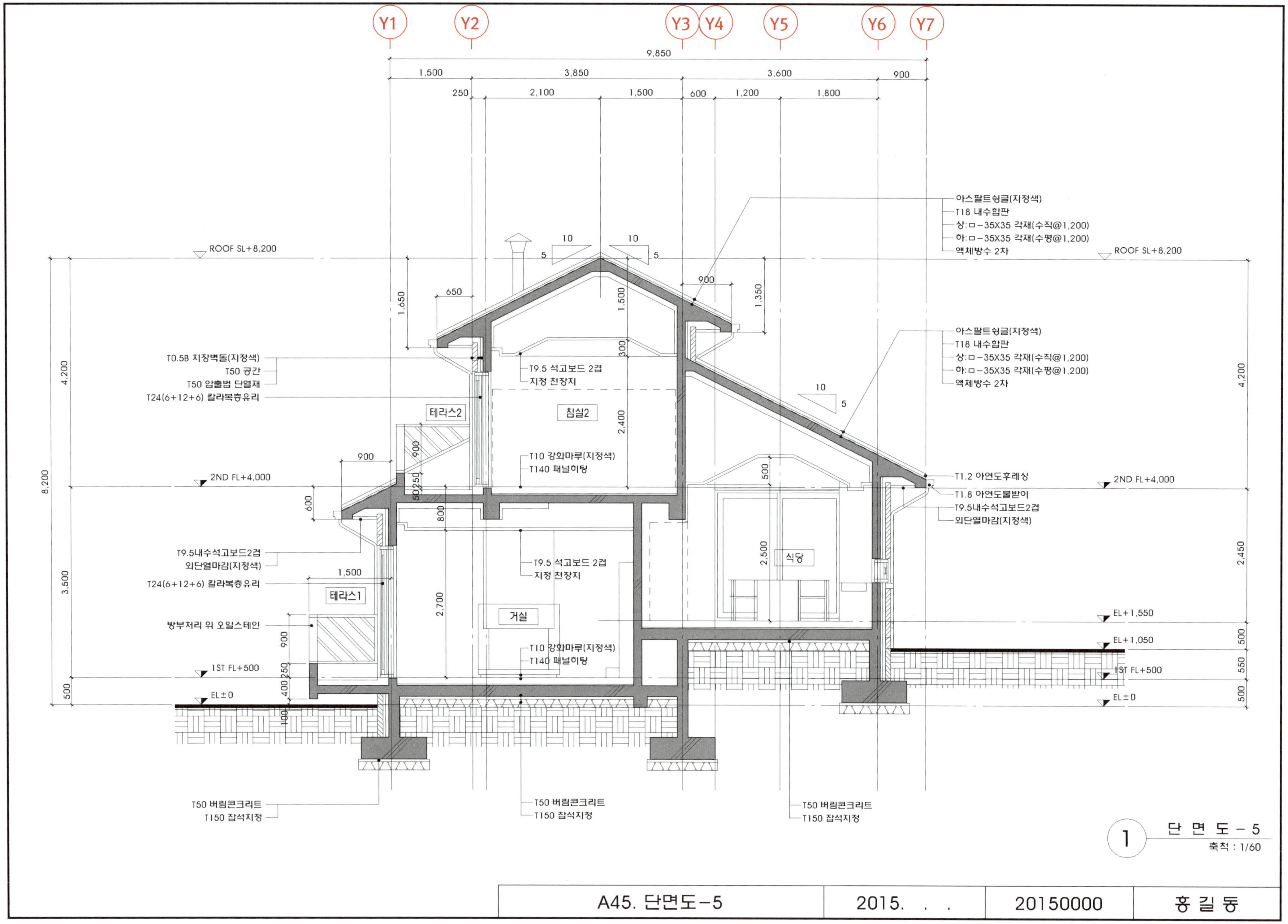
Y1
Y2
Y3
Y4
Y5
Y6
Y7
9,850
1,500
3,850
3,600
900
250
2,100
1,500
600
1,200
1,800
아스팔트싱글(지정색)
T18 내수합판
상:ㅁ-35X35 각재(수직@1,200)
하:ㅁ-35X35 각재(수평@1,200)
액체방수 2차
ROOF SL+8,200
T0.5B 치장벽돌(지정색)
T50 공간
T50 압출법 단열재
T24(6+12+6) 칼라복층유리
T9.5 석고보드 2겹
지정 천장지
테라스2
침실2
T10 강화마루(지정색)
T140 패널히팅
2ND FL+4,000
T1.2 아연도후레싱
T1.8 아연도물받이
T9.5내수석고보드2겹
외단열마감(지정색)
T9.5내수석고보드2겹
외단열마감(지정색)
T24(6+12+6) 칼라복층유리
테라스1
거실
식당
방부처리 위 오일스테인
EL+1,550
EL+1,050
1ST FL+500
EL±0
T50 버림콘크리트
T150 잡석지정
단 면 도 - 5
축척 : 1/60
A45. 단면도-5
2015. . .
20150000
홍 길 동

A 단독주택 예시

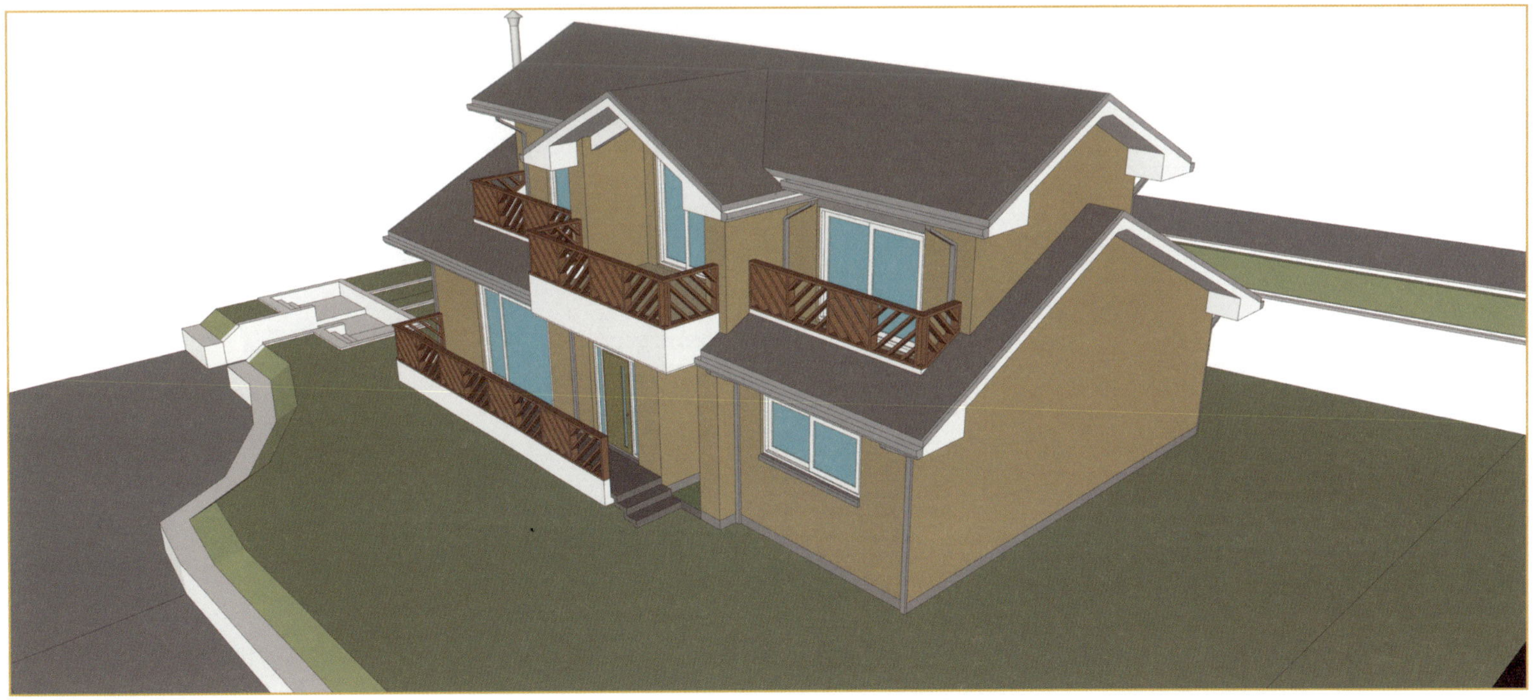

B 단독주택 예시

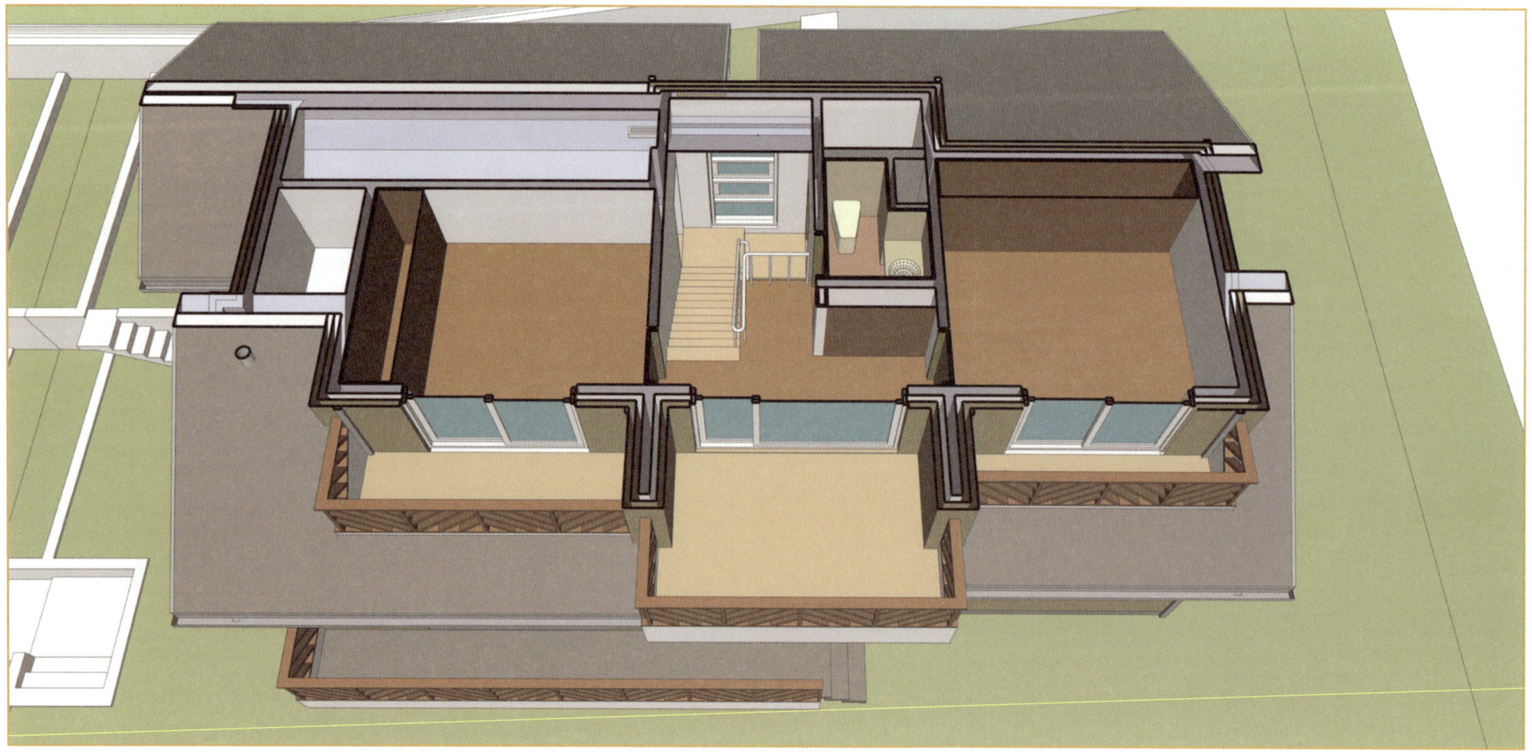

2. 도면 작성순서 예시

01 평면 작성순서

1 A3 도면

2 도면 외곽선 가선

3 작업공간 가선

4 수평 중심선 가선

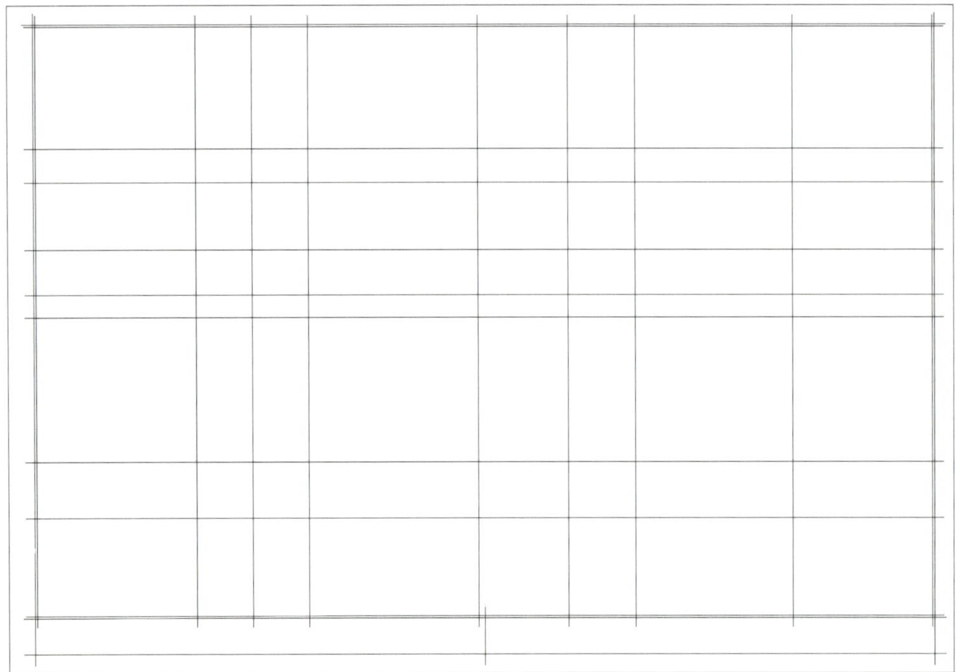

5 수직 중심선 가선

6 열번호, 치수선 가선

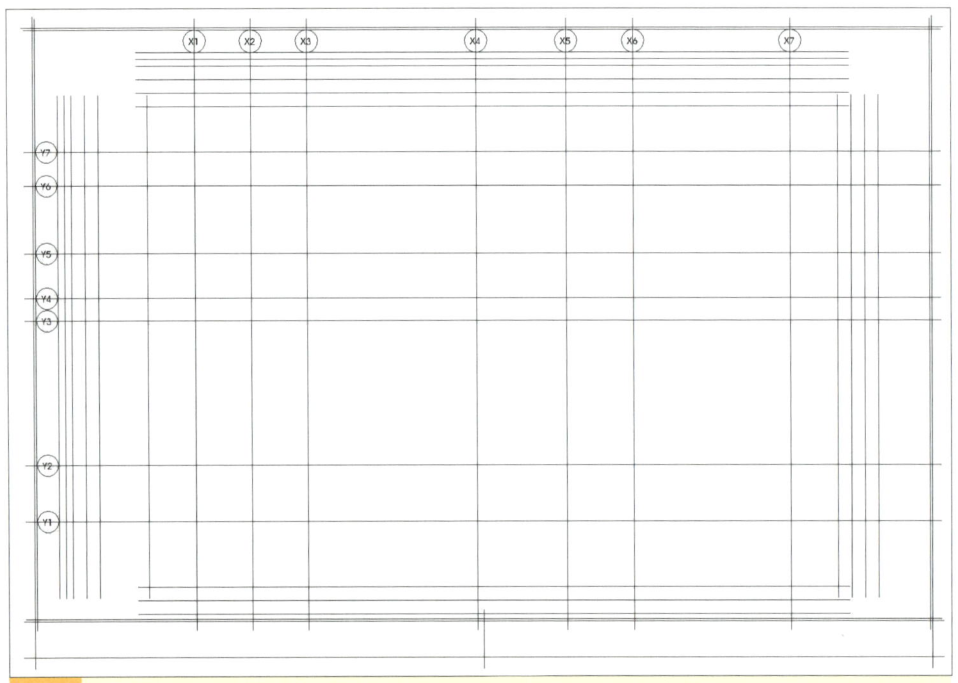

7 열번호 작성

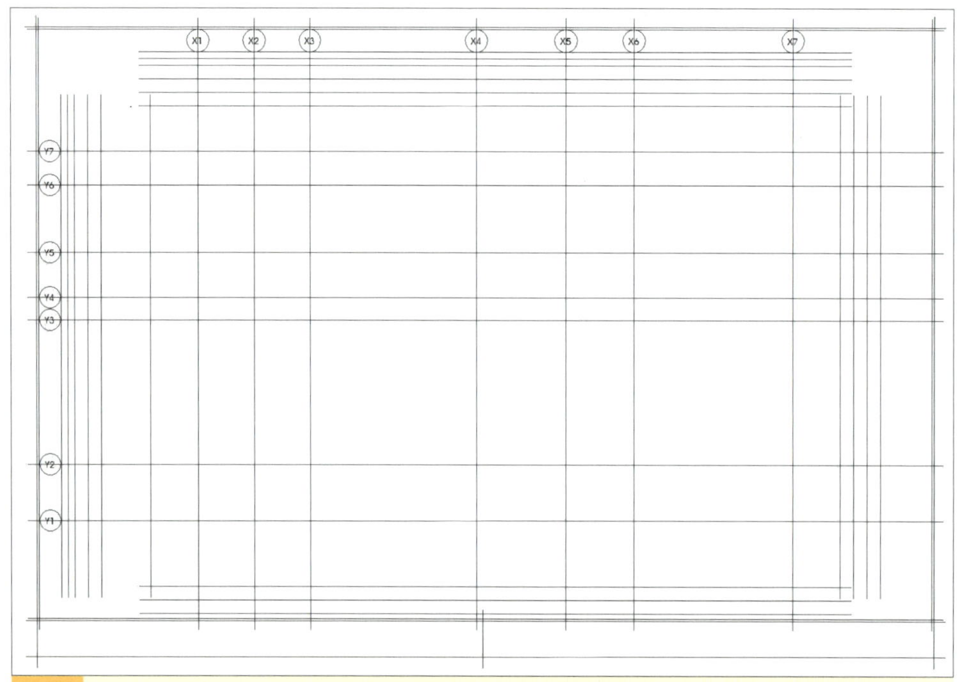

8 중심선 작성

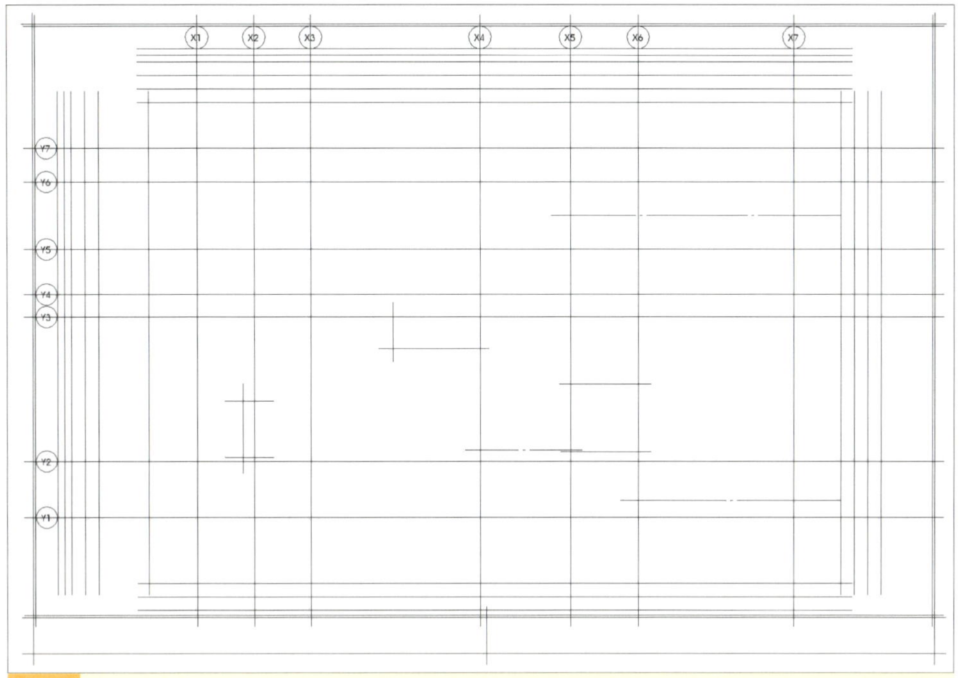

9 기타 중심선 작성

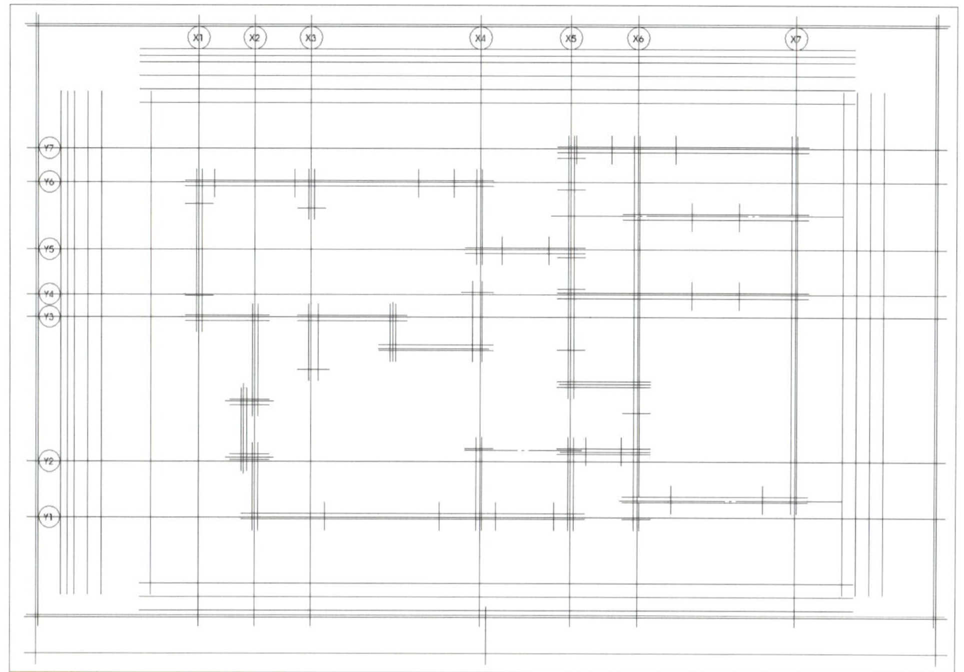

10 골조선 가선

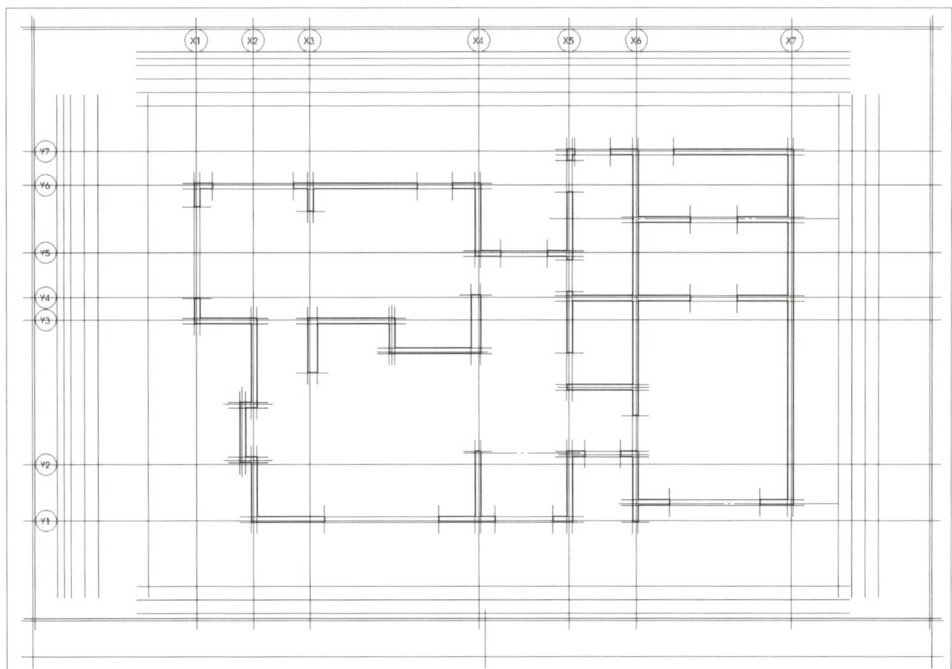

11 골조선 작성

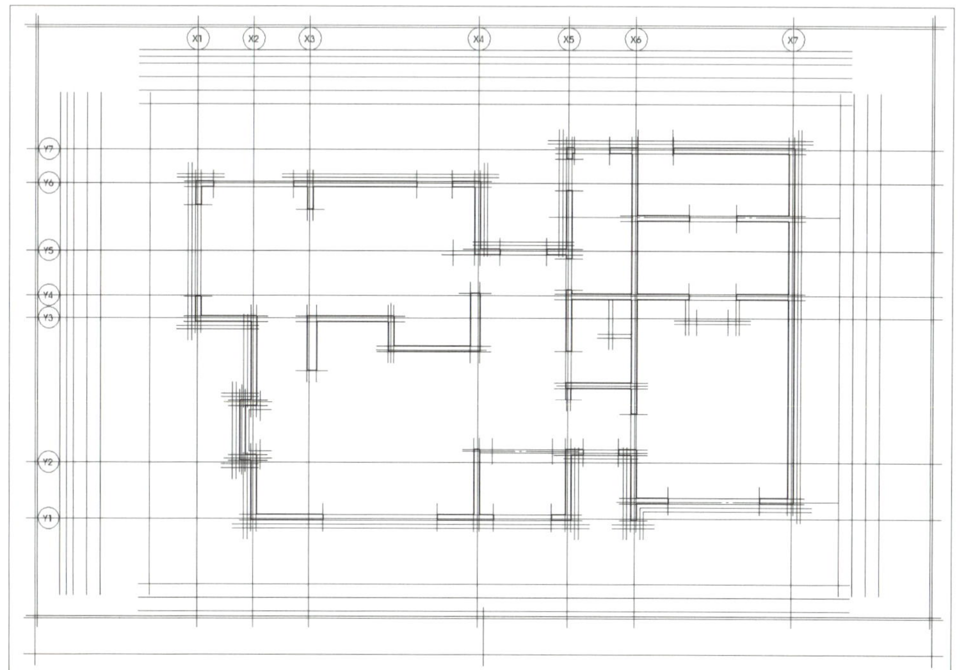

12 조적선 가선

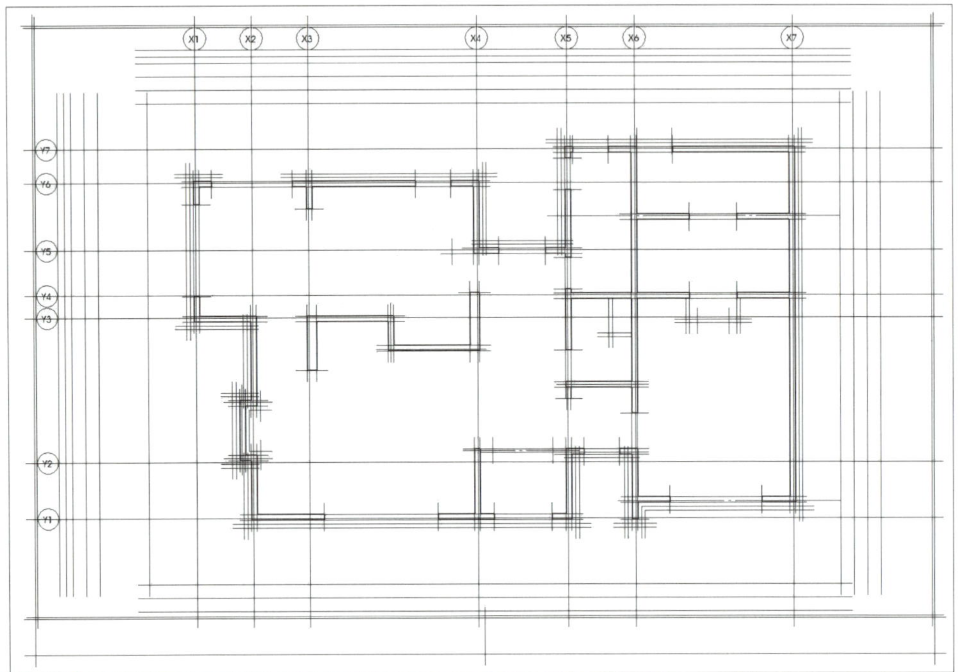

13 조적선 작성

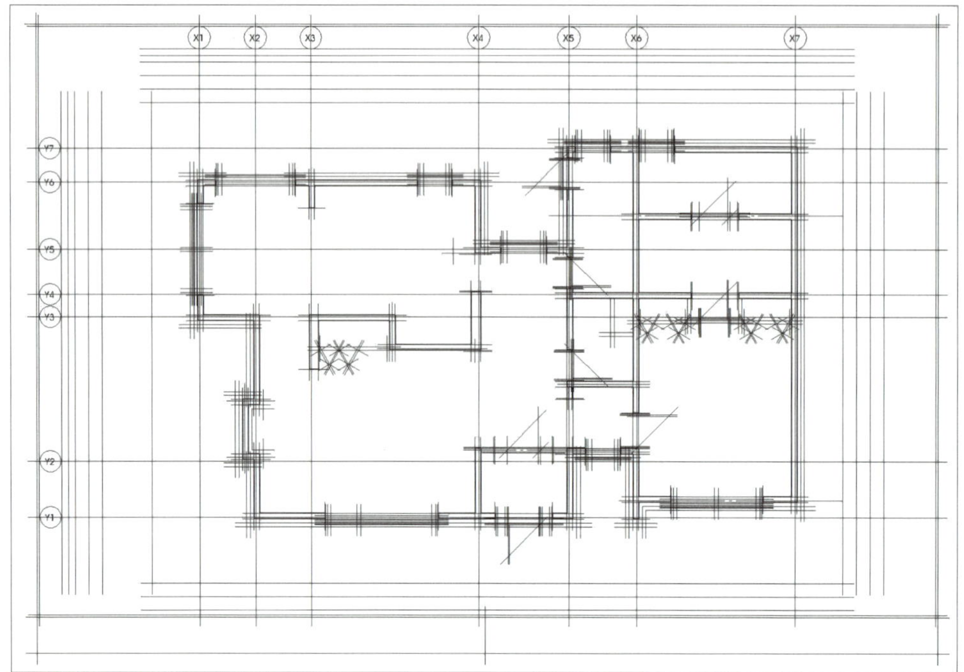

14 창호 가선

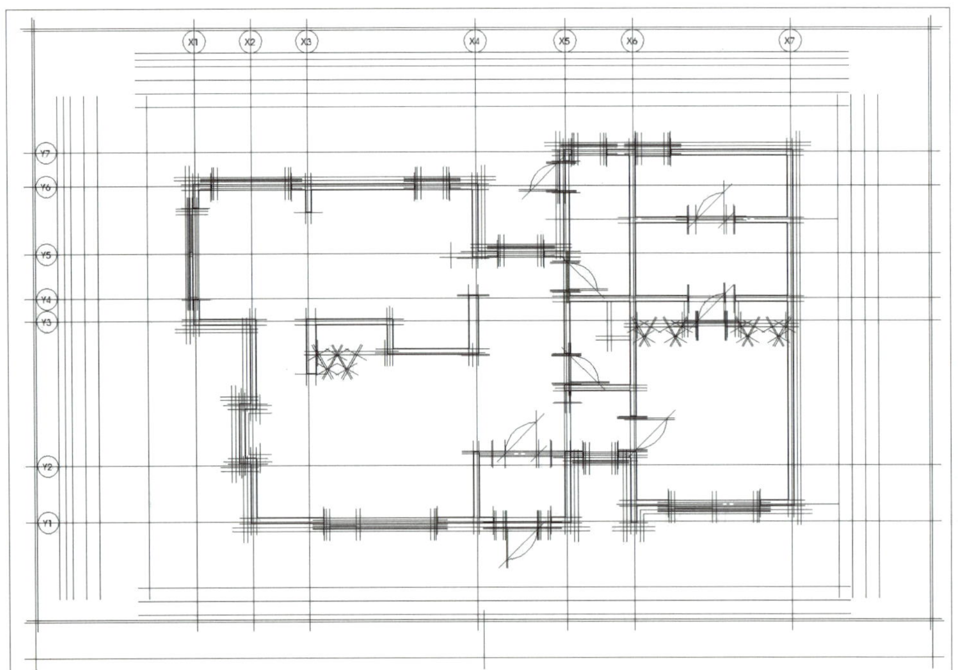

15 창호 작성

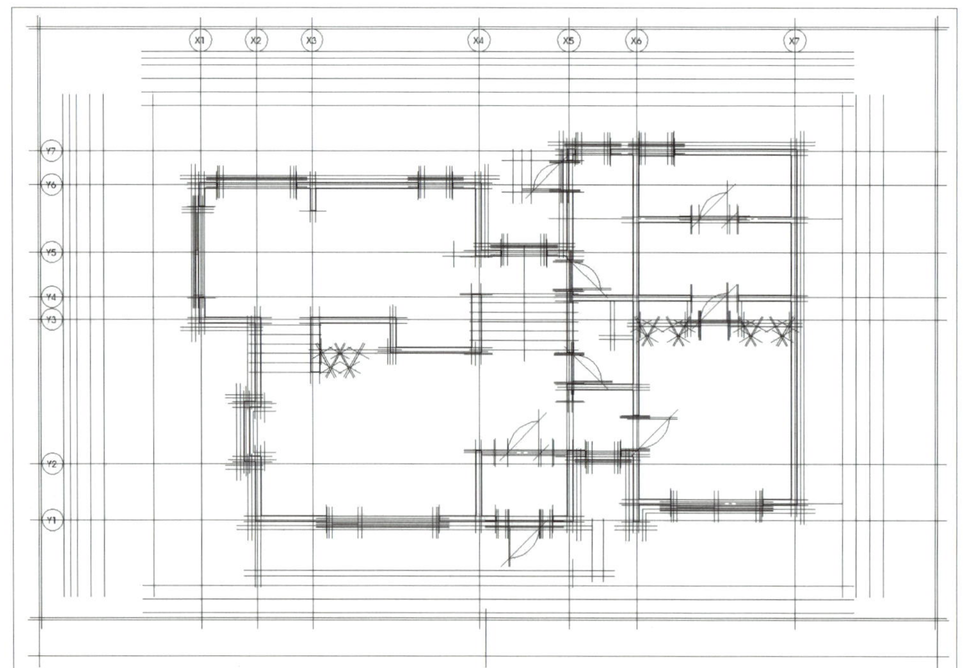

16 계단 가선

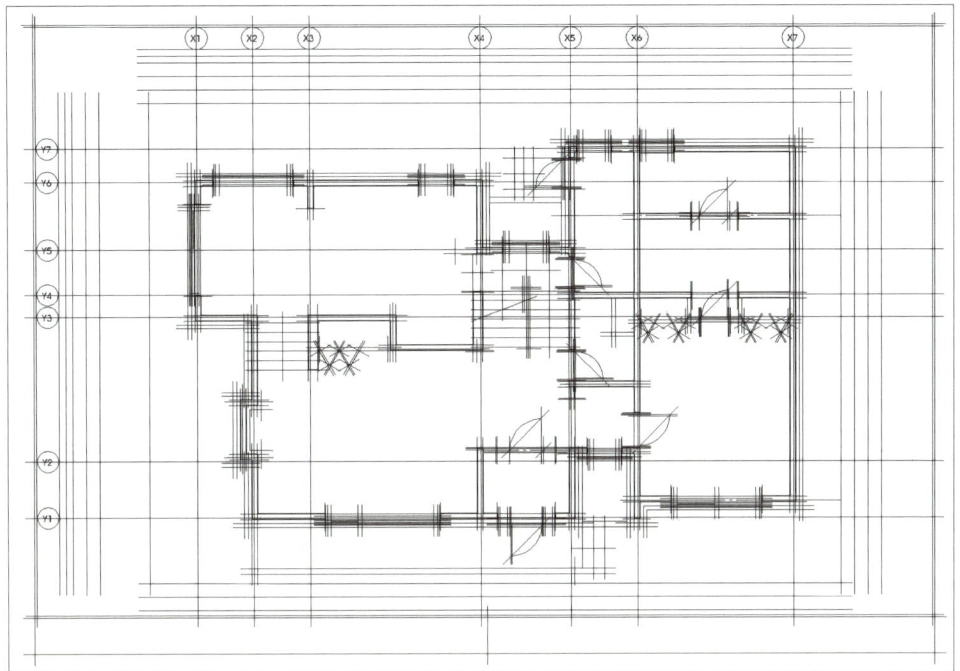

17 계단작성, 계단 중심 가선

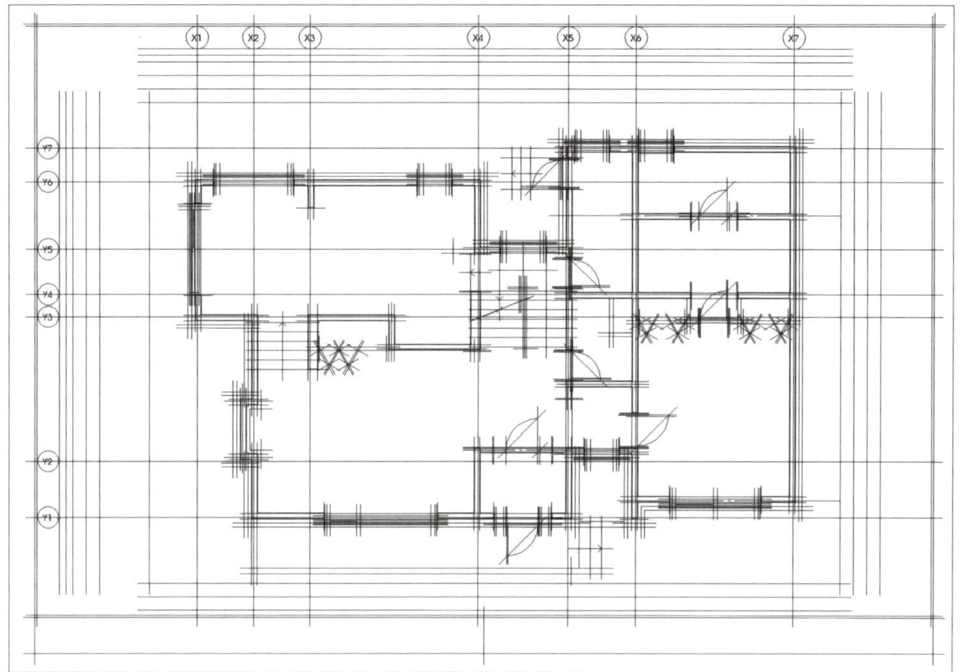

18 계단기호 작성, 창호 입면선 작성

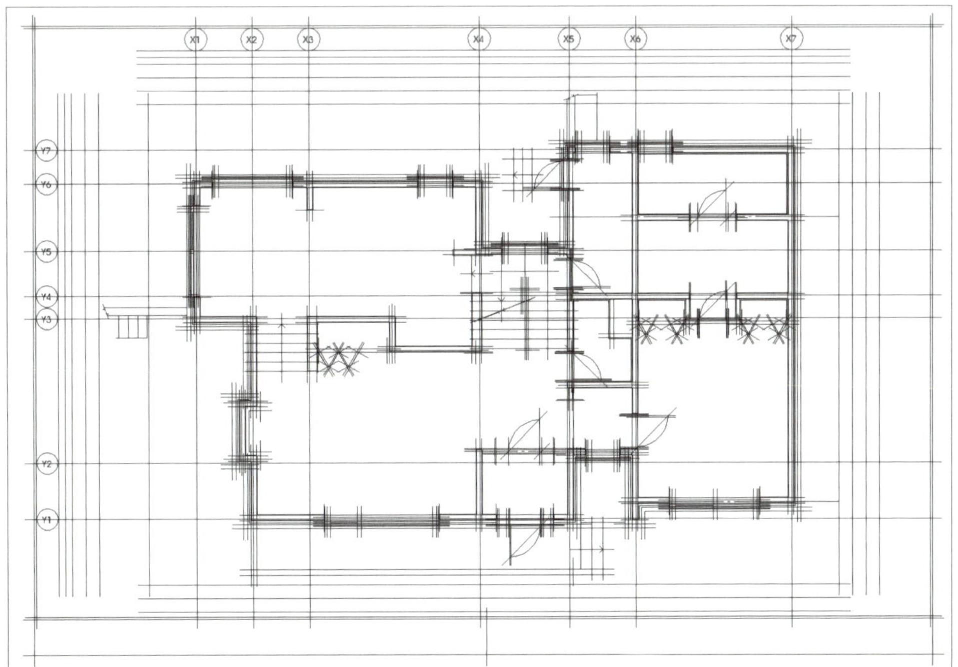

19 외부 입면선, 마감선 작성

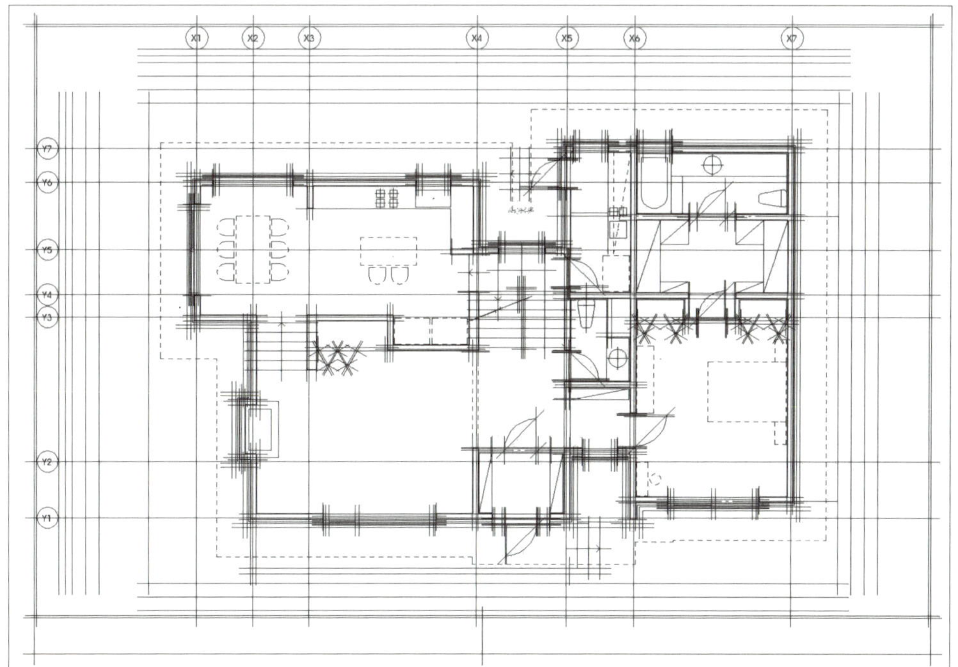

20 가구선, 처마선 등 작성

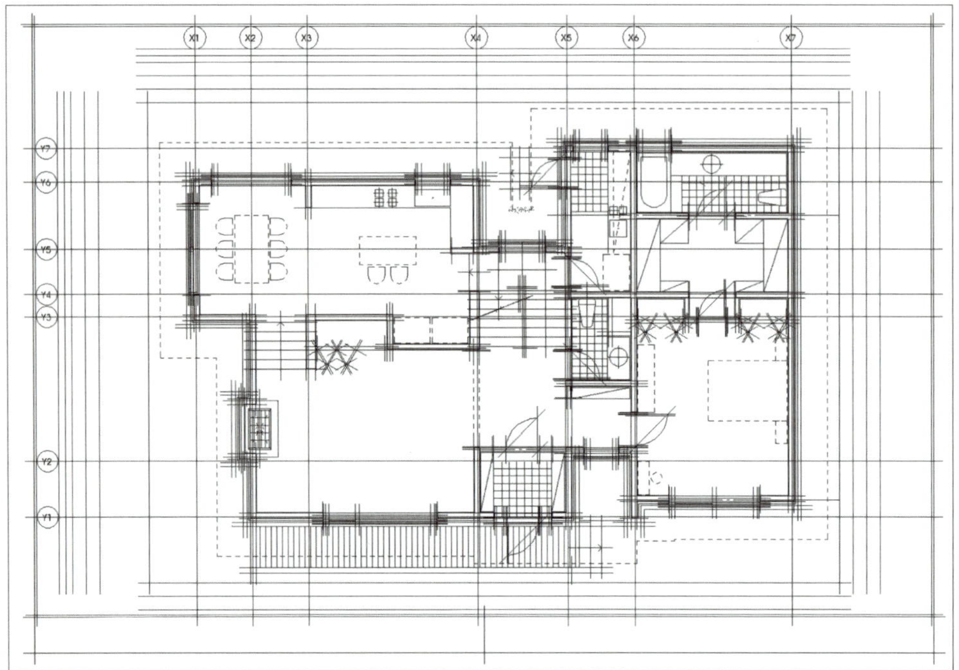

21 바닥재 작성

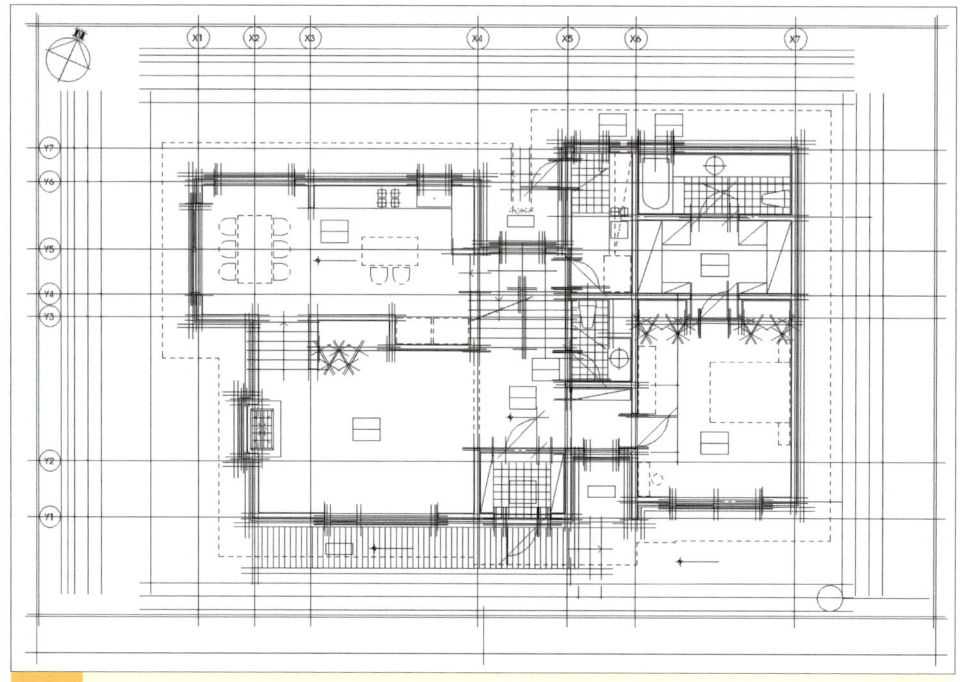

22 기호선 작성

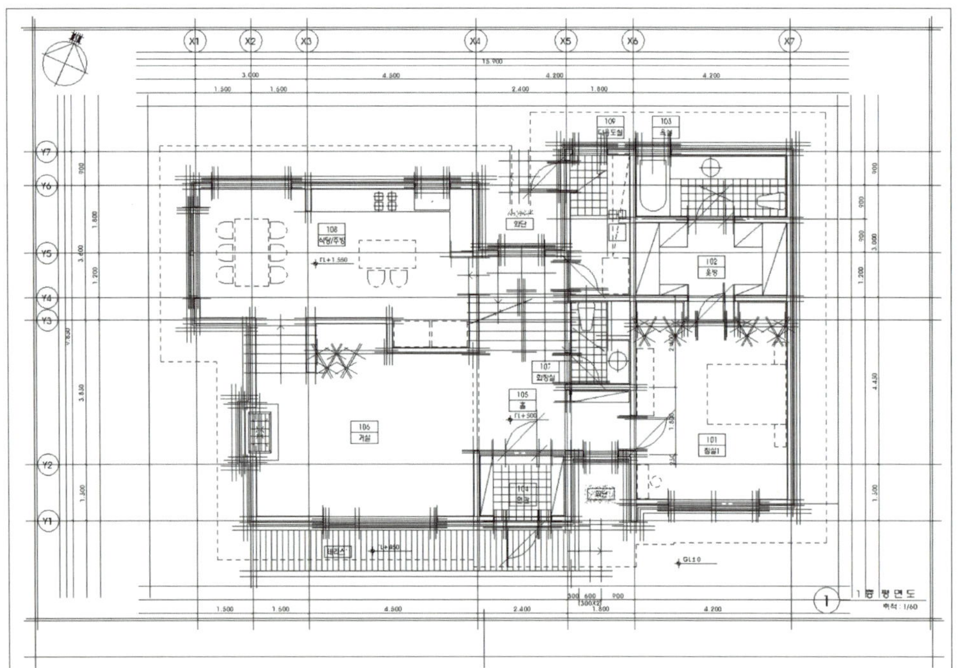

23 기호선, 글자 작성, 치수선 작성

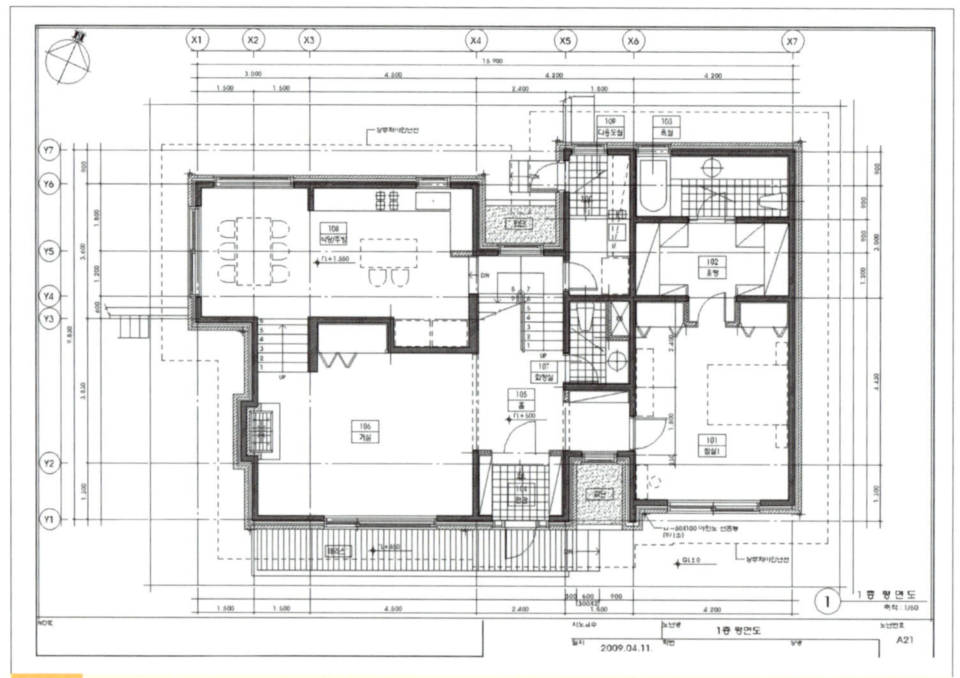

24 도면 마무리, 외곽선 등 마무리

02 입면 작성순서

1 A3 도면

2 도면 외곽선 가선

3 작업공간 가선

4 수평 레벨선 가선

5 열번호 수직 가선

6 열번호 및 치수선 수평 가선

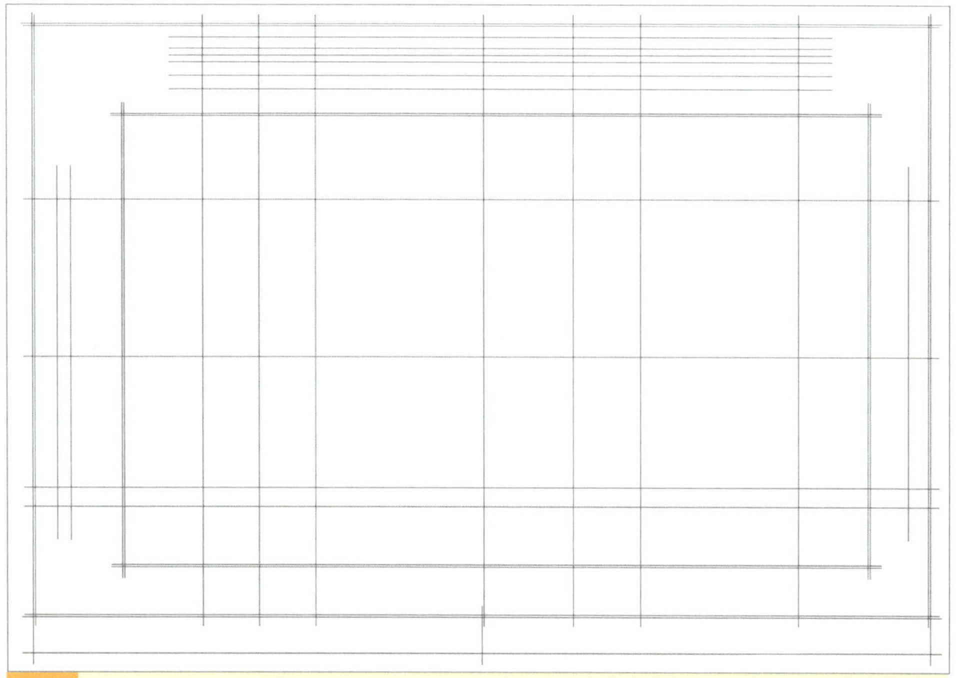

7 레벨 치수선 가선 및 중심선 범위 가선

8 열번호 및 수직, 수평 중심선 작성

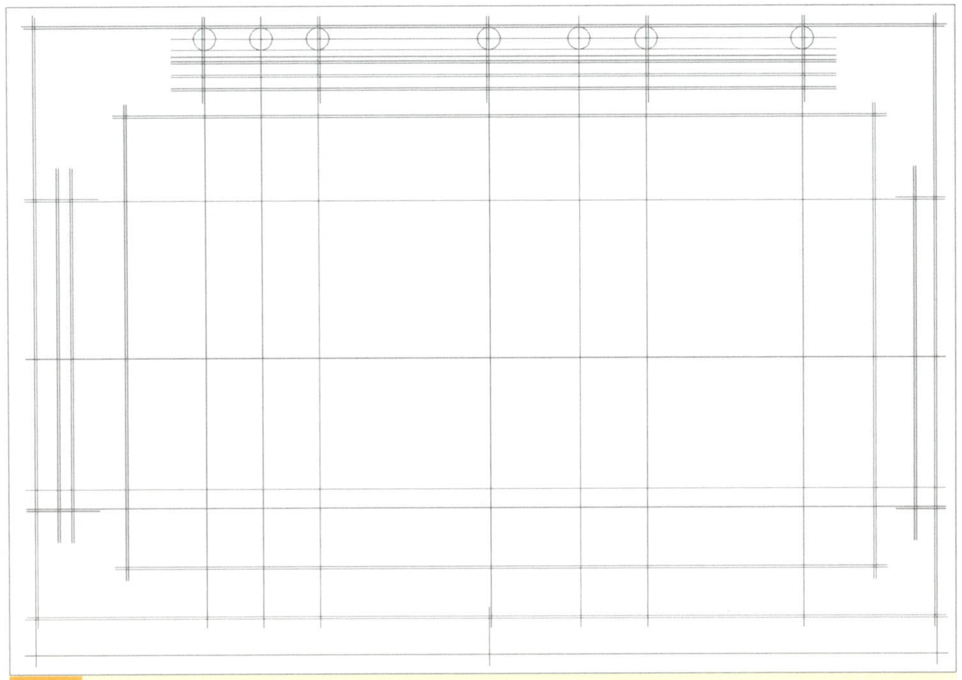

9 치수선 범위 가선

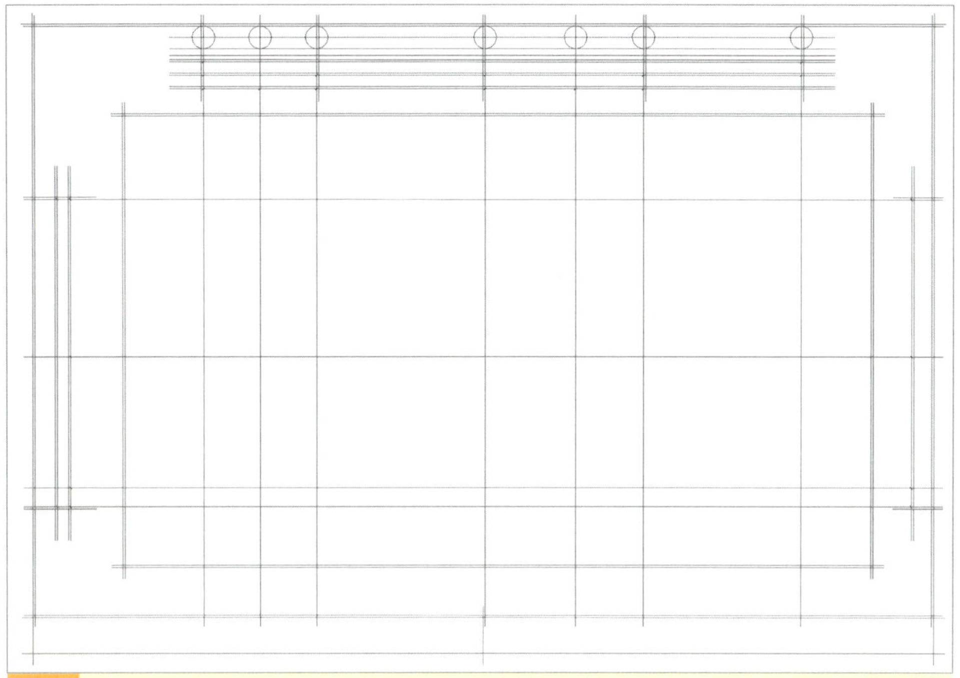

10 치수선 작성

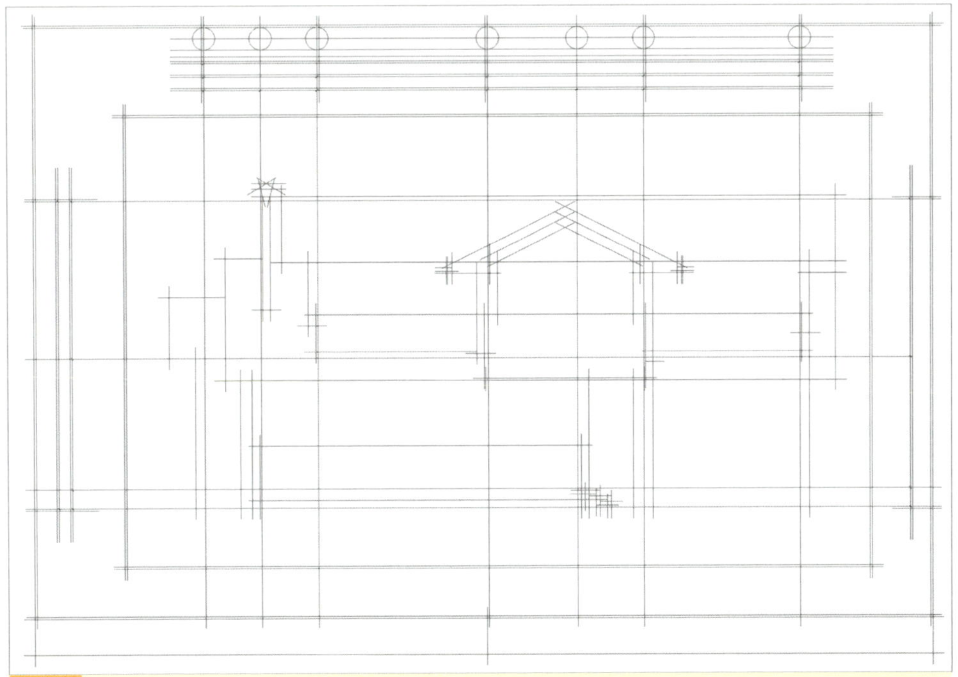

11 입면 외곽선 가선

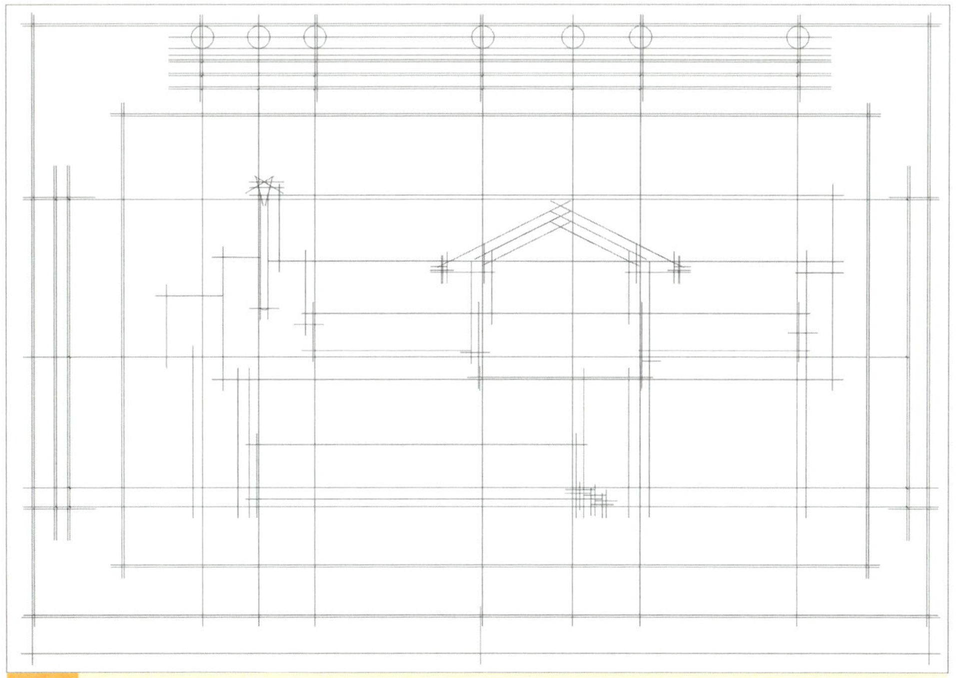

12 외곽선 작성

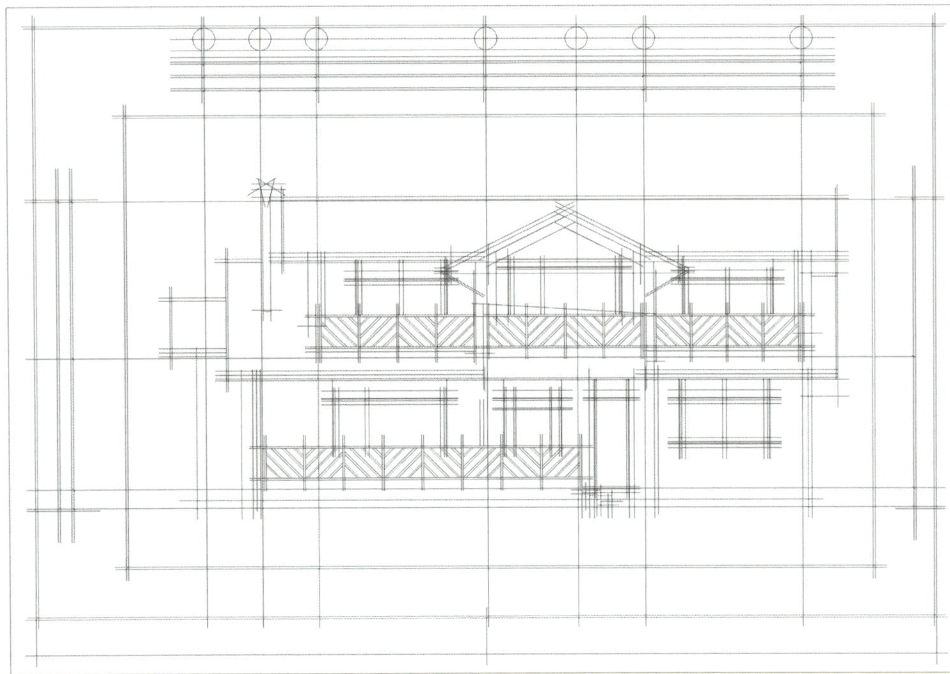

13 기타 입면선, 창호 가선

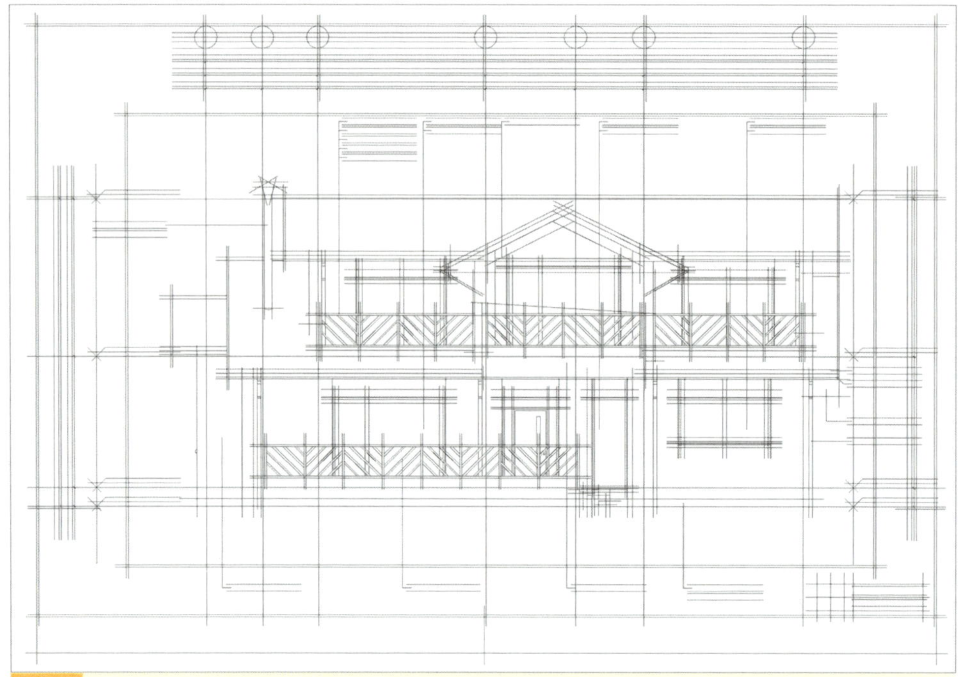

14 입면선 정리 및 기호, 글자 가선

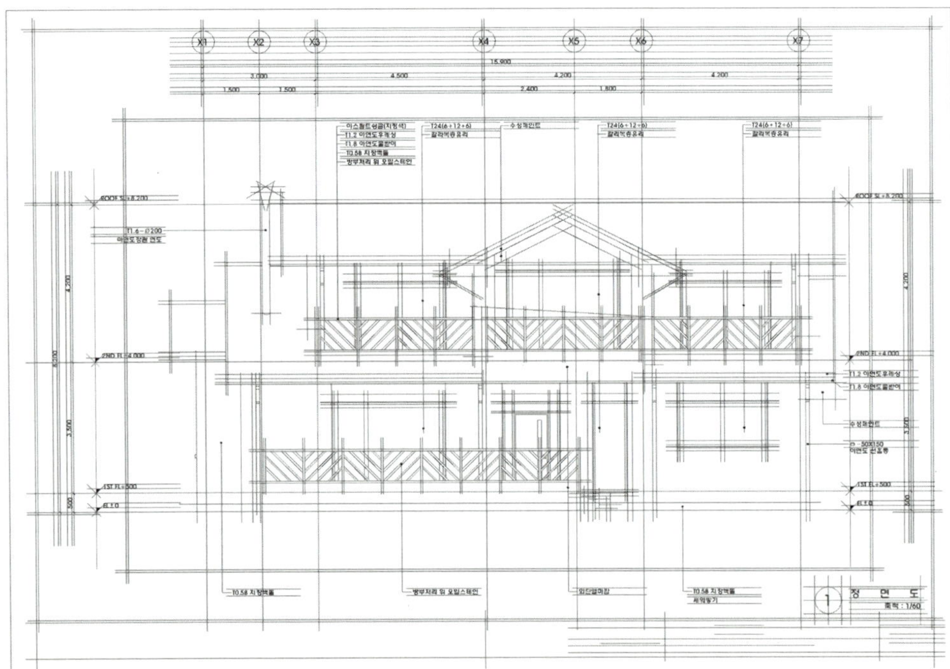

15 기호 및 글자 작성

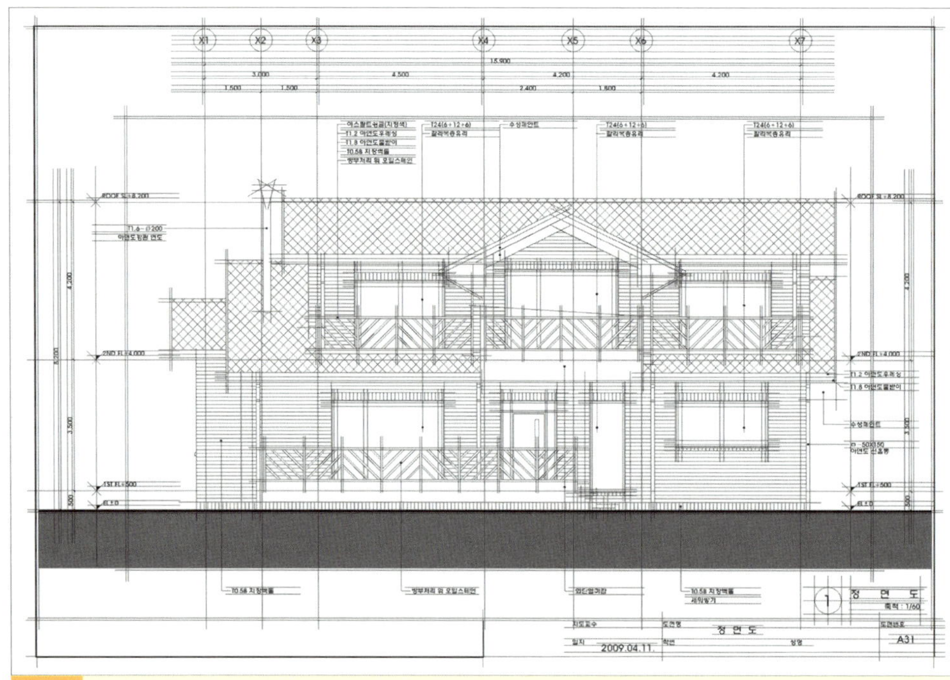

16 마감표현 및 마무리

03 단면 작성순서

1 A3 도면

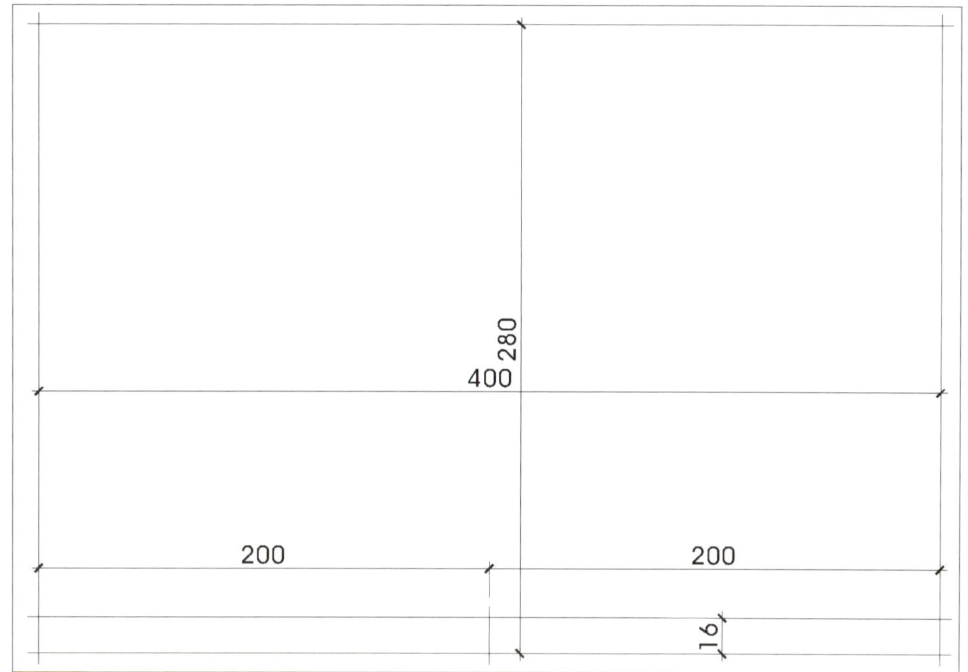

2 도면 외곽선 가선

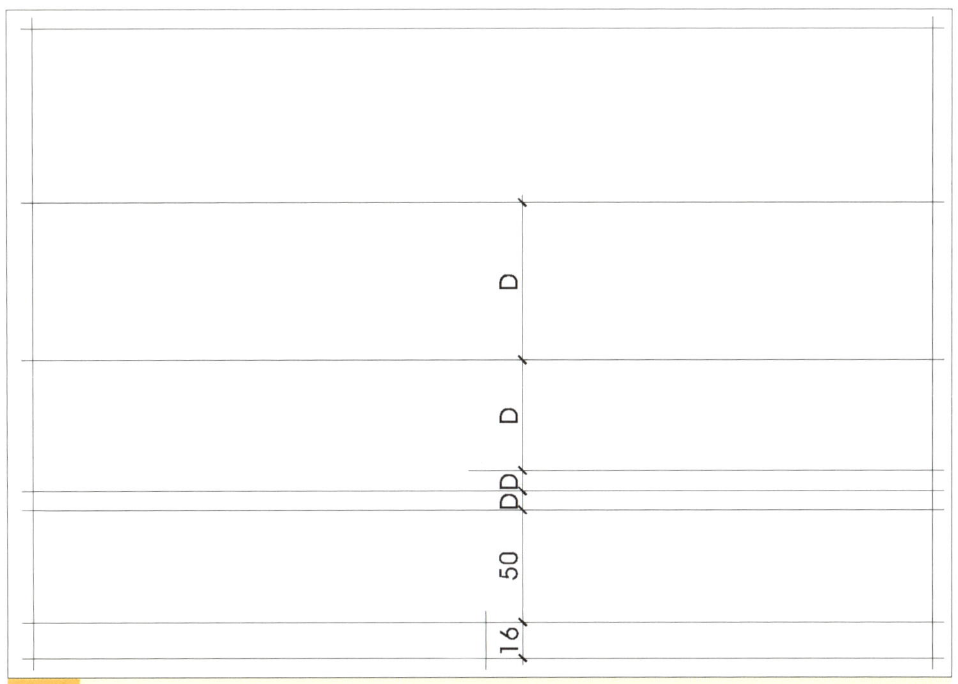

3 수평 레벨선 가선

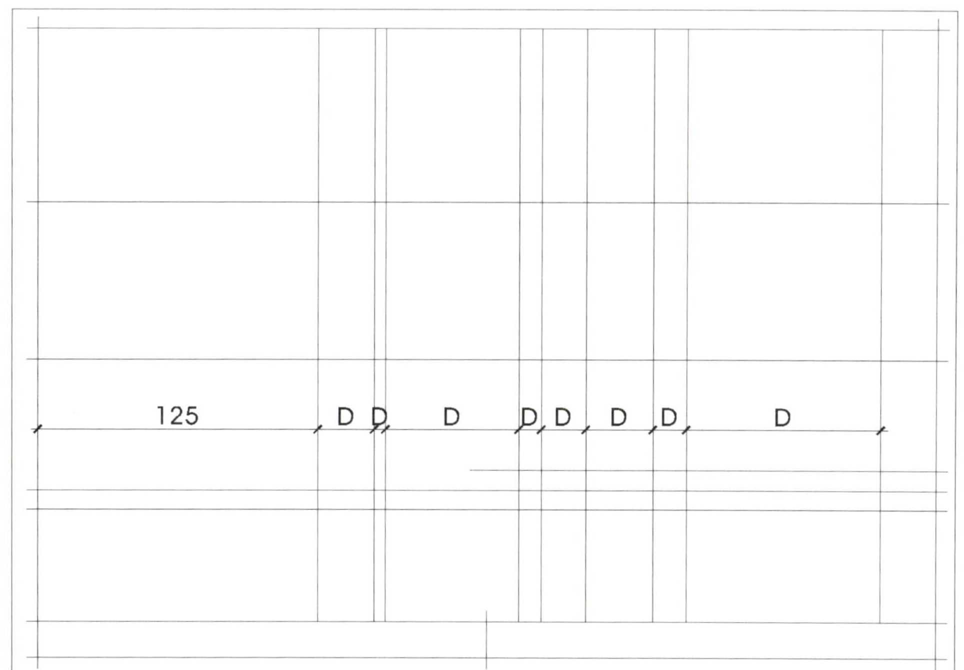

4 수직 열번호 가선

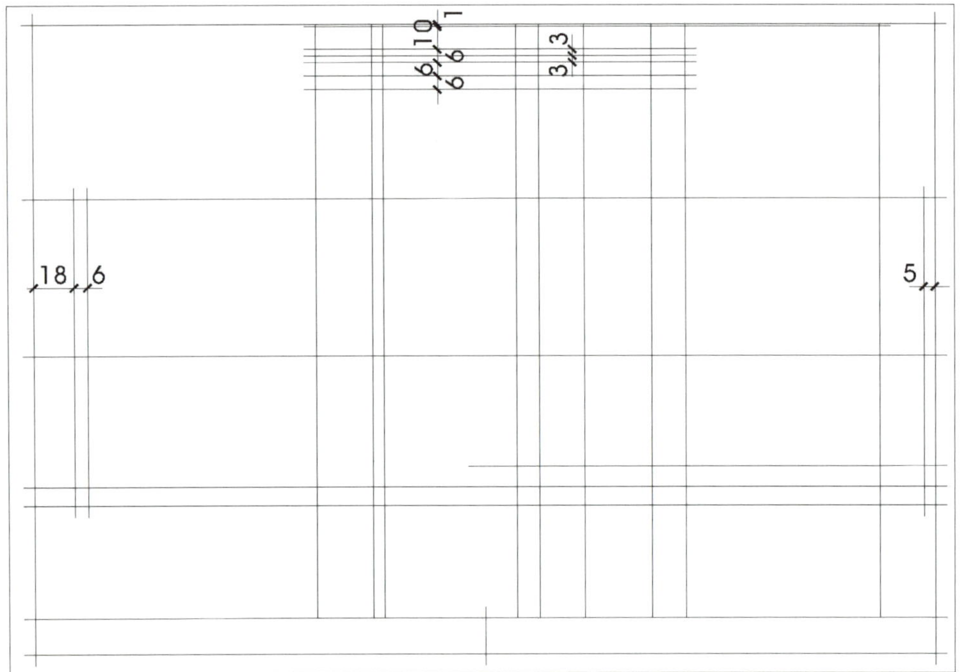

5 열번호 및 치수선 가선

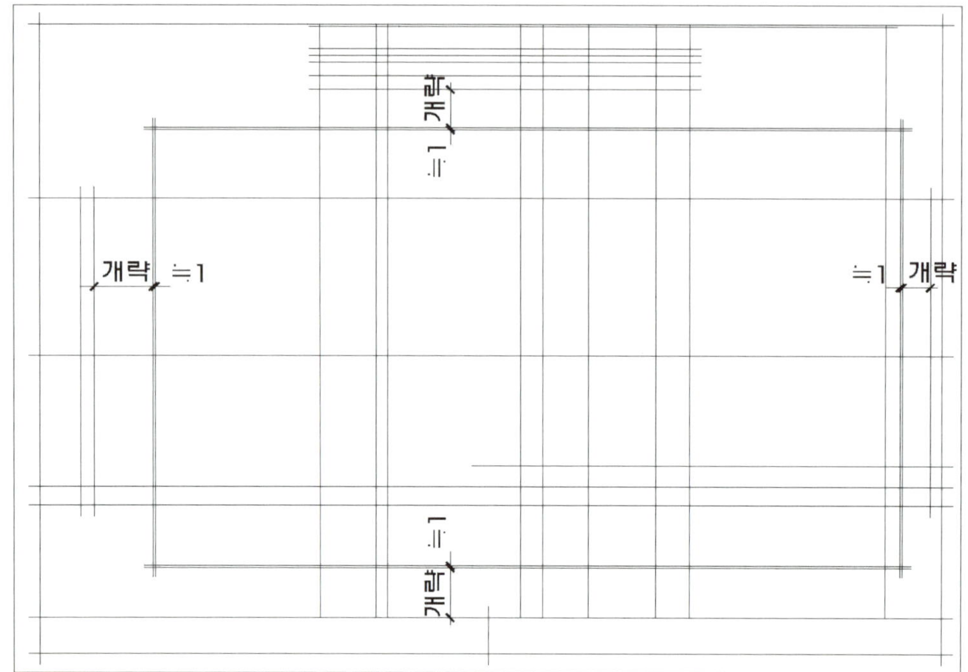

6 중심선 범위 가선

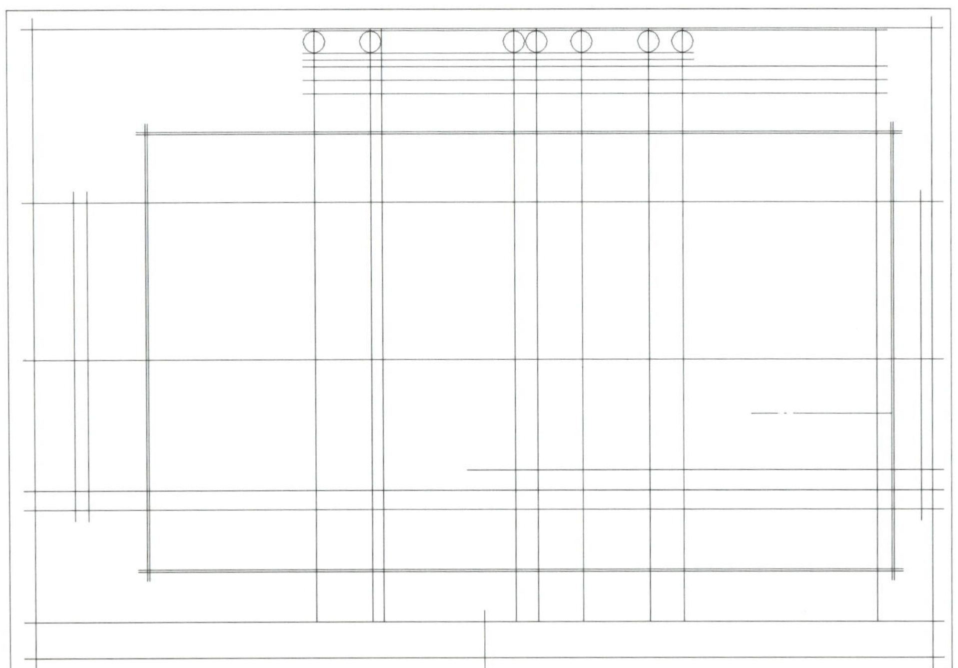

7 열번호, 수직, 수평 중심선 가선

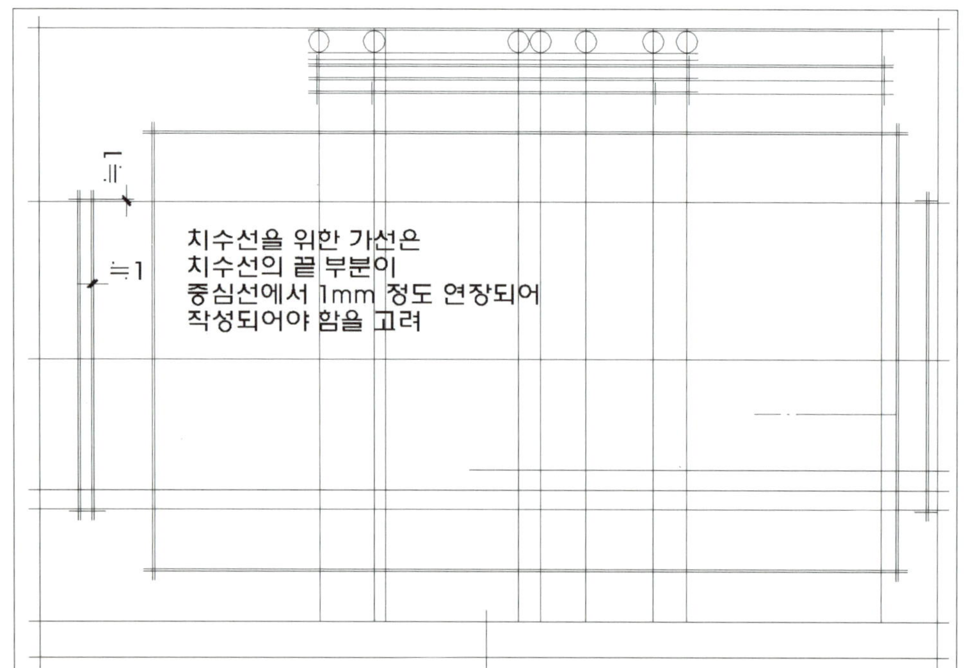

8 치수선 가선

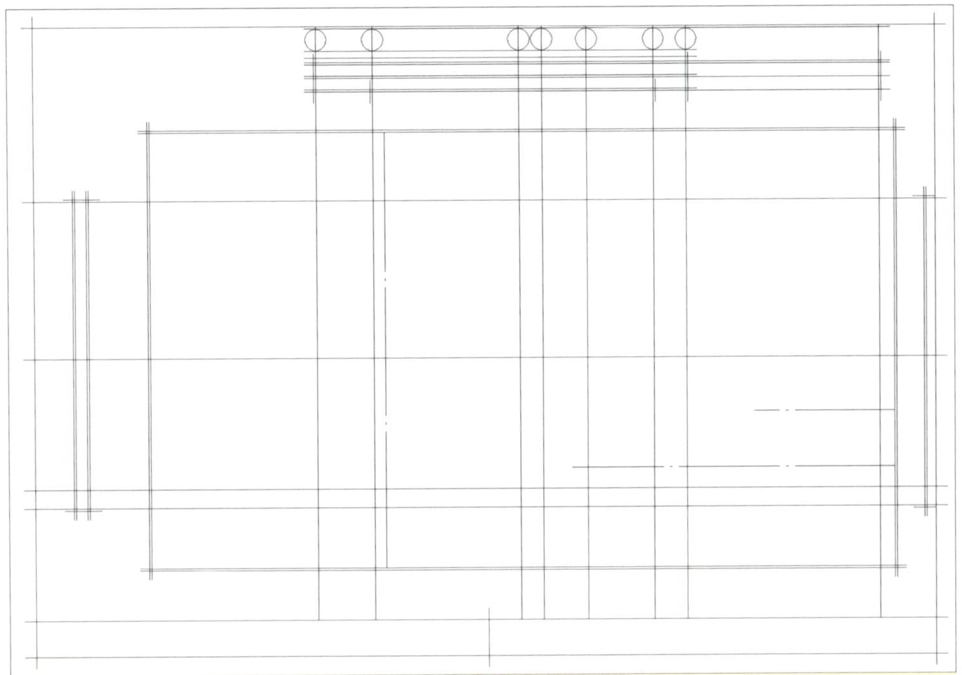

9 치수선 작성

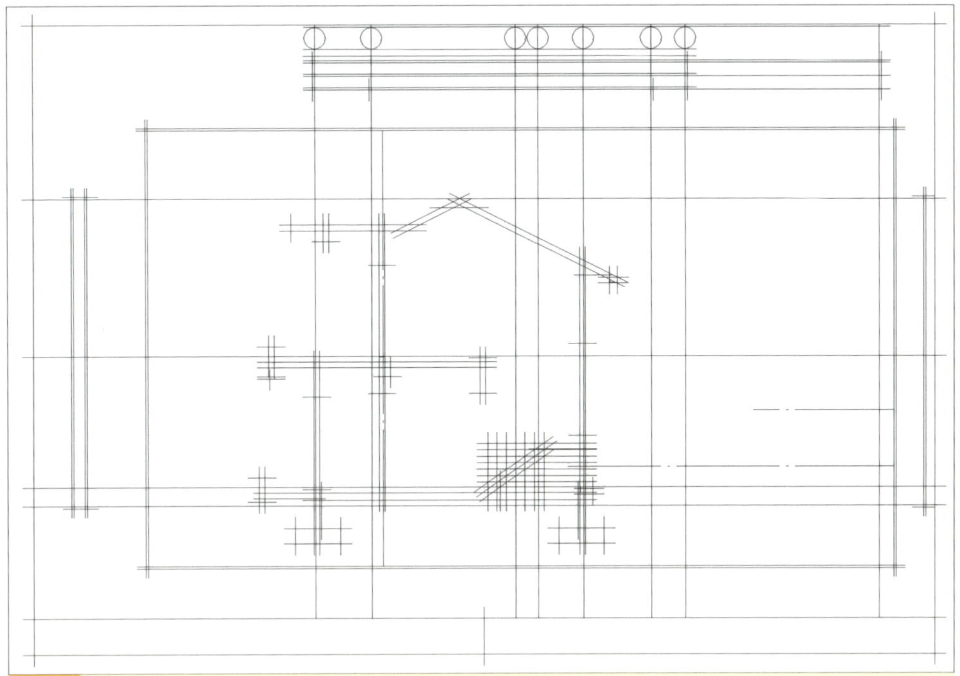

10 골조선 가선

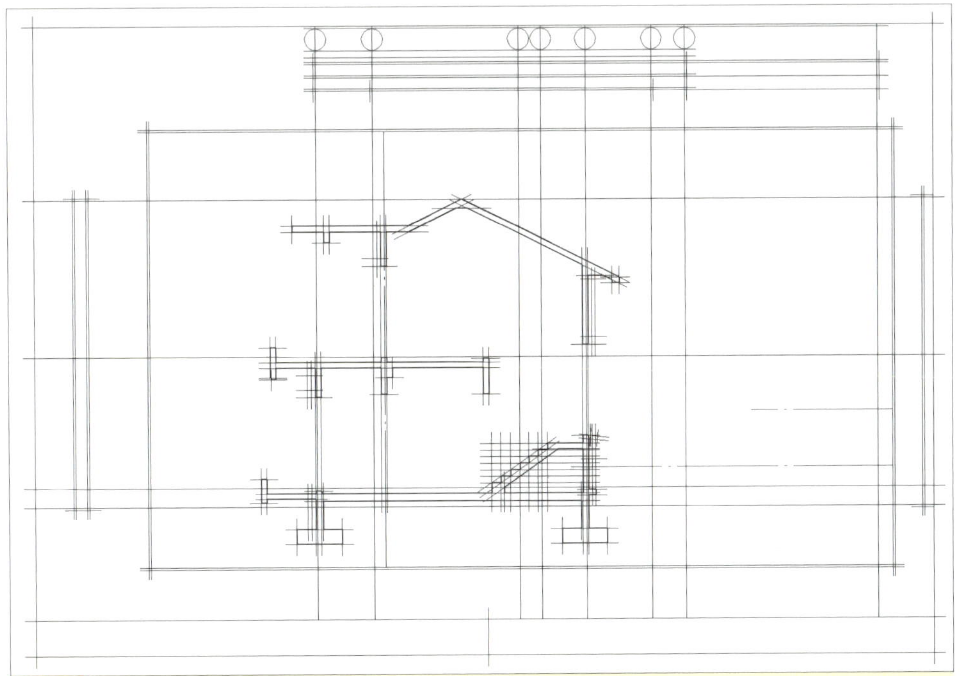

11 골조선 작성, 조적선 가선

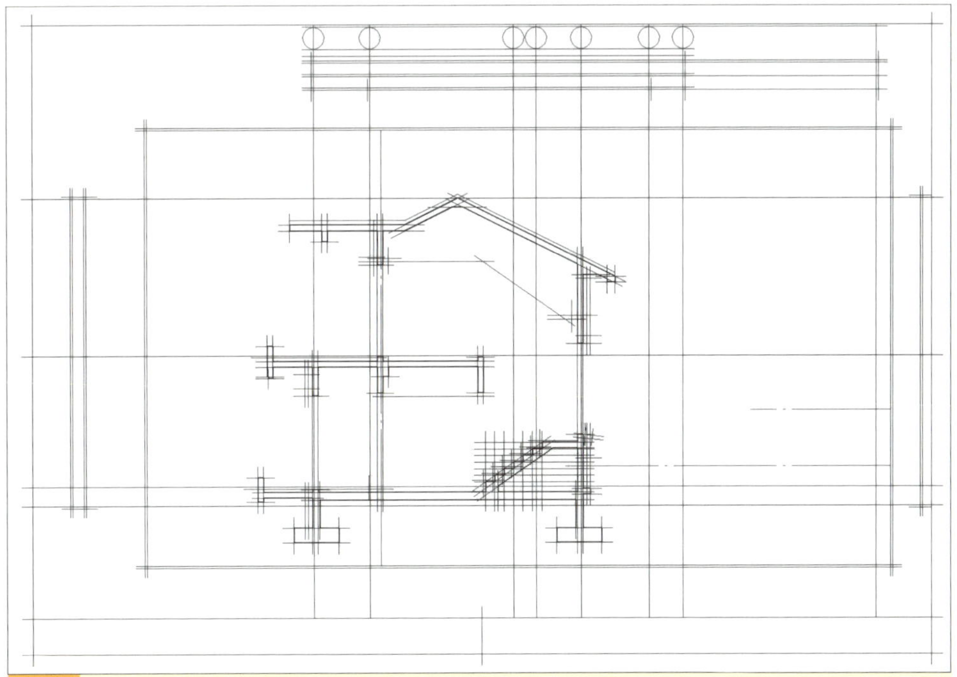

12 조적선 작성, 마감 단면선 가선

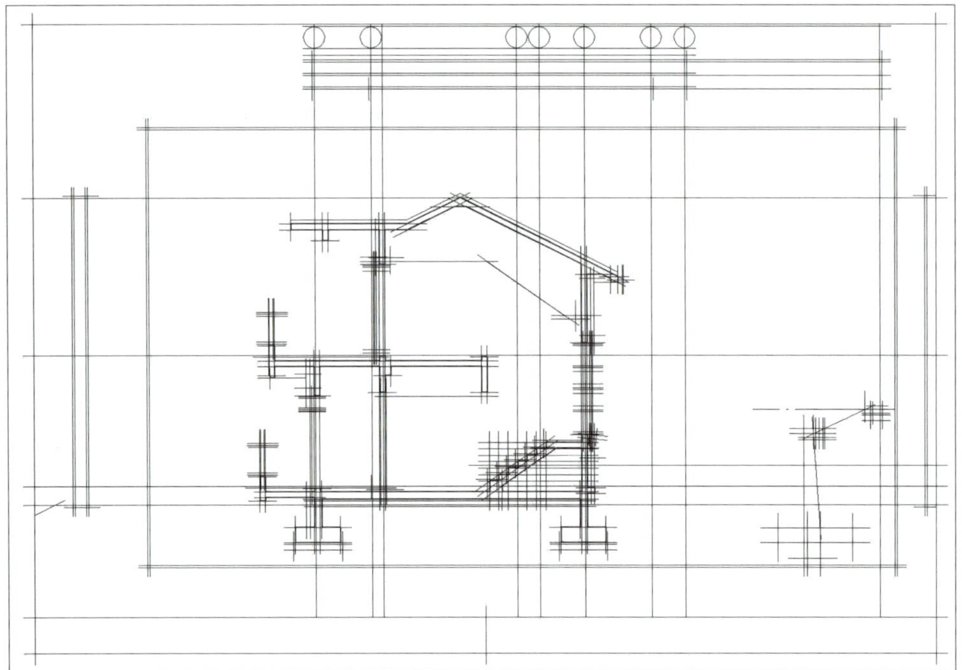

13 마감 단면선 작성, 창호 등 단면선 가선

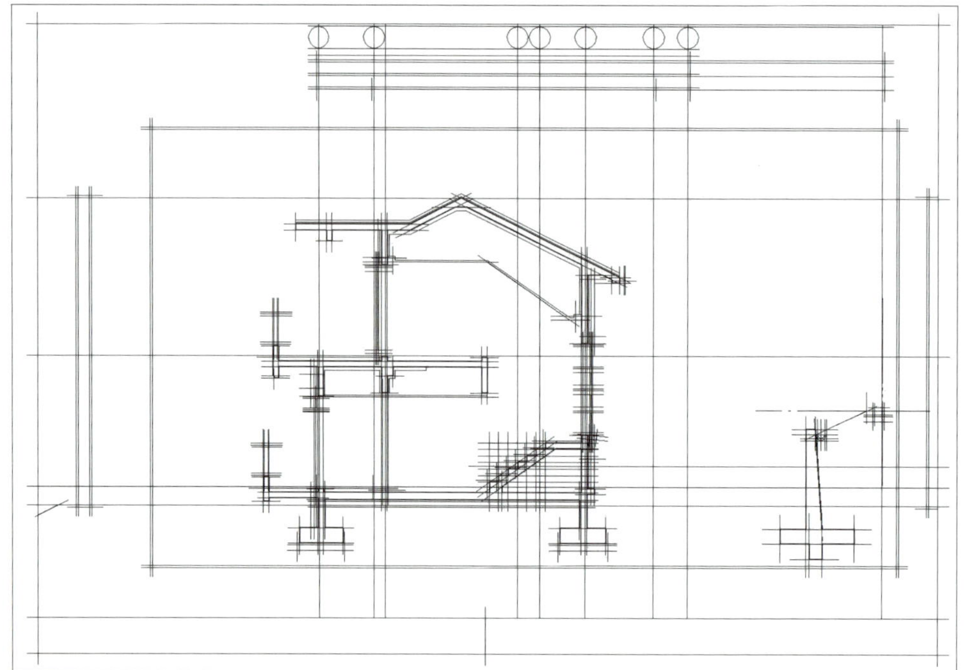

14 단면선 정리

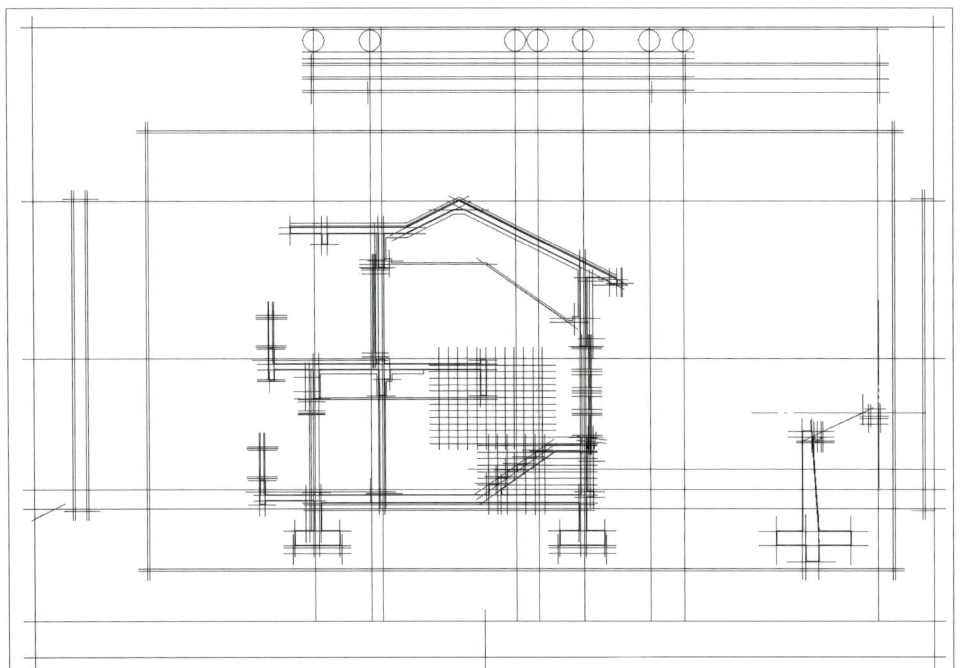

15 계단 입면선 가선 – 1

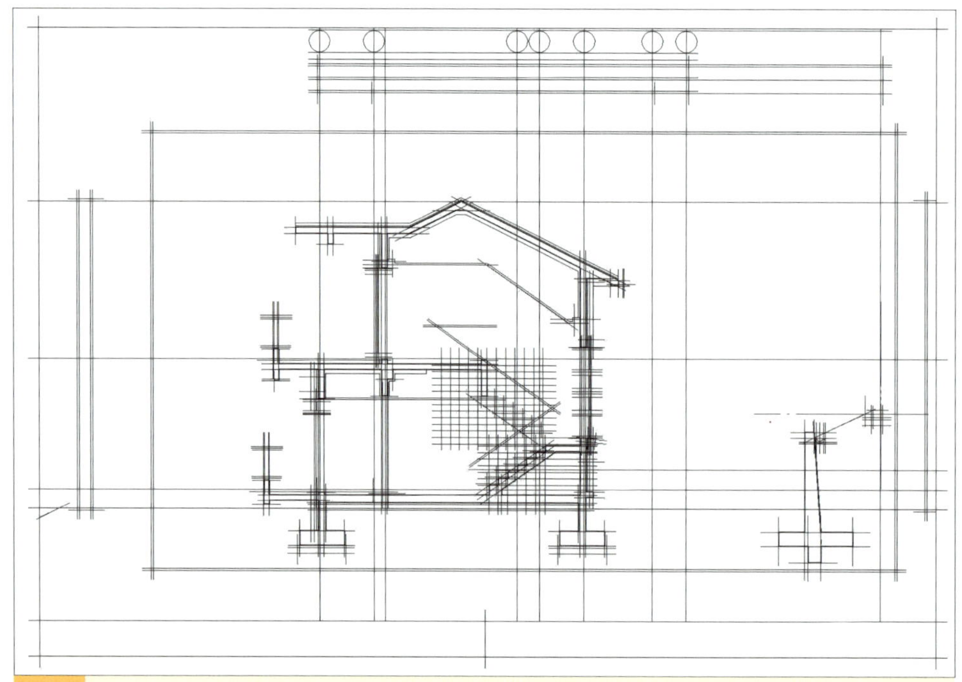

16 계단 입면선 가선 – 2

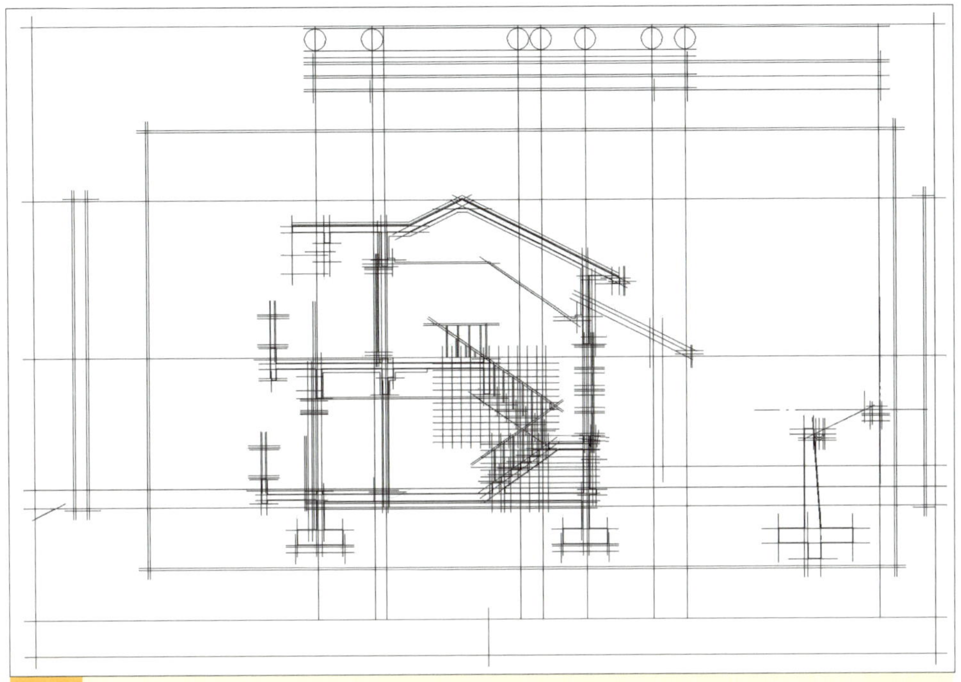

17 계단 입면선 정리, 입면선 가선 – 1

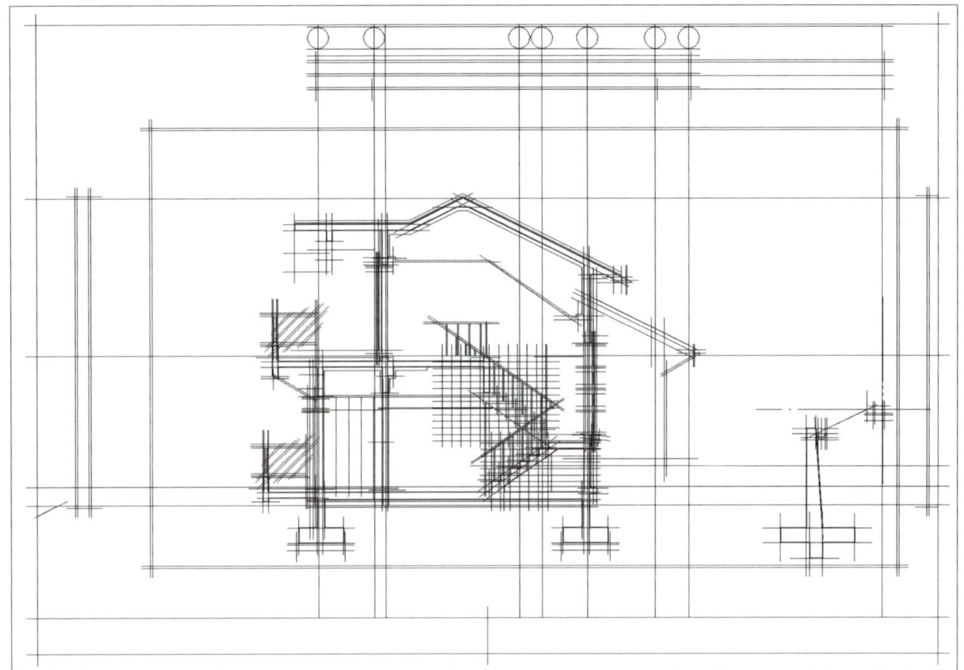

18 입면선 가선 – 2

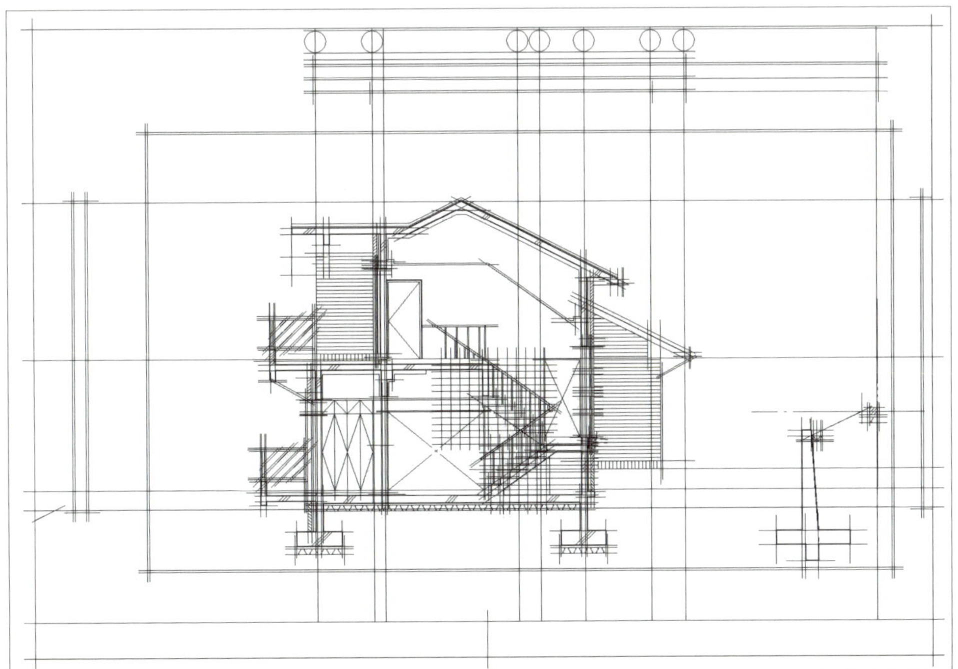

19 입면선 정리 및 HATCH선 작성

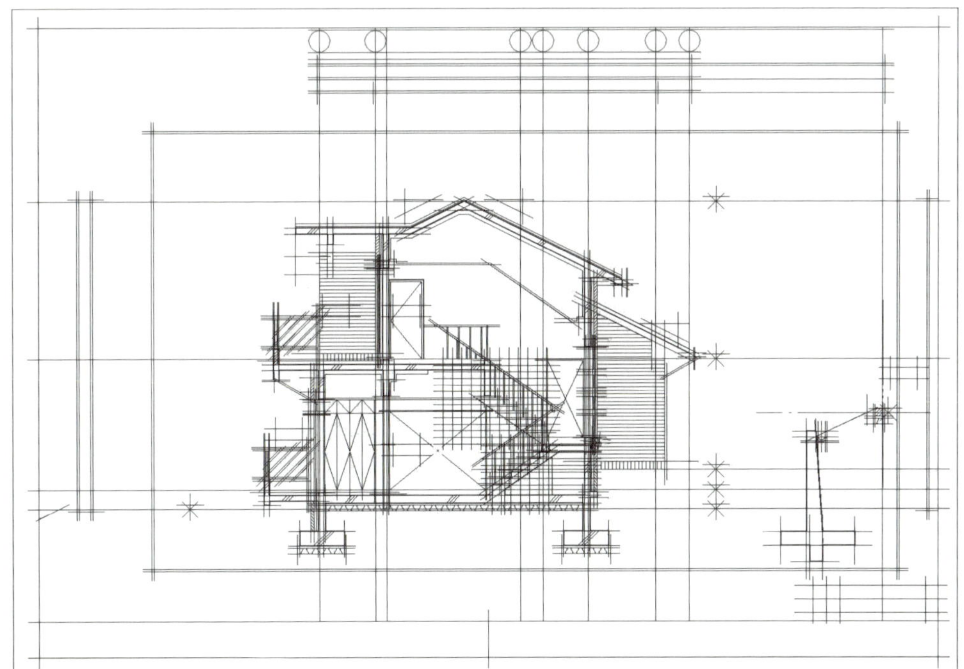

20 기호 가선

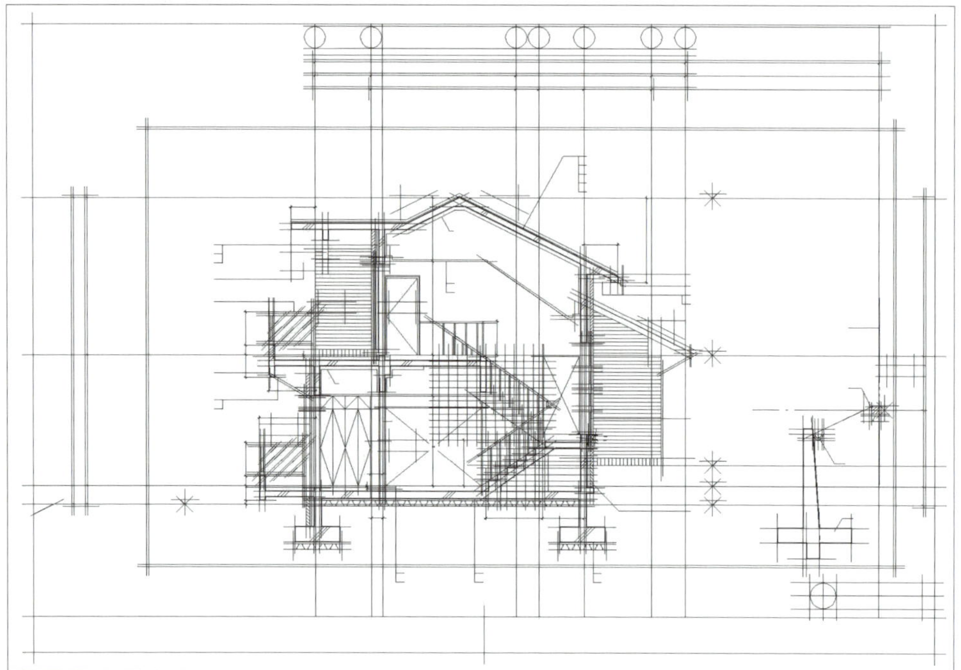

21 기호, 내부 치수선, 인출선 작성

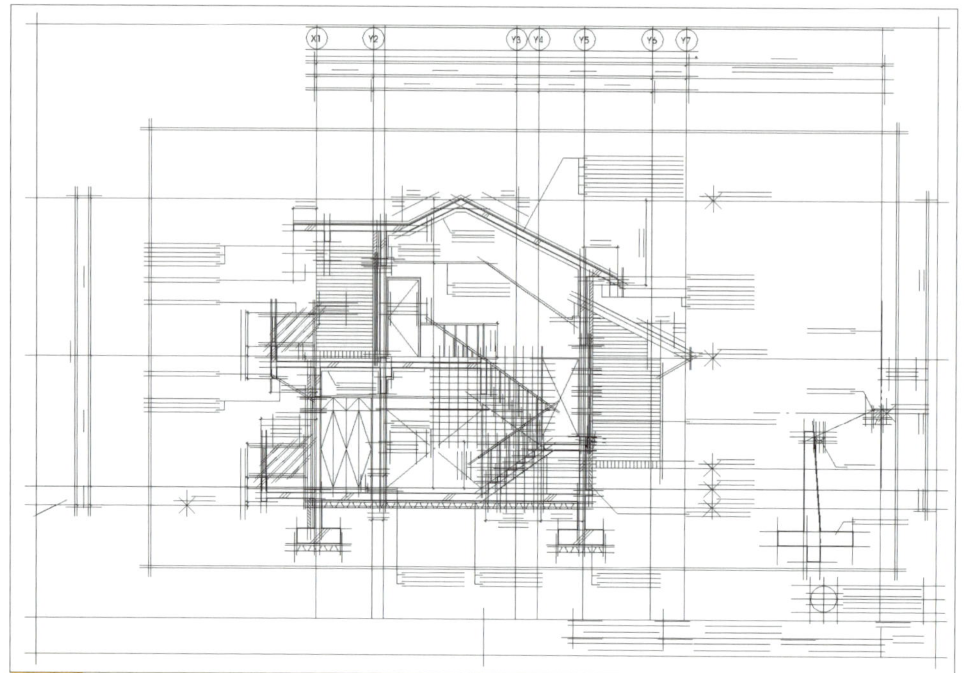

22 글자 가선

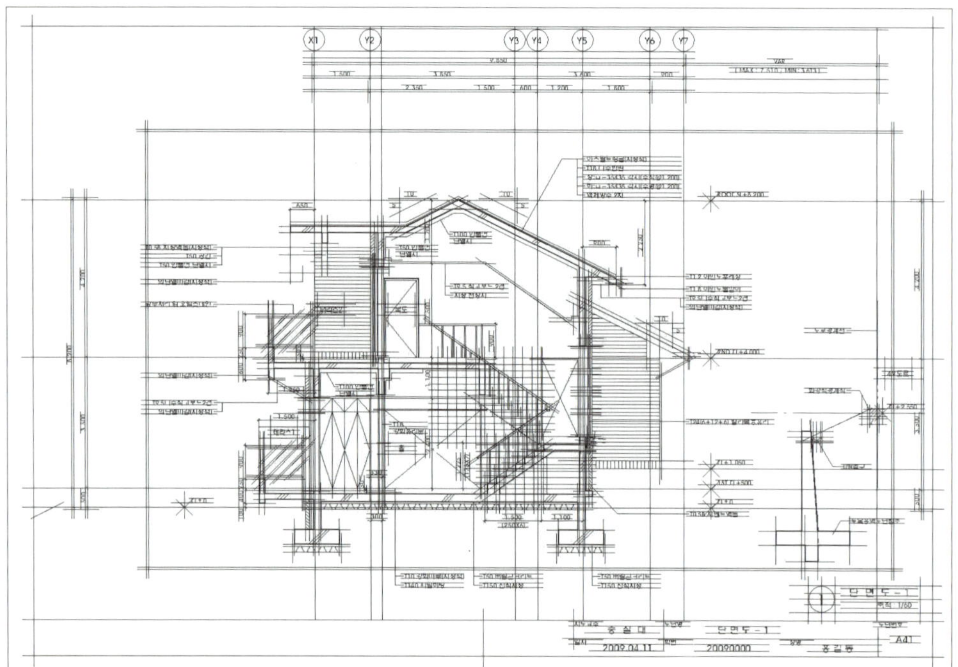

23 글자, 도면선 작성

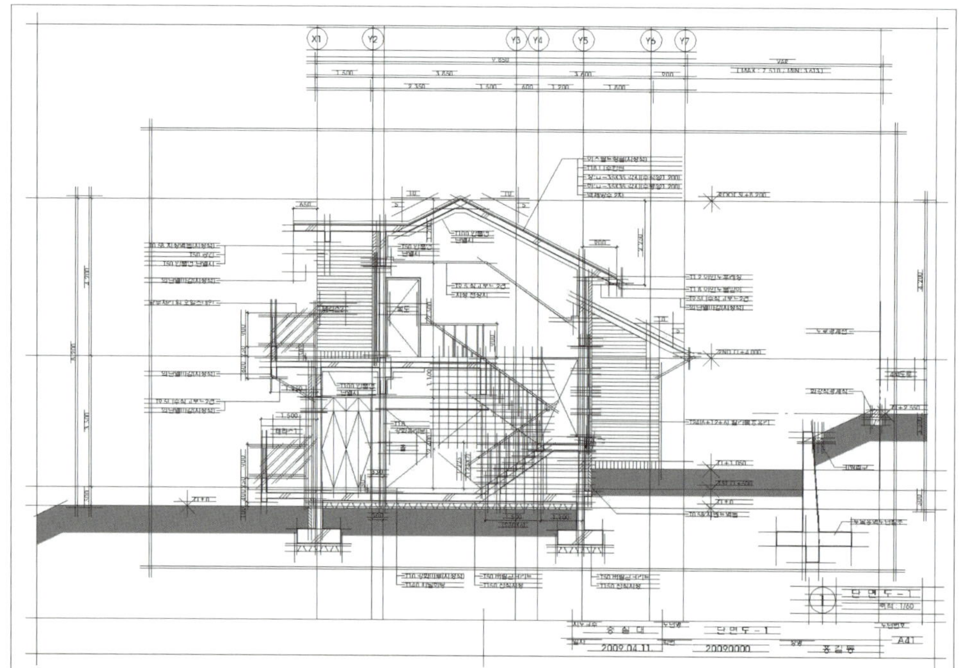

24 지반선 표현 및 마무리

3. 도면 작성 연습 - 부분 상세도

01 도면 작성 연습 - 부분 상세도 1

* 각 부분의 형태와 기본적인 치수를 이해하고 있다면 모든 부분을 재어서 확인할 필요가 없고, 작성 시간이 단축될 수 있다.

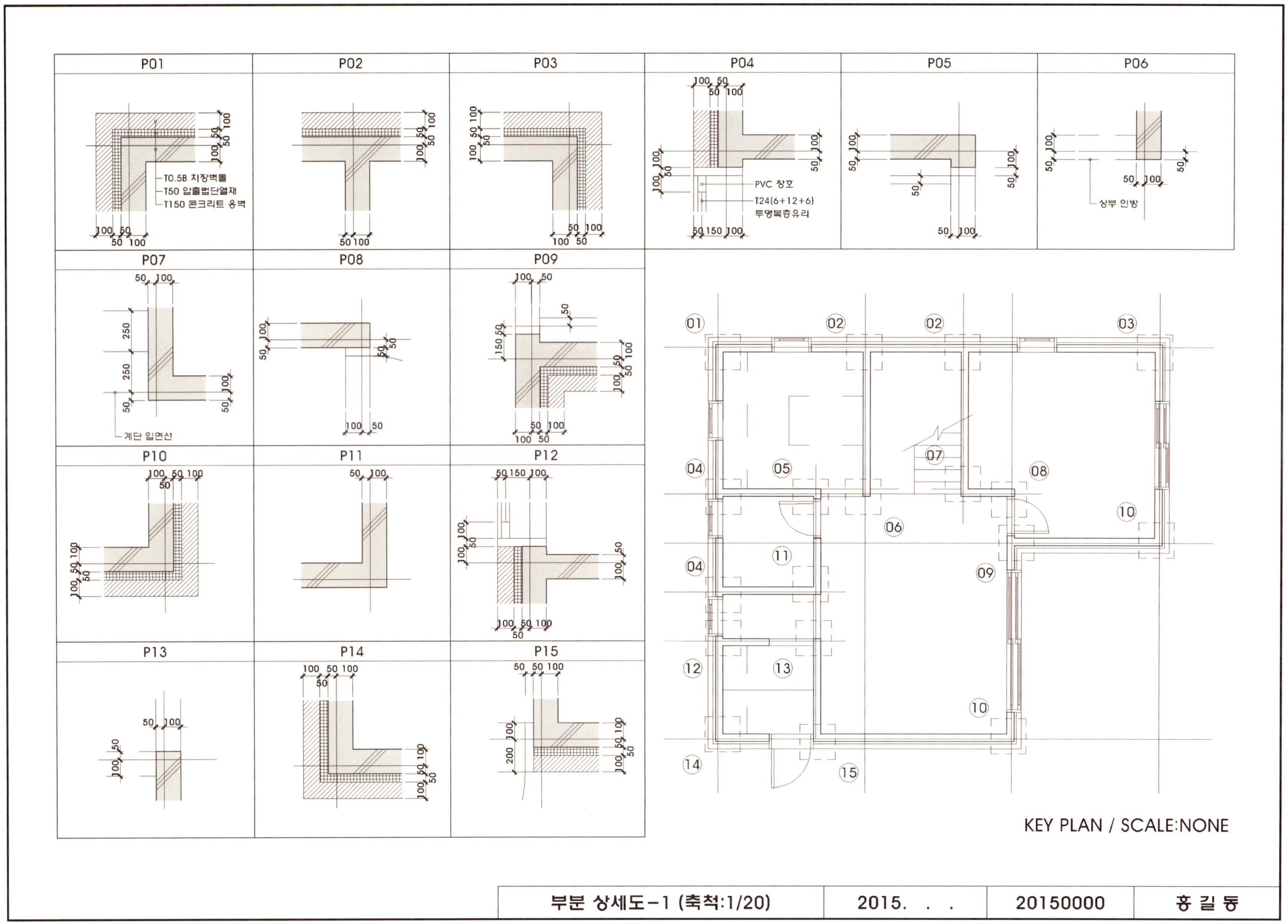

02 도면 작성 연습 - 부분 상세도 2

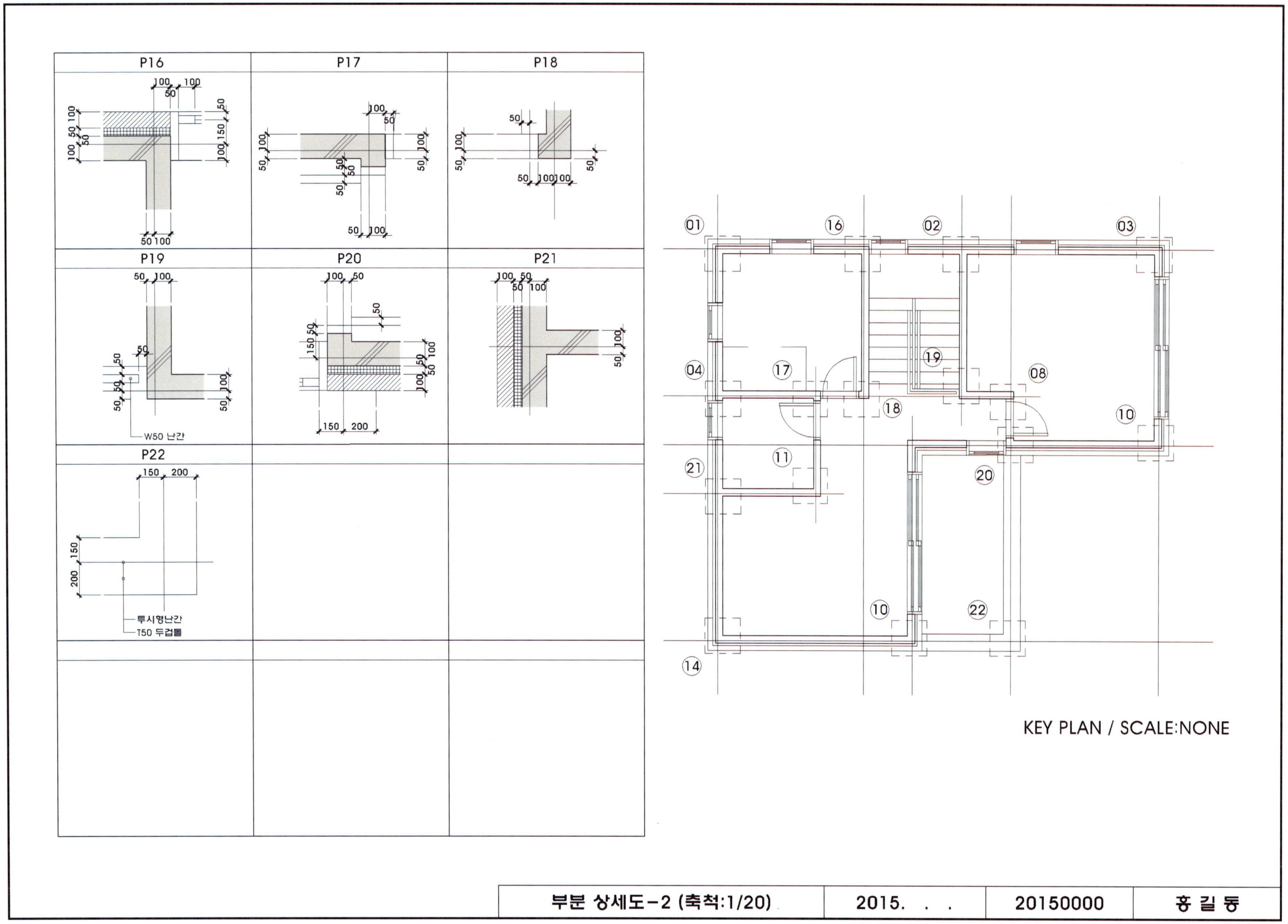

03 도면 작성 연습 - 부분 상세도 3

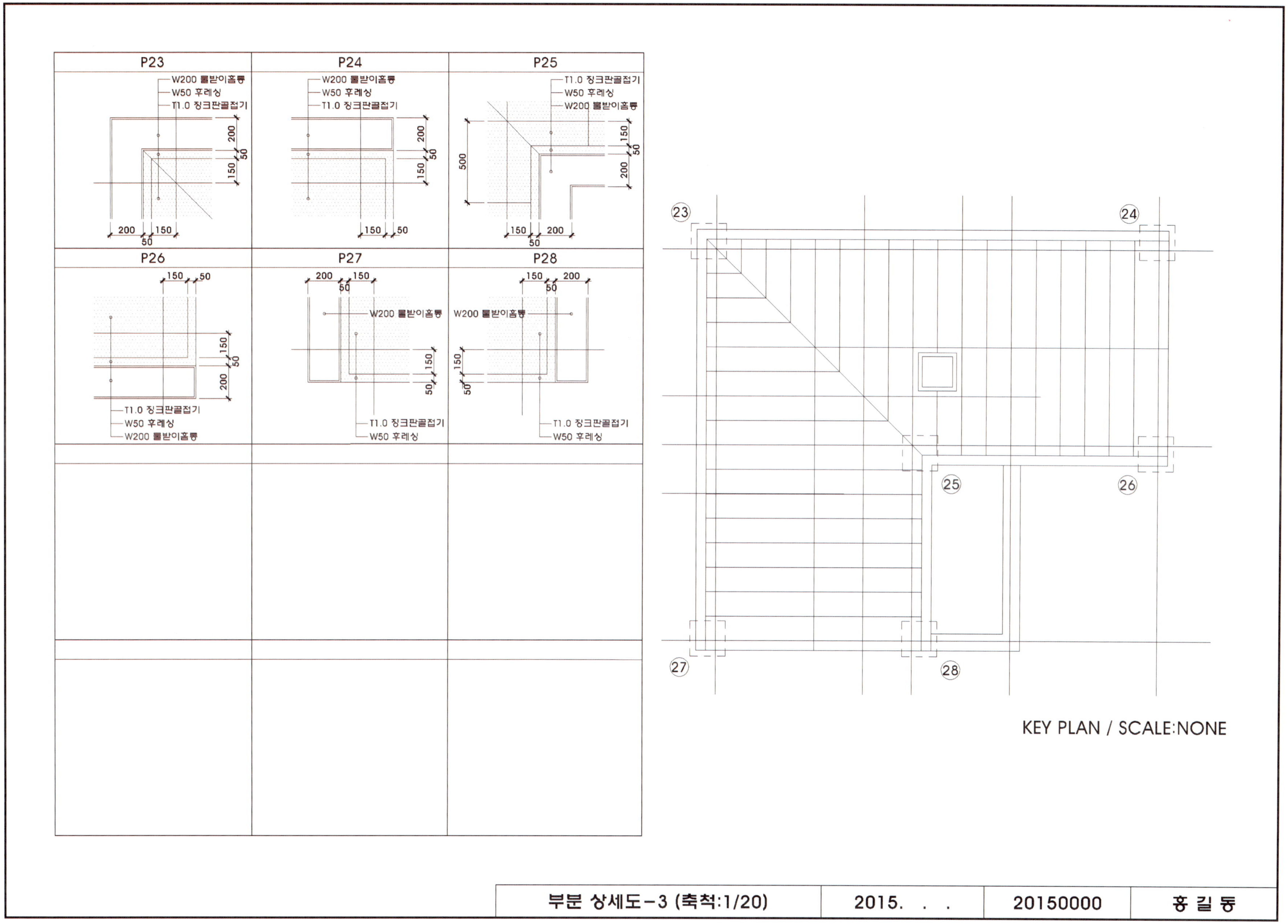

04 도면 작성 연습 – 부분 상세도 4

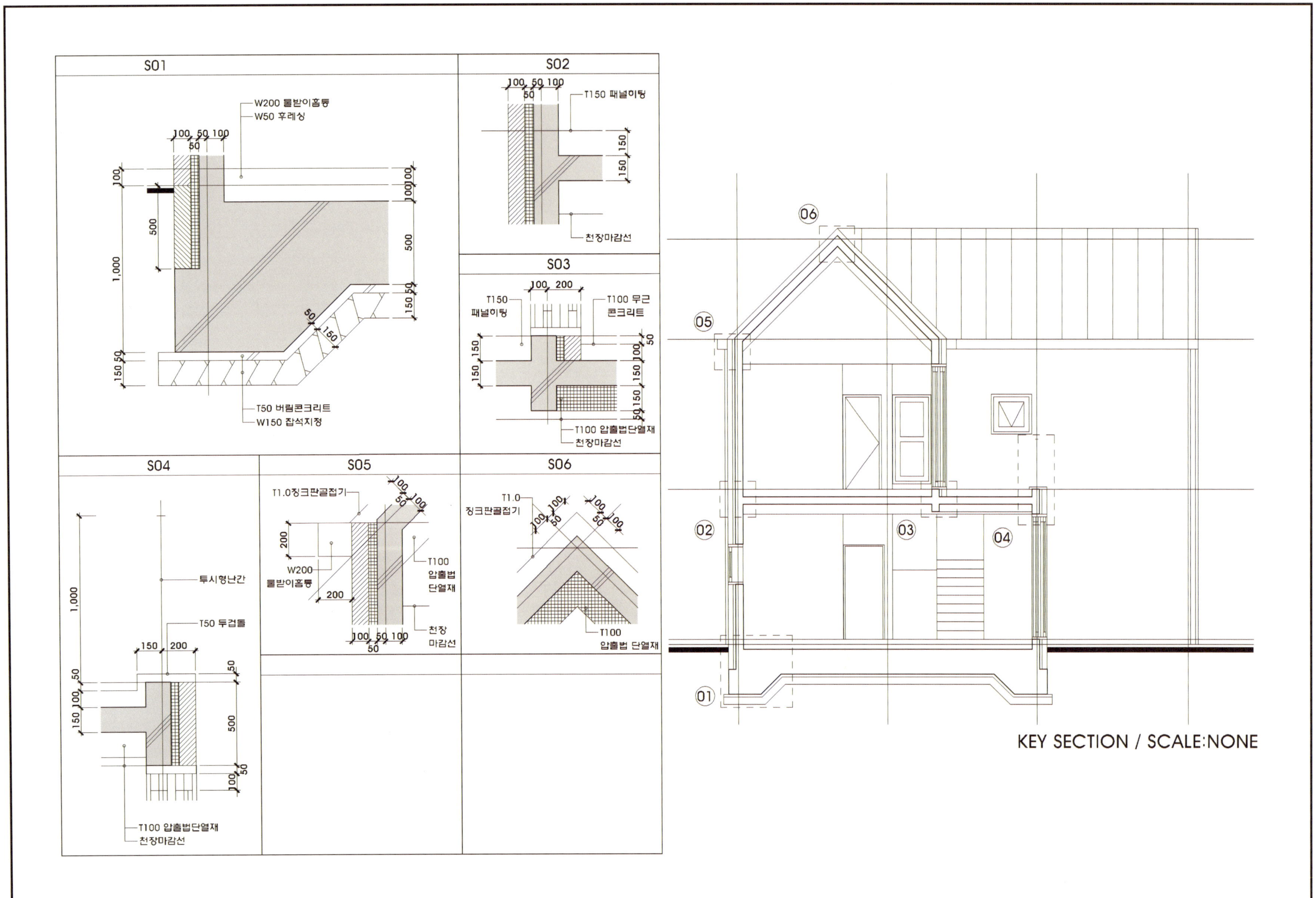

부분 상세도-4 (축척:1/20)	2015. . .	20150000	홍 길 동

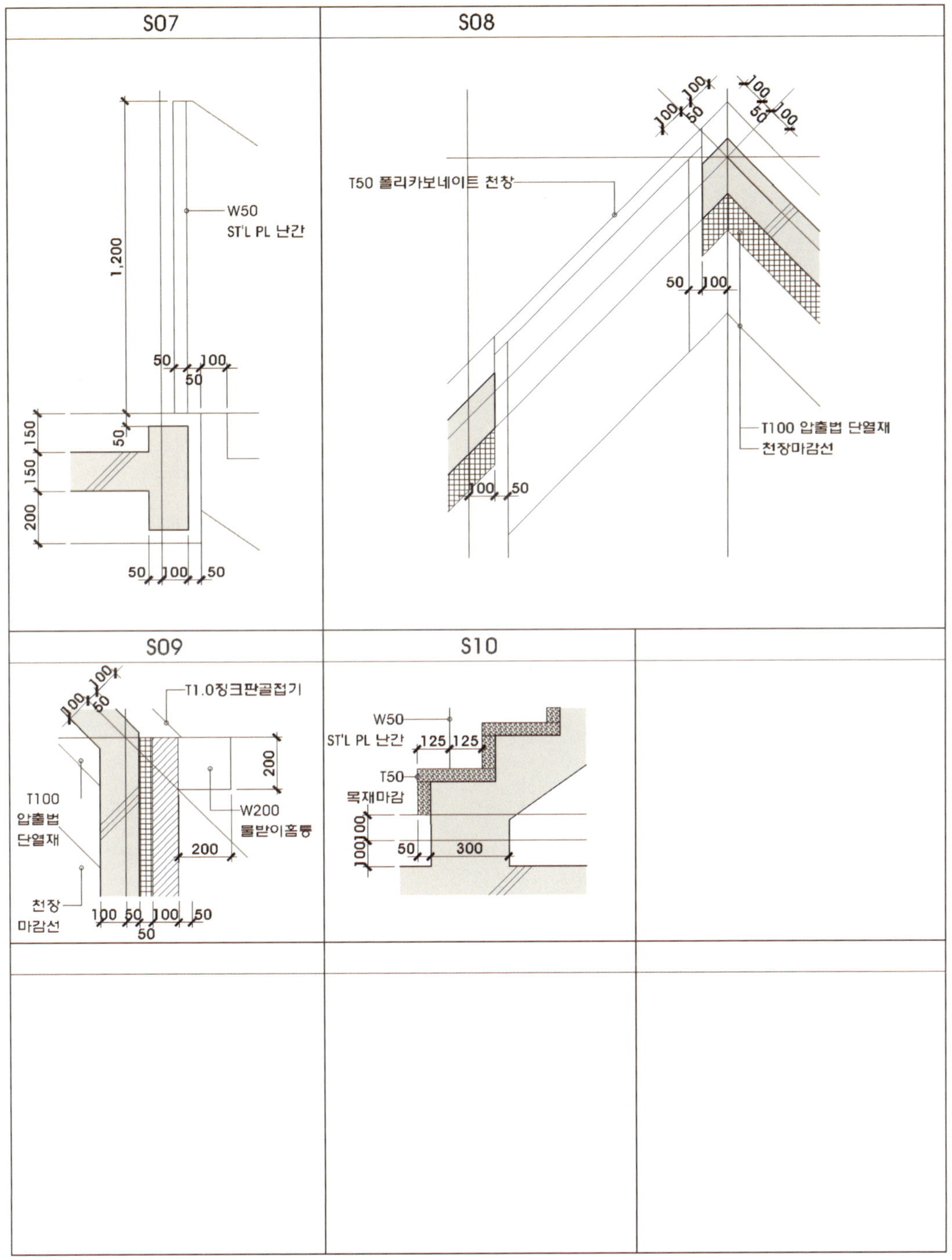

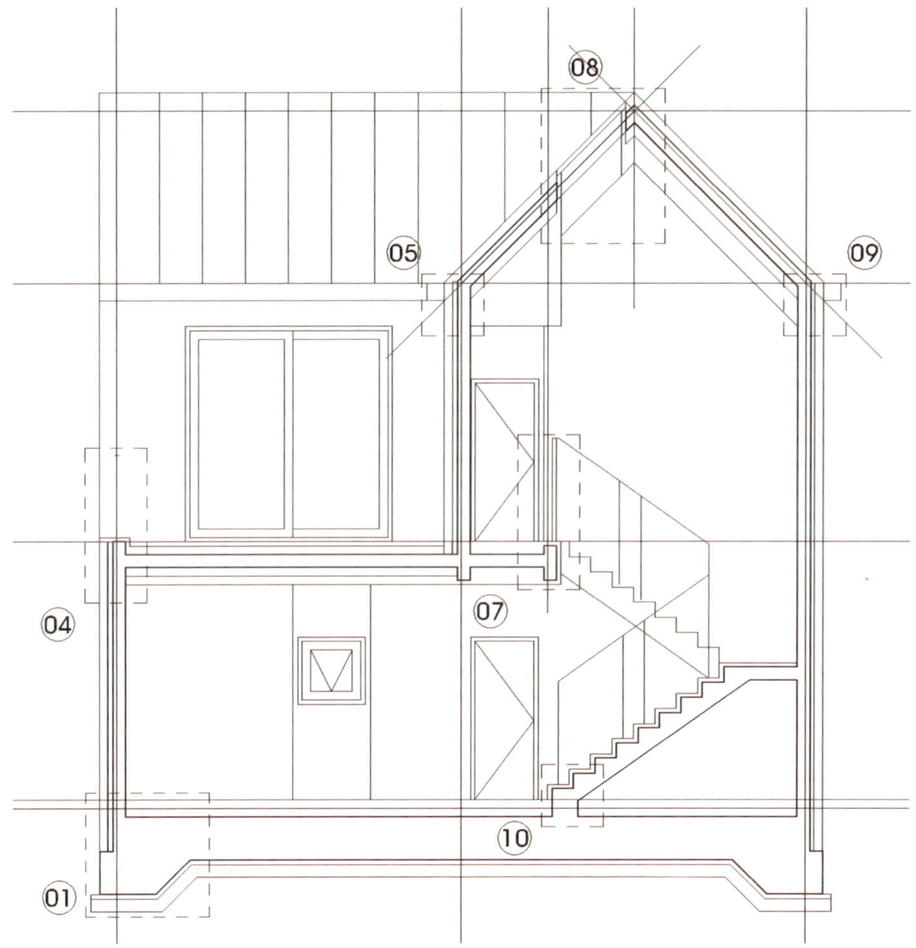

KEY SECTION / SCALE:NONE

부분 상세도-5 (축척:1/20)	2015. . .	20150000	홍 길 동

4. 도면 작성 연습 - 개요 및 배치도, 대지 단면도

01 도면작성연습 – 개요 및 배치도

■ 설 계 개 요

구 분		내 용
대지위치		서울특별시 동작구 상도동 1-1
지역지구		제1종 일반주거지역
대지면적		328.00 ㎡
도로현황		6M 도로 (서측)
주 용 도		단독주택
주요구조		철근콘크리트조
규 모		지상 2층
최고높이		8.31 m
건축면적		60.00 ㎡
건폐율	법 정	60.00 %
	계 획	18.29 %
용적률	법 정	150.00 %
	계 획	34.15 %
연면적	계	112.00 ㎡
	지 하	– ㎡
	지 상	112.00
주차대수	법 정	2.00 대
	계 획	2.00 대
조경면적	법 정	5.00 %
	계 획	30.15 %
비고		

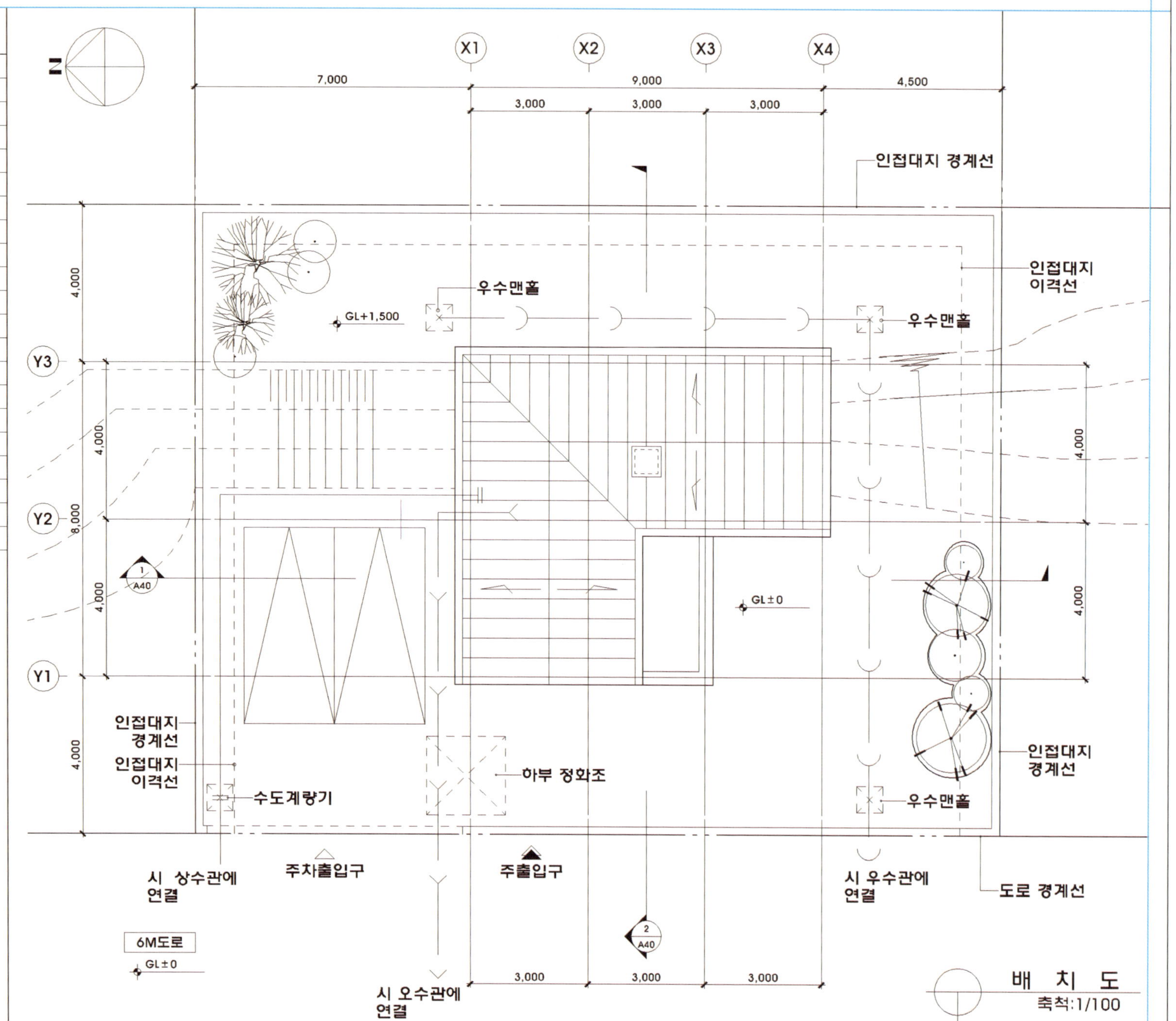

설 계 개 요 및 배 치 도	2015. . .	20150000	홍 길 동

02 도면 작성 연습 – 대지 단면도

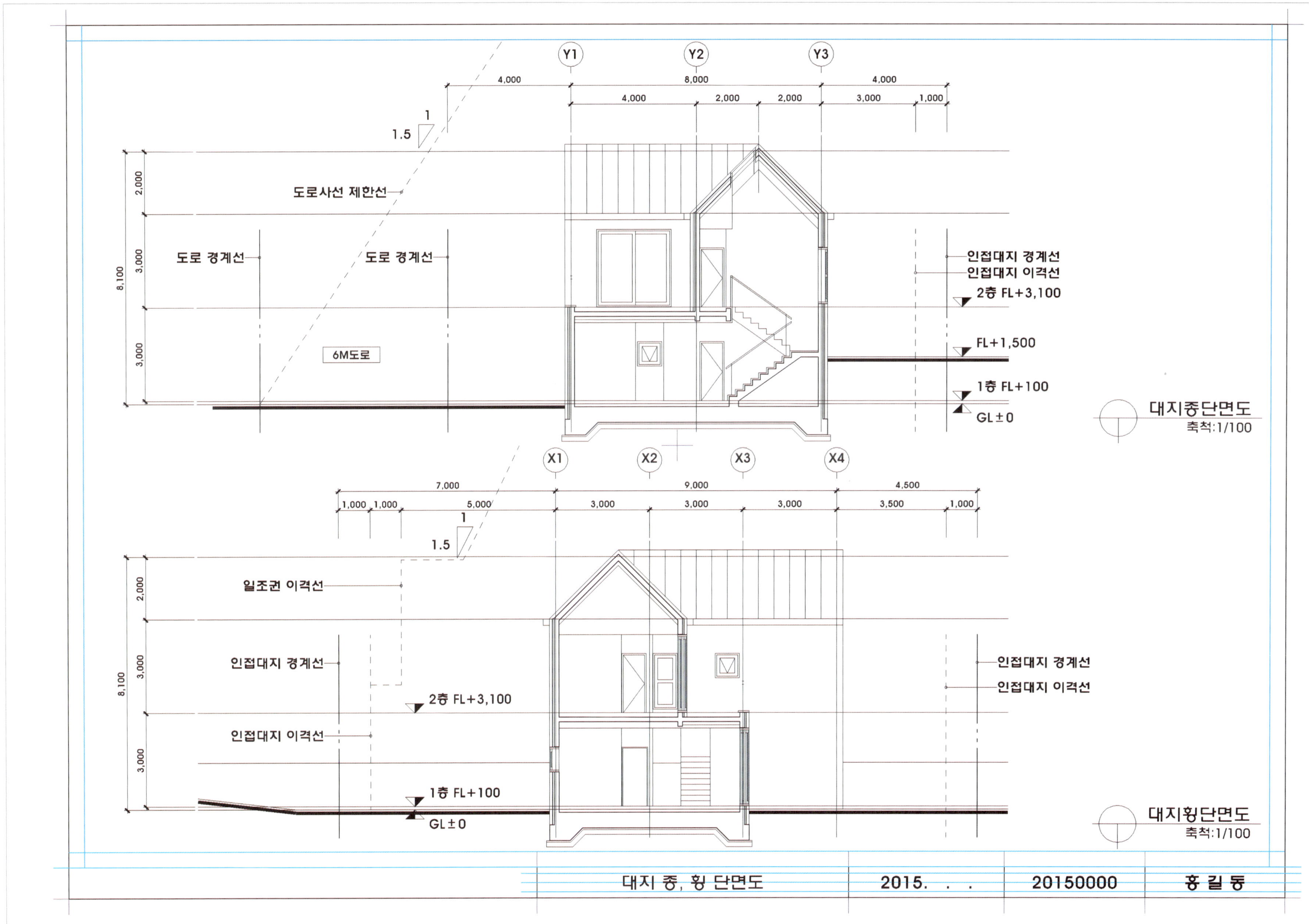

A 복선 도면 모델링

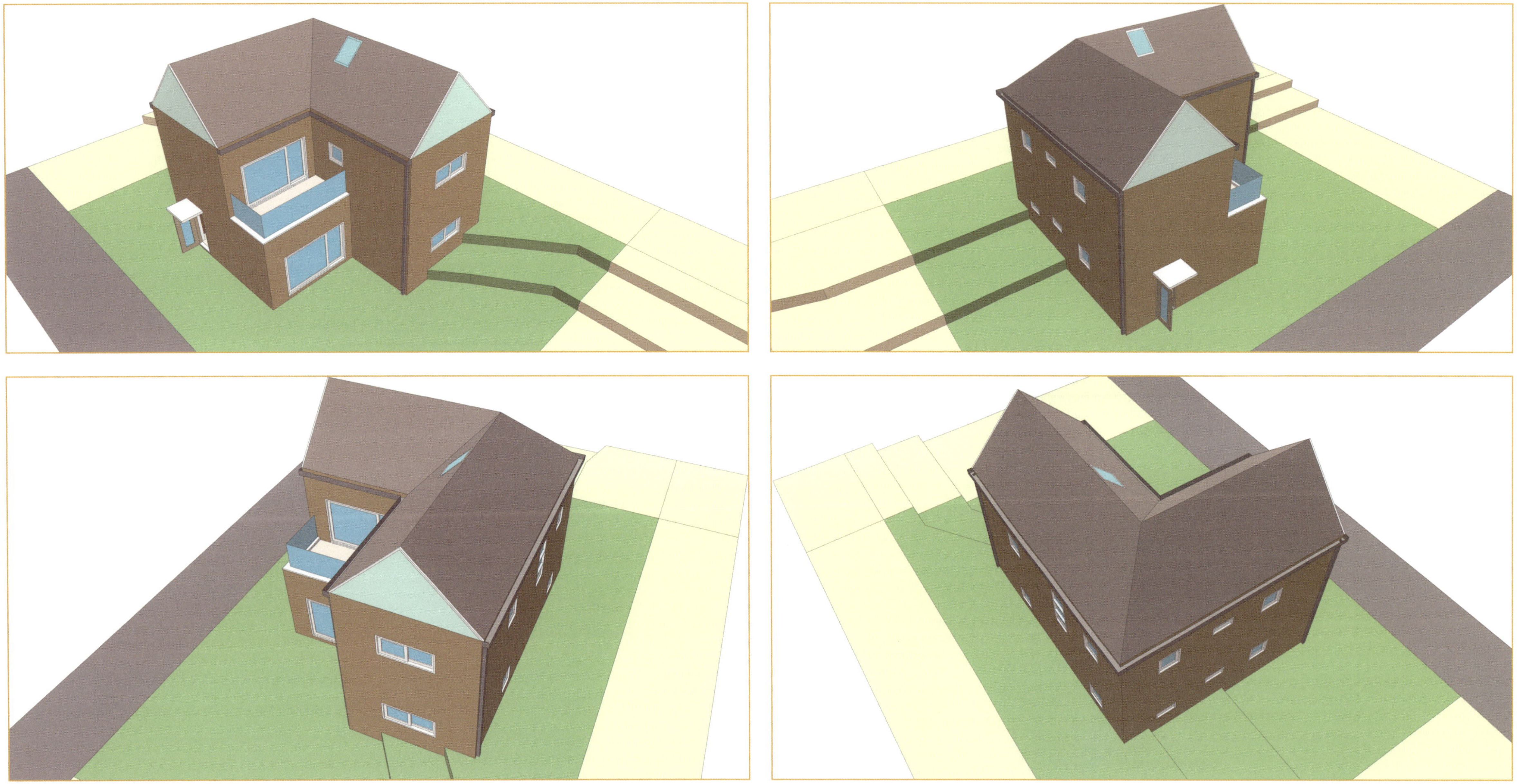

MEMO

실측 사이즈 도면 제공

www.kuhminsa.co.kr (구민사 홈페이지-자료실)

"기초 건축설계 프로세스"

05 CHAPTER

도면 작성 연습

-3차원

1. 투상도의 작성

(1) 투상법의 종류

① 정투상도
② 축투상도(Axonometric)
- 입면 고정형 투상도(Oblique)
- 평면 고정형 투상도(Dimetric)
- 등각 투상도(Isometric)

(2) 정투상도의 개념

대상물의 보이는 면과 수직방향에서 대상물의 실제 치수를 그대로 옮겨 작성한다.

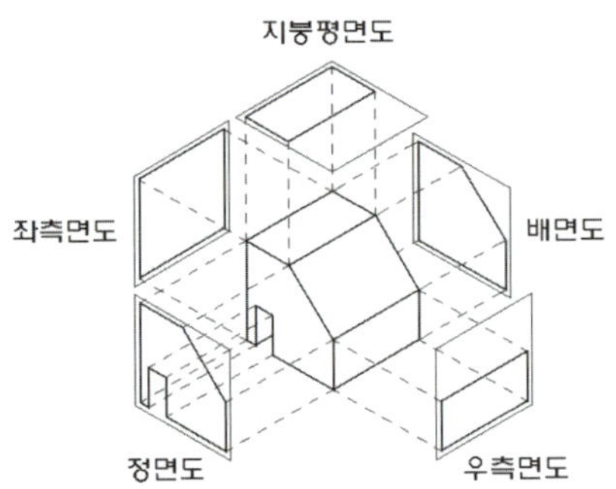

(3) 정투상도 작성의 예

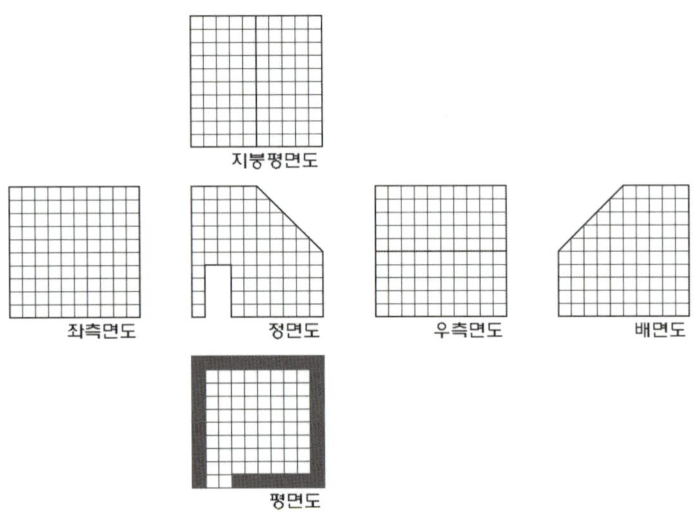

(4) 30° Oblique의 작성

표현하고자 하는 입면을 정투상도로 고정시키고, 전체적인 비례감을 위해 측면의 투상 길이를 보정하여 작성한다.

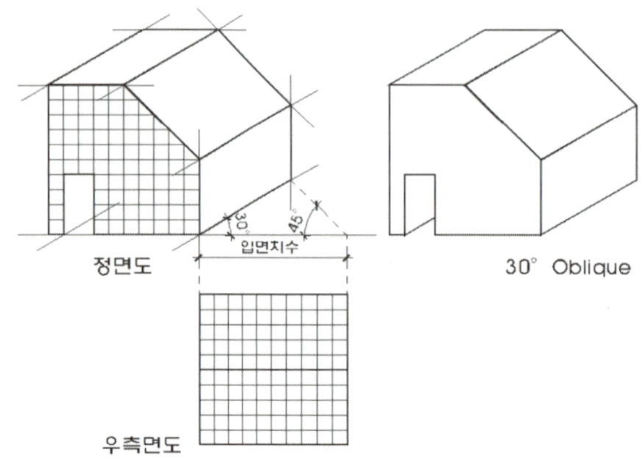

(5) 45° Oblique의 작성

표현하고자 하는 입면을 정투상도로 고정시키고, 전체적인 비례감을 위해 측면의 투상 길이를 보정하여 작성한다.

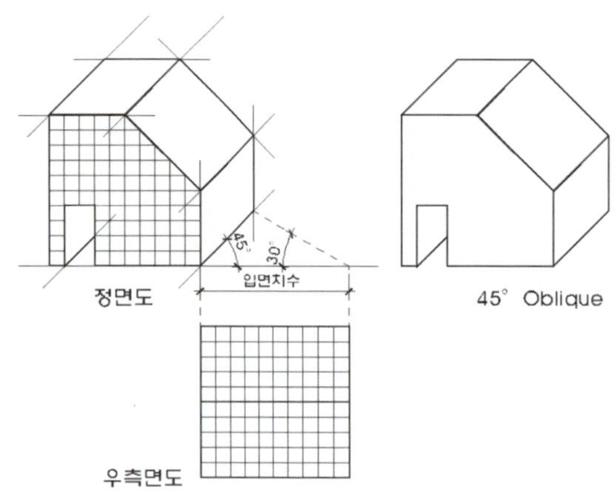

(6) 45° Dimetric의 작성

① 기준 평면을 수평선에 45° 로 고정하고, 수직으로 벽체를 작성
② 입면의 실제 치수를 30° 각도로 보정하여 해당 높이를 찾고 평면의 수직선과 연결하여 각각의 부분을 완성한다.

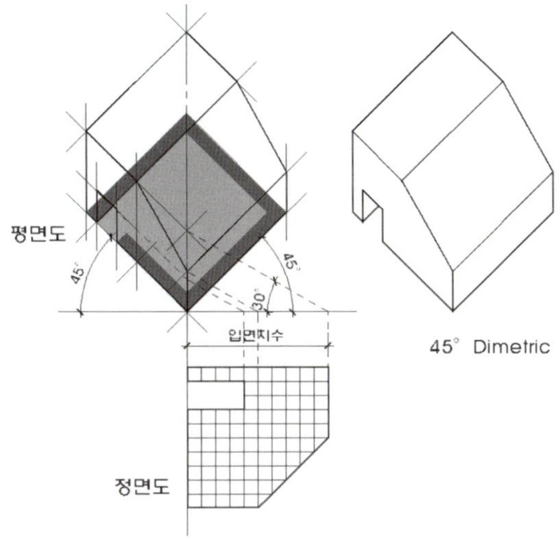

(7) Isometric의 작성

작성 순서 참고

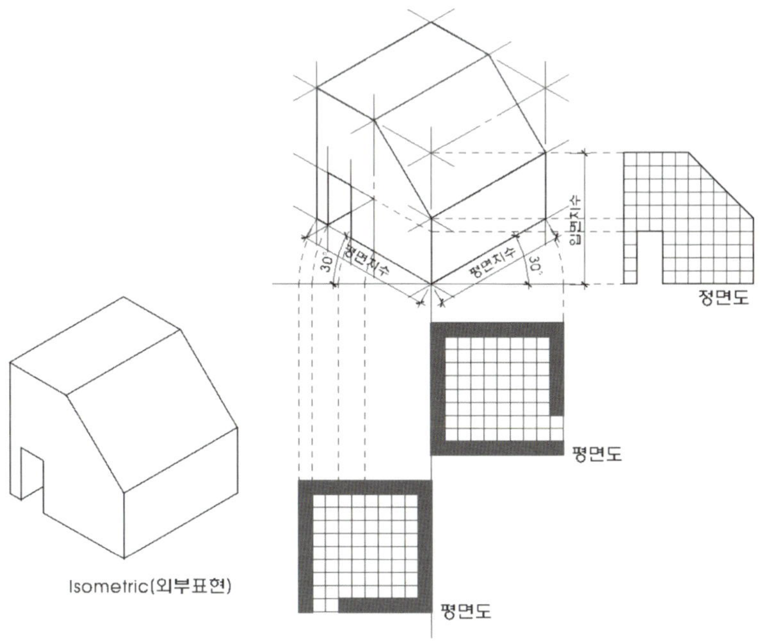

(8) Isometric의 작성 순서

① 기준이 될 수진, 수평선을 작성

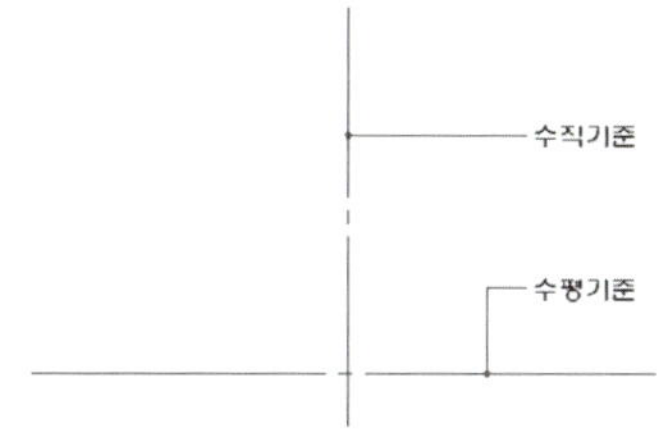

② 교차점에서 양측으로 30° 사선 작성

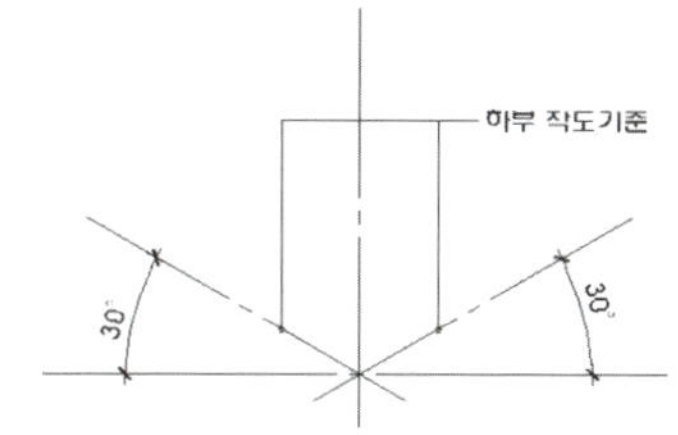

③ 수직 기준선에 입면 실체 치수를 표시

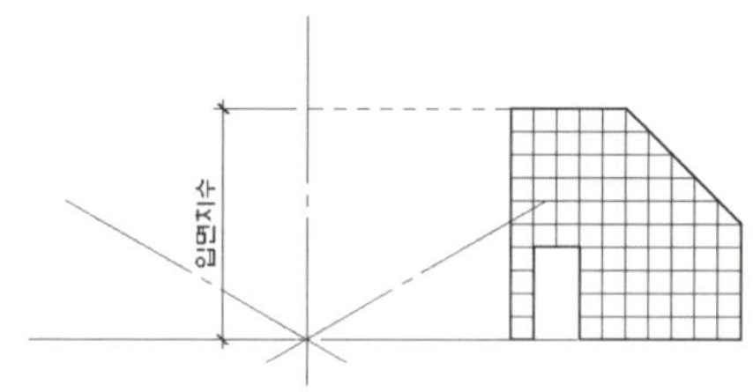

④ 2번항목의 사선과 평행하게 상부의 사선 작성

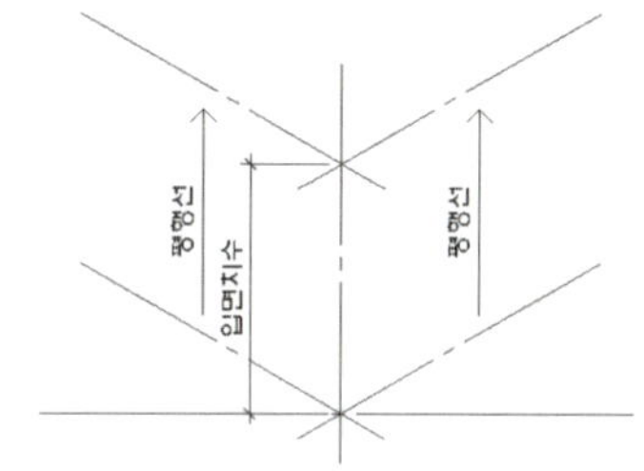

⑤ 2번항목의 사선에 평면 실제 치수를 표시

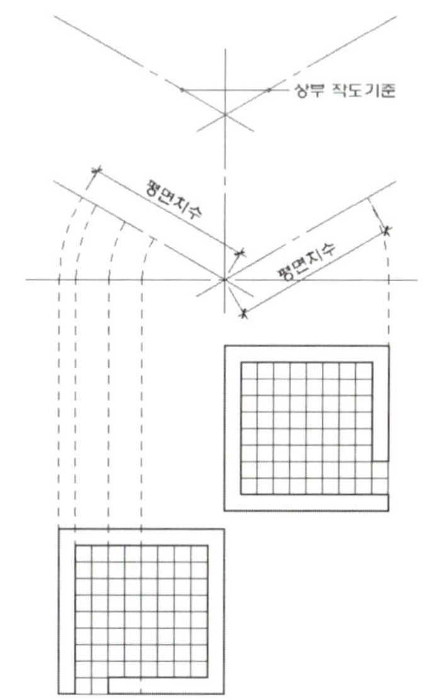

⑥ 수직 기준선 작성

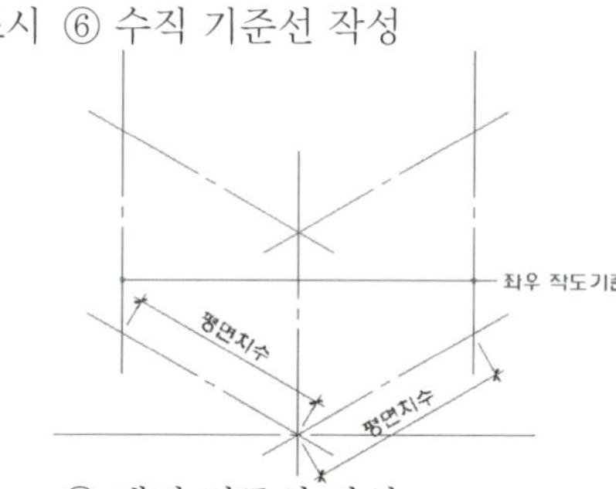

⑦ 배면 기준선 작성

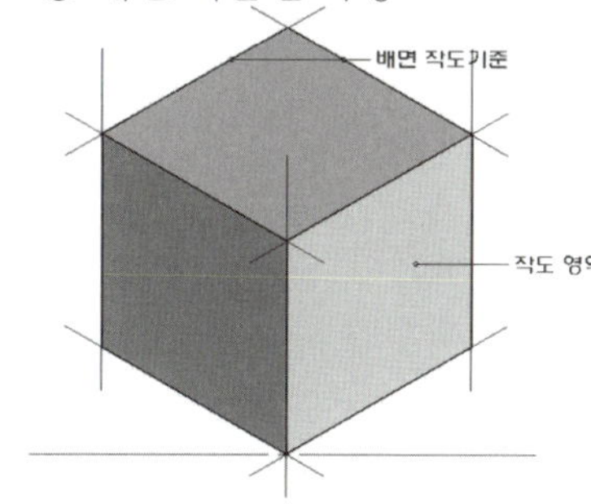

⑧ 동일한 방법으로 입면 요서의 가선 작성

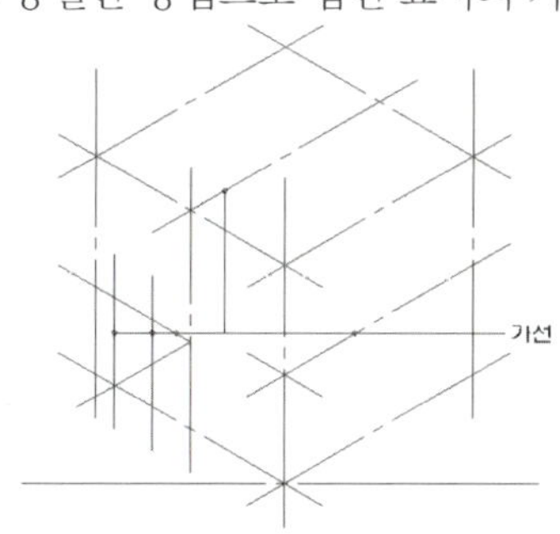

⑨ Isometric 완성

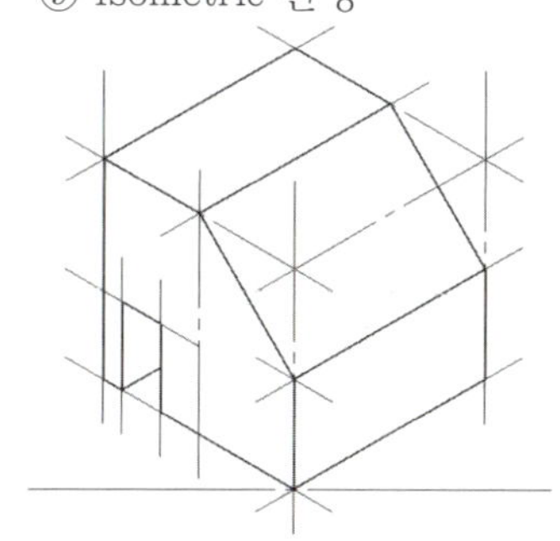

1. 투상도의 작성

01 Isometric 작성 예시 (8×8×8칸 예시)

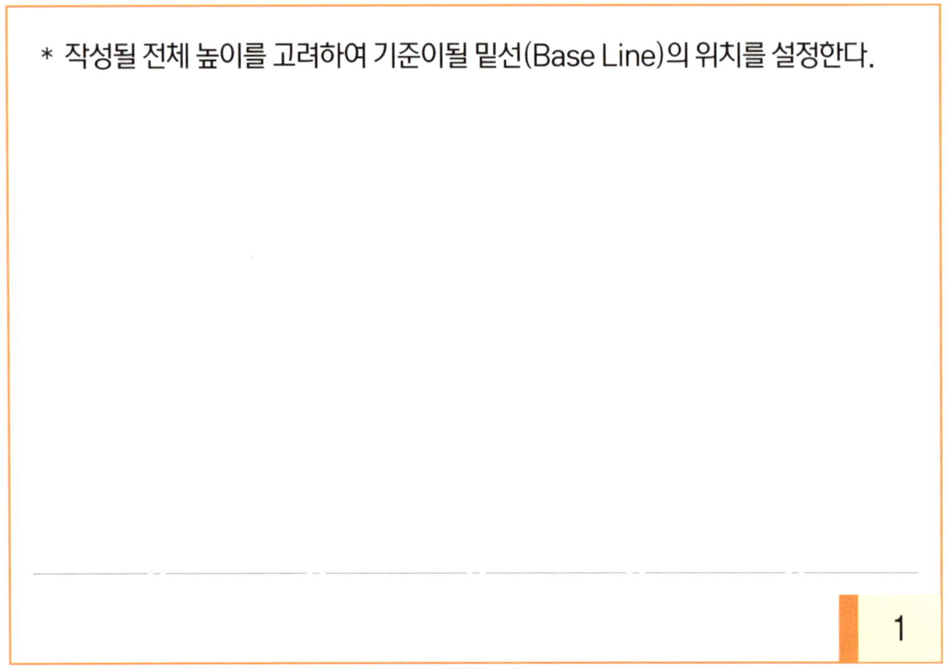

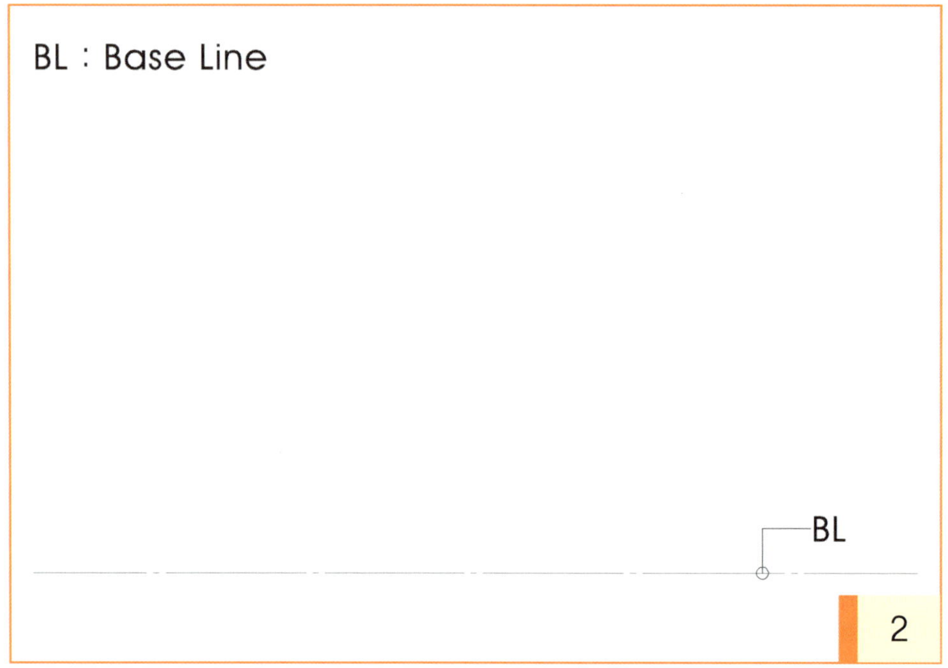

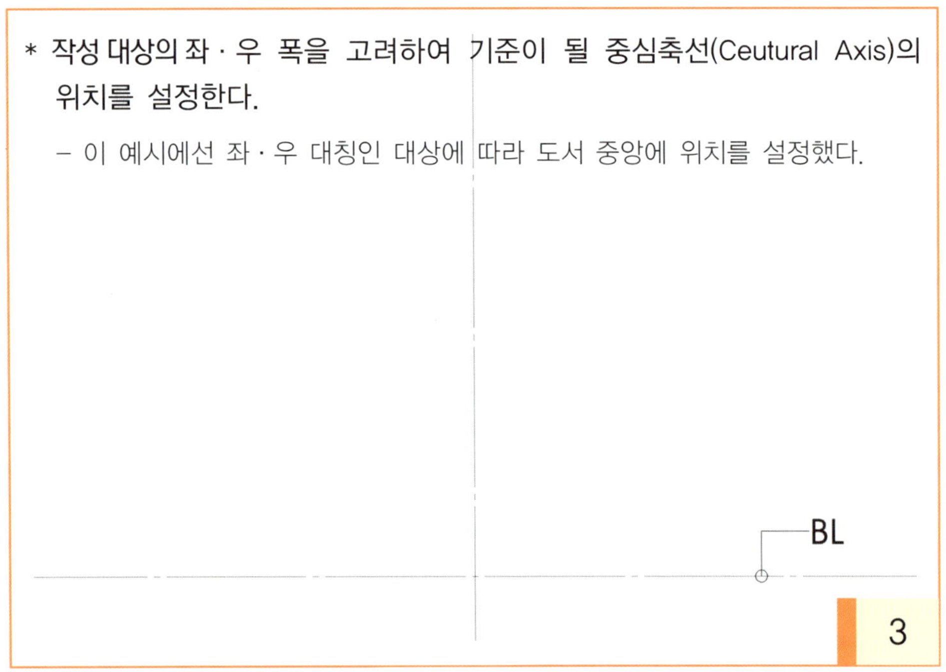

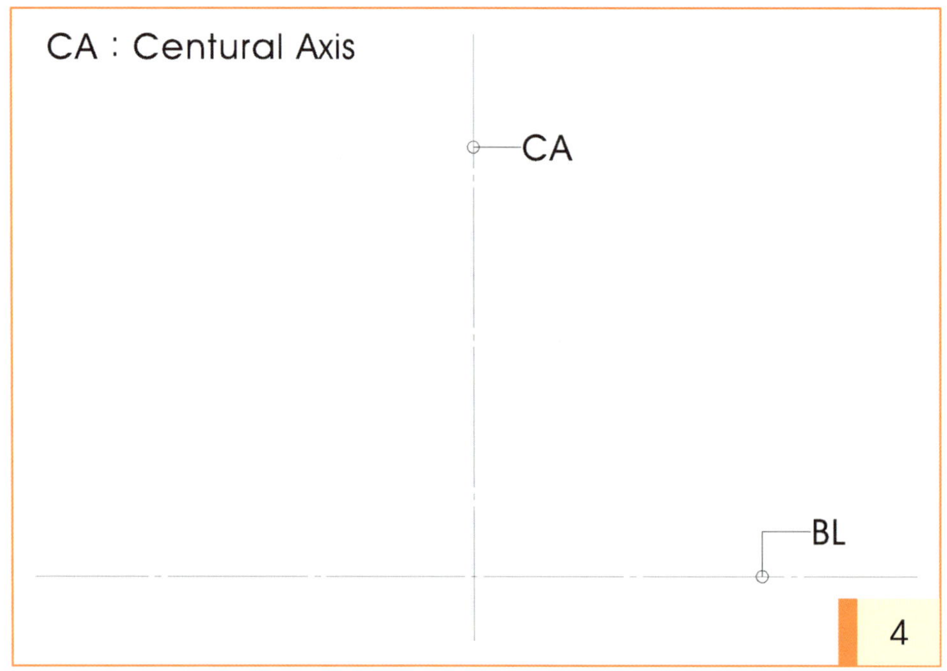

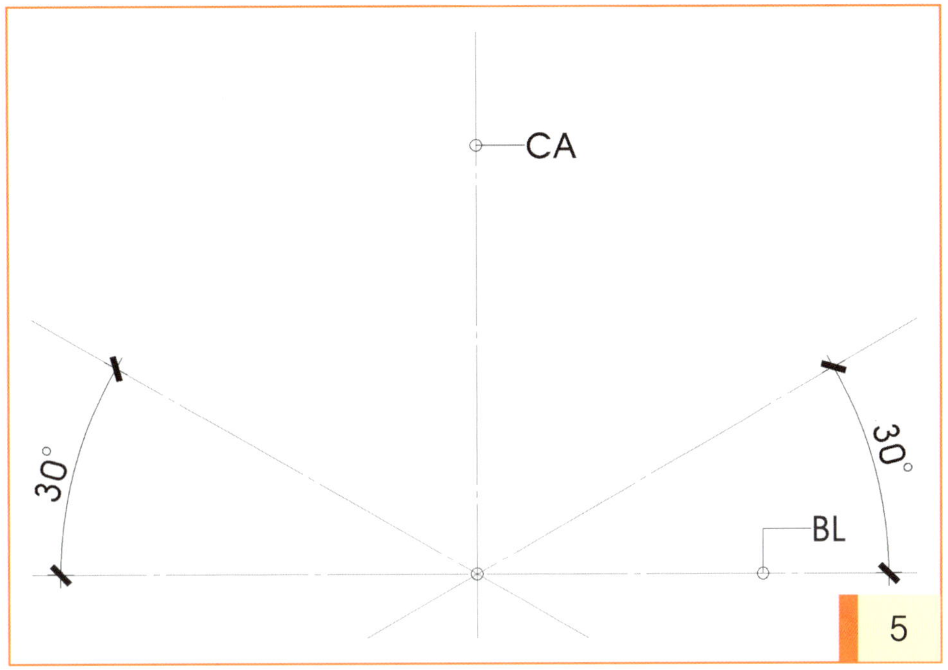
CA
30°
30°
BL
5

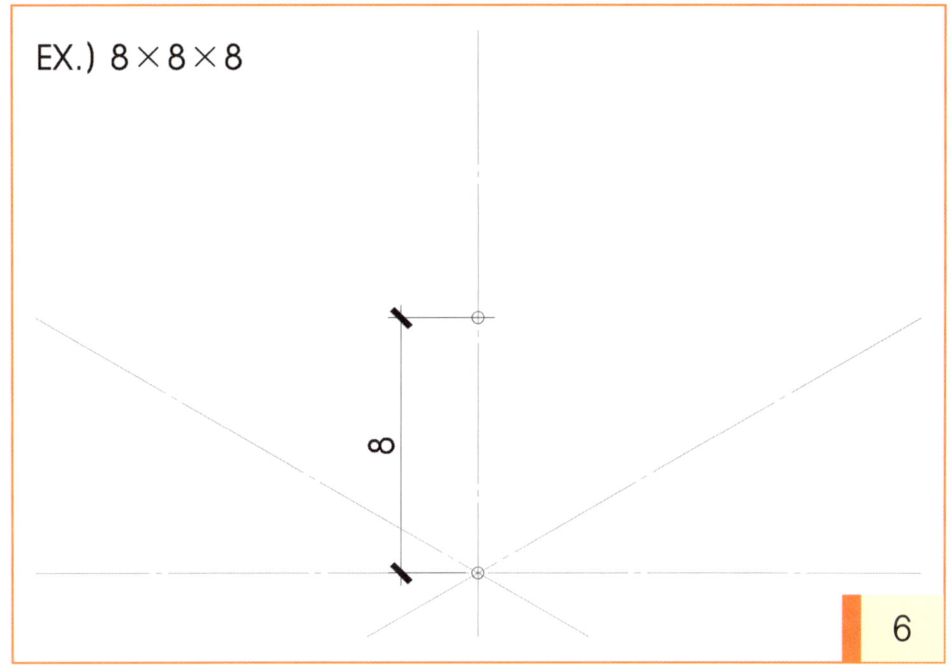
EX.) 8×8×8
8
6

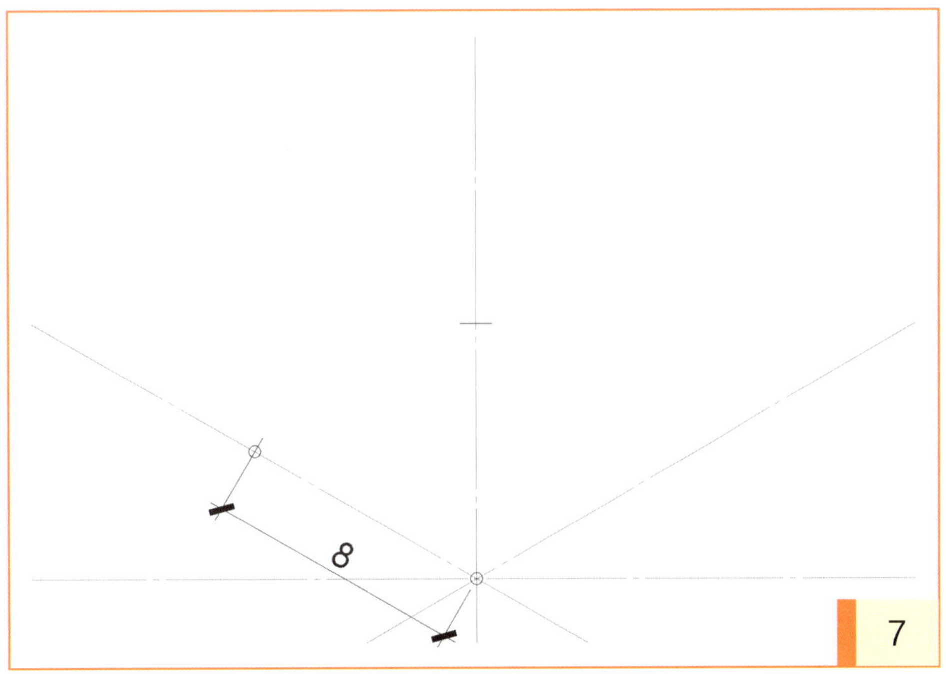
8
7

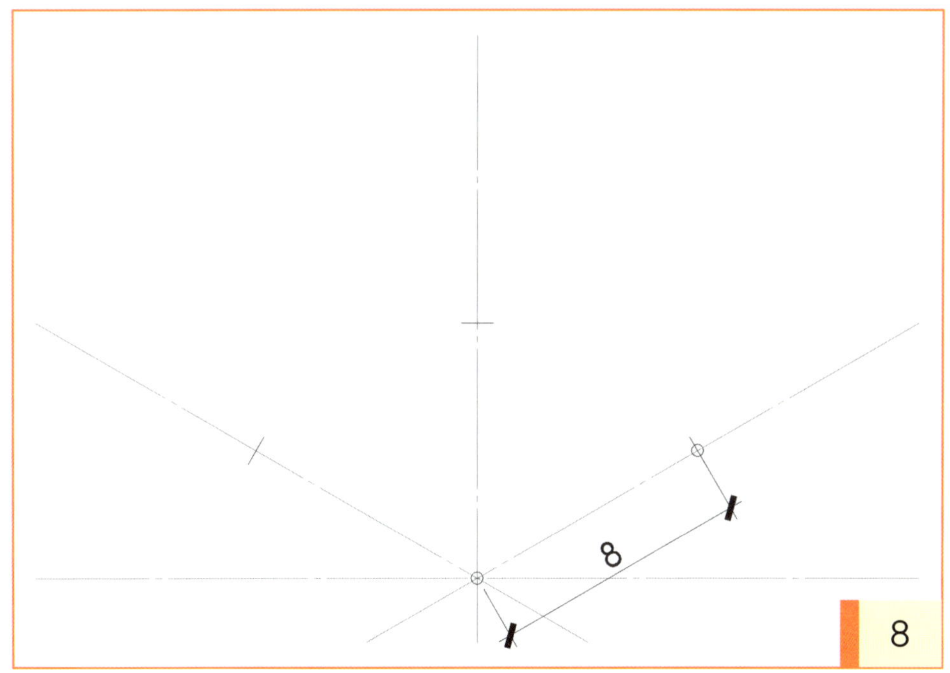
8
8

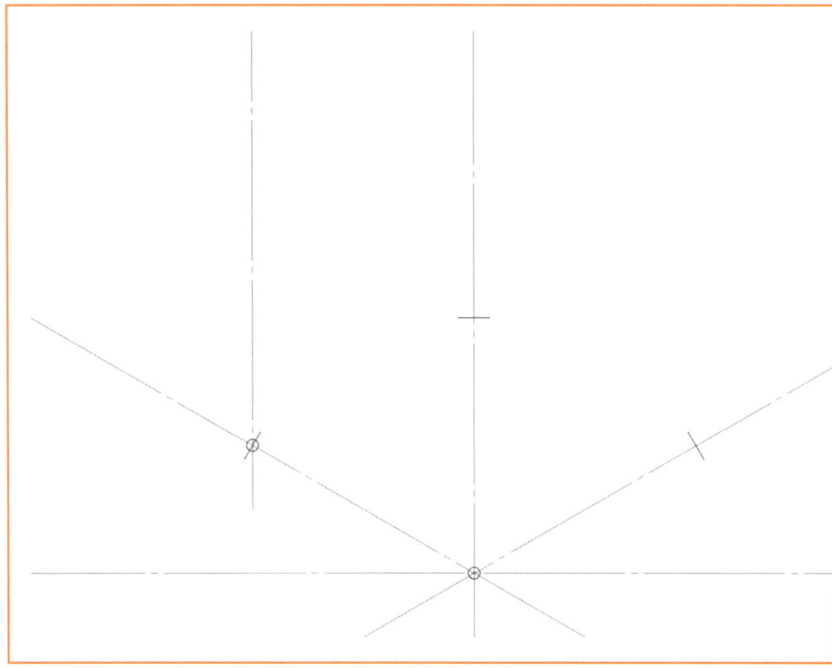

9

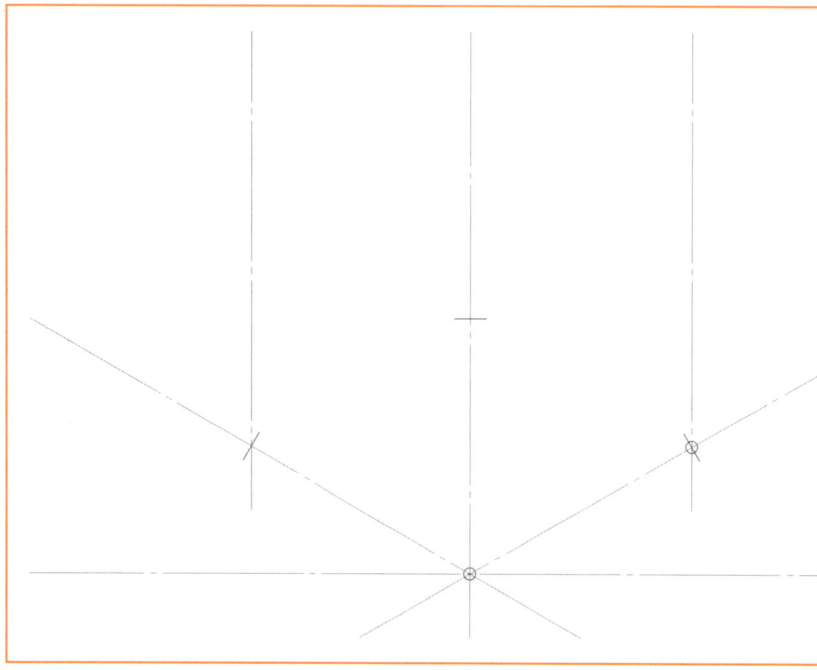

10

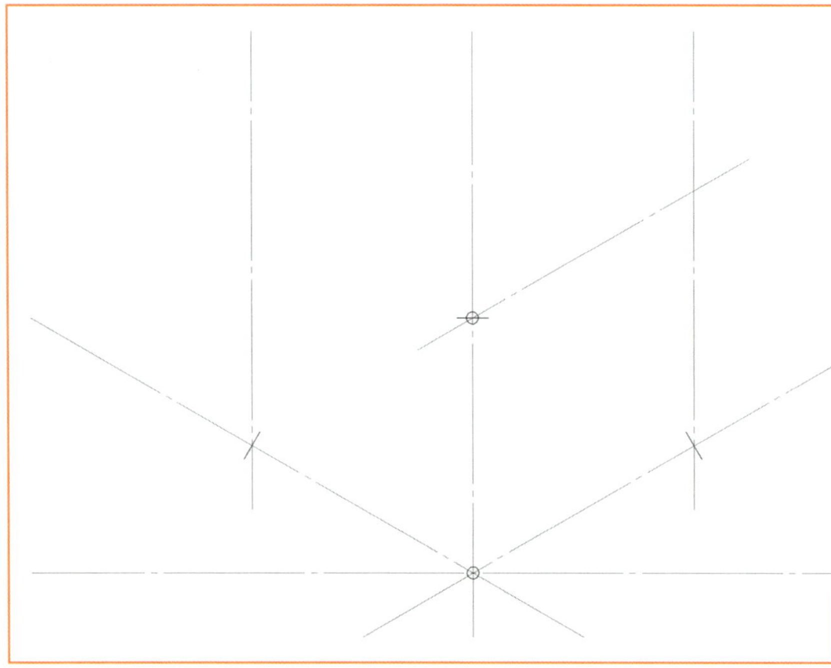

11

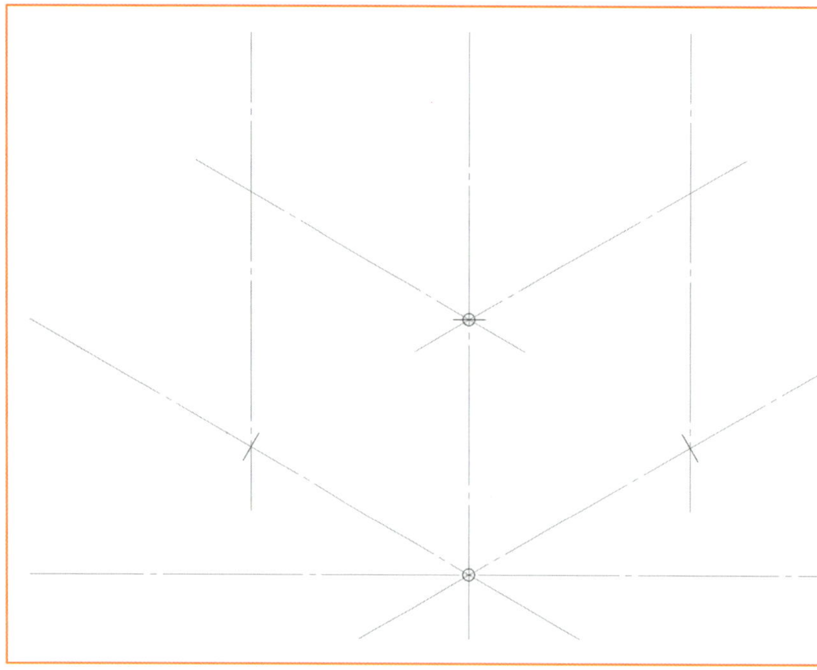

12

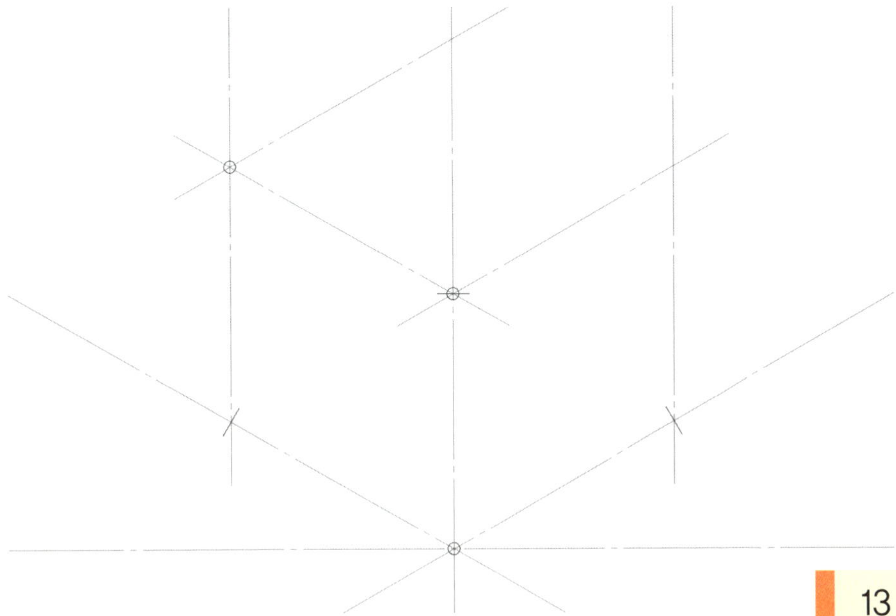

13

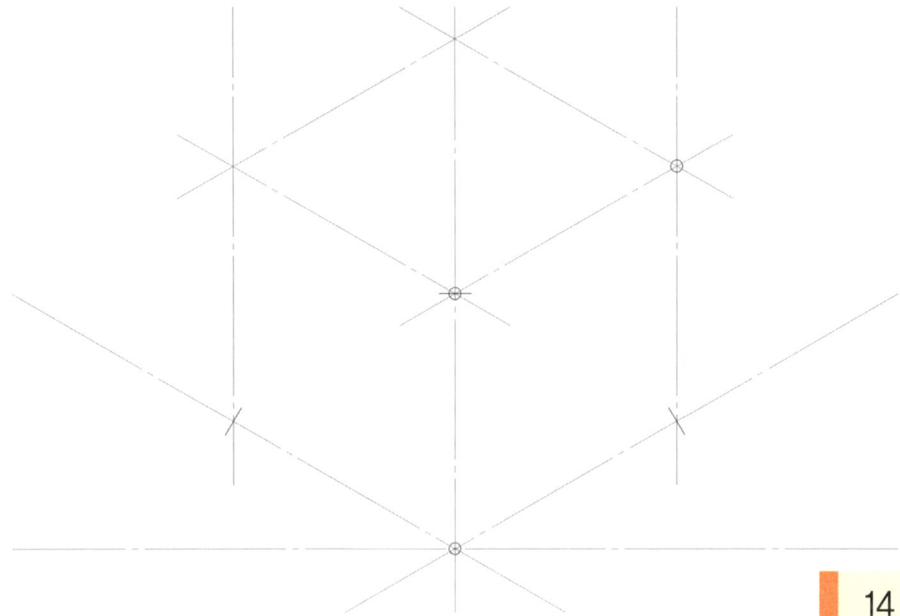

14

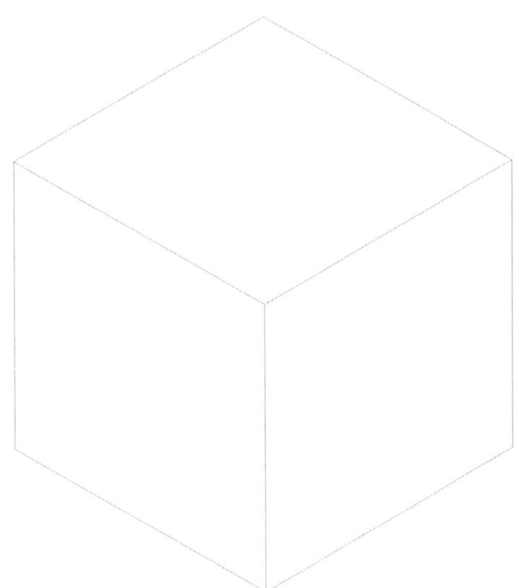

15

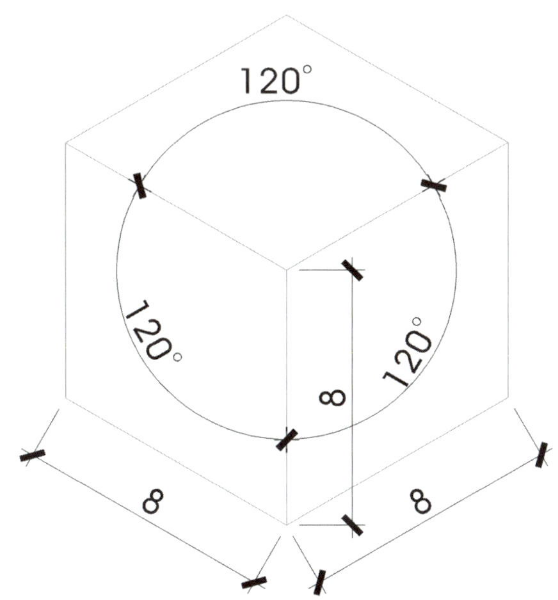

16

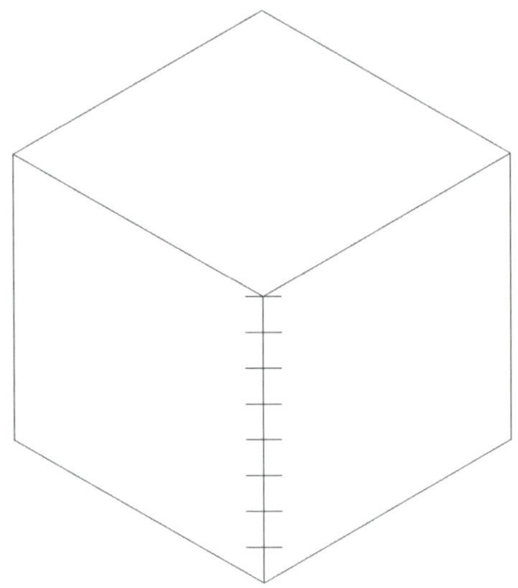

17

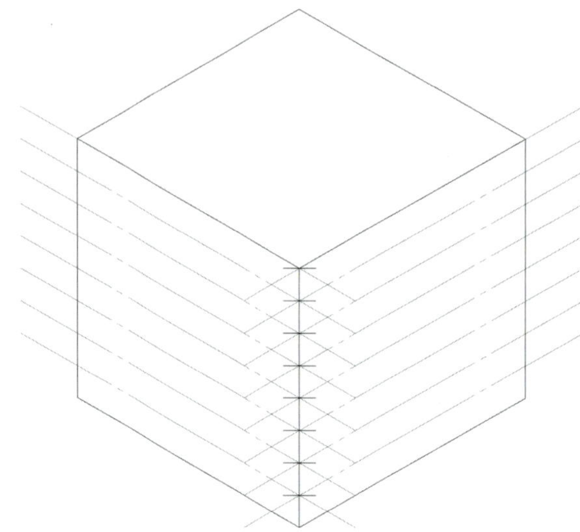

18

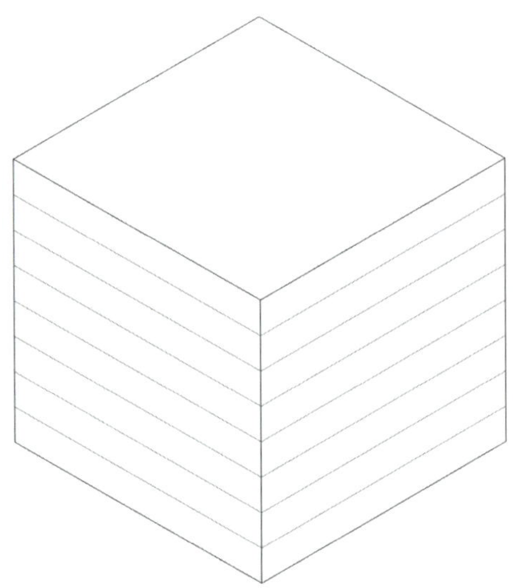

19

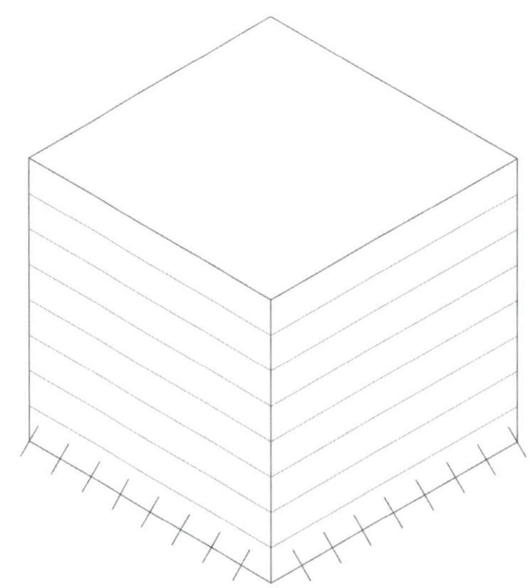

20

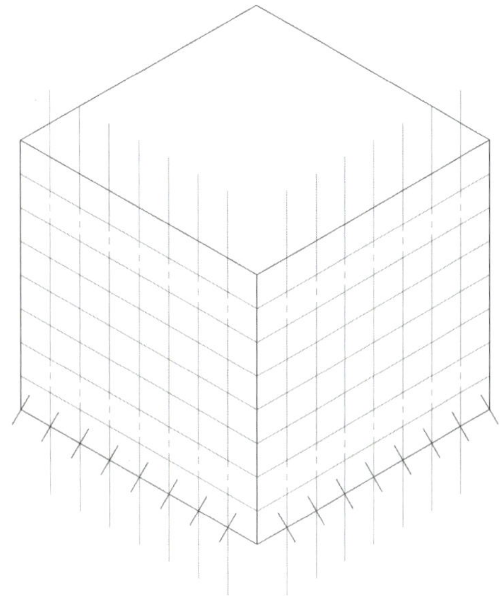

21

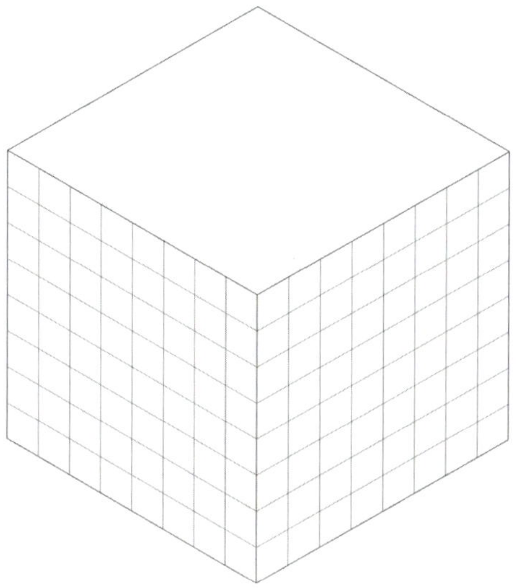

22

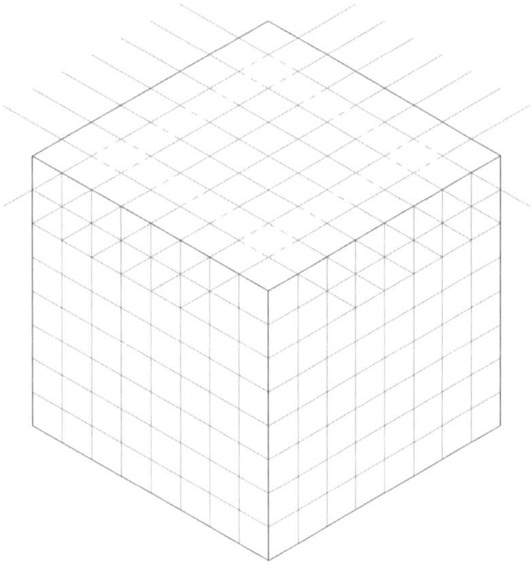

23

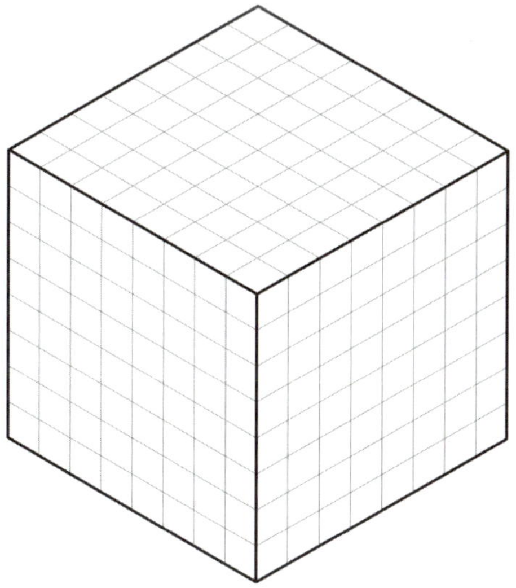

24

2. 투시도의 작성

(1) 투시도의 용어

① 대상물(Object)
② 화면(Picture Plane) – 투시도가 그려지는 면
③ 바닥면(Ground Plane) – 입면을 세워놓는 기준면
④ 입점(Station) – 관찰자의 위치
⑤ 수평선(Horizomtal Line) – 관찰자의 눈높이
⑥ 중심점(Center of vision) –화면상의 관찰자 위치, 1소점에서의 소점
⑦ 소점(Vanishing Point) – 대상물의 모든 선들 수렴되는 점

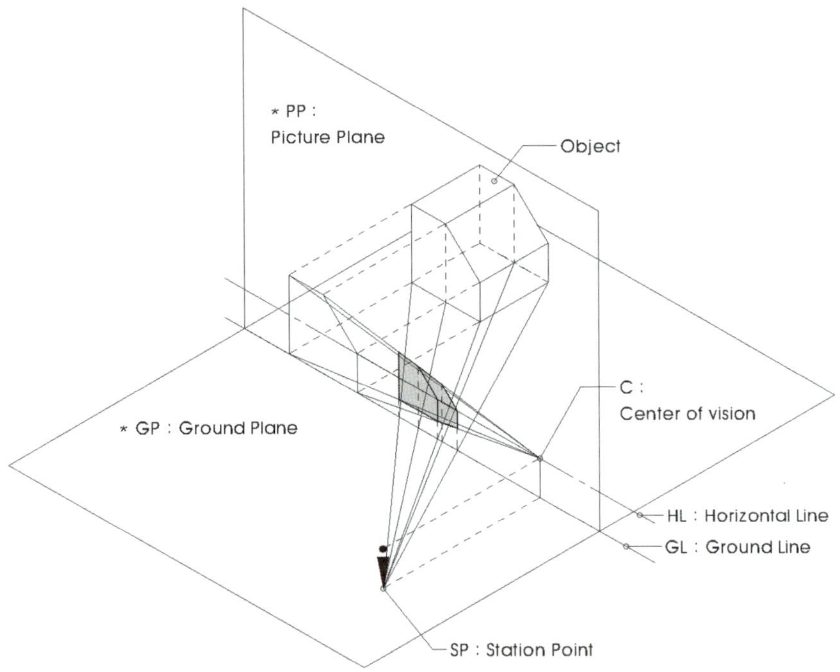

(2) 1소점 투시도(투사법)

① PP선 위에 평면도 고정
② 임의 거리에 SP의 위치 결정 – 보통 대상물 폭의 2배 정도 거리에 위치, 정 중앙 보다 좌, 우 한쪽으로 치우치도록 선정, 대상물이 30° ~60° **사이에서 관찰되도록 선정**
③ 투시도가 그려질 작업 위치 결정 – 입면 높이를 고려하여 SP와 조금 이격된 곳에 GL과 HL 작성
④ HL 선상에 SP 위치점인 C 선정
⑤ SP에서 평면의 각 모서리와 연결선 작성
⑥ 연결선과 PP의 교차점에서 GL로의 수직 인출선(점선) 작성
⑦ GL 상에 입면도를 위치시키고 수평 인출선 작성
⑧ 수직, 수평 인출선들의 교차점과 중심점 C와의 연결선 작성
⑨ 수직, 수평 인출선과 C연결선의 교차점들을 연결하여 투시도 작성

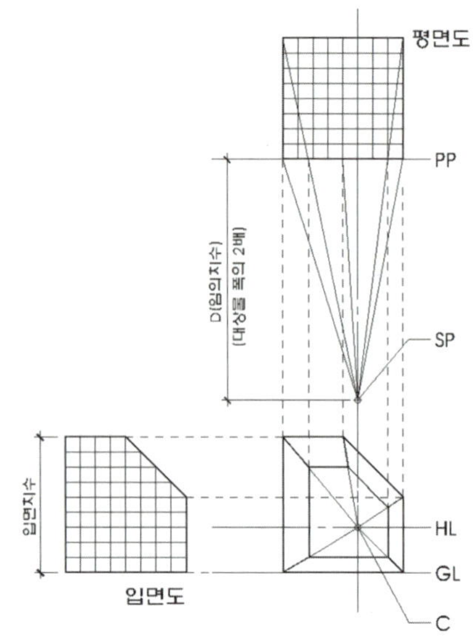

(3) 1소점 투시도(측점법)

① GL 선위에 대상 입면도 고정
② HL의 높이를 정하고 관찰자의 위치 C를 정한다.
③ 투사법에서 SP의 위치와 동일한 거리를 가정하여 HL선 위에 DvP(Diagonal vanishing point, 대각소점)의 위치를 결정한다.

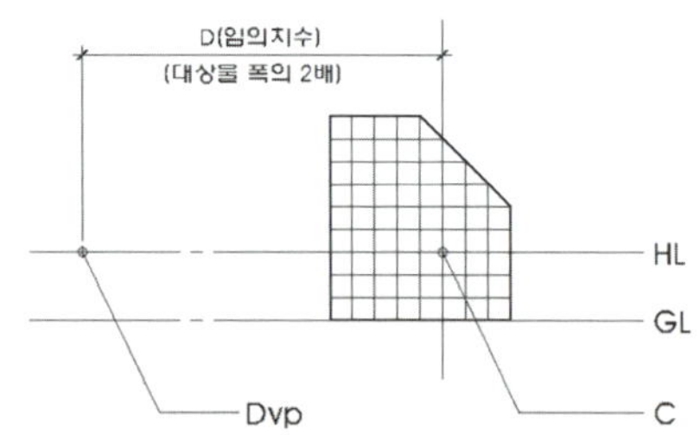

④ DvP에서 GL상의 입면모서리를 연결하는 인출선 작성
⑤ C에서 입면의 각 모서리점과 연결선을 작성
⑥ C와 모서리 간의 연결선과 DvP점과 입면 모서리간의 인출선이 만나는 교점(A)을 확인
⑦ A로부터 수평, 수직선을 이용, C점의 방사형 연결선들과의 교점을 통해서 투시도 외곽선 작성

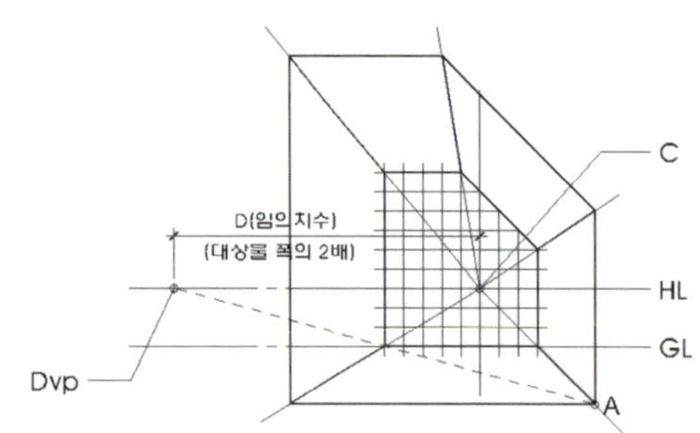

⑧ 중심점 C에서 입면의 지정 치수들을 연장하여 방사형의 연장선들을 작성

⑨ 방사형의 연장선들과 Dvp-A간의 인축선이 만나는 교차점을 통해 바닥의 Grid를 작성
  - 각각의 단위 사각형들은 모두 정사각형임

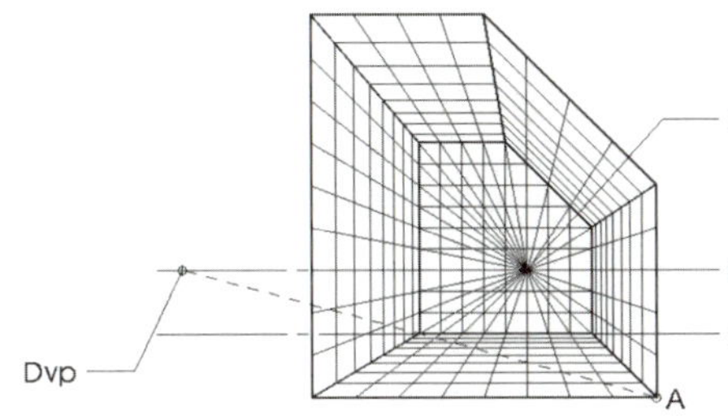

(4) 2소점 투시도(투사법)

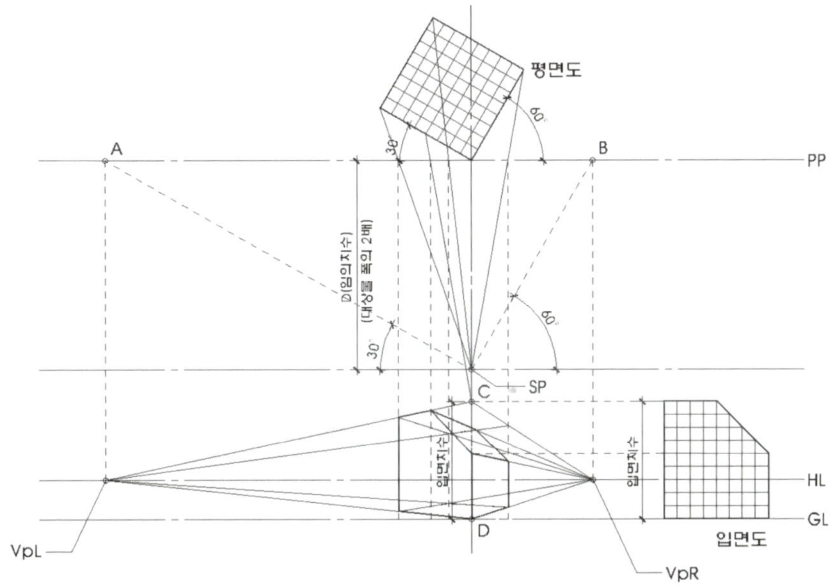

① PP선 위에 평면을 고정 - 평면도는 PP선과 30~60° 를 유지

② 임의 거리에 SP의 위치 결정 - 보통 대상물 폭의 2배 정도 거리에 위치, 정 중앙보다 좌, 우 한쪽으로 치우치도록 선정, 대상물이 30° ~60° 사이에서 관찰되도록 선정

③ 투시도가 그려질 작업 위치 결정 - 입면 높이를 고려하여 SP와 조금 이격된 곳에 GL과 HL 작성

④ GL상에 입면도를 위치시키고 수평 인출선 작성

⑤ SP에서 평면과 PP가 이루는 각과 평행하게 인출선을 작성(A, B 확인)

⑥ SP의 연장선상에 입면의 치수를 인출하고 (C, D) 양 측 소점과 연결

⑦ A, B에서 HL로의 수직선을 작성하여 좌우측 소점(VpL, VpR) 확인

⑧ SP에서 평면의 각 지점과 연결선을 작성

⑨ SP~평면 연결선과 PP와의 교차점을 GL로 인출

⑩ GL로 인출된 선들과 소점 연결선들(7번)과의 교차점을 통해서 투시도 작성

(5) 2소점 투시도(측점법)

① GL선 작성 후 HL 위치 설정 및 작성

② HL선 위에 대상물 폭의 4~5배 정도의 길이가 되도록 좌, 우 소점(VpL, VpR)을 위치시킴

③ 좌, 우 소점에서 인출선 (강조될 면 : 30° , 나머지 면 : 60°)을 작성

④ 이 두 연장선의 교점이 SP가 되며, SP에서 수직선을 작성하여 GL과 교차되는 기준 원점 O를 확인

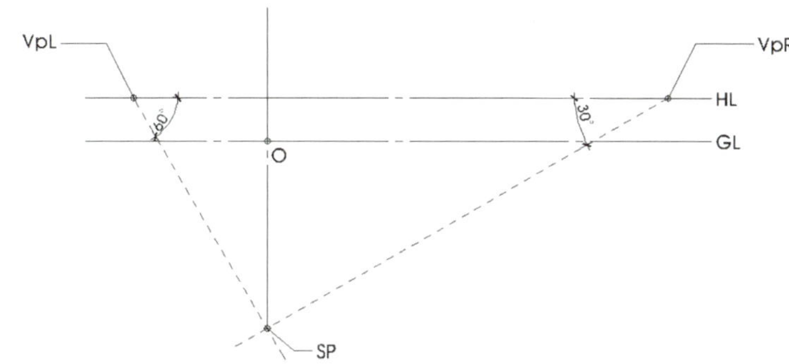

⑤ 양측 소점에서 SP까지의 거리를 반지름으로하는 호를 HL과 만나도록 작성하여 MpL, MpR 지정
  - MpL, MpR은 측점법에서 대상물의 폭을 정하는 기준 점

⑥ 원점 O에서 좌, 우 입면 및 높이에 해당하는 측점 표기

⑦ MpL, MpR에서 좌, 우측 측점과 연결선 작성

⑧ 높이 측점과 양측 소점의 연결선 작성

⑨ MpL, MpR 연결선과 양측 소점 연결선의 교차점에서 수직선 작성
  - 이 수직선의 상, 하부와 양측 소점을 연결하여 화면에 보이지 않는 입면의 범위 확인

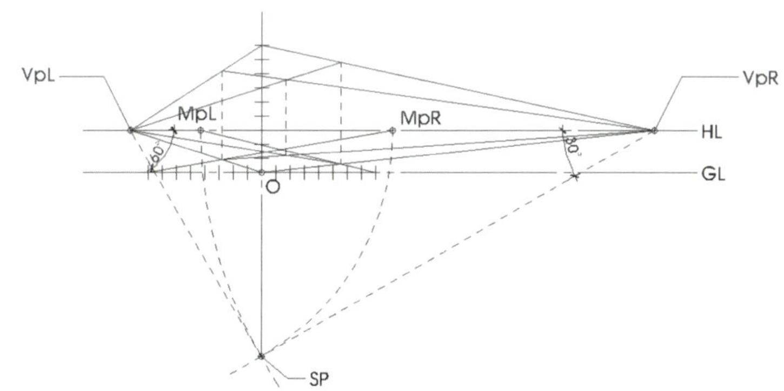

⑩ 높이 측점 - 소점의 연장선을 통하여 수직의 높이 확인

⑪ 좌, 우측 입면 측점 - MpL, MpR의 연장선을 통하여 평면상의 위치 확인

⑫ 11, 12의 반복을 통하여 각 요소들의 위치를 확인하고 교차점 확인

⑬ 교차점들을 연결하여 투시도 작성

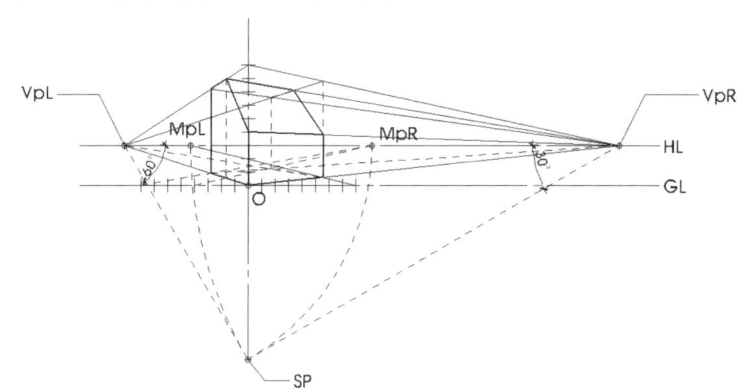

01 1소점 투시도 - 측점법

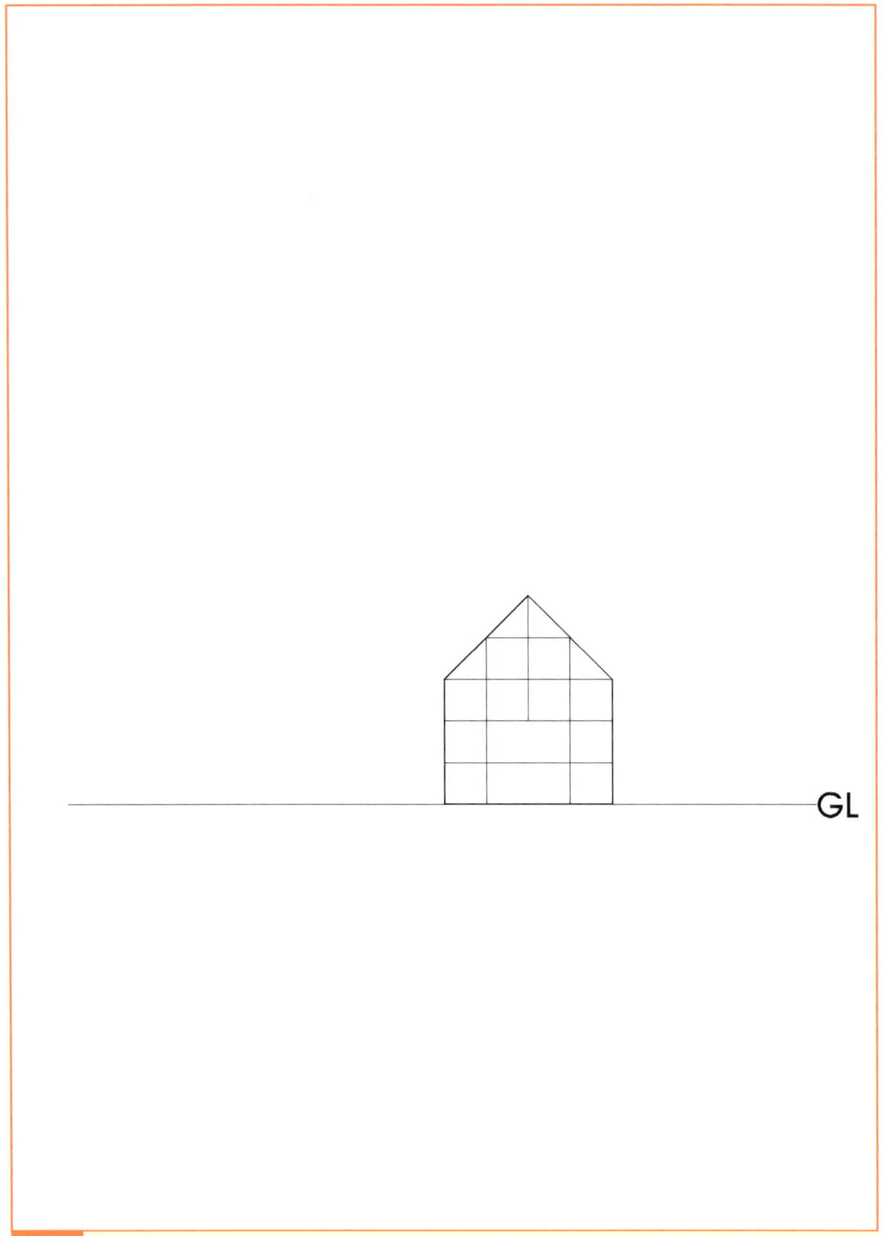

1 GL선 위에 대상 입면 고정

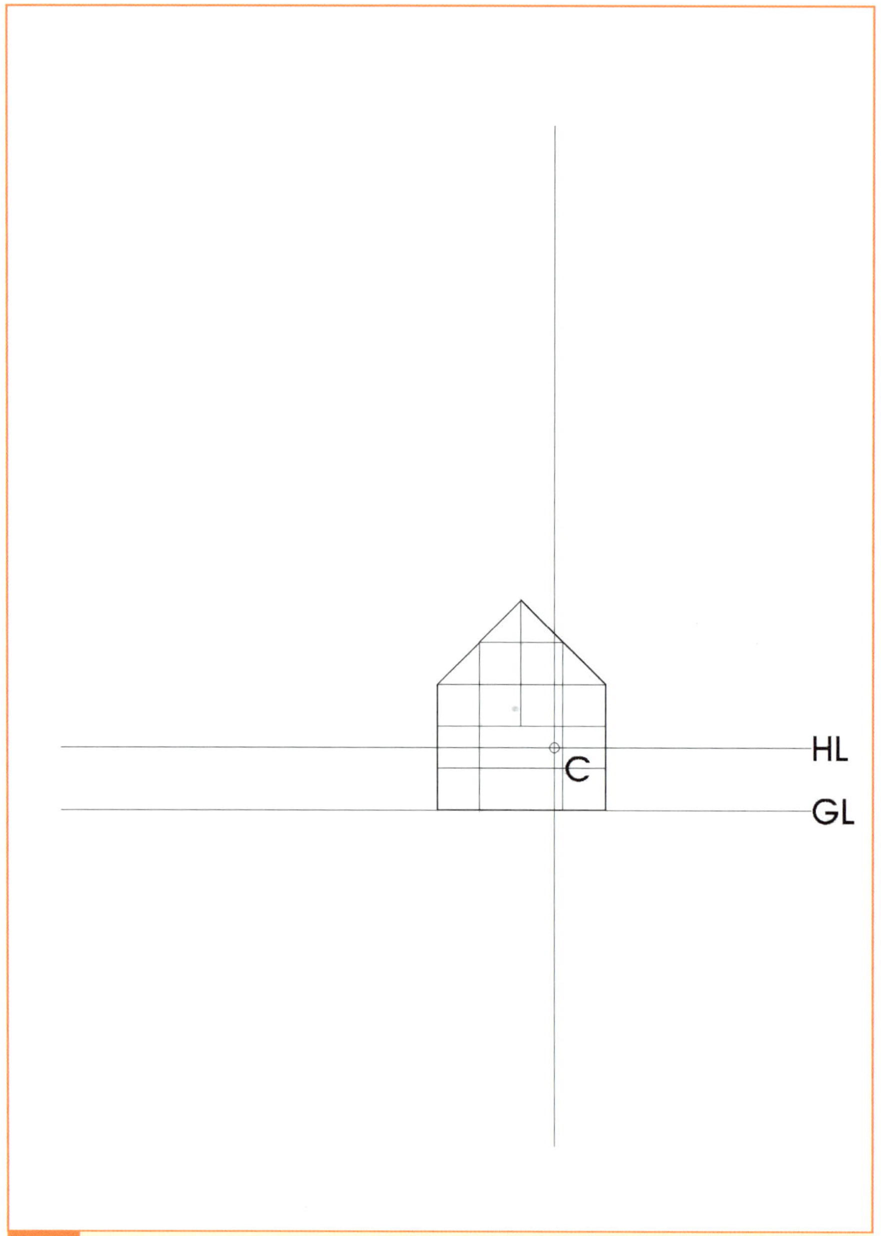

2 HL, C 설정

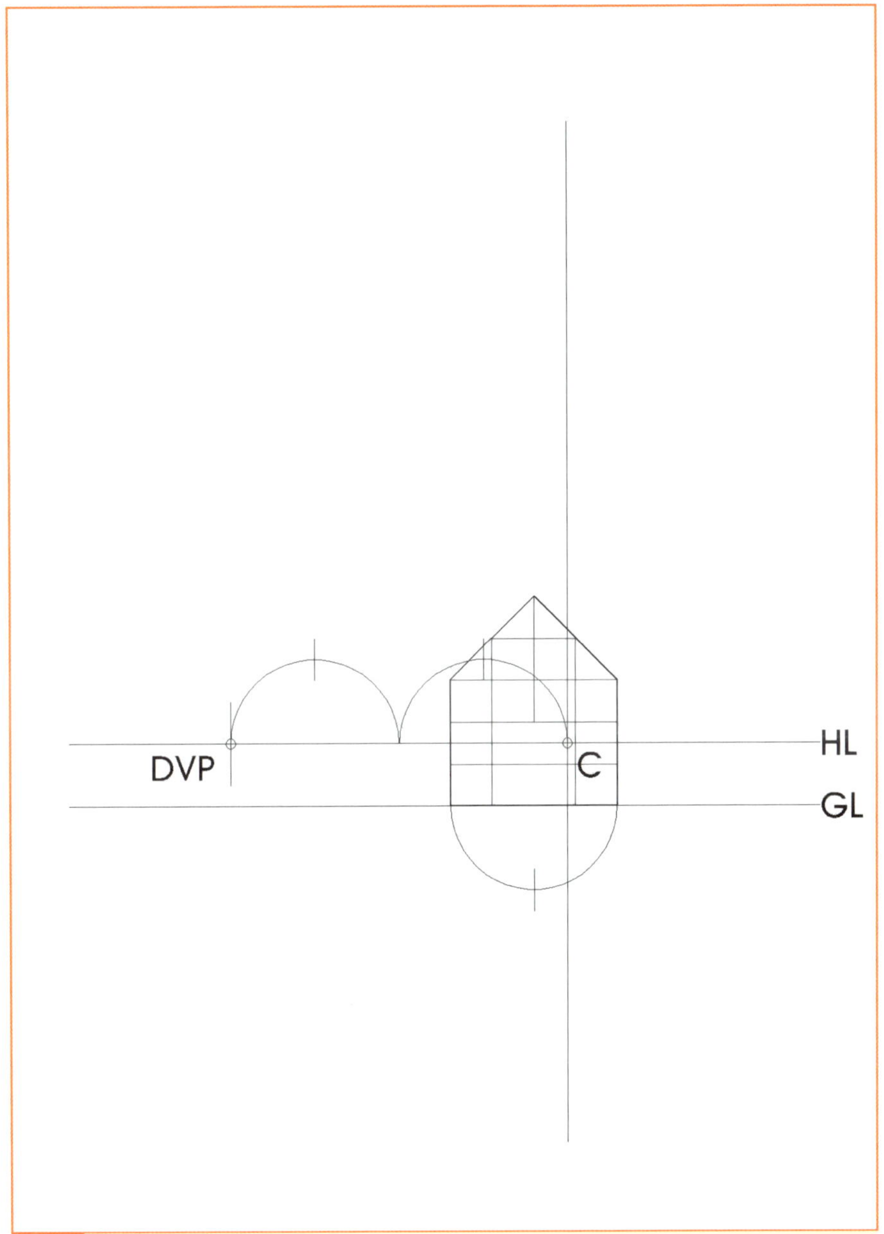

3 HL선 위에 DVP(대각소점) 설정

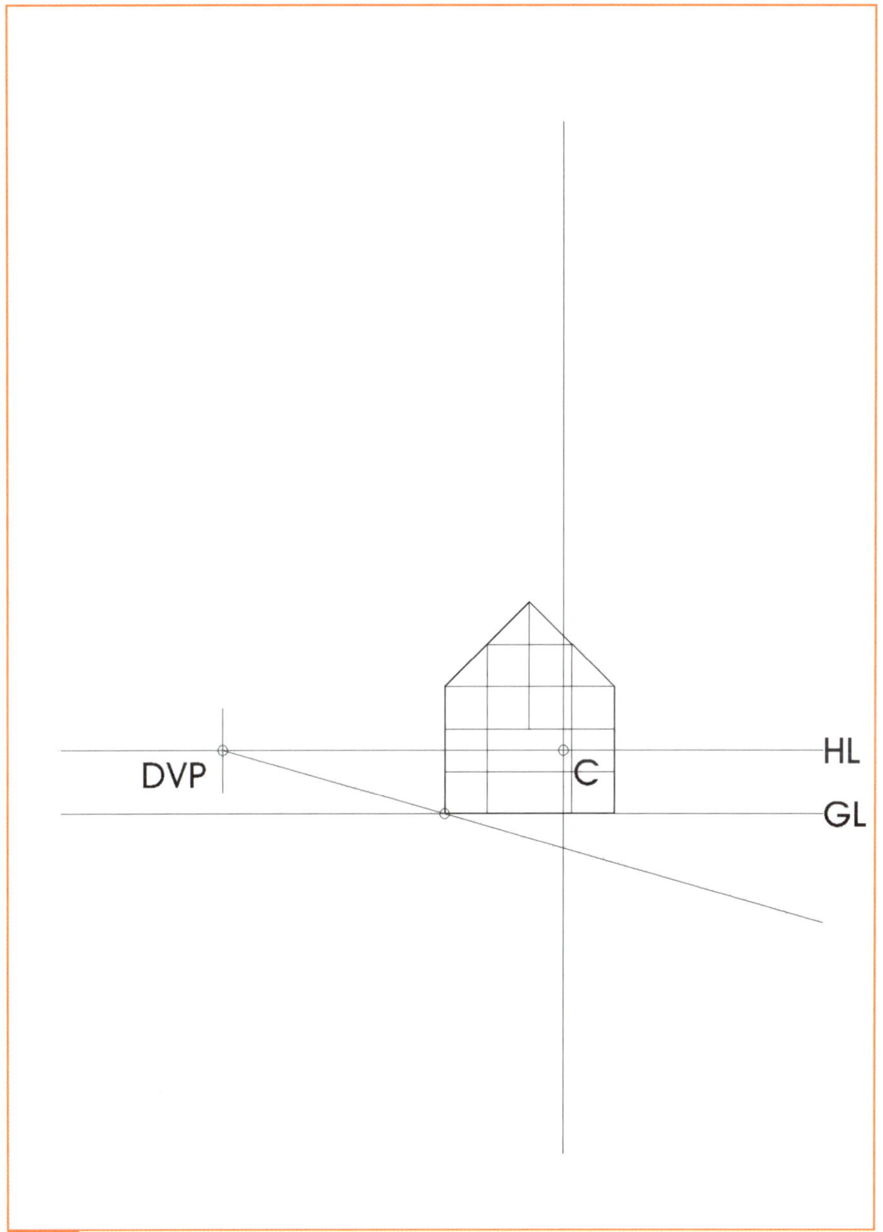

4 DVP~GL 선상의 모서리를 연결하는 인출선 작성

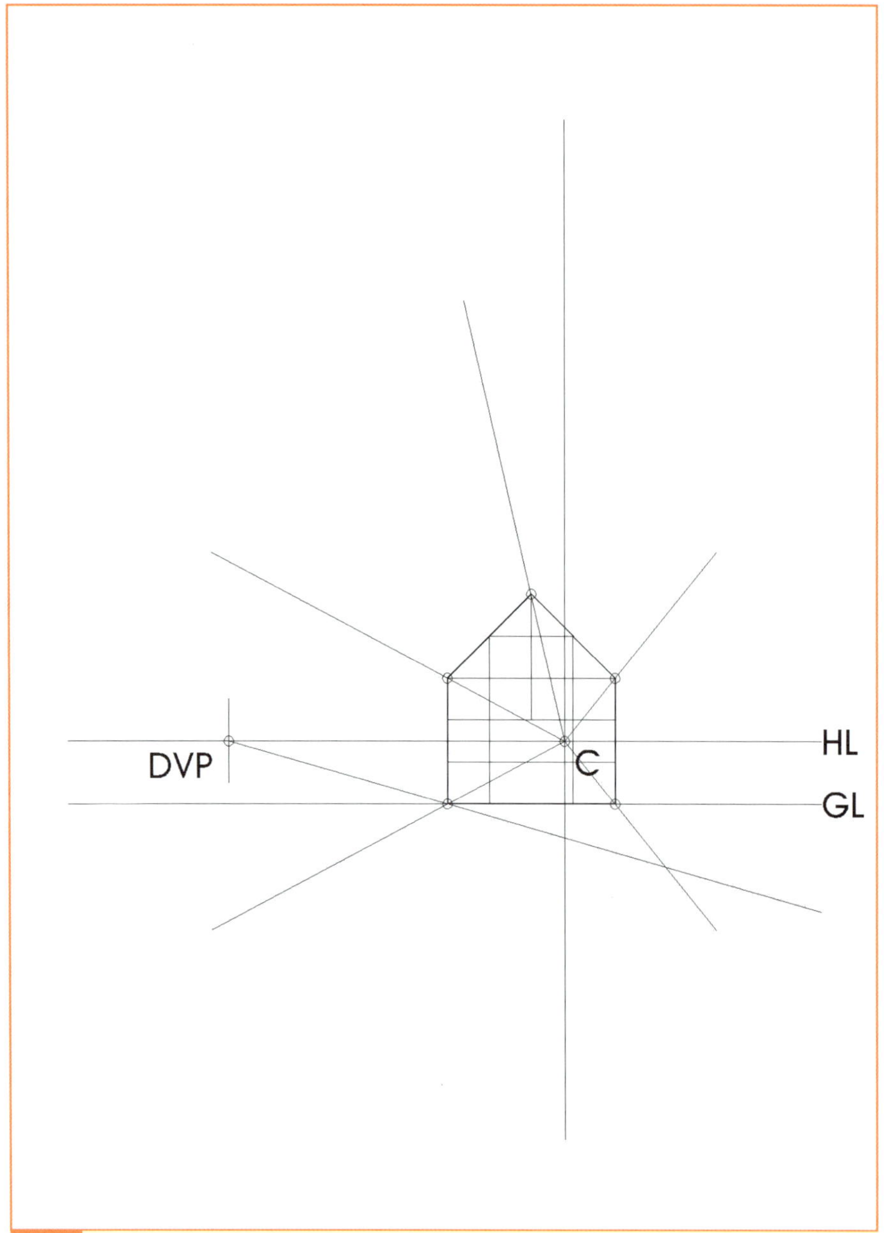

5 C~입면의 각 모서리를 연결하는 인출선 작성

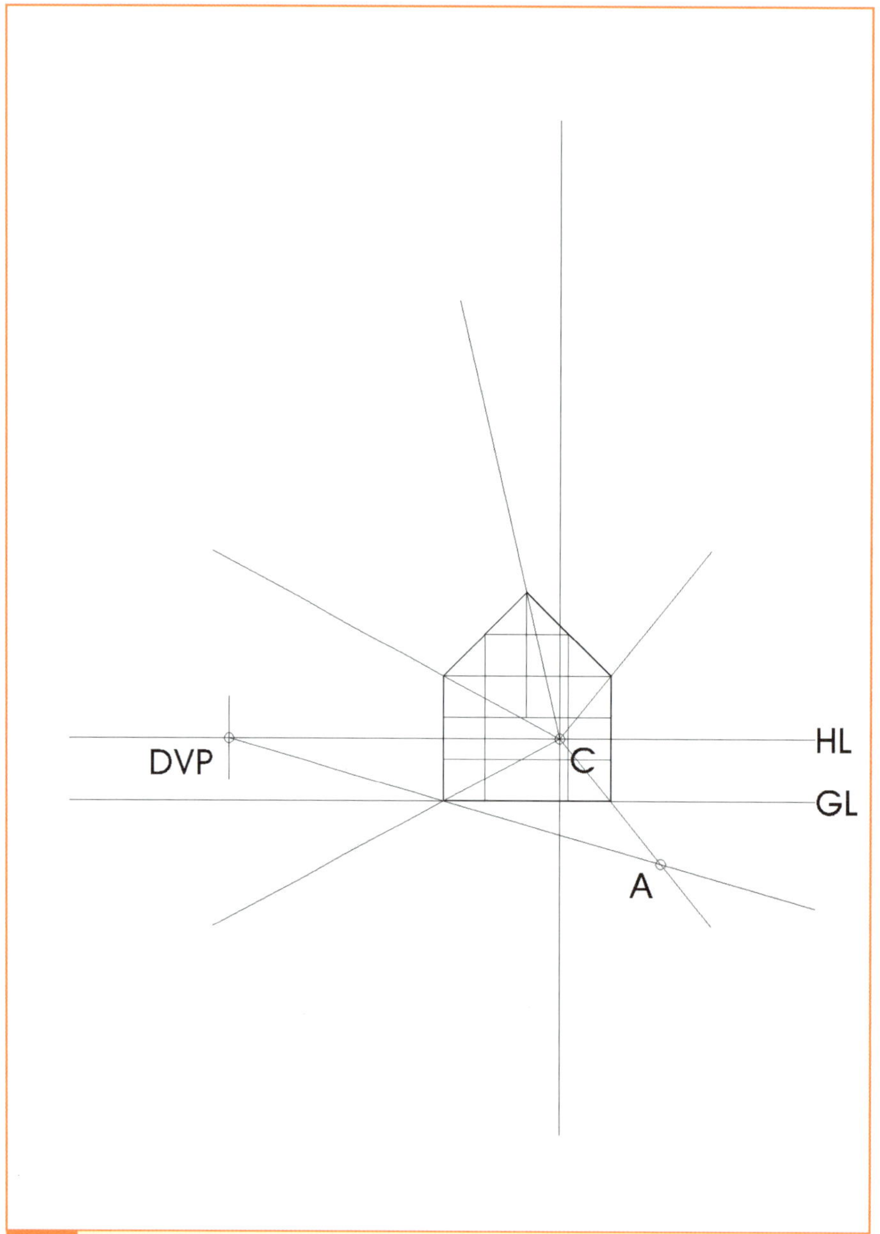

6 4, 5에 의한 인출선간 교점(A) 확인

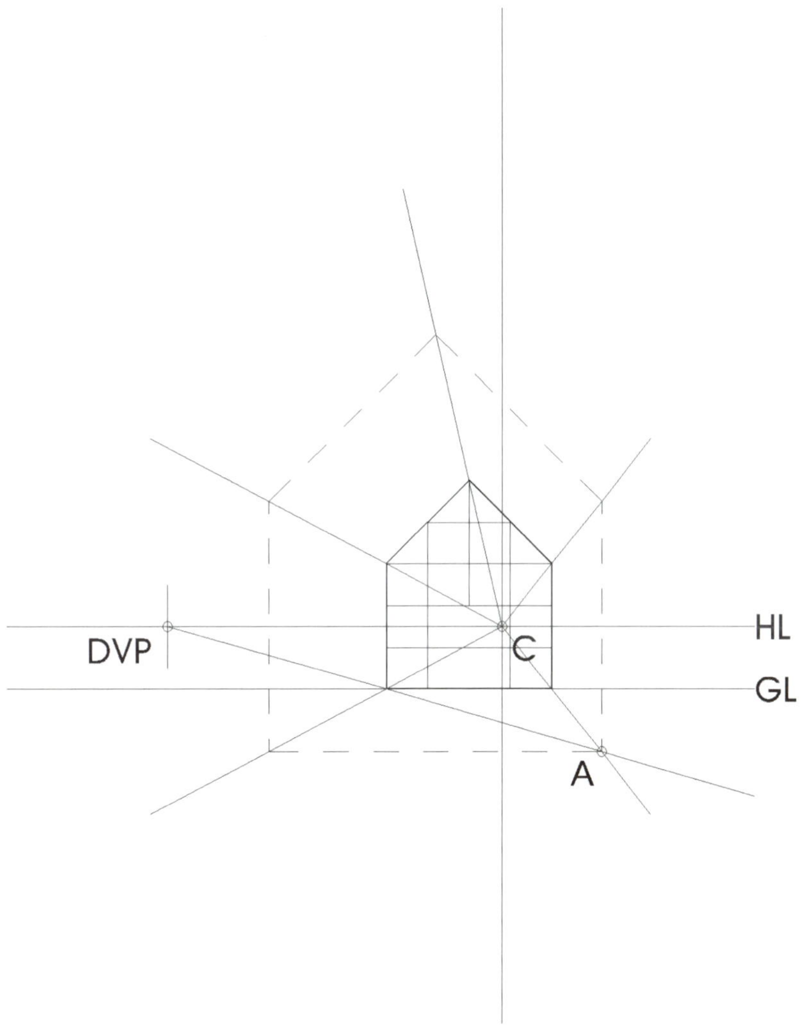

7 교점 A에서 최초 입면과 평행한, 투시도 외곽선 설정

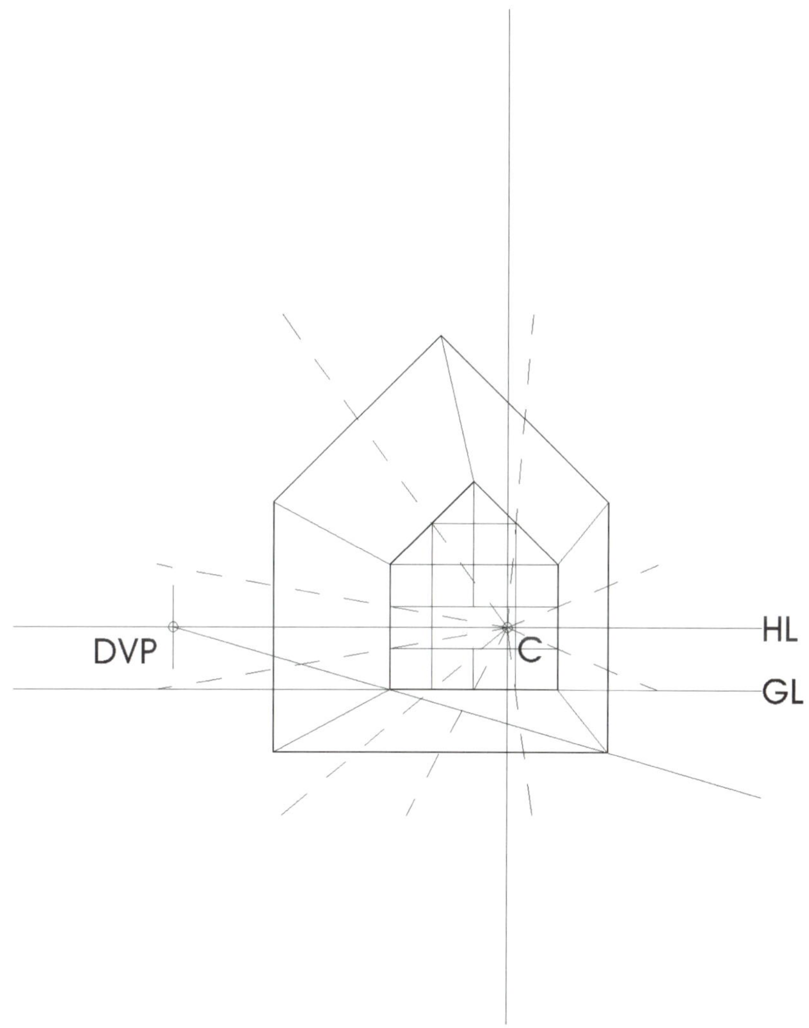

8 C로부터 입면 GRID로의 방사형 인출선 작성

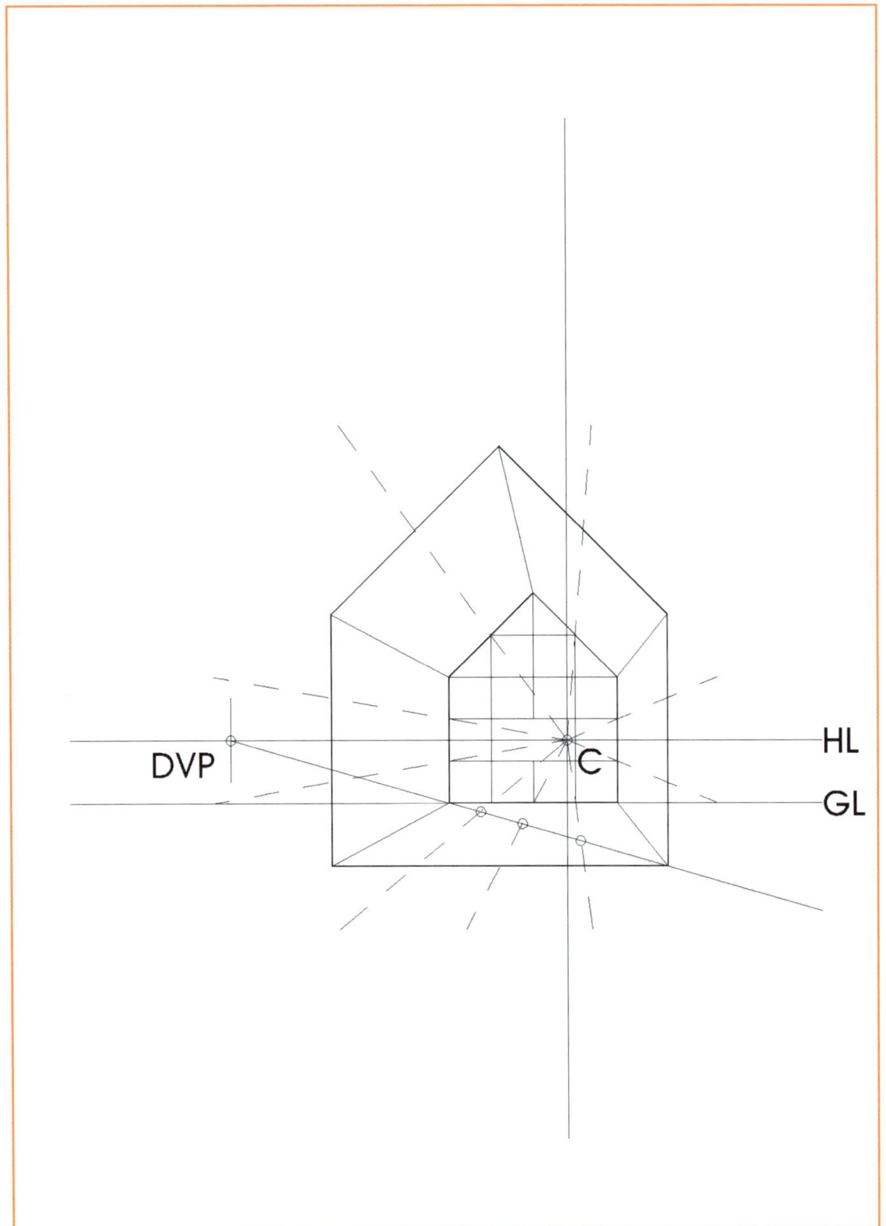

9 8의 인출선과 4의 인출선이 만나는 각 점들을 확인

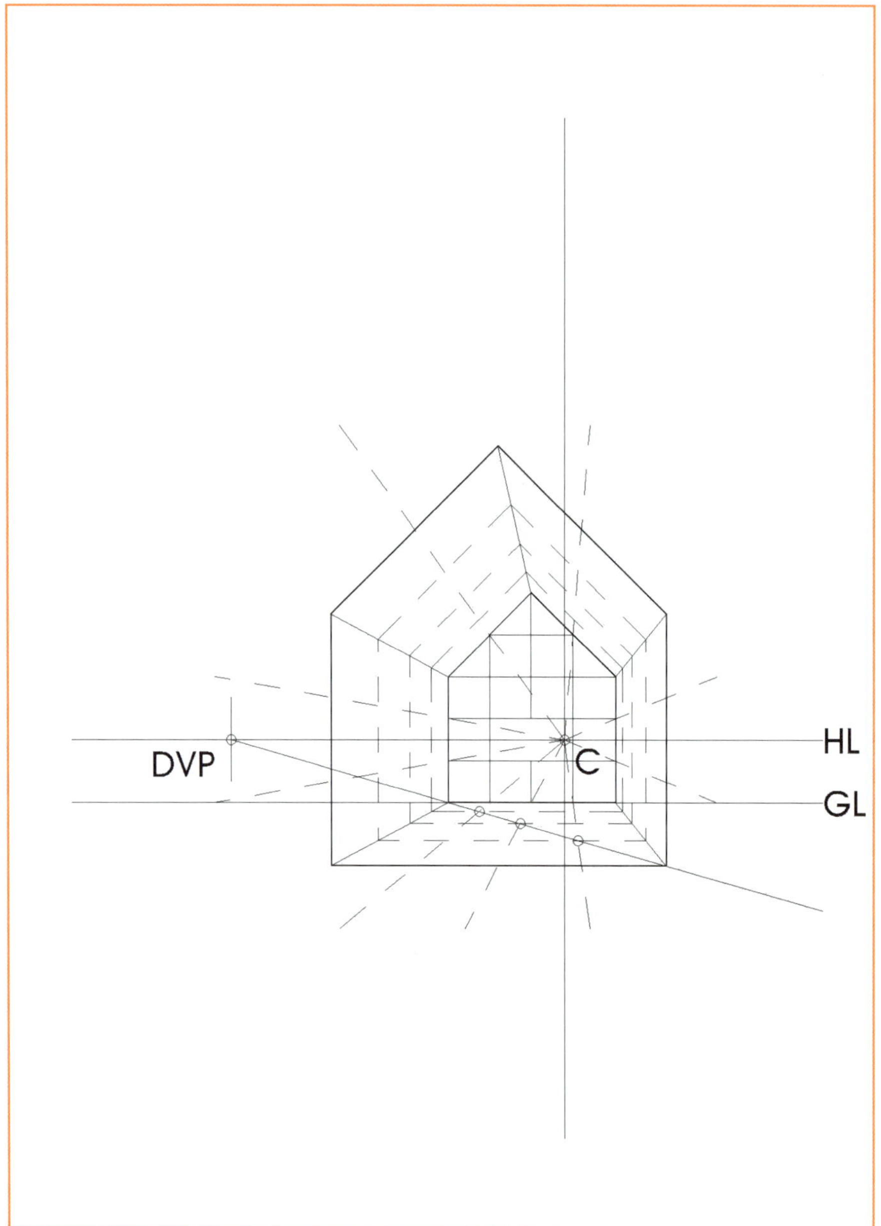

10 9의 교점들로부터 7의 외곽선 반복

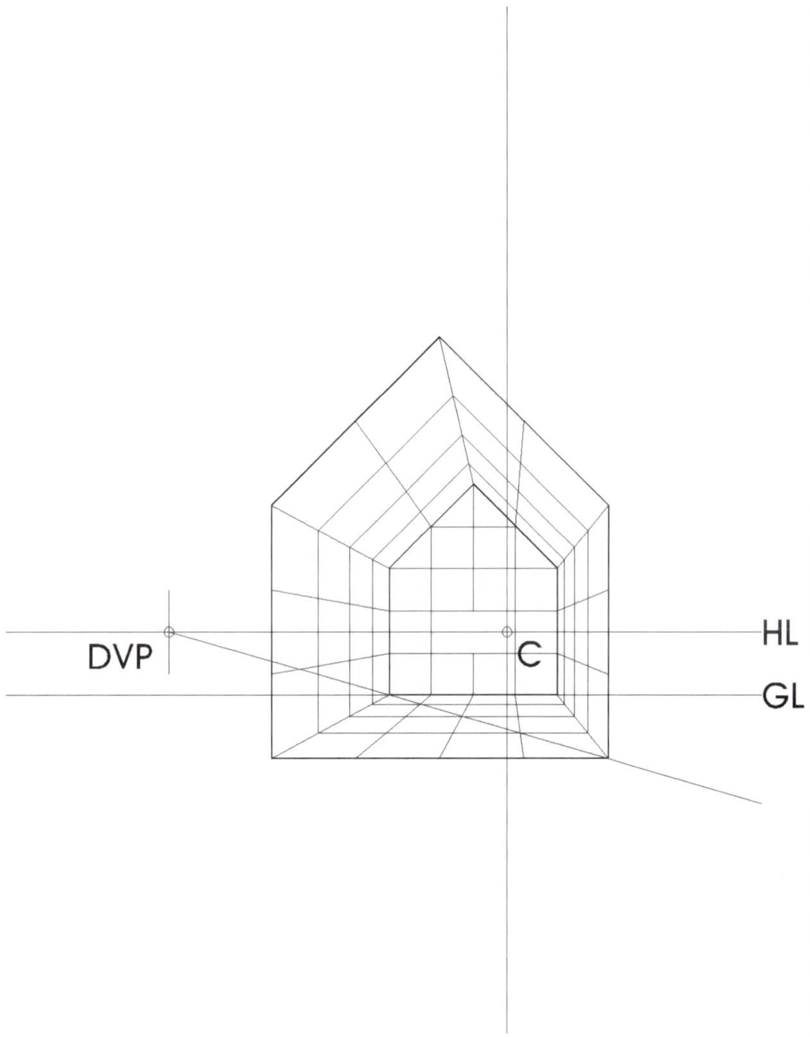

11 내부 GRID 완성

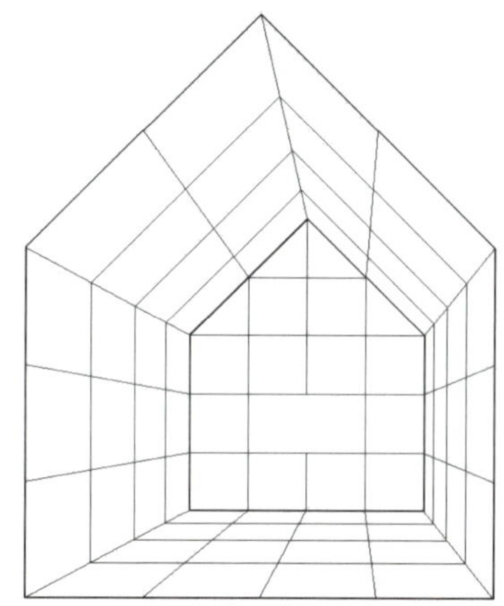

12 정리

02 1소점 투시도 – 투사법

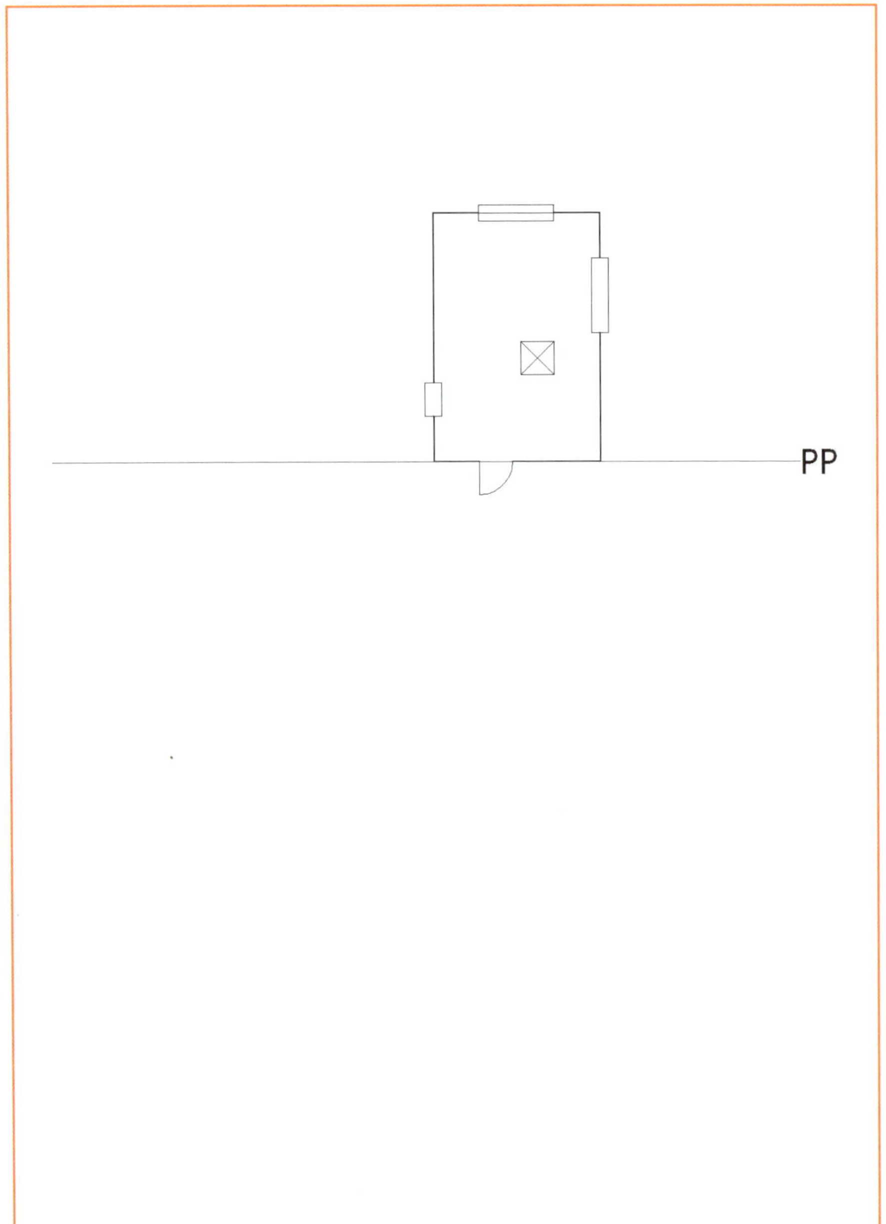

1 PP선 위에 평면 고정

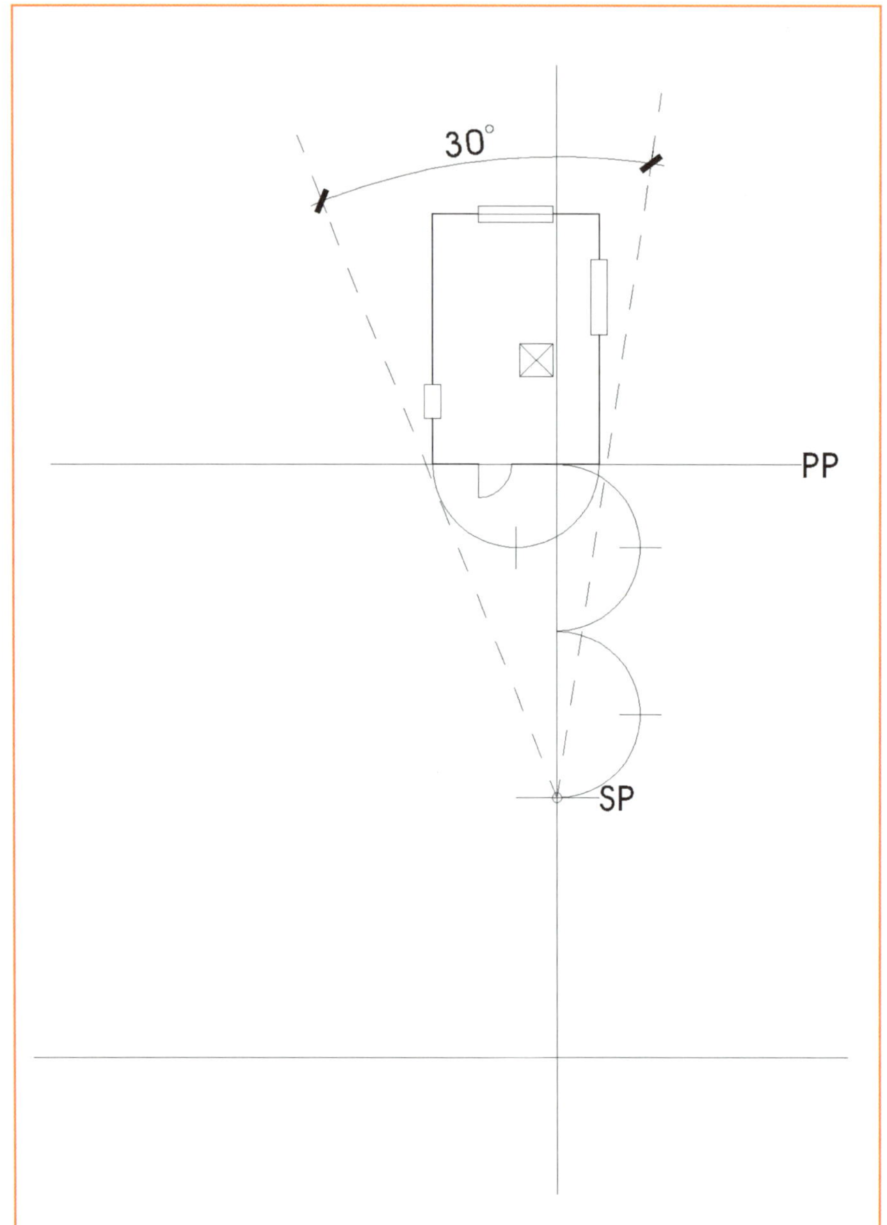

2 SP 위치 결정

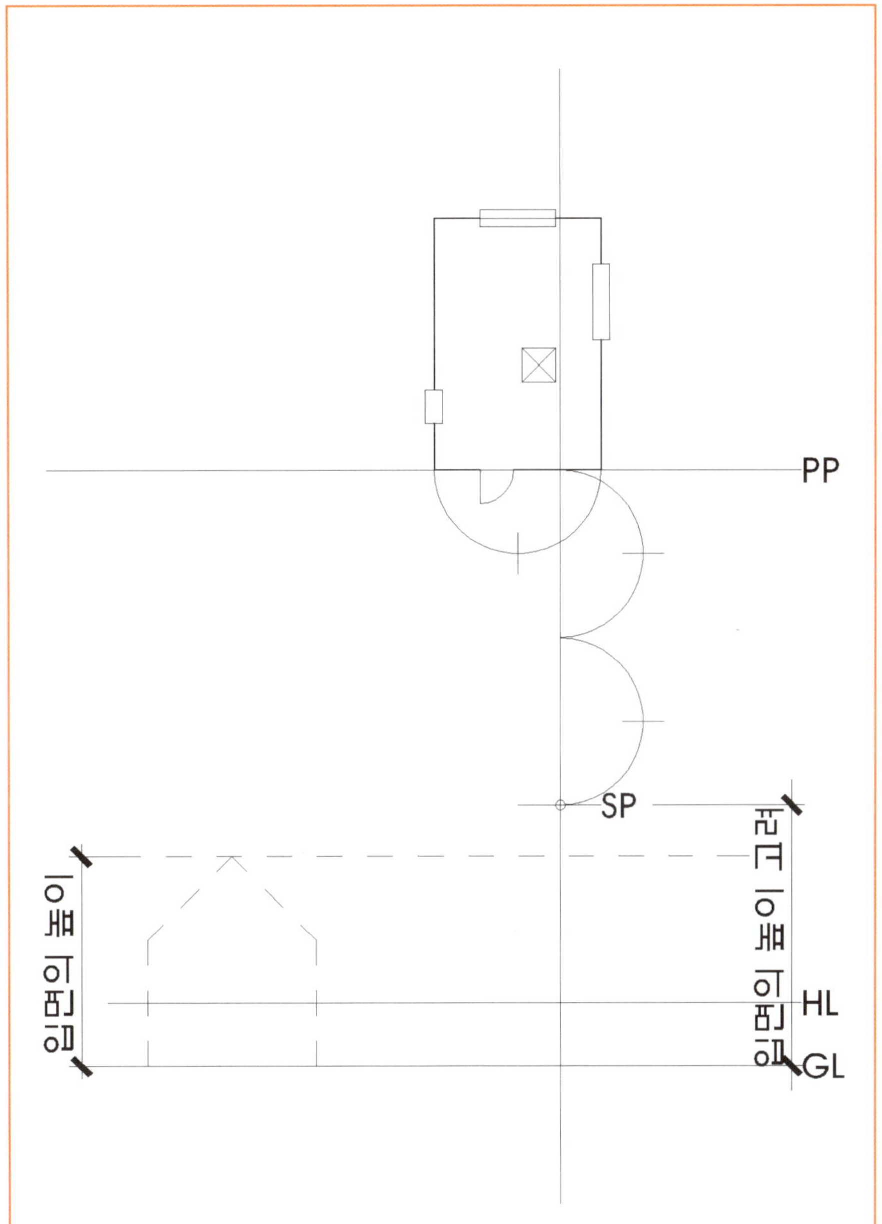

3 작업 위치(GL, HL) 결정

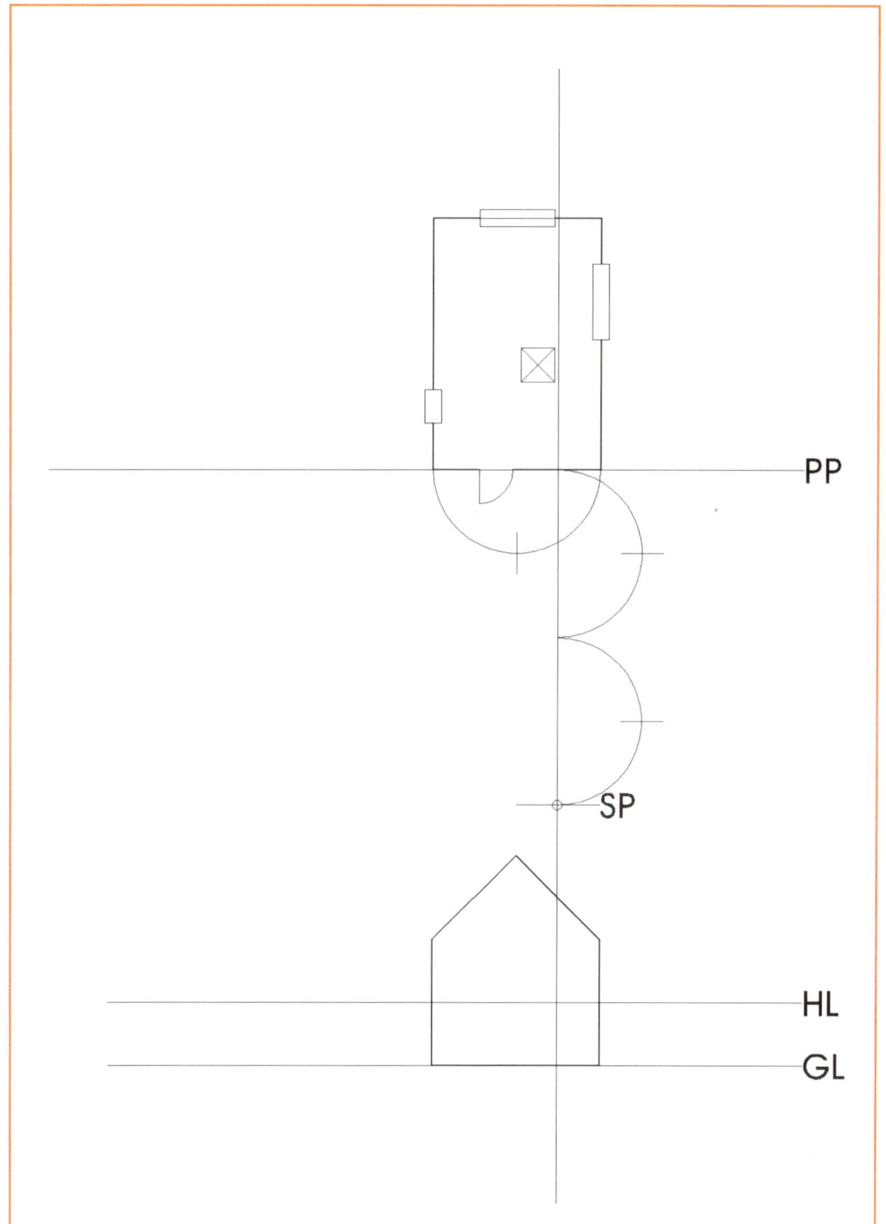

4 작업 범위(외곽선) 결정

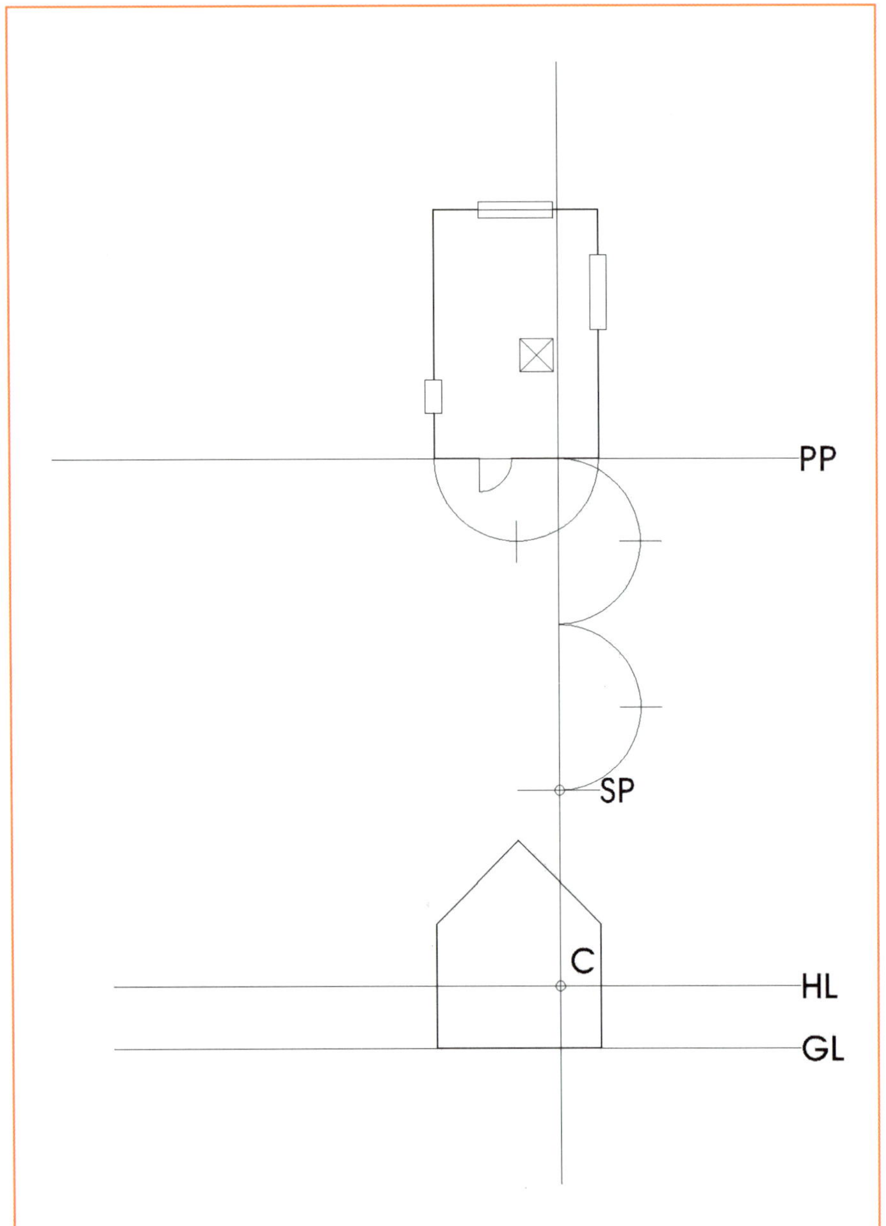

5 소점 위치(C) 확인

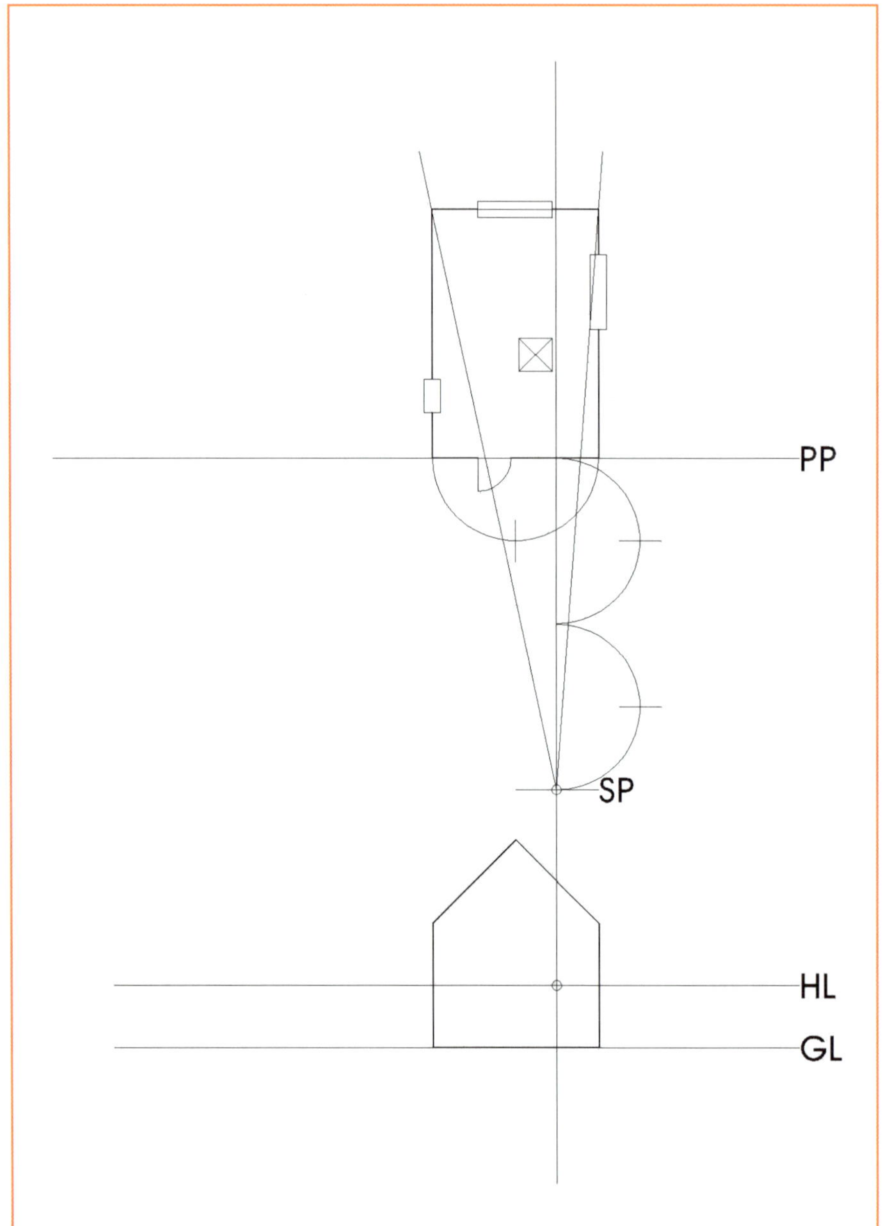

6 SP~각 모서리 연결선 작성

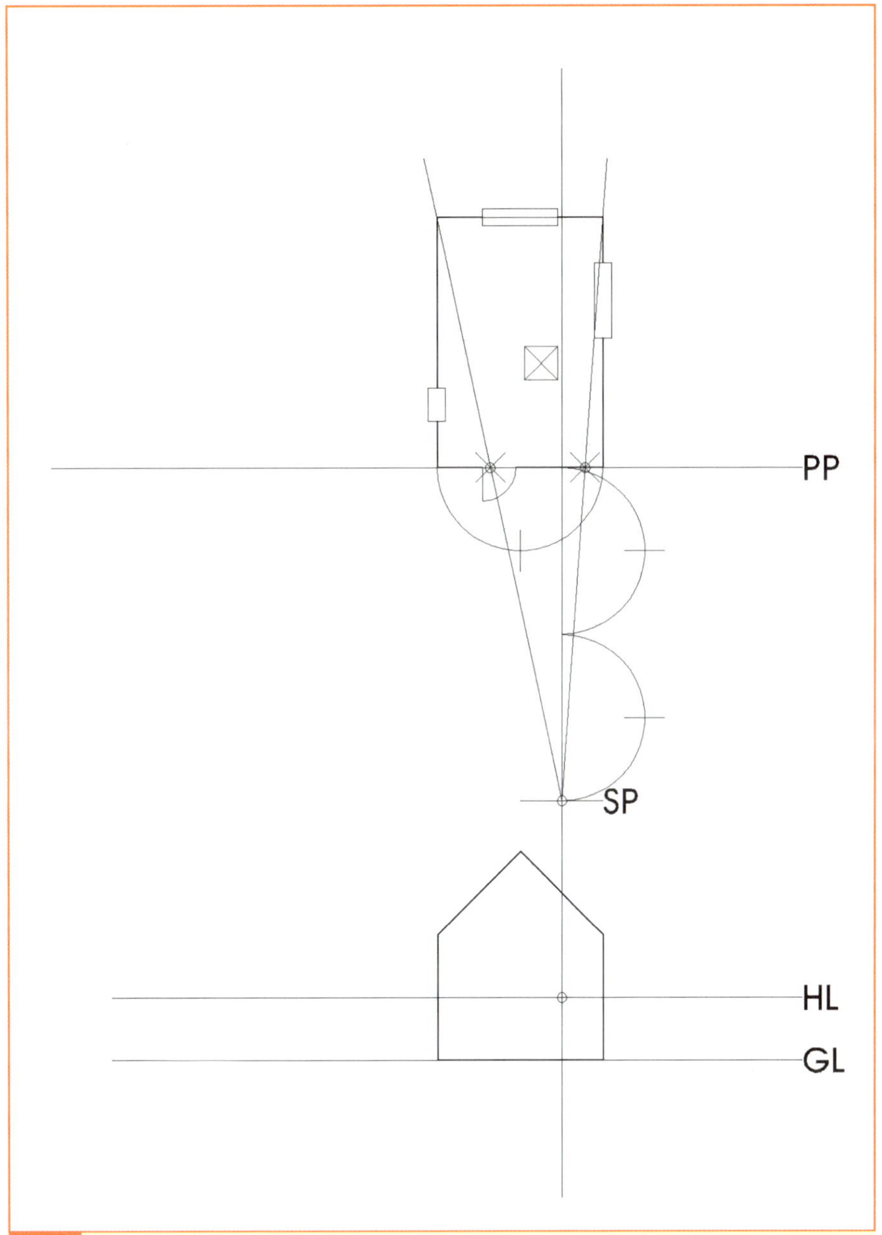

7 모서리 연결선과 PP의 교차점 확인

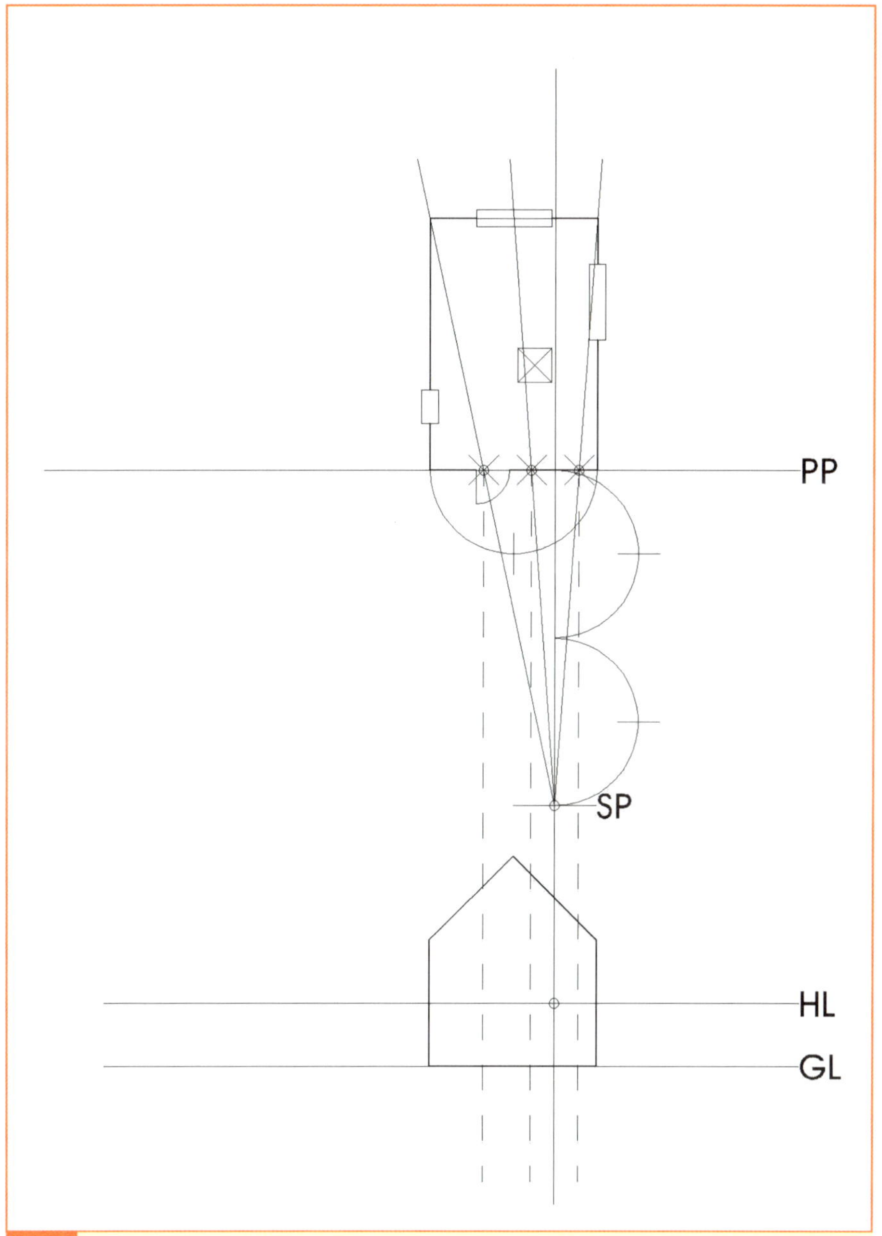

8 교차점에서 수직 인출선 작성

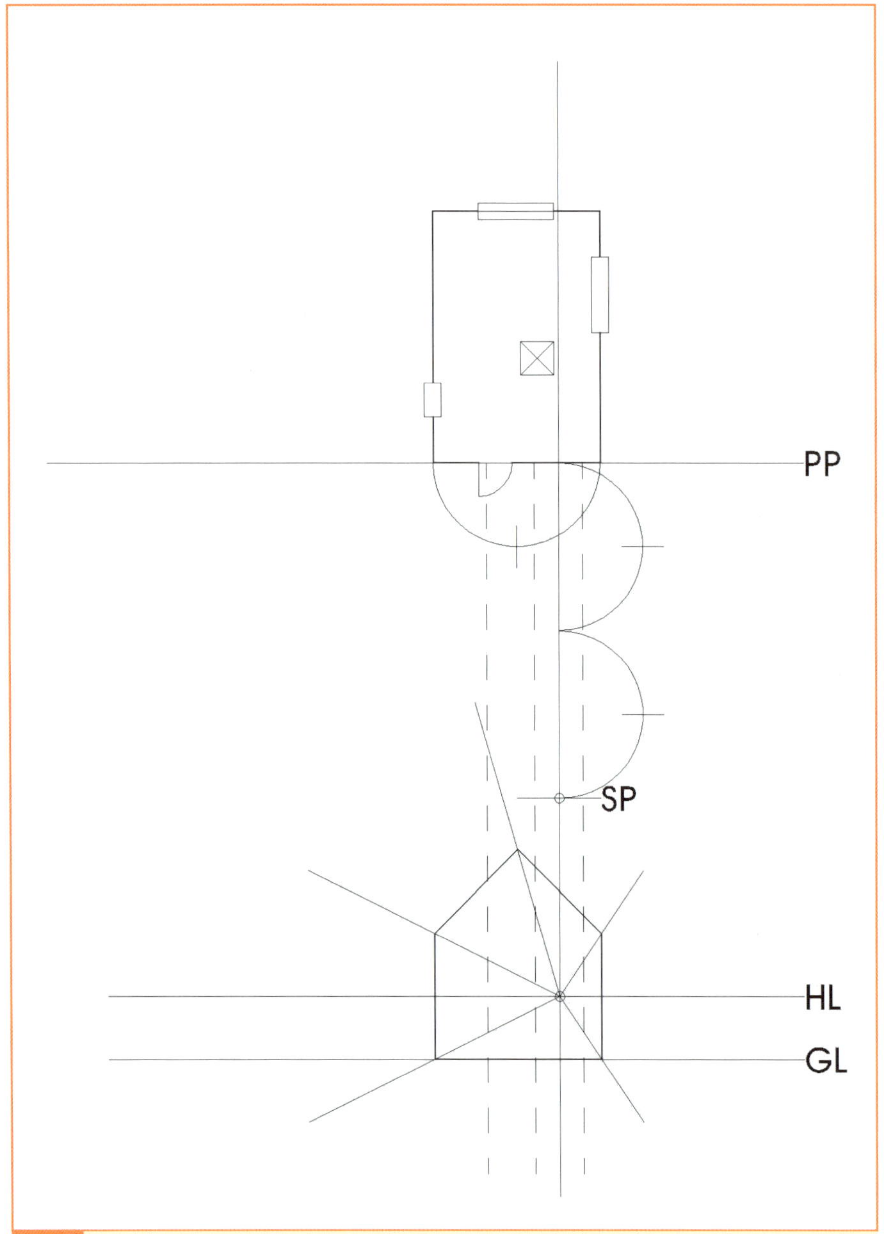

9 소점(C)에서 외곽선으로 방사형 인출선 작성

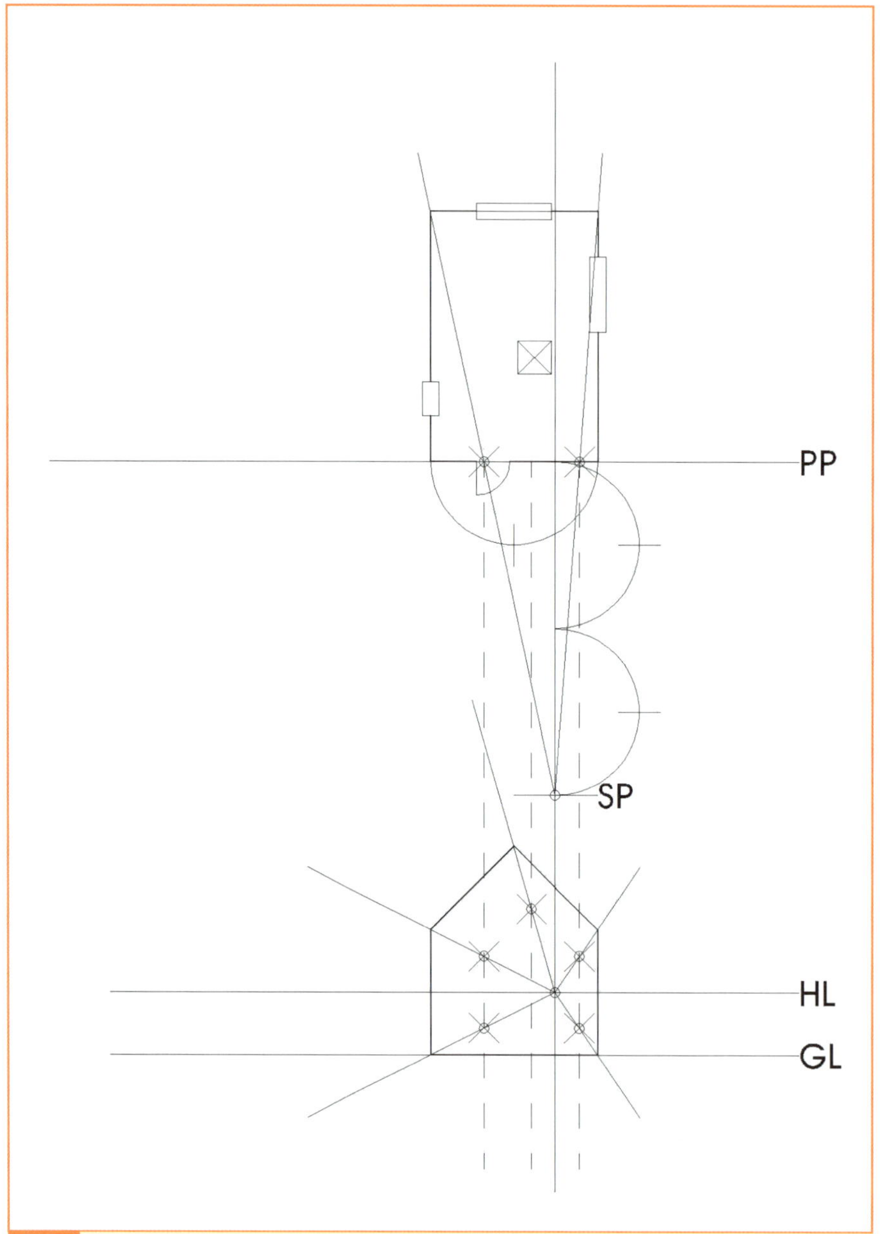

10 방사형 인출선과 수직 인출선의 교차점 확인

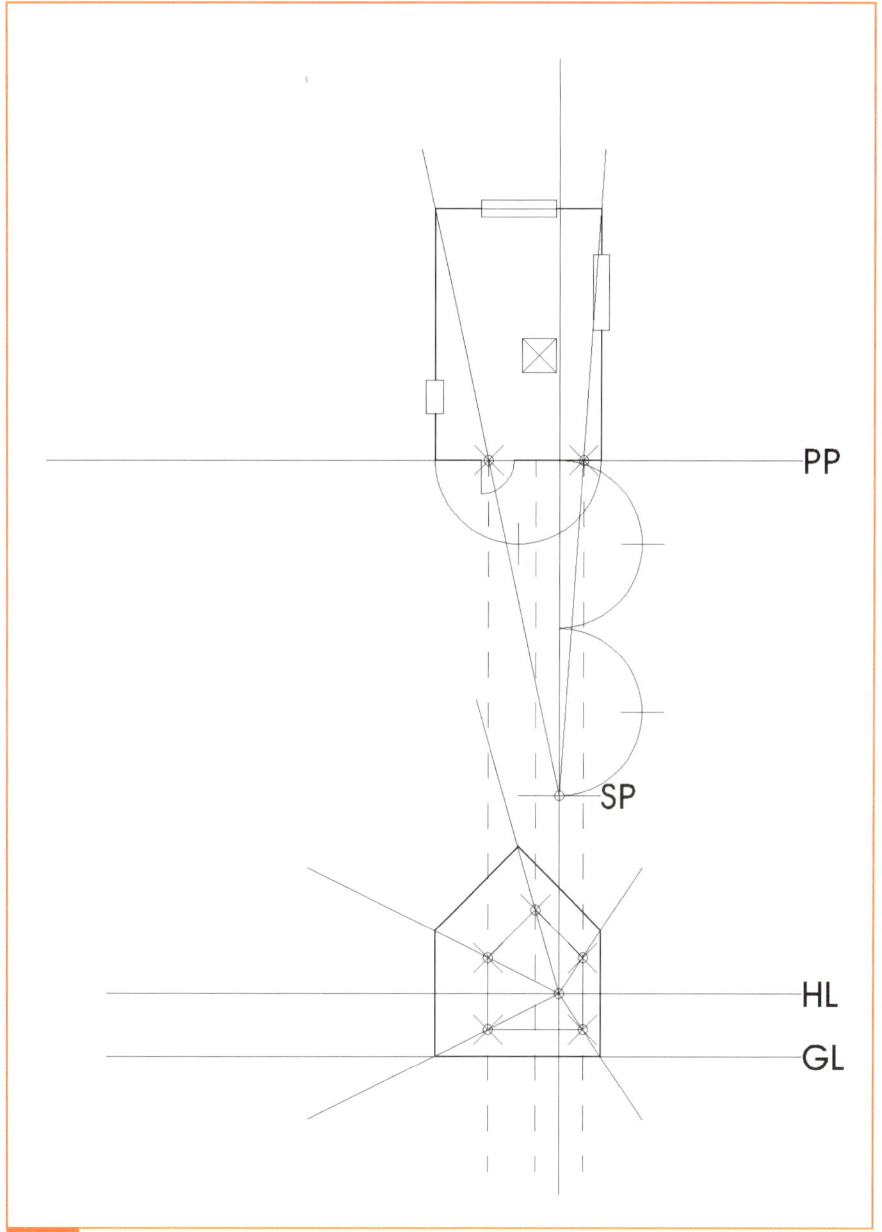

11 교차점 틀을 연결하여 깊이에 해당하는 내부면 완성

12 정리

03 2소점 투시도 – 측점법

1 GL, HL선 설정

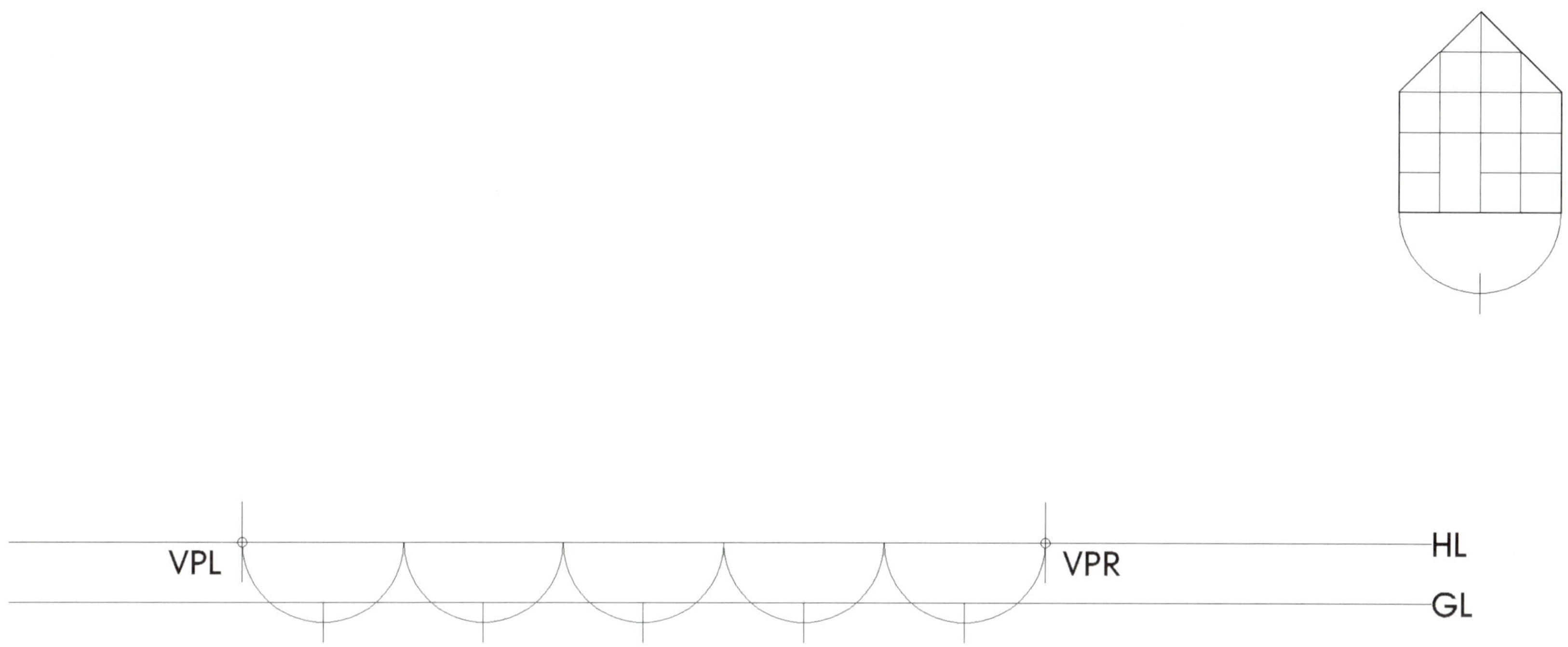

2 HL선상에 좌(VPL), 우(VPR) 소점 설정

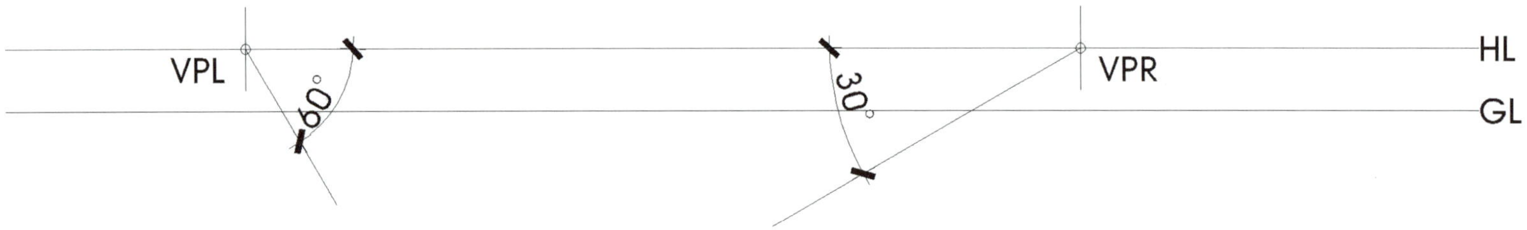

3 VPL, VPR로부터 SP설정, 강조될 면 = 30 °, 나머지 면 = 60 °

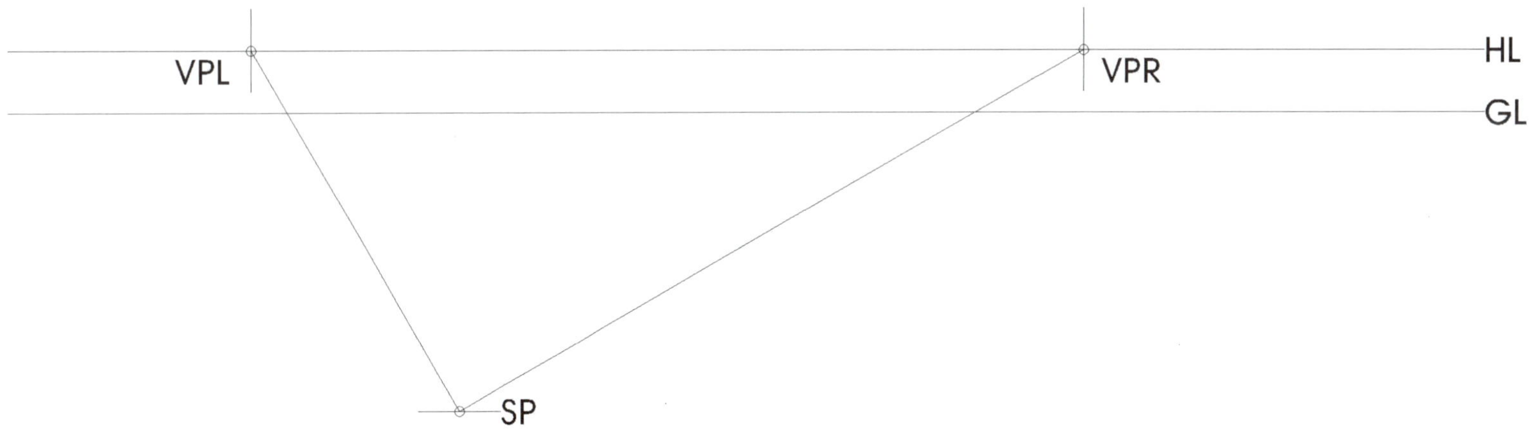

4 3의 인출선으로부터 SP 확인

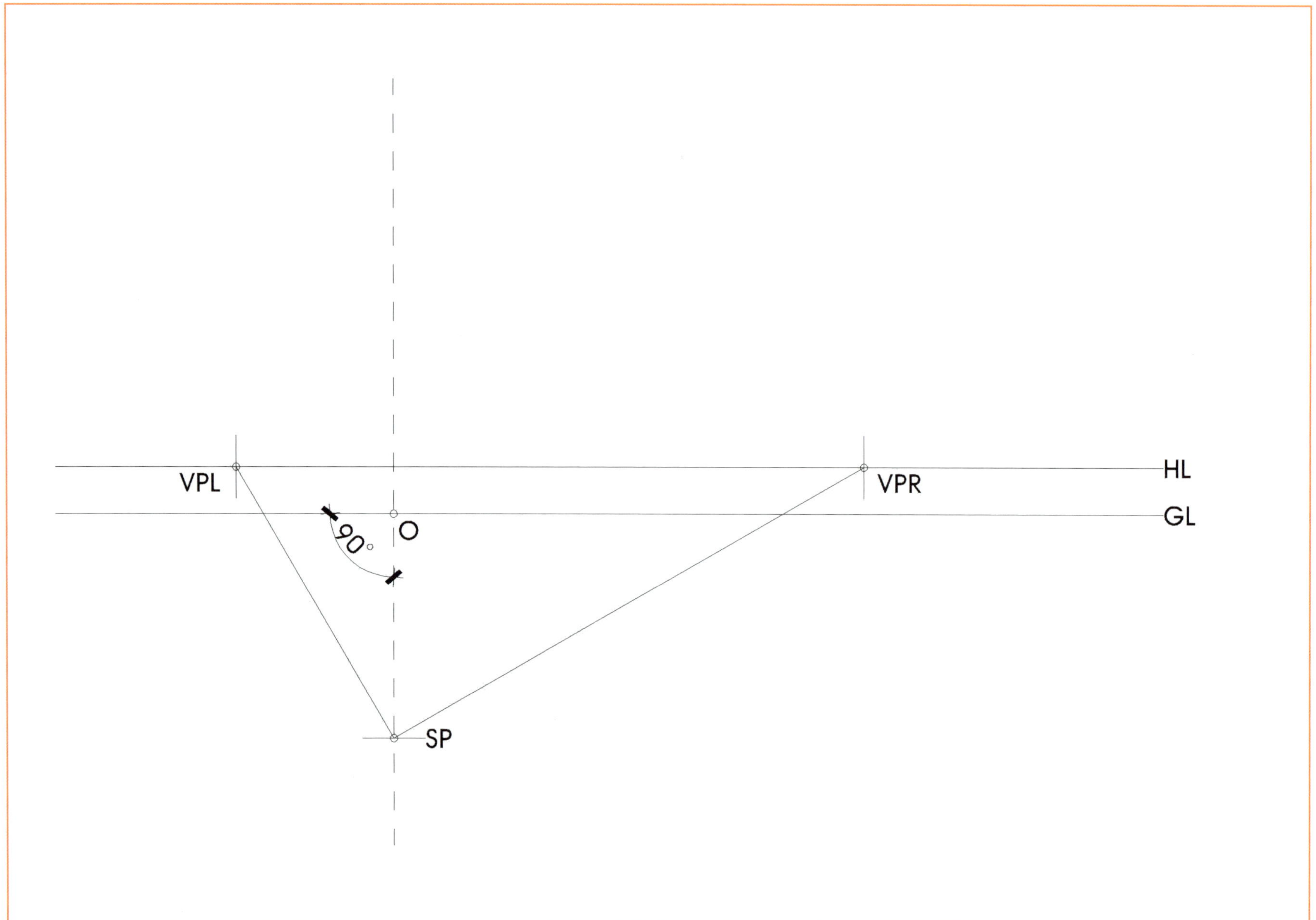

5 SP로부터 GL에 이어지는 수직선 작성하여 기준 원점(O) 확인

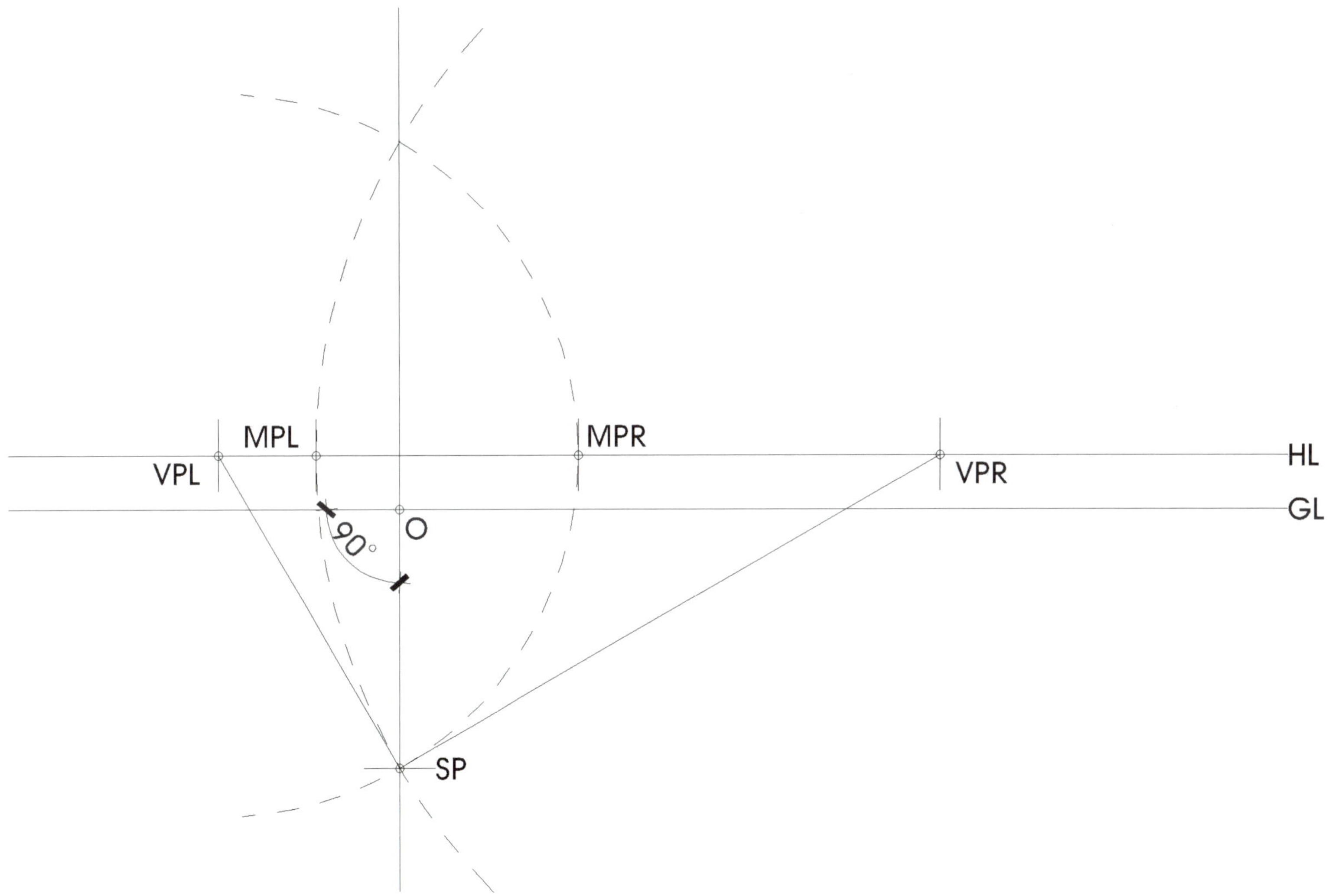

6 양측 소점~SP를 반지름으로 하는 양측 측점(MPL, MPR) 설정

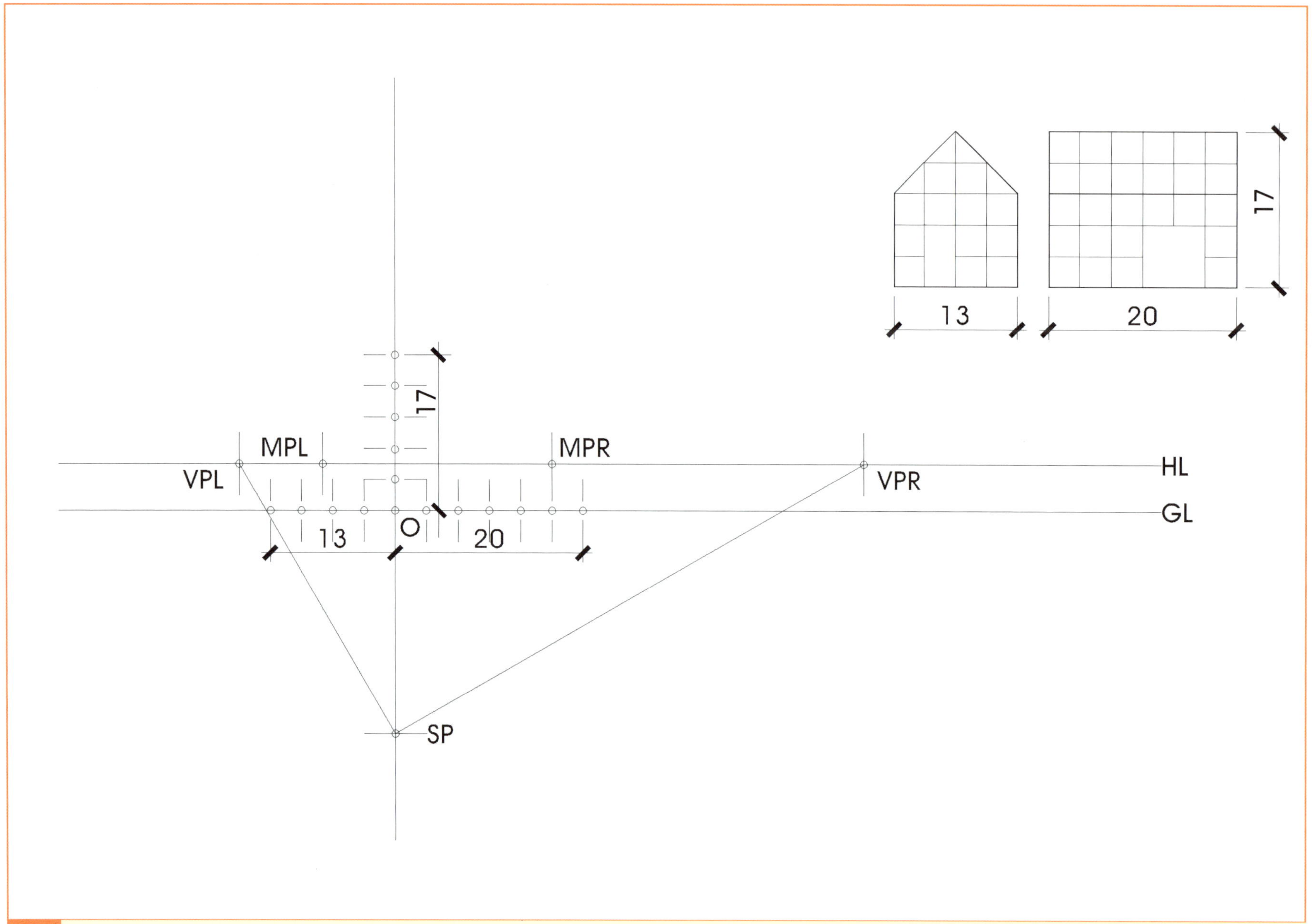

7 원점으로부터 좌, 우측 및 입면 높이에 해당하는 측정 표기

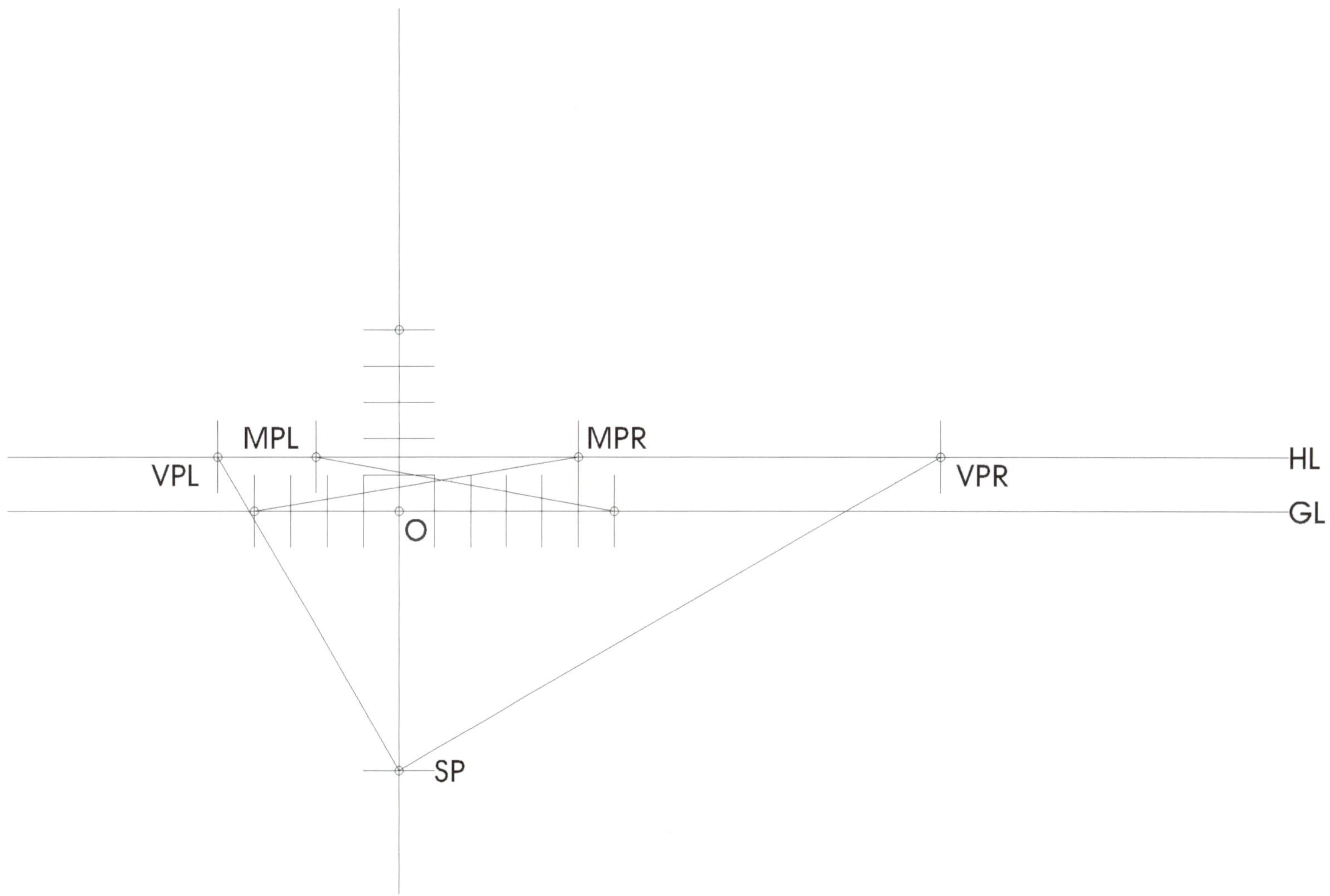

8 MPL, MPR에서 좌우 측점 끝점과 인출선 작성

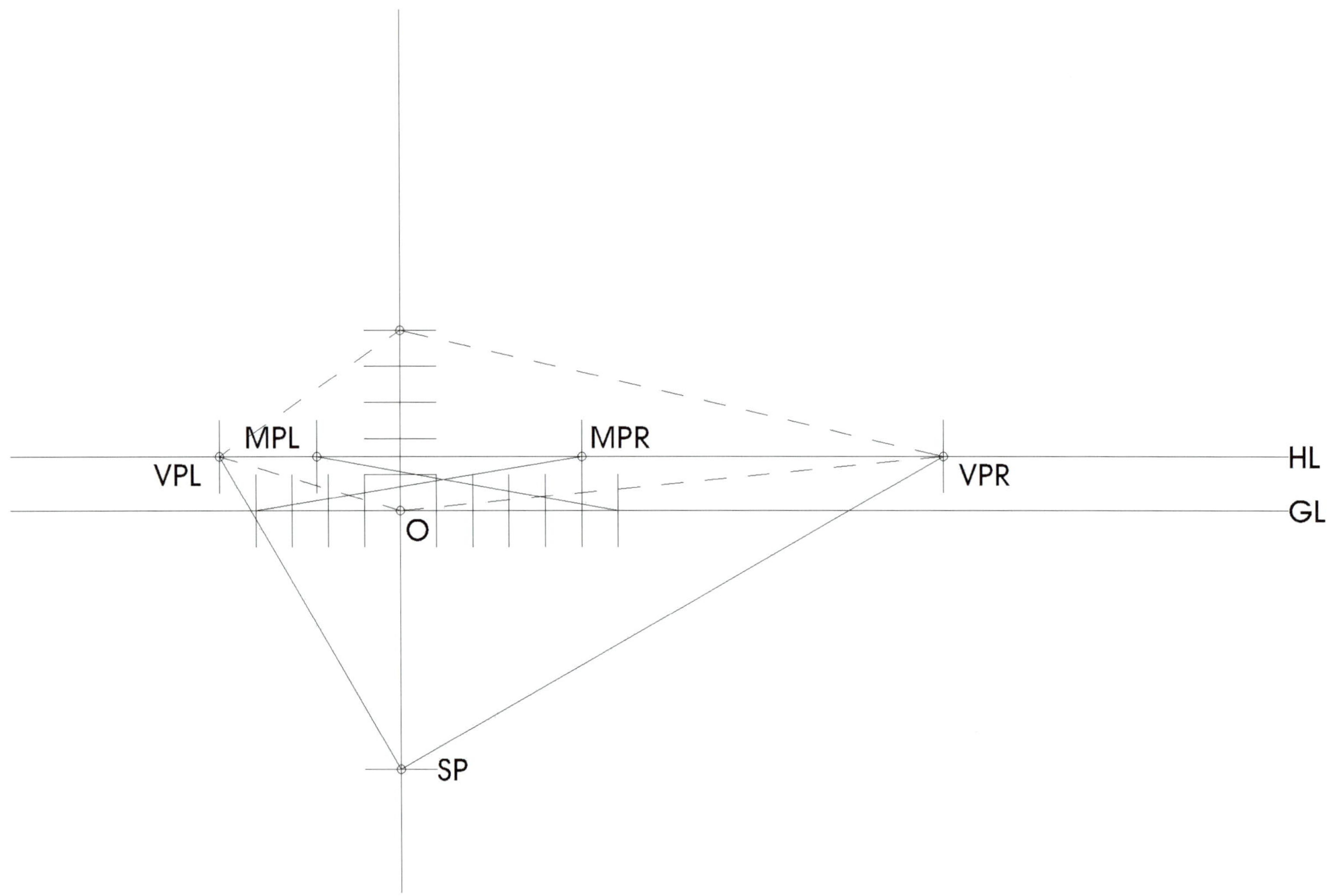

9 높이 소점~양측 소점 인출선 작성

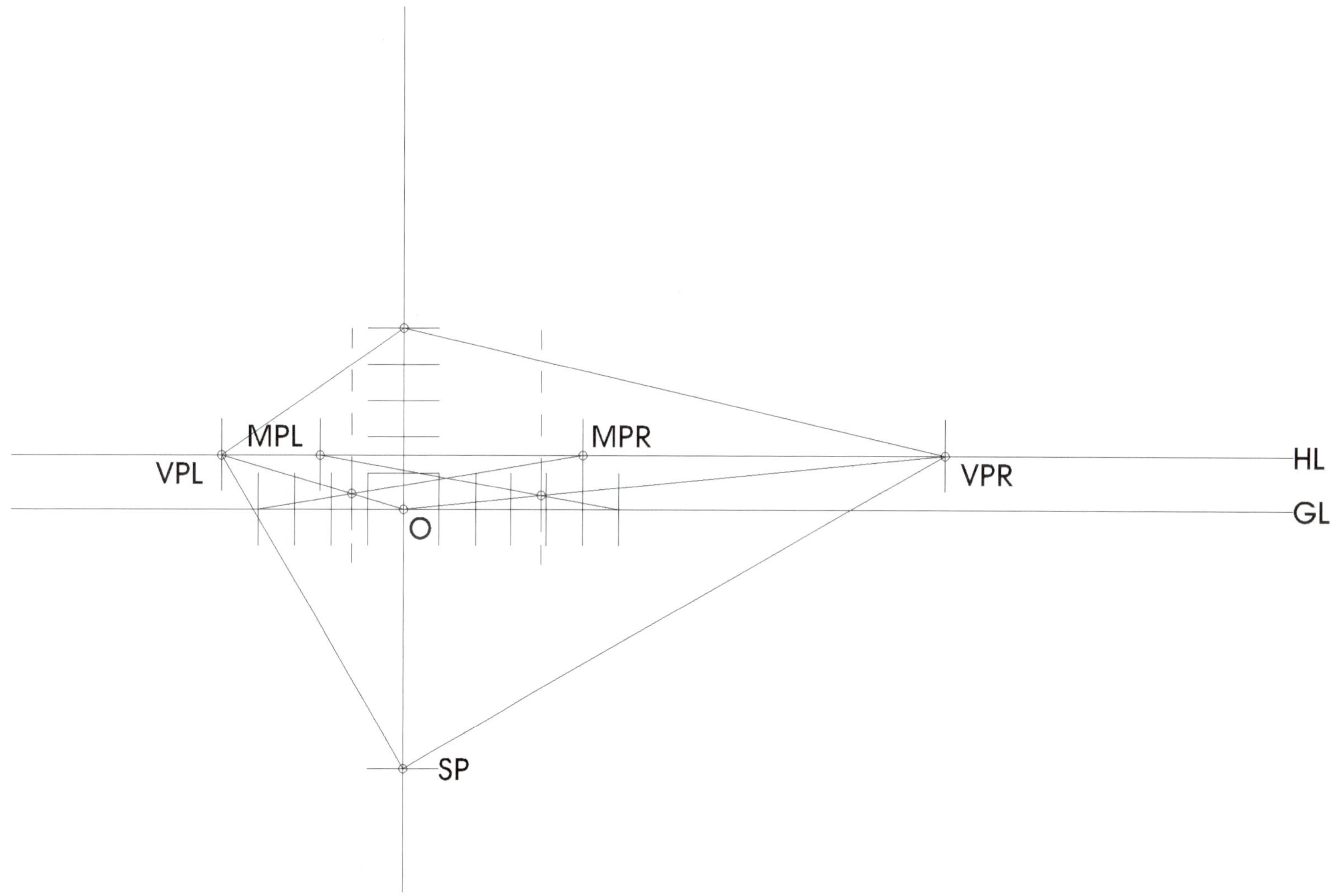

10 8, 9 인철순들의 교차점 확인 및 수직선 작성

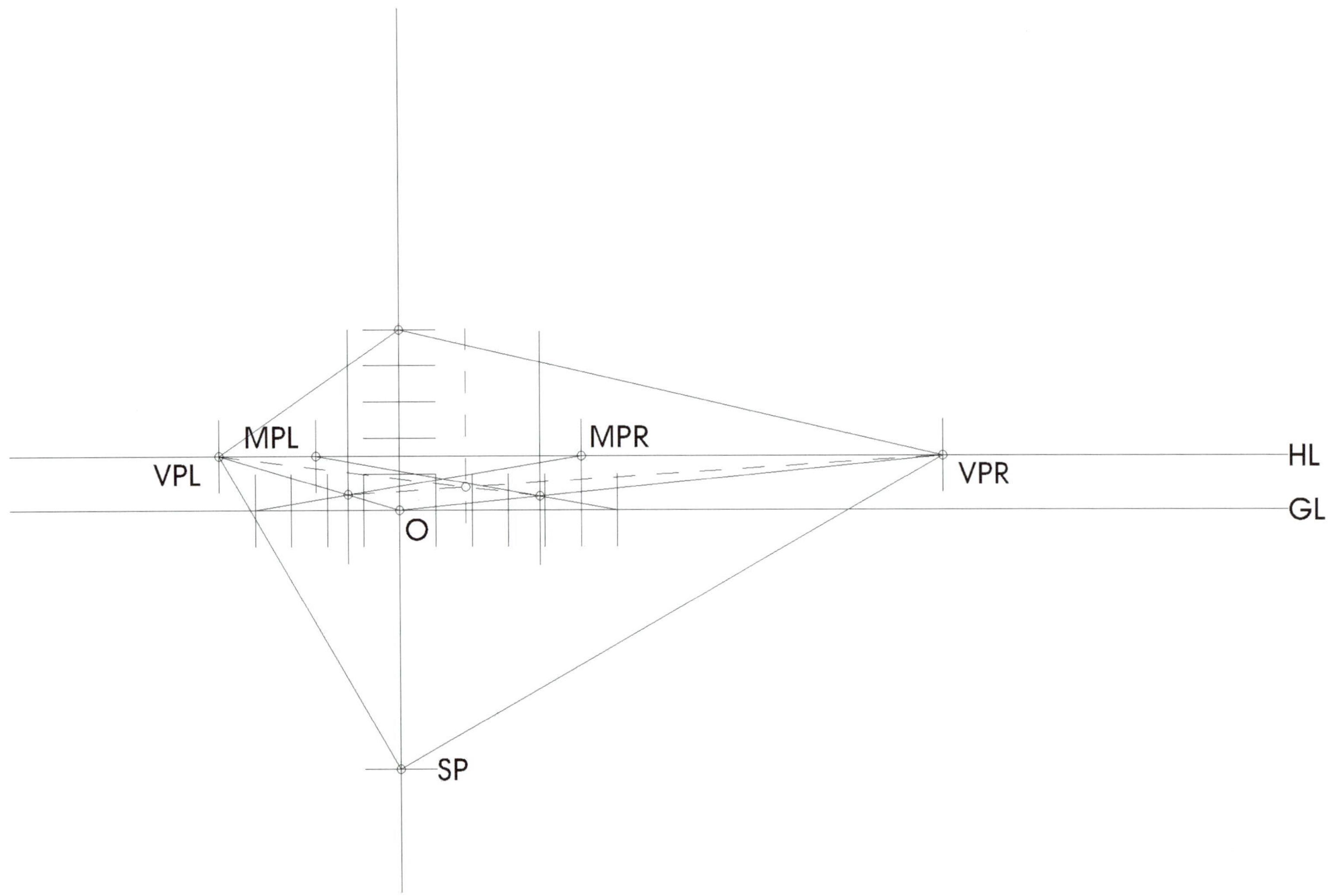

11 각 소점~10의 교차점을 연결하여 배면 모서리 확인 및 수직선 작성

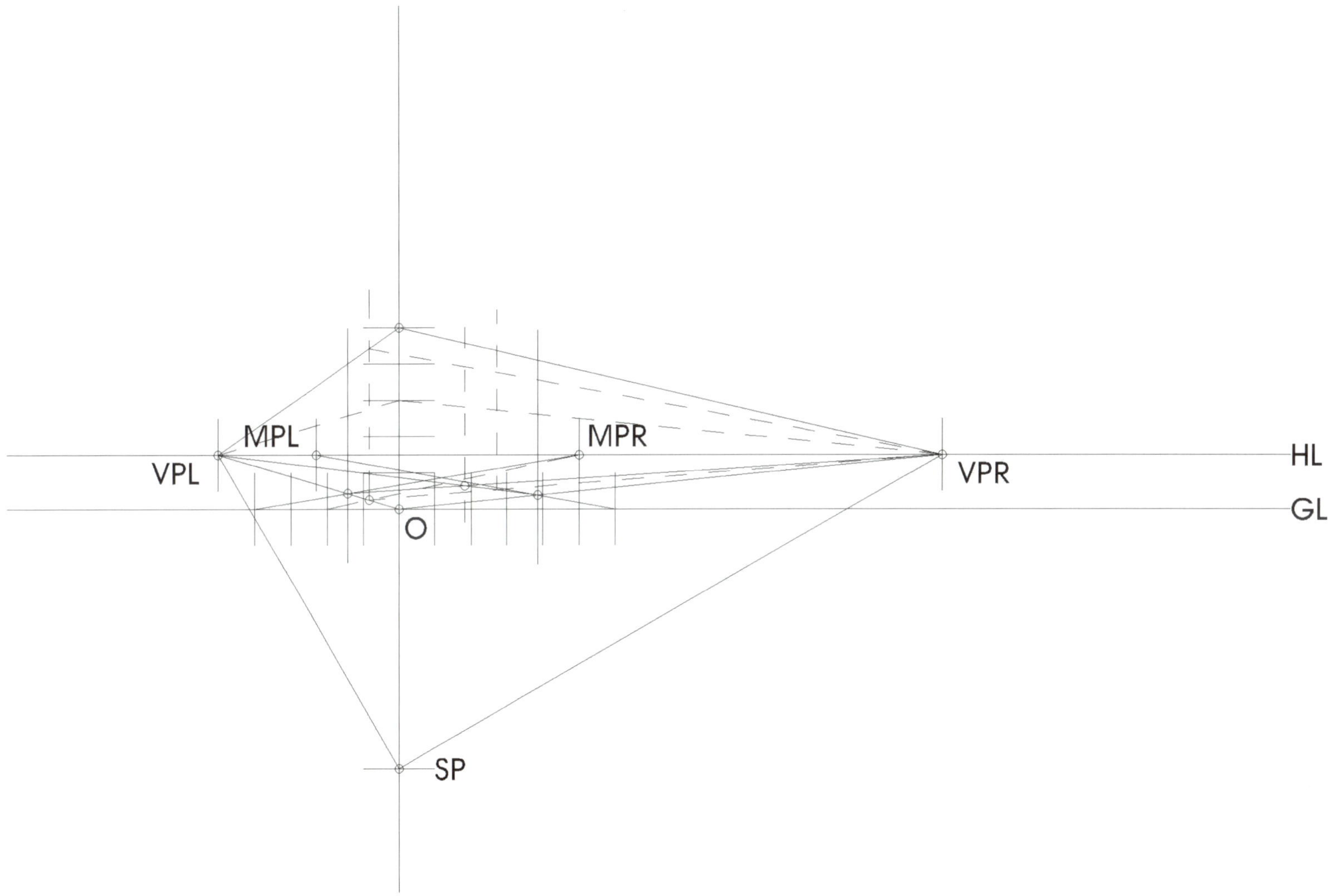

12 입면의 각 높이 기준점~좌우측 소점 인출선 작성

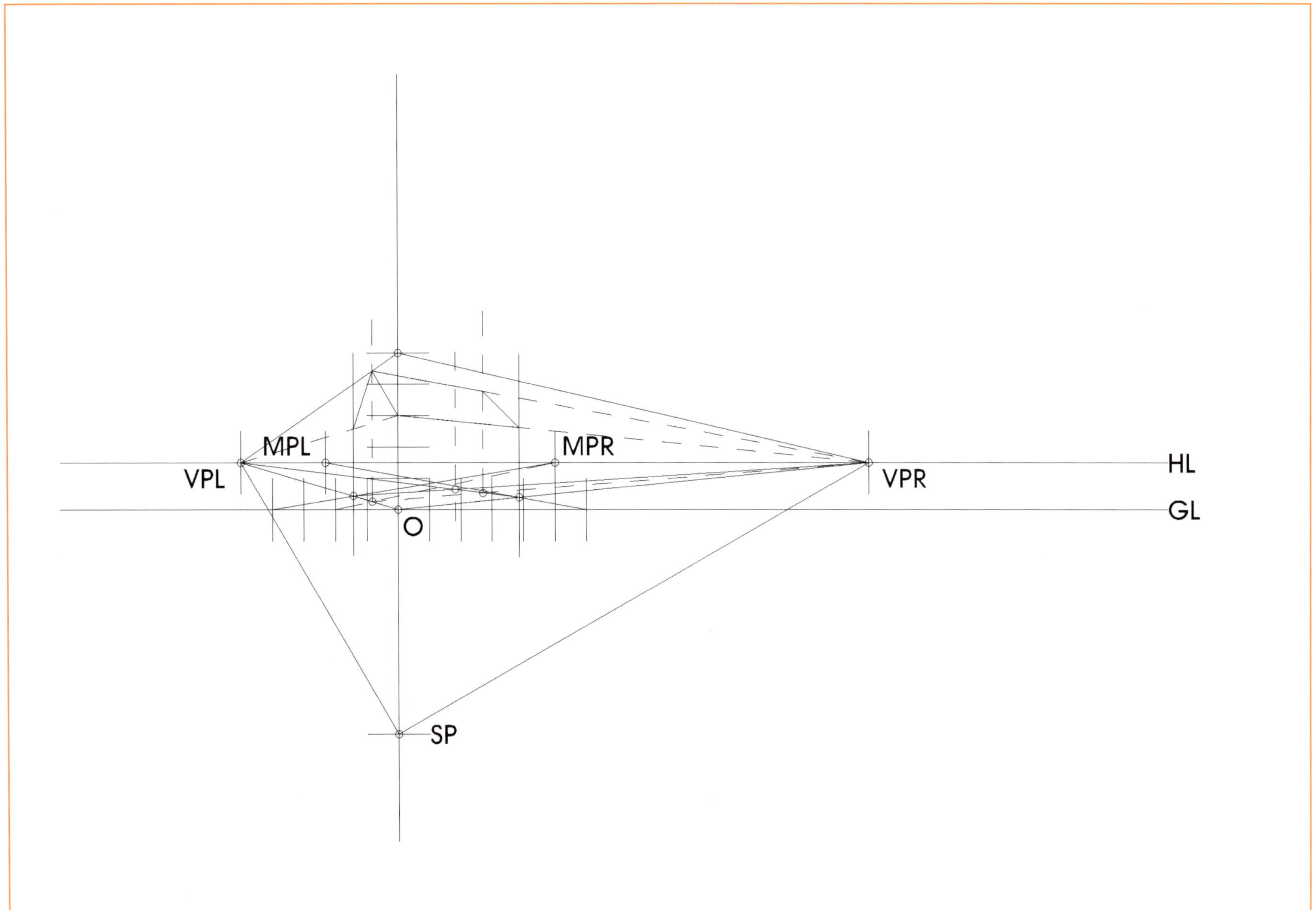

13 외곽선 확인

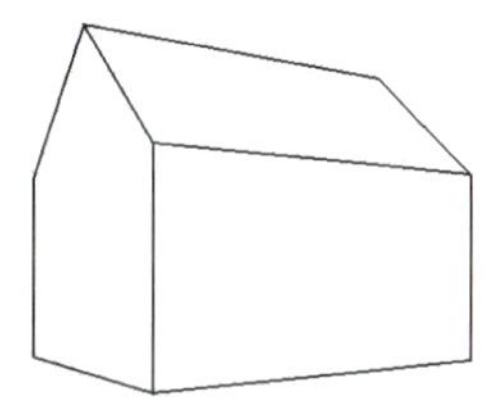

14 정리

04 2소점 투시도 - 투사법

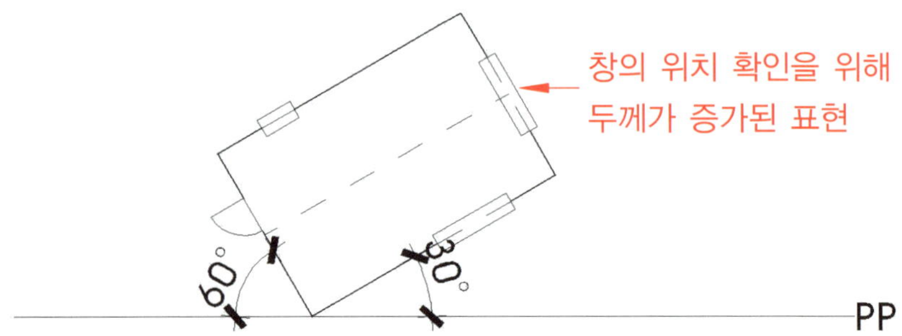

1 PP선 위에 평면 고정, PP선과 60 ° / 30 °

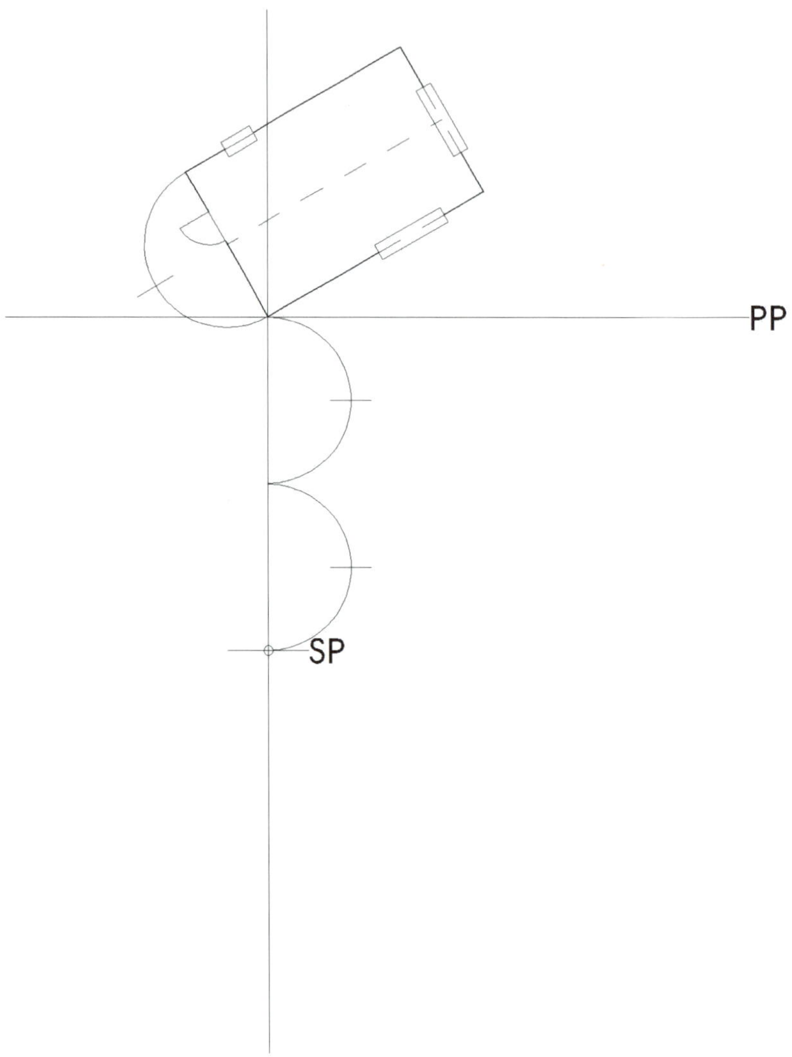

2 PP~평면 접선에 수직선 작성, 수직선상에 SP 설정

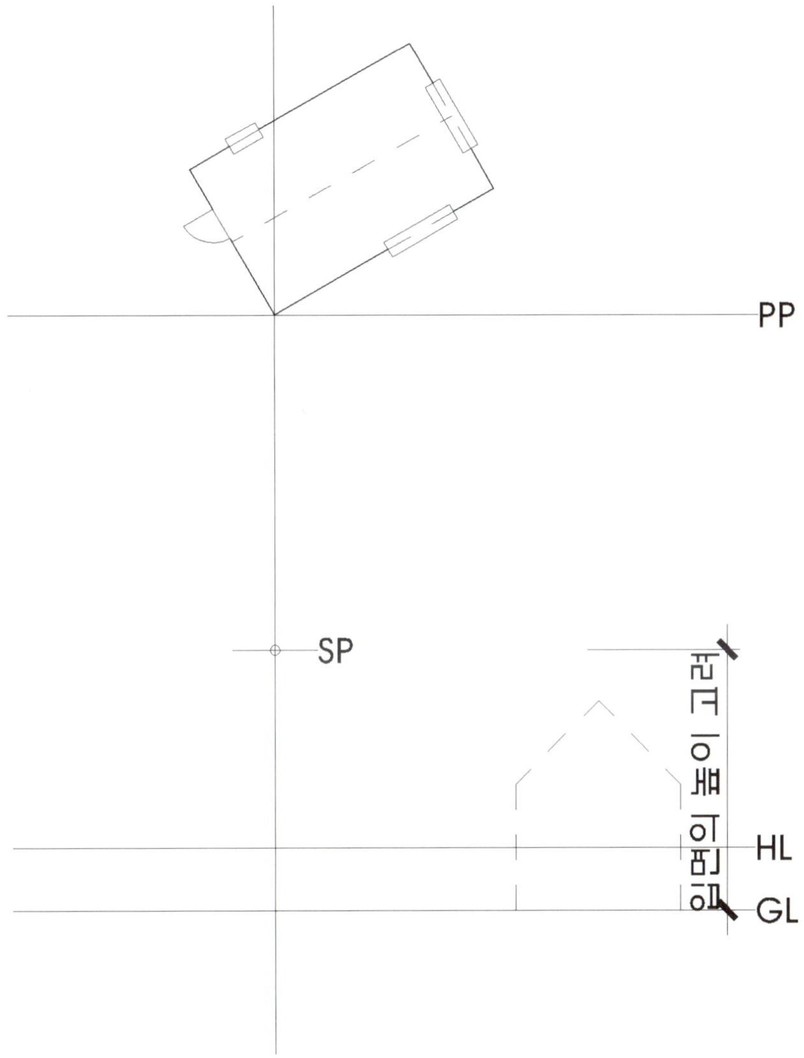

3 작업위치(GL, HL) 결정

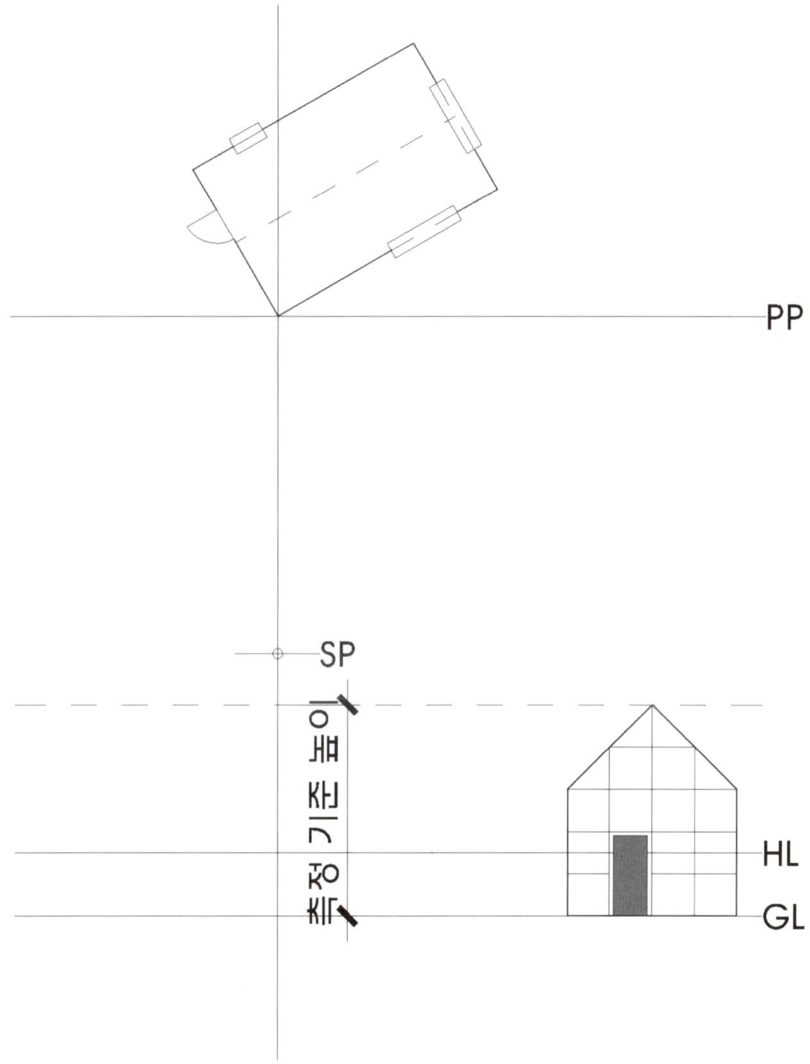

4 입면에 의한 측정 기준 높이 설정

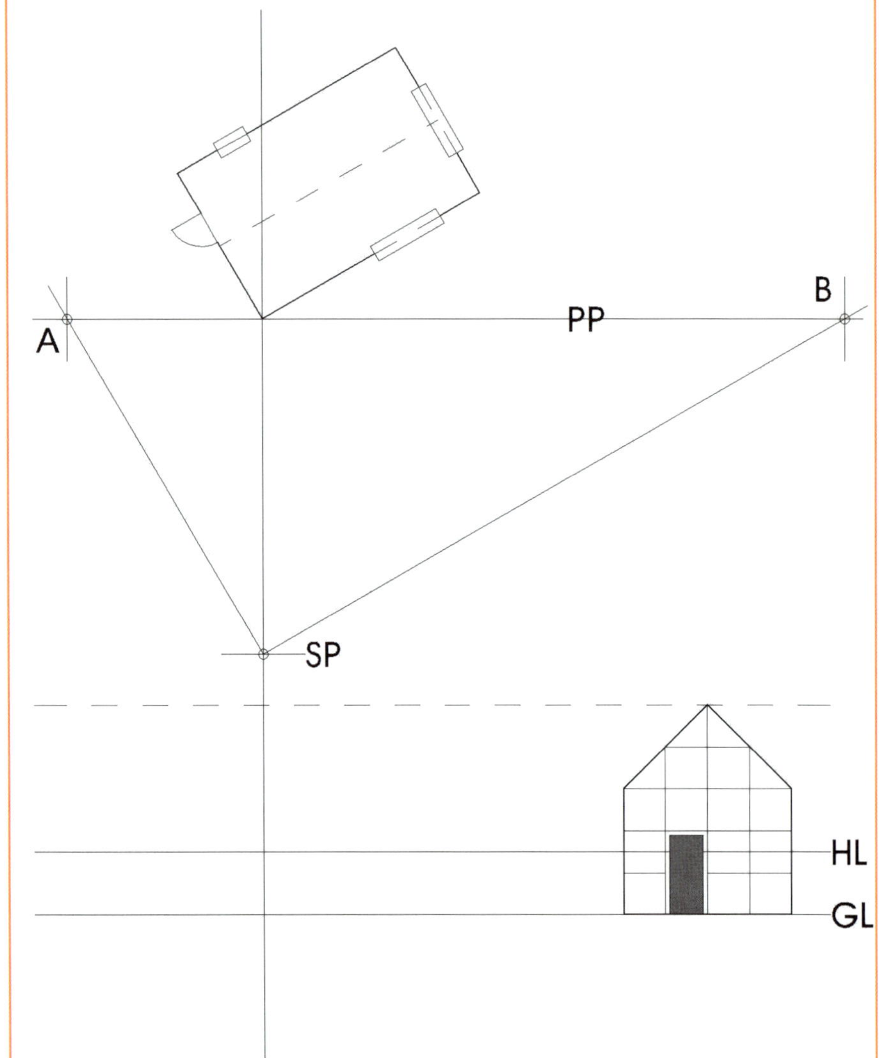

5 SP로부터 평면과 평행한 인출선 작성 – 교점 A, B확인

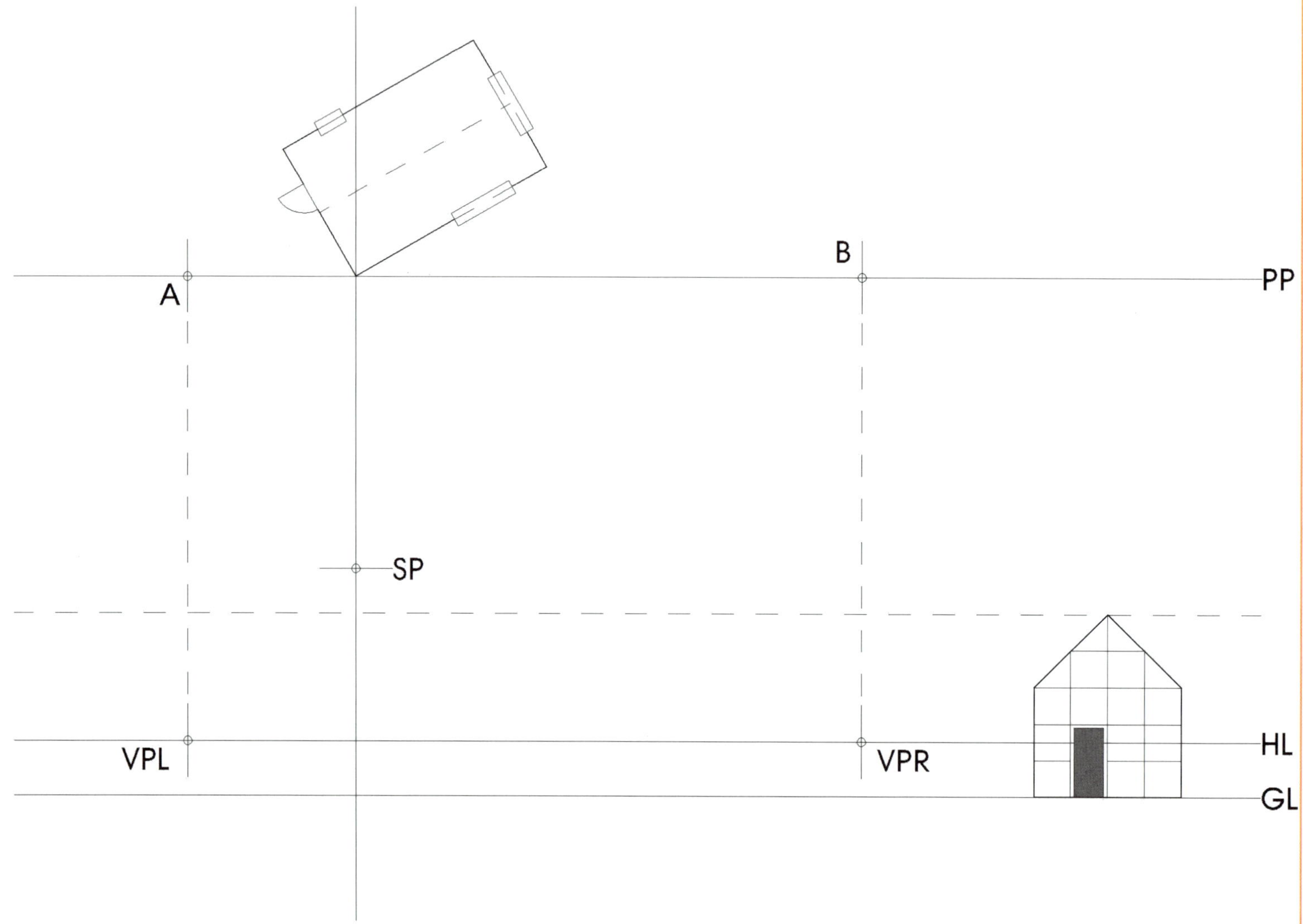

6 A, B로부터 HL에 이르는 수직선 작성, 이로인한 교점을 각각 VPL,VPR로 설정

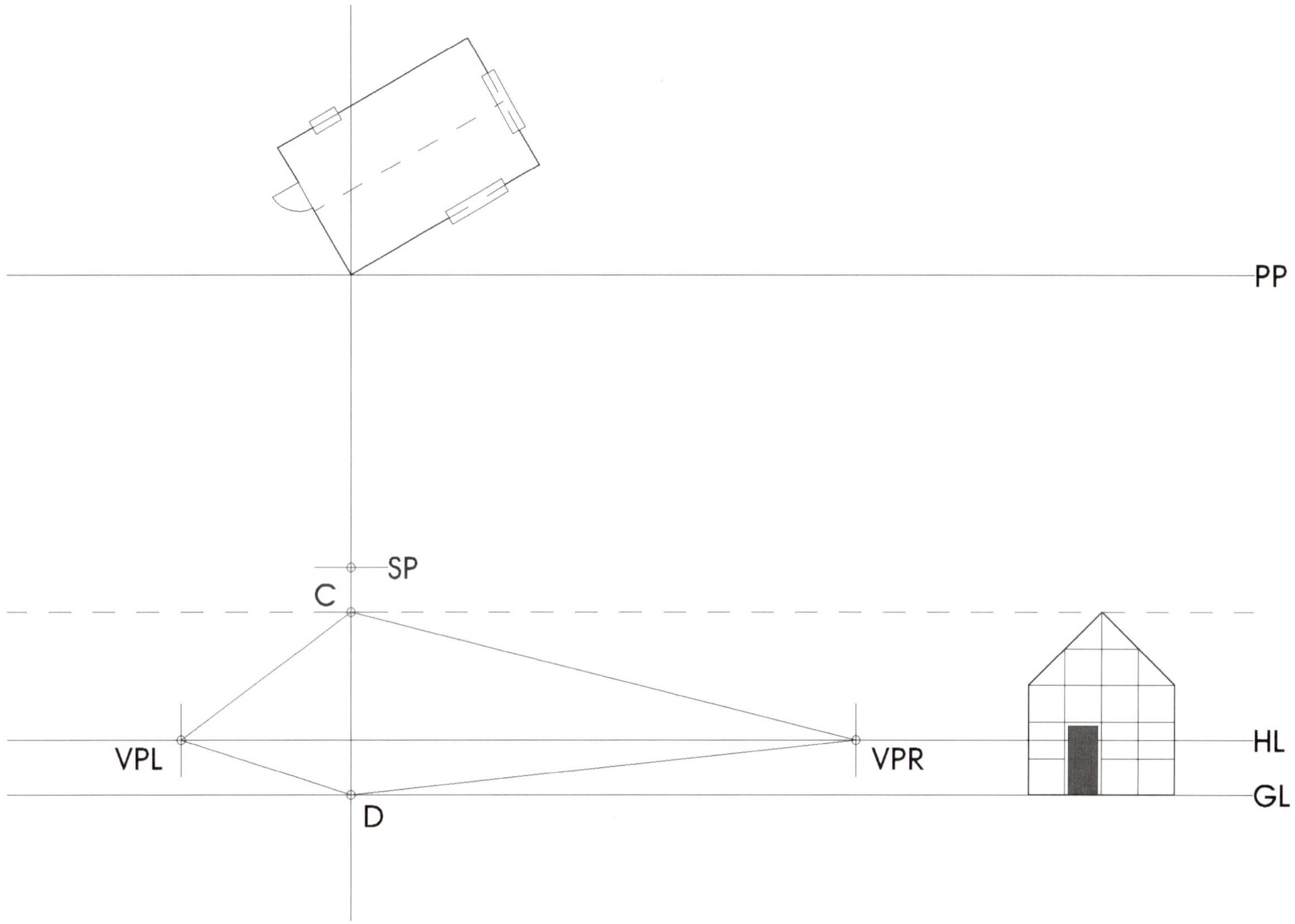

7 SP 연정산에 입면기준 높이를 C, D로 설정하고 각각 VPL, VPR와 연결

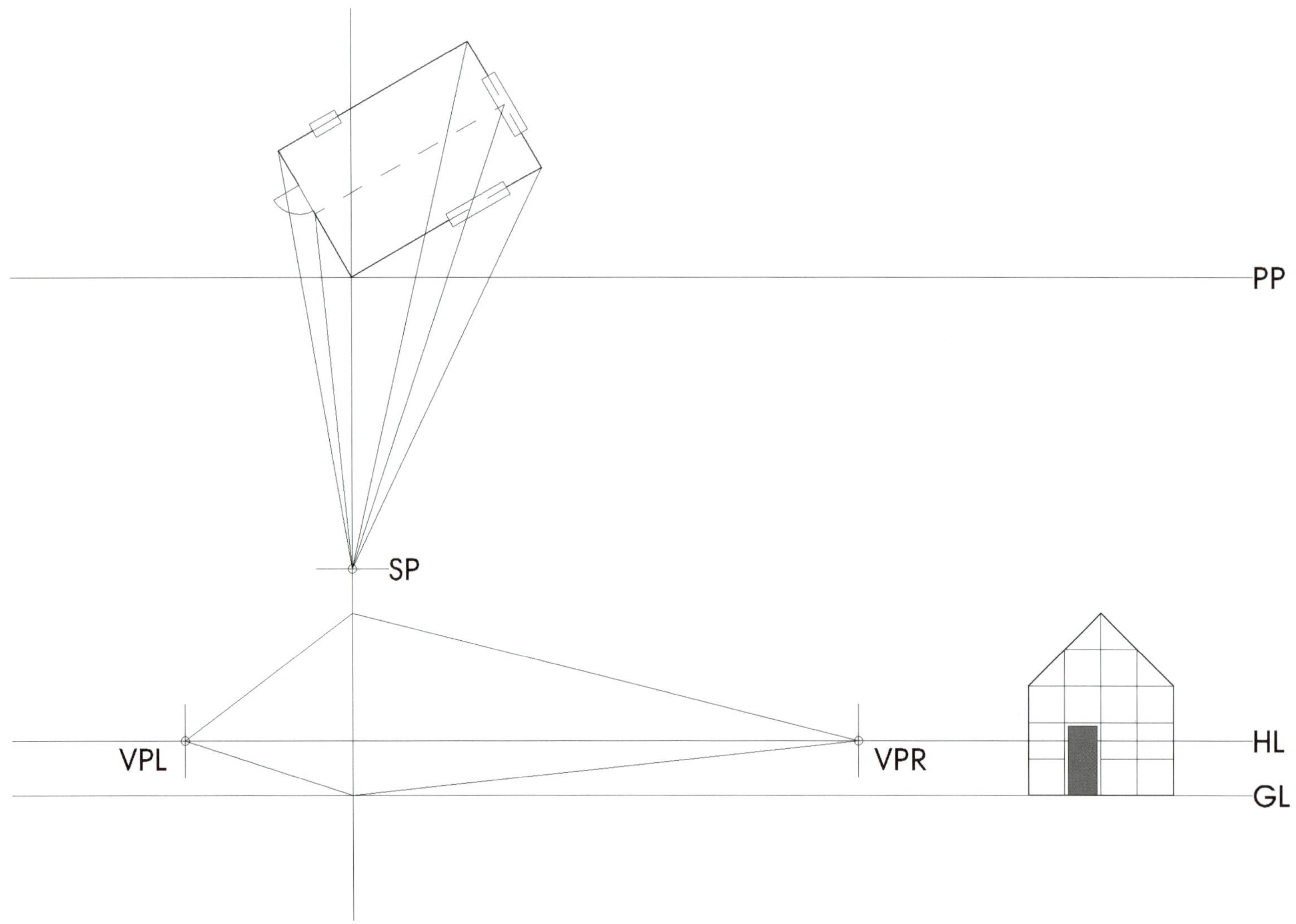

8 SP~평면 각 모서리 인출선 작성

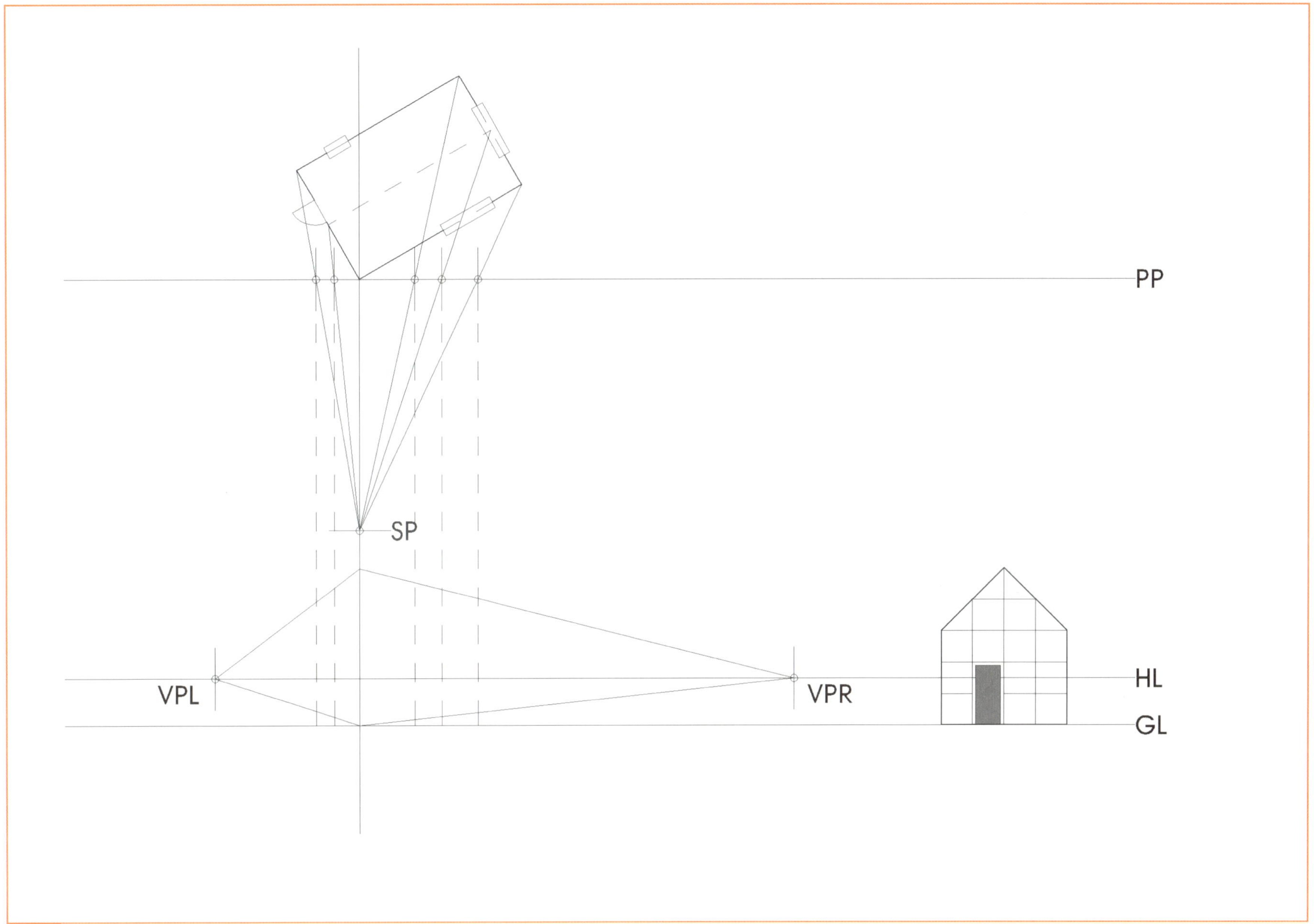

9 8의 인출선과 PP의 교차점을 확인하고 각 교차점으로부터 GL로 수직선 작성

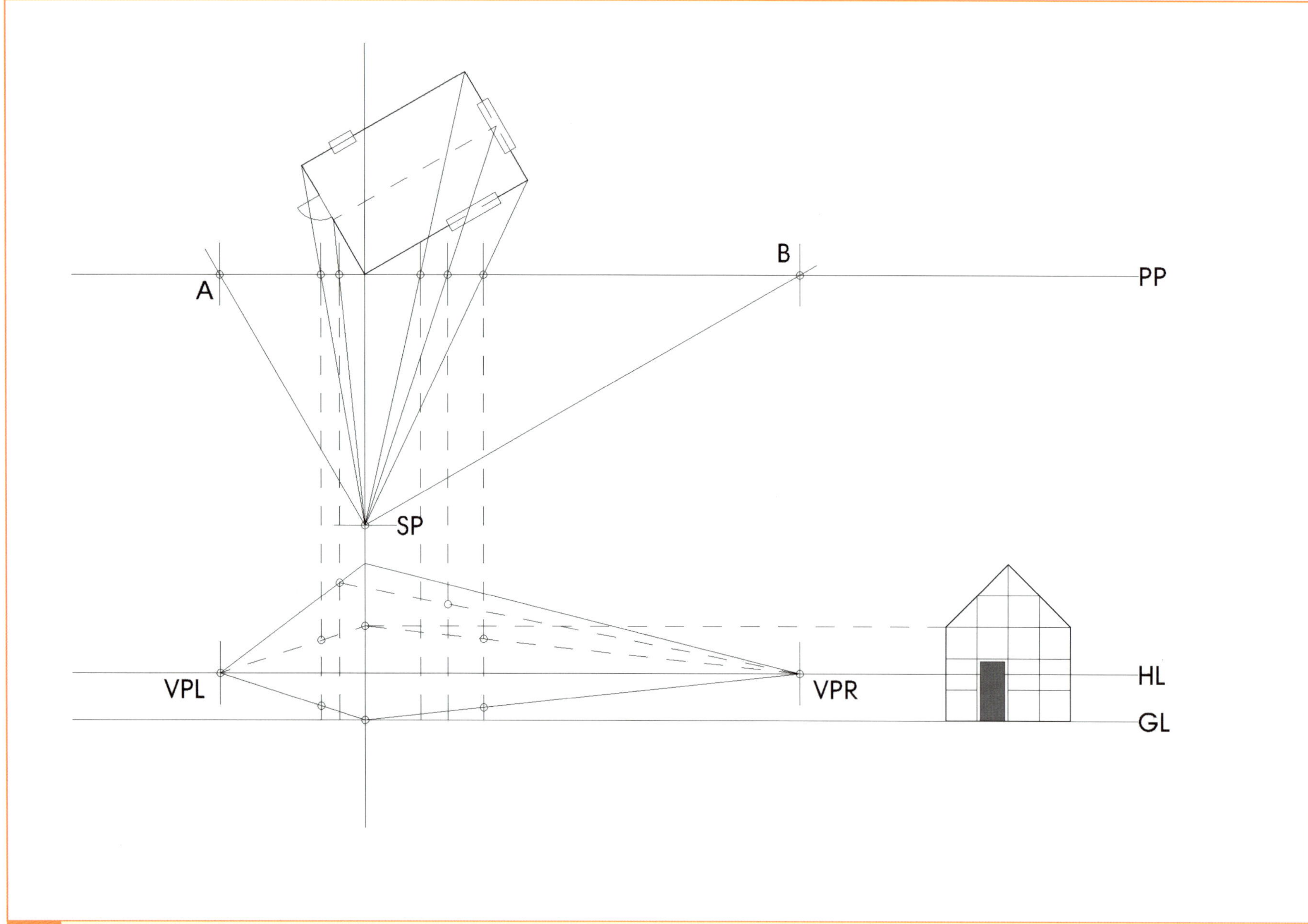

10 좌, 우 소점~해당 높이의 인출선과 9의 수직선과의 교차점 확인

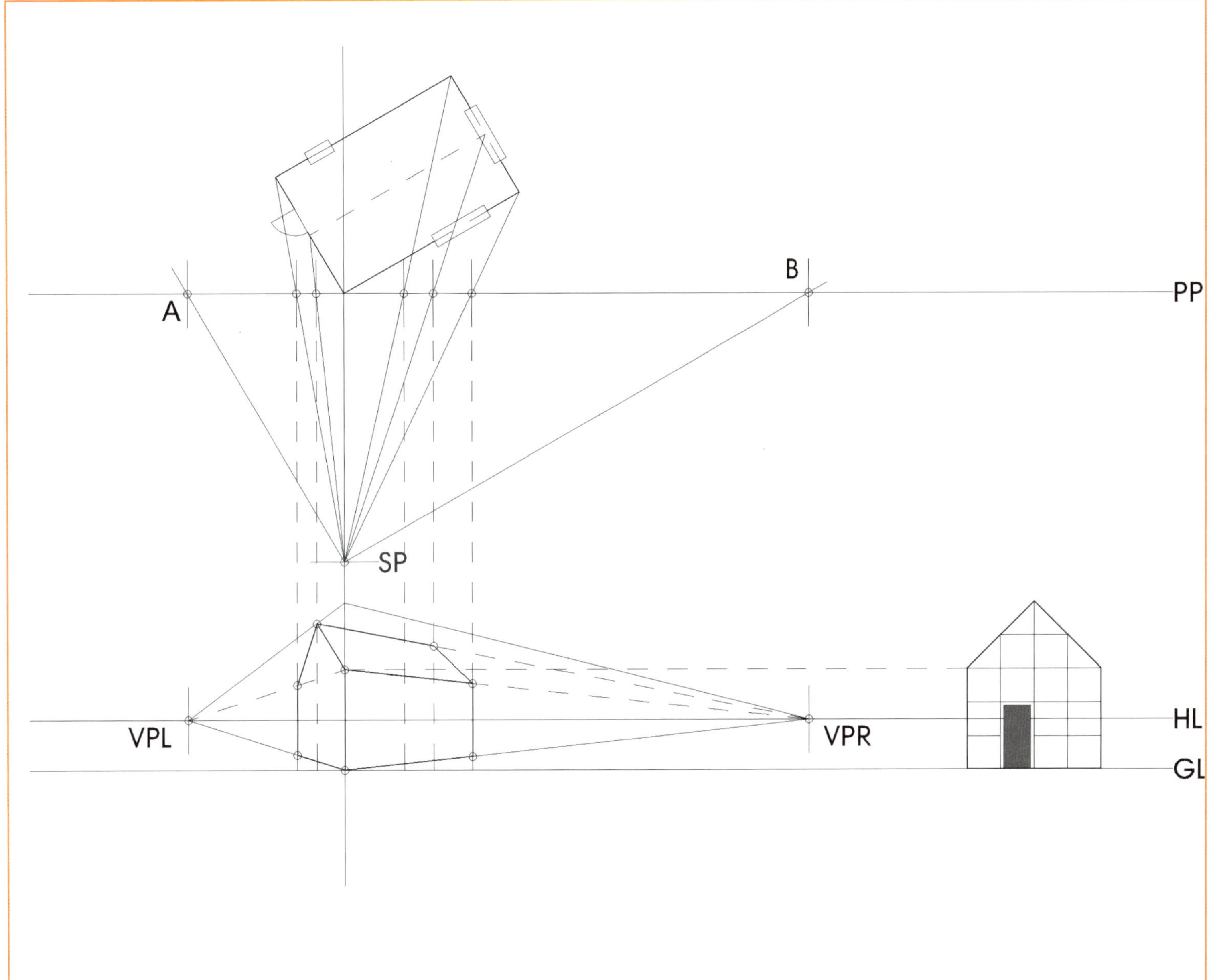

11 10의 교차점을 연결하여 외곽선 설정

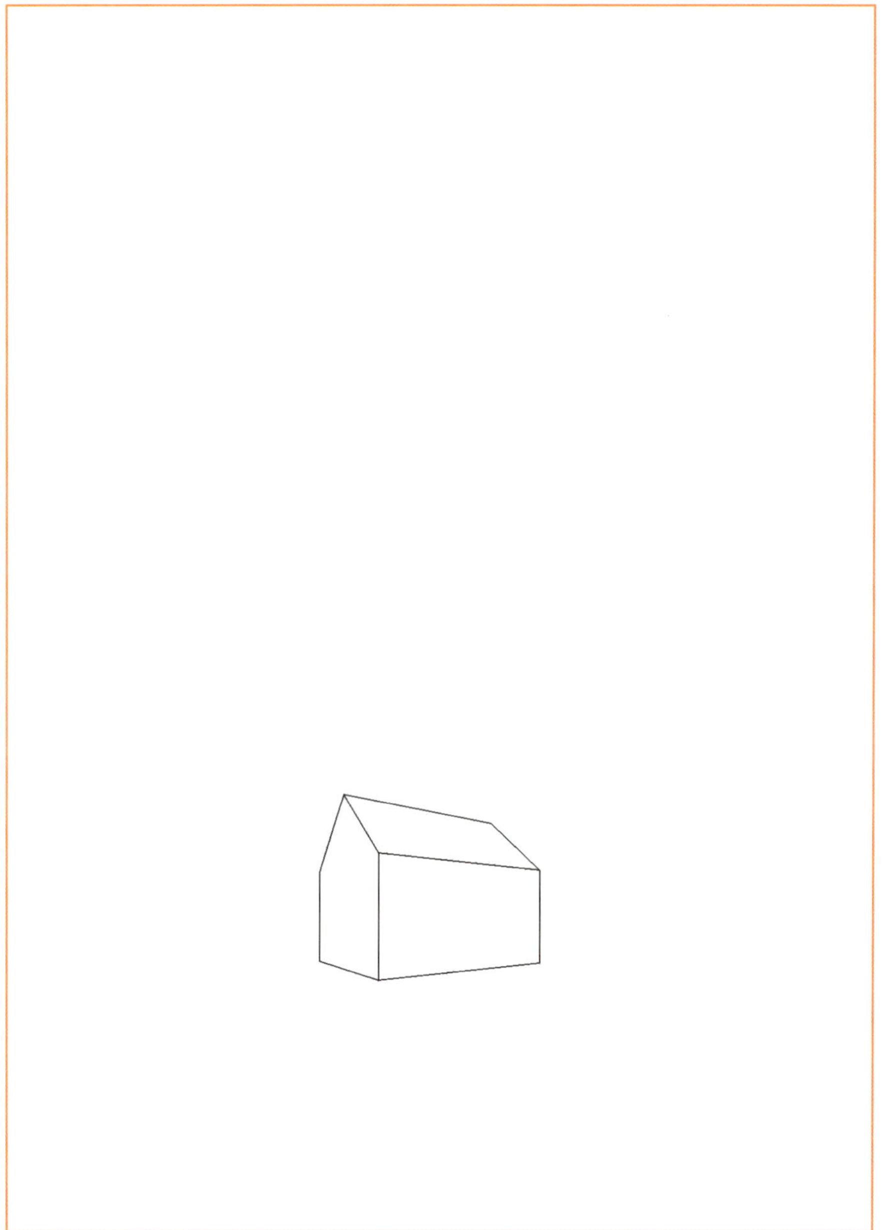

12 정리

3. 1소점 투사법, 측점법 및 2소점 투사법 작성 연습

01 1소점 투사법 작성 연습

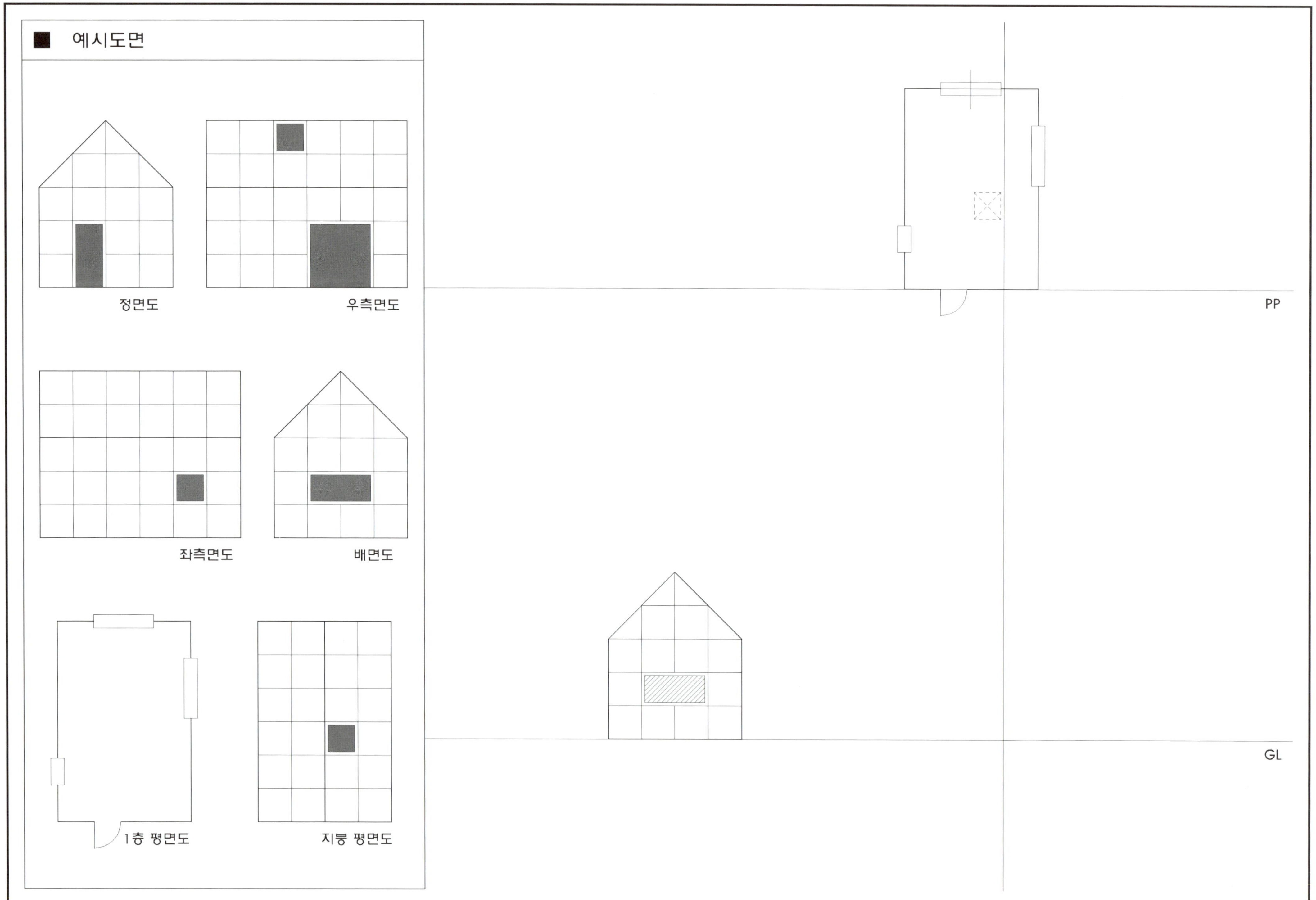

1소점 투사법 작성 연습	2015. . .	20150000	홍 길 동

02 1소점 측점법 작성 연습

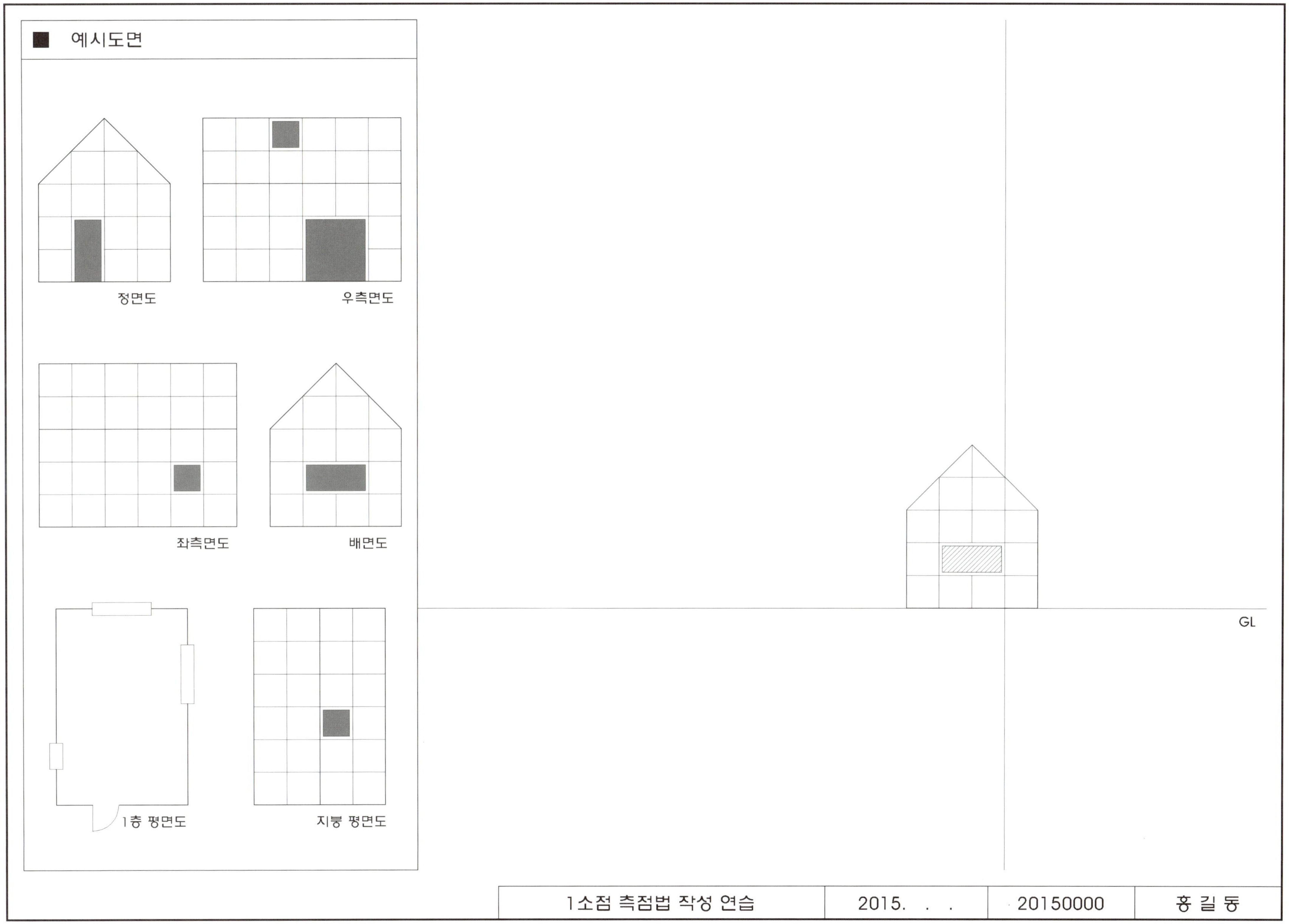

03 2소점 투사법 작성 연습 1

■ 예시도면

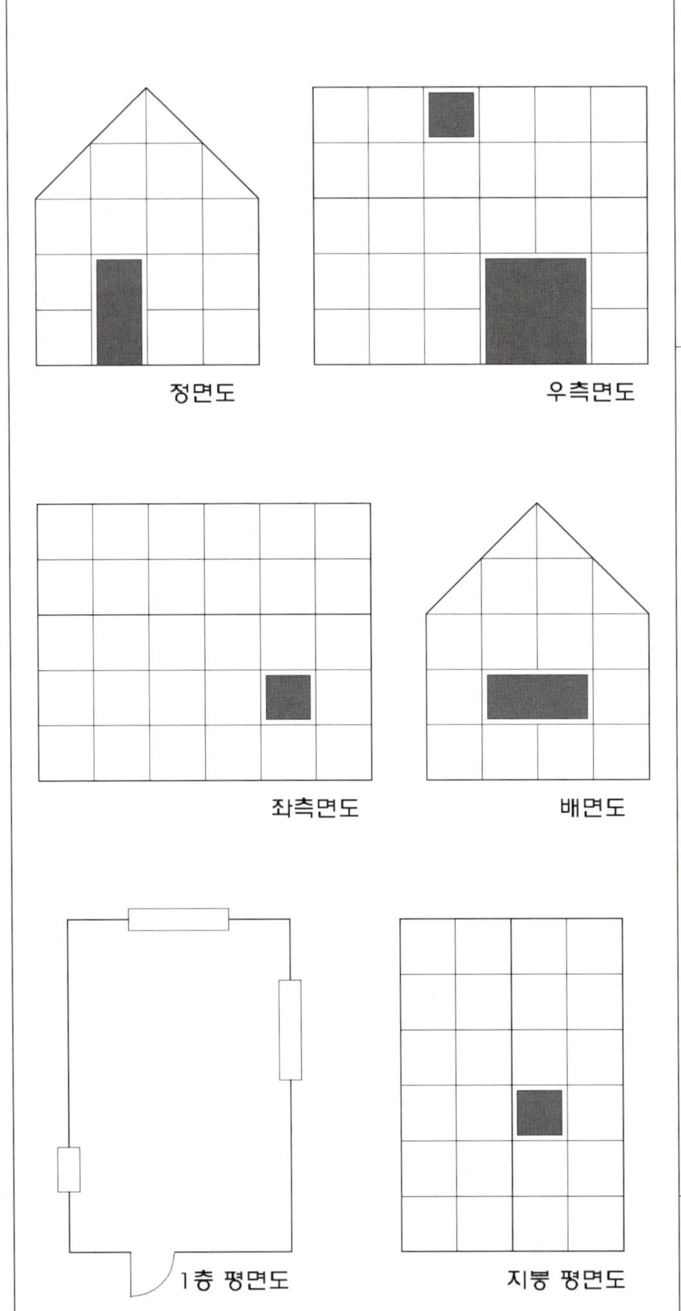

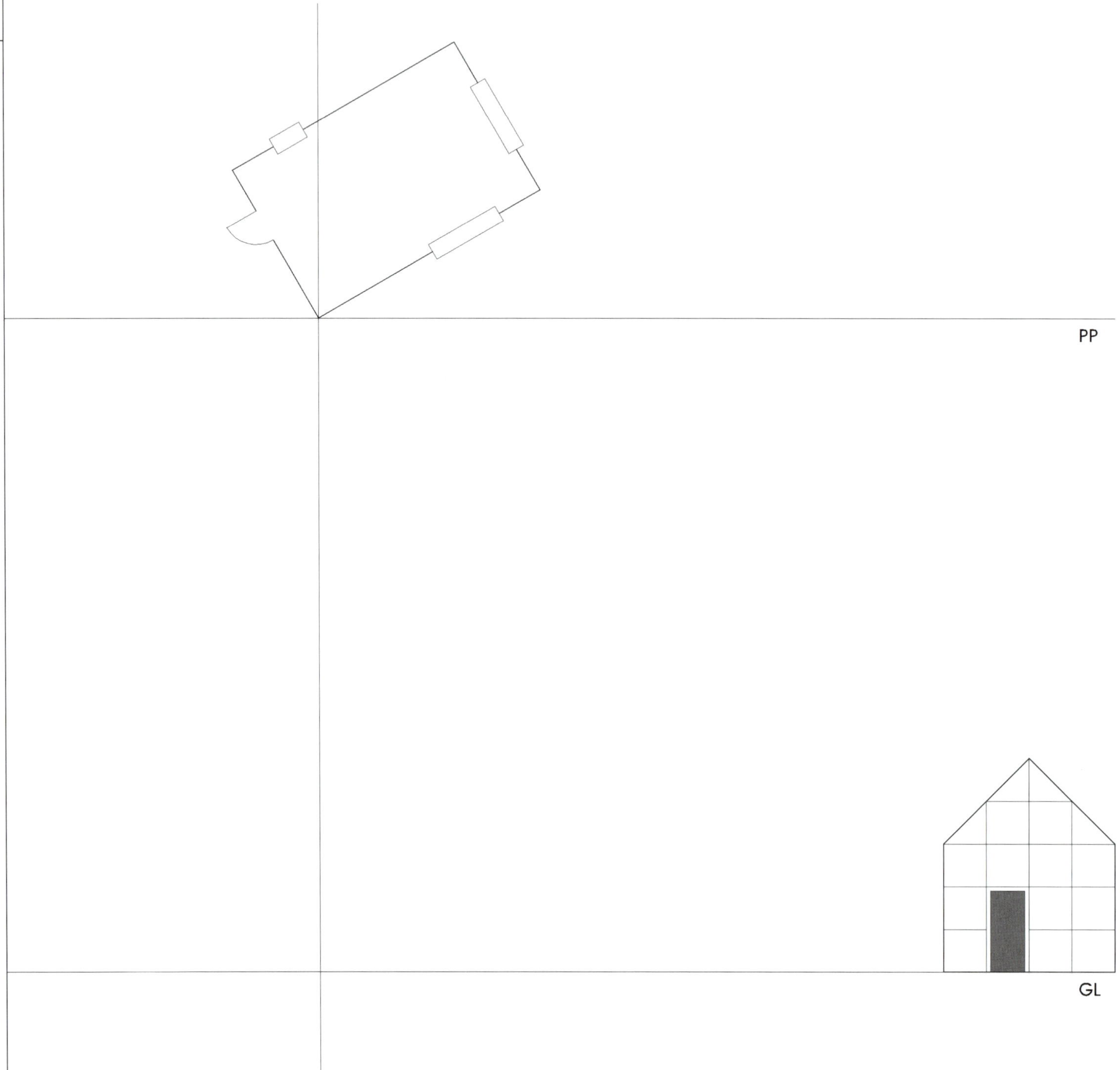

2소점 투사법 작성 연습	2015. . .	20150000	홍 길 동

04 2소점 투사법 작성 연습 2

■ 예시도면

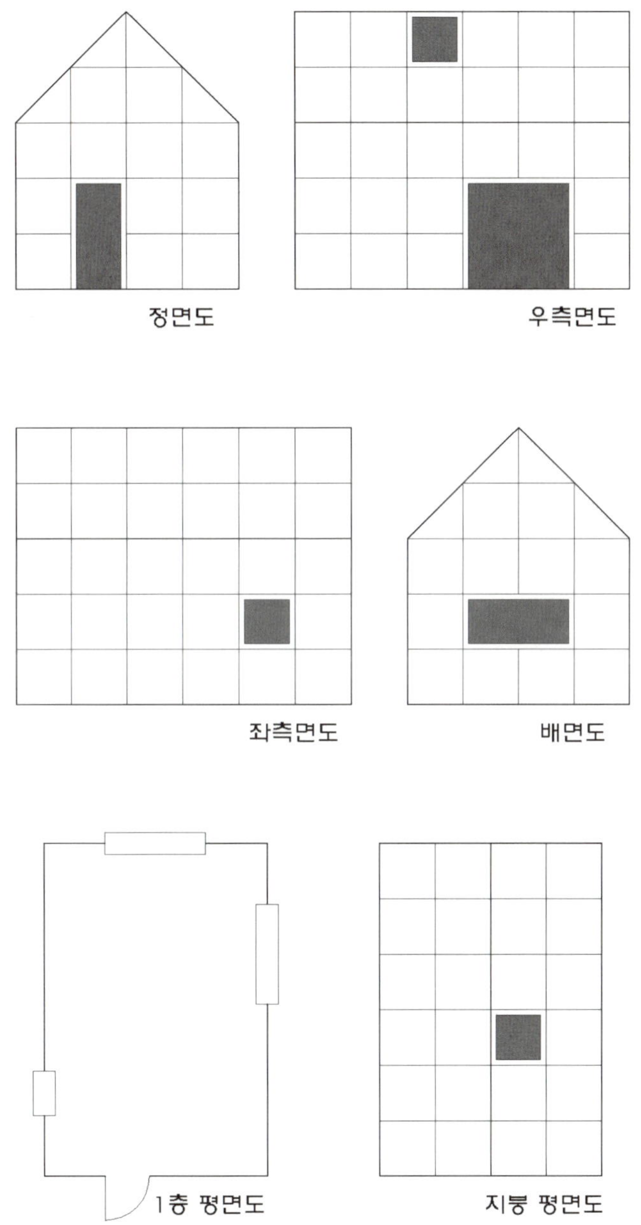

GL

2소점 측점법 작성 연습	2015. . .	20150000	홍 길 동

06 CHAPTER

도면 작성 연습 -기타

1. 계단 작성

01 계단의 이해

공간 연결하기

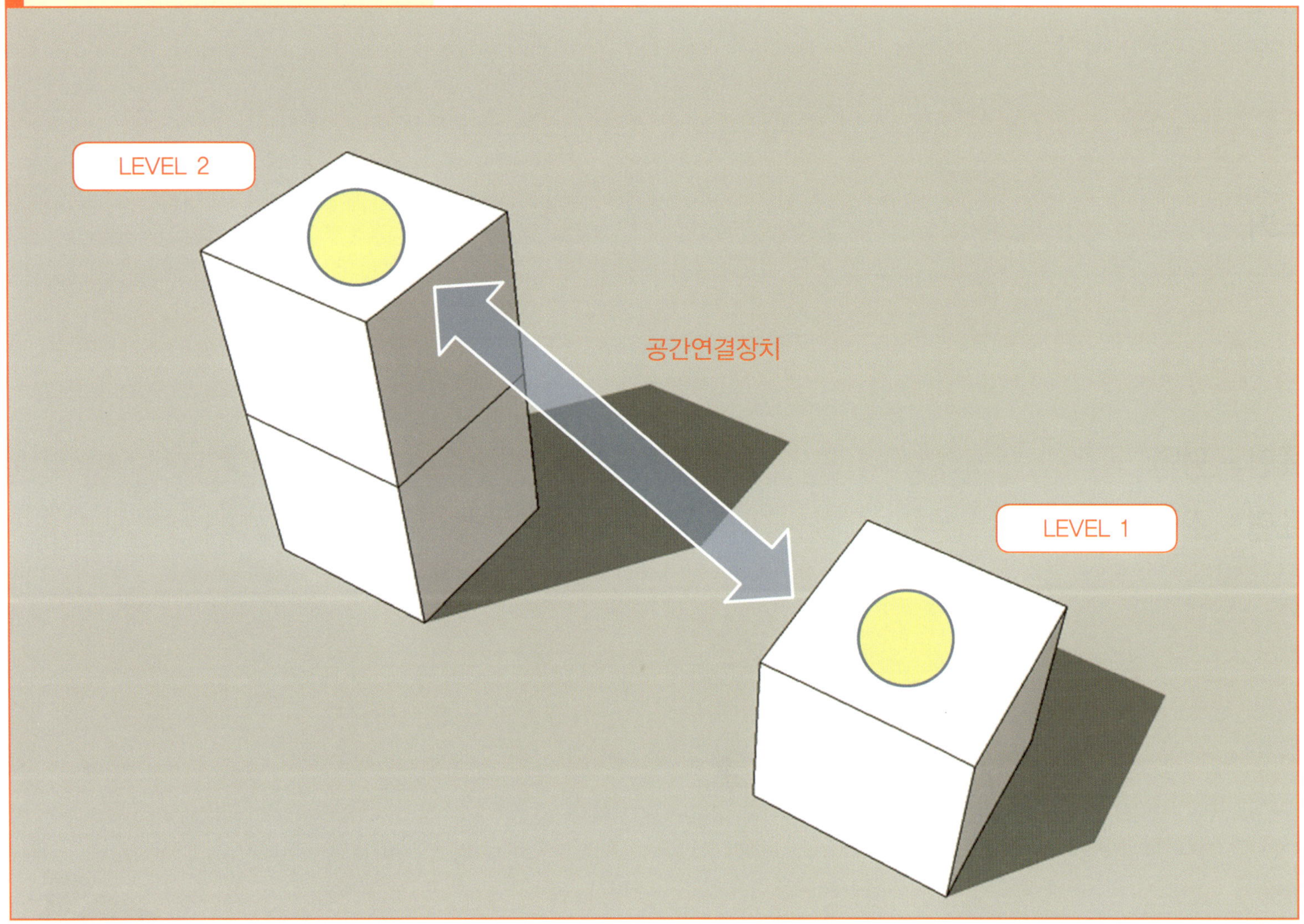

* 계단은 서로 다른 위치의 공간을 연결시켜주는 장치에 해당하는 건축요소이다.

① 계단(stair) ② 경사로(Ramp) ③ Elevator
④ Escalator ⑤ 사다리(Ladder) ⑥ Pole

계단 – 계단(Stair)을 이용한 공간 연결 유형

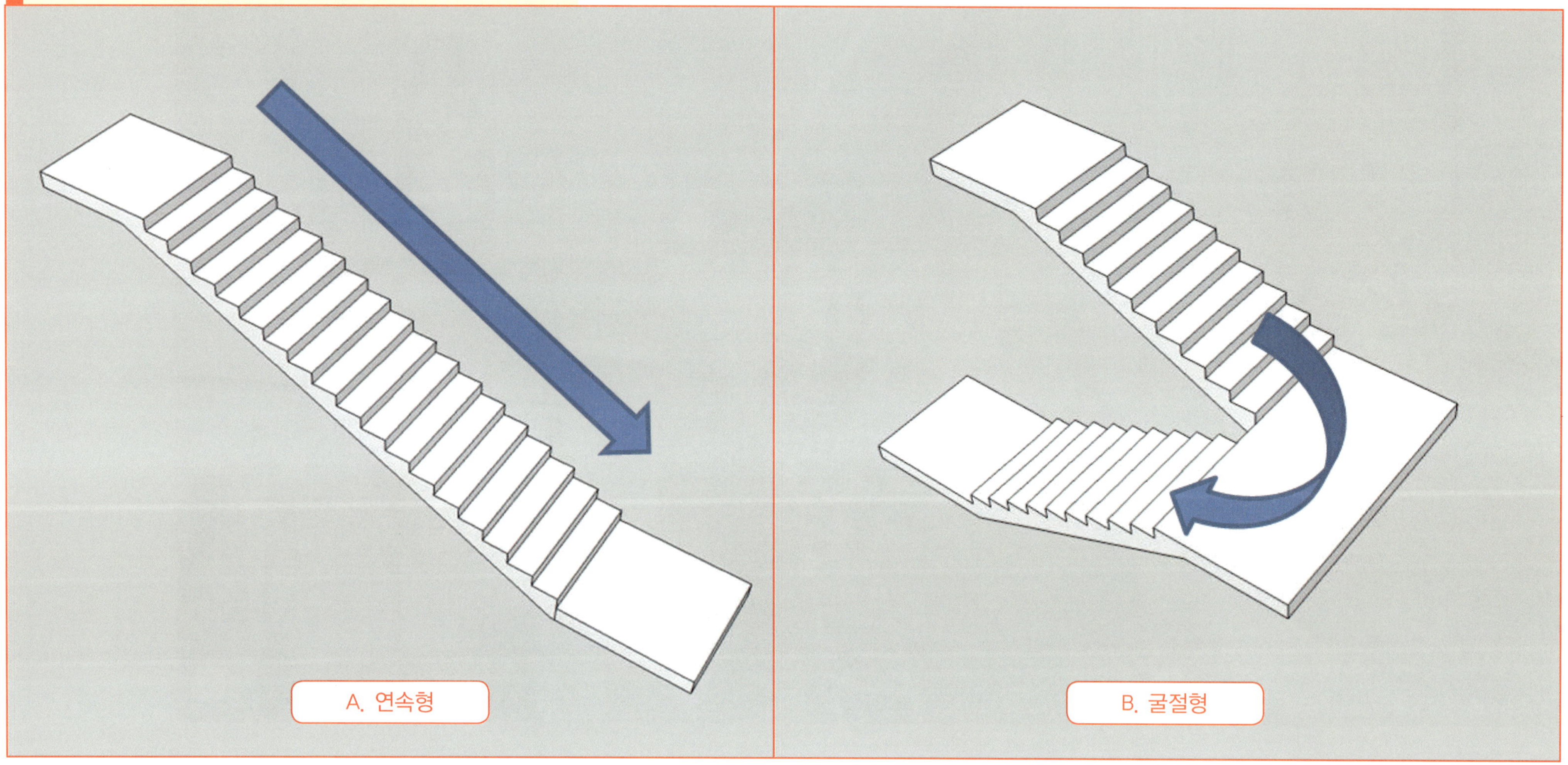

계단(Stair)의 유형

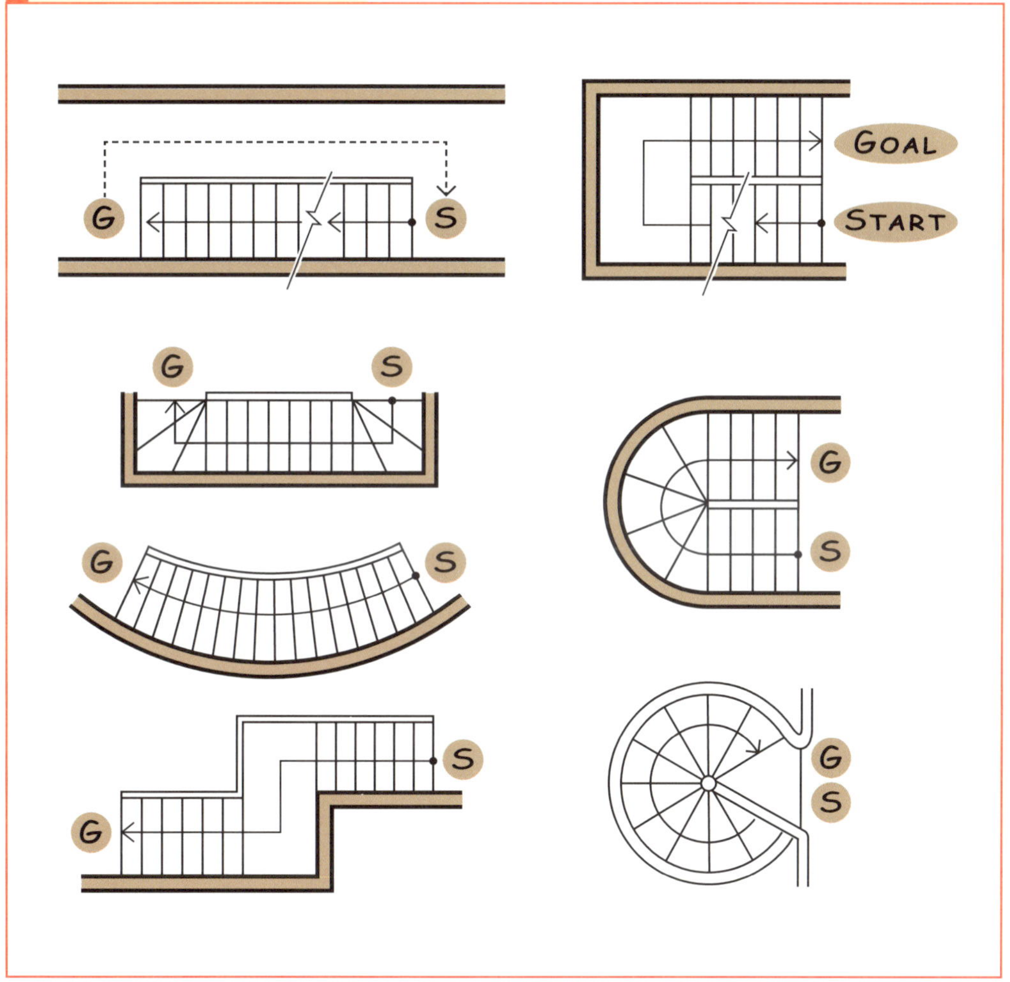

계단(Stair)의 배치계획

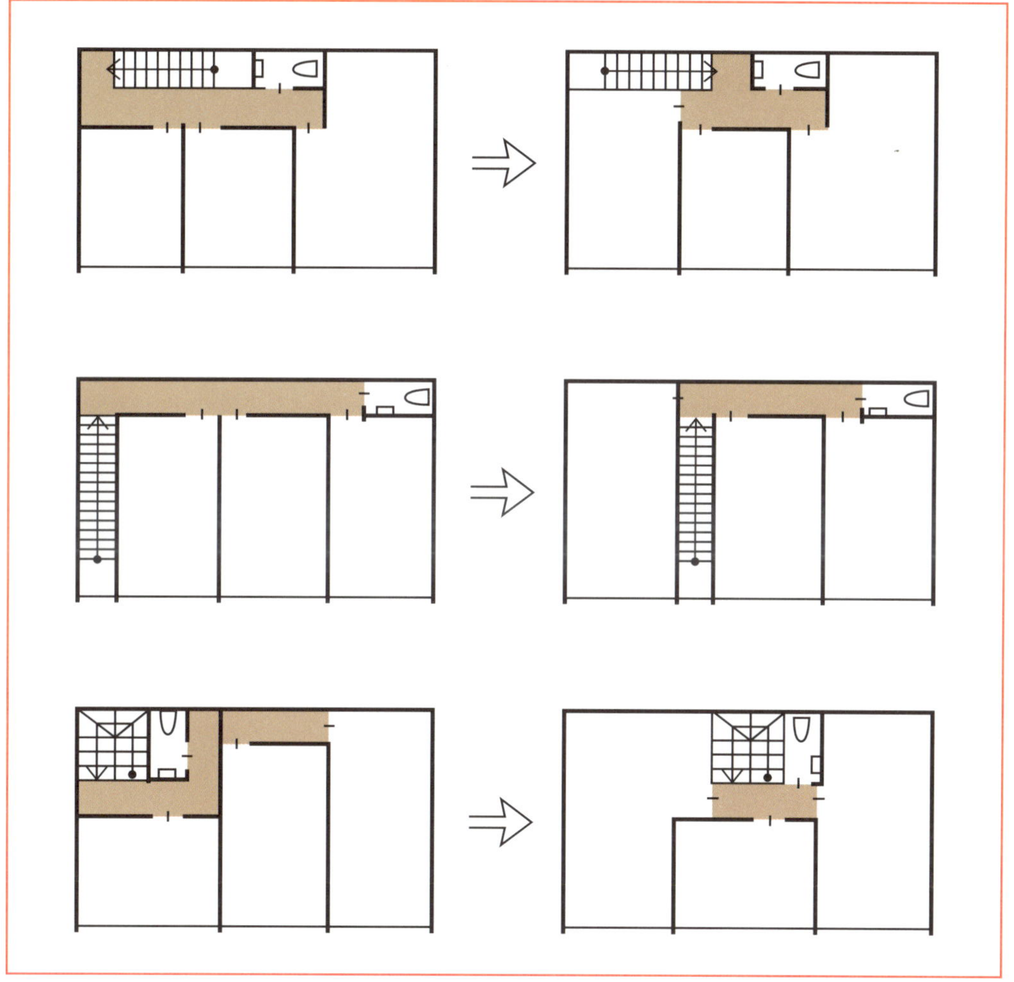

* 참고문헌 : 주거해부도감(더숲)

계단(Stair)의 중앙배치 예

① Schroder House / Gerrit Rietveld

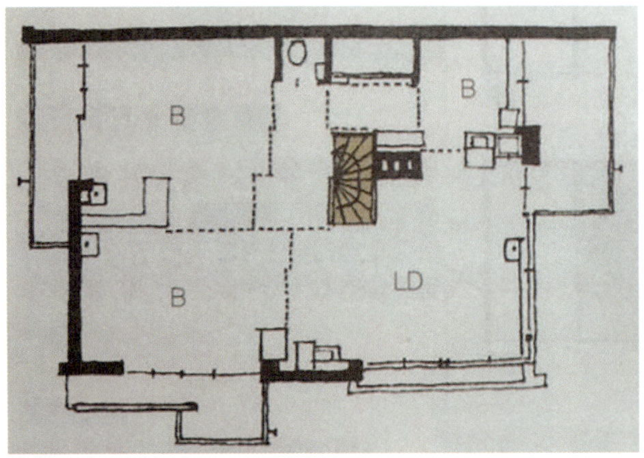

슈뢰더 저택(1924)

네덜란드 건축가이자 가구 디자이너 헤릿 리트벨트Gerrit Thomas Rietveld, 창호만으로 공간이 구분된 원룸 공간.

2층 평면도(S=1:200)

② Casa Riva San Vitale / Mario Botta

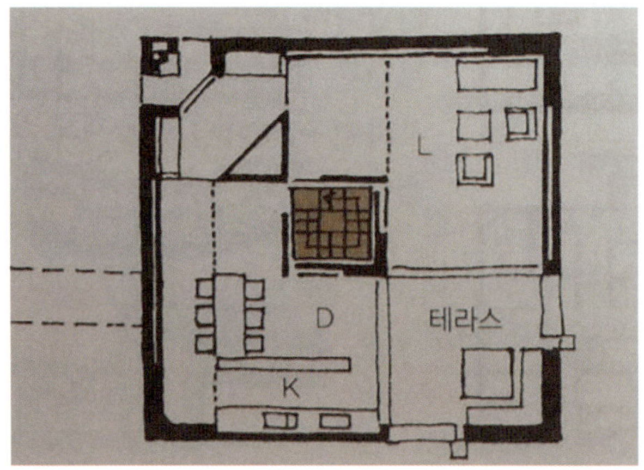

리바 산 비탈레 주택(1973)

스위스 출신 건축계의 거장 마리오 보타 Mario Botta, 그의 초기 작품으로, 주변의 호수와 완벽한 조화를 이루는 건물을 완성함.

1층 평면도(S=1:300)

③ Margaret Esherick House / Louis Kahn

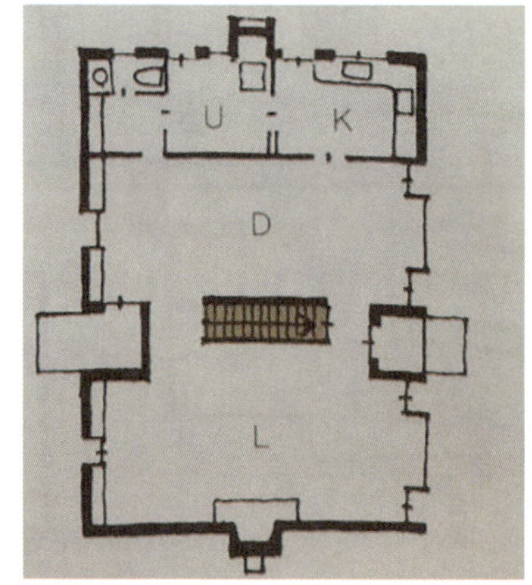

마거릿 에슈릭 저택(1961)

20세기 후반 세계 건축계를 뒤흔든 루이스 칸 Louis Isadore Kahn, 평면뿐만 아니라 단면과 입면도 계단을 중심으로 디자인되어 있음.

* 참고문헌 : 주거해부도감(더숲)

계단(Stair)의 구성 요소

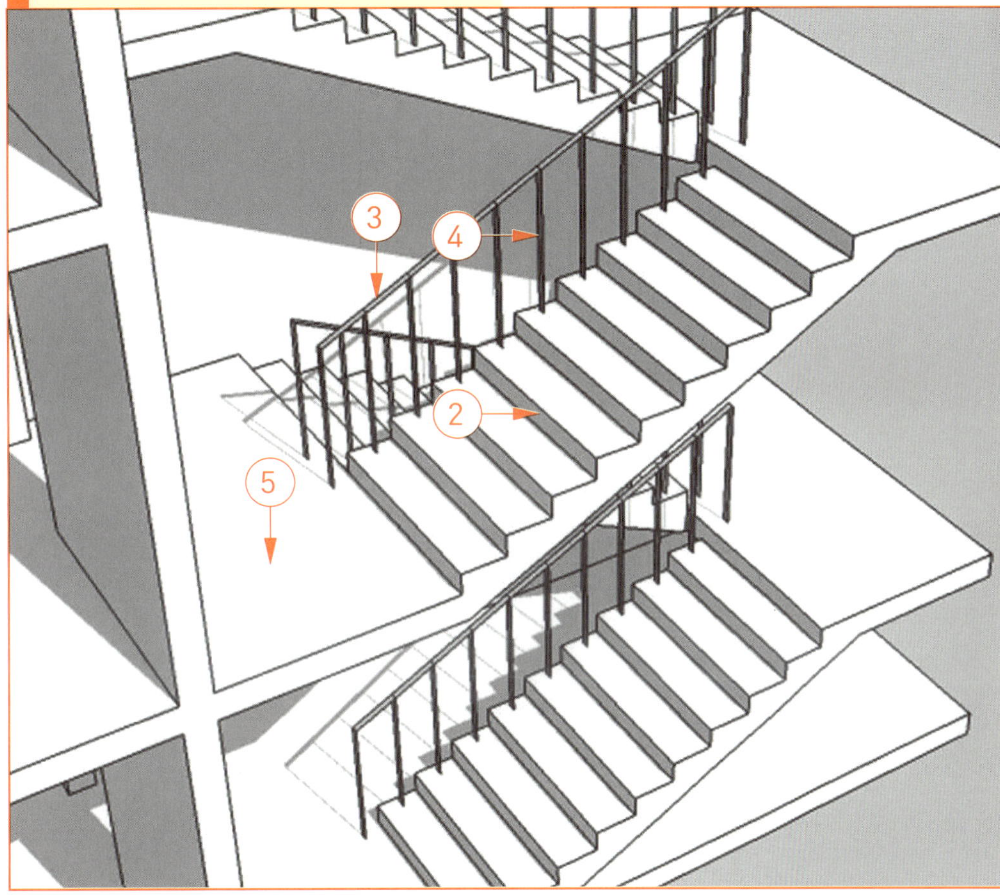

① 디딤판(Tread)
② 경사로(Riser)
③ 난간(Handrail)
④ 난간동자(Baluster)
⑤ 참(Landing)
⑥ 중간참(Middle L.)

계단(Stair)의 주요 치수

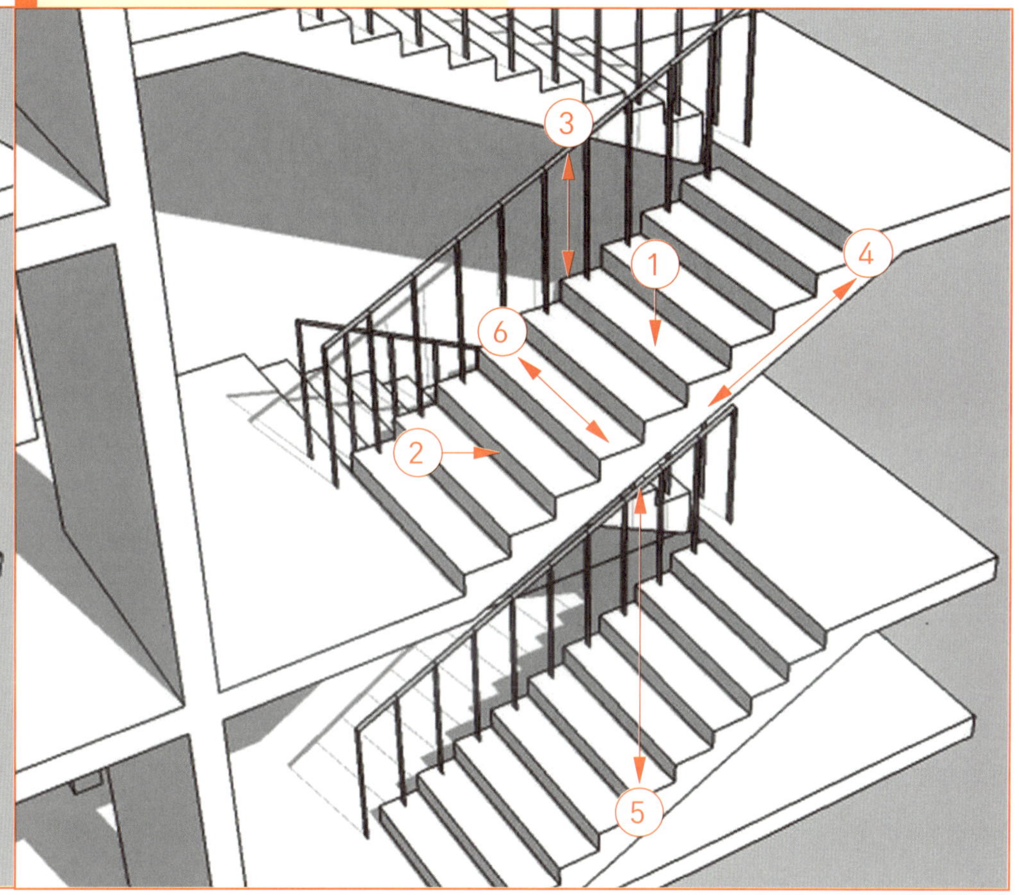

① 단폭
② 단높이
③ 난간높이
④ 계단 판의 두께
⑤ 유효 높이
⑥ 유효 폭

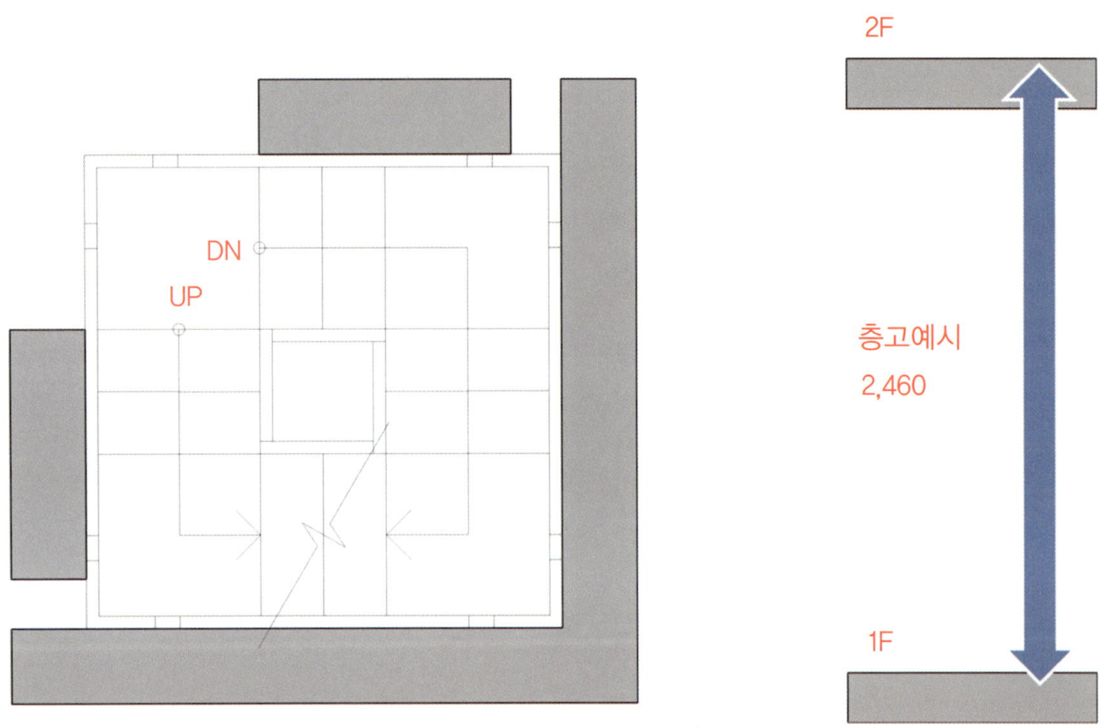

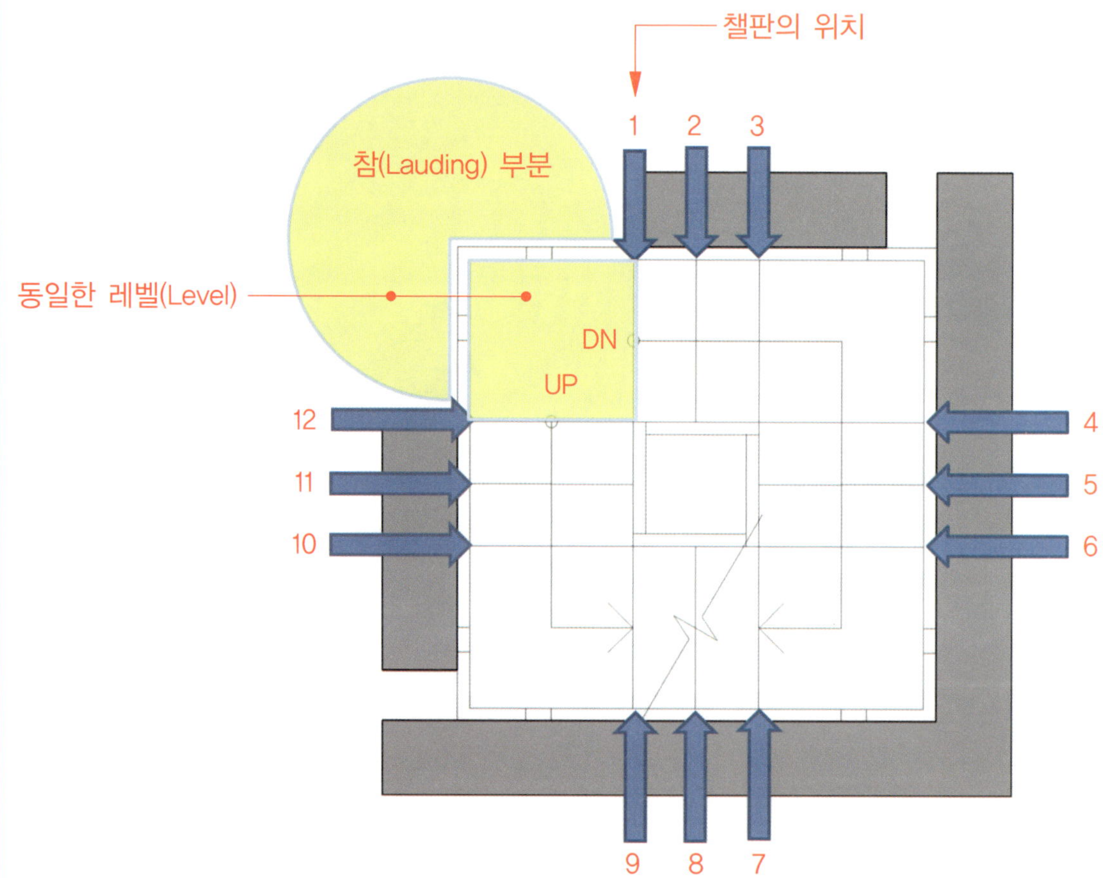

* Mario Botta의 Riva San Vitale를 예시로 했음

■ 'ㅁ'자형 계단을 'ㅣ'자형으로 펼쳤을 경우

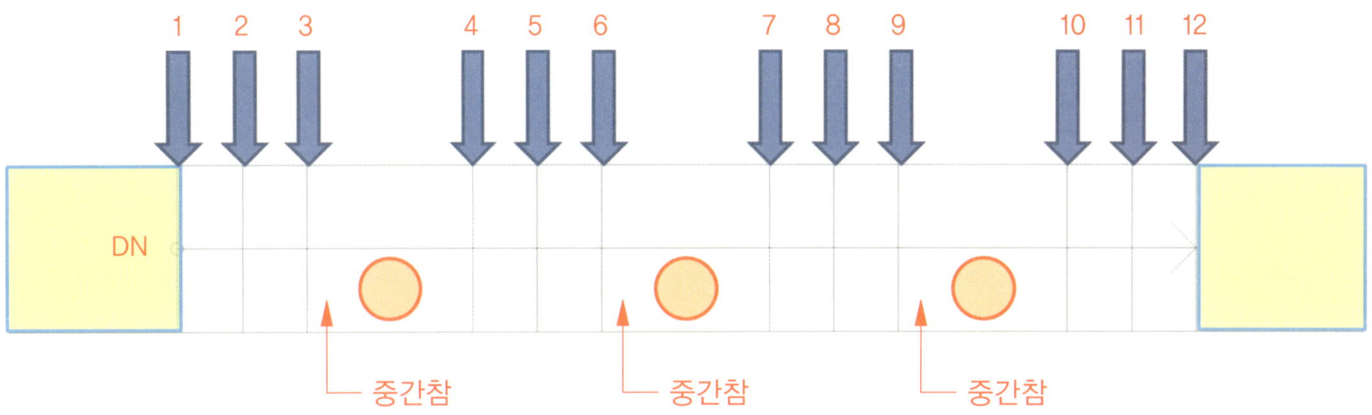

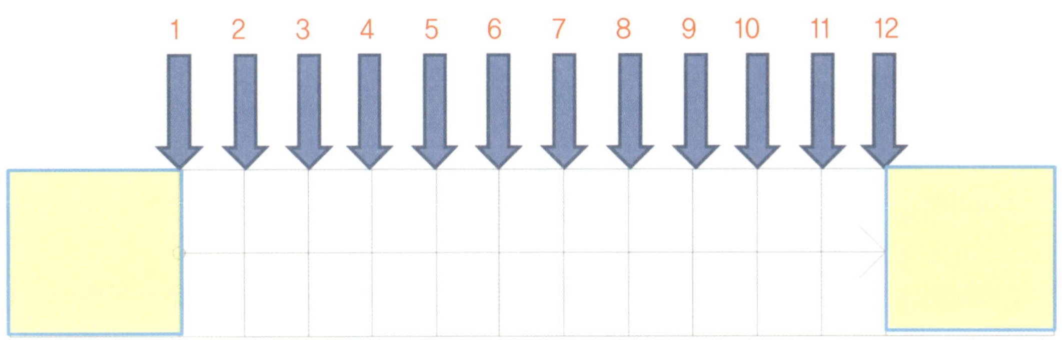

* 중간참을 삭제했을 경우

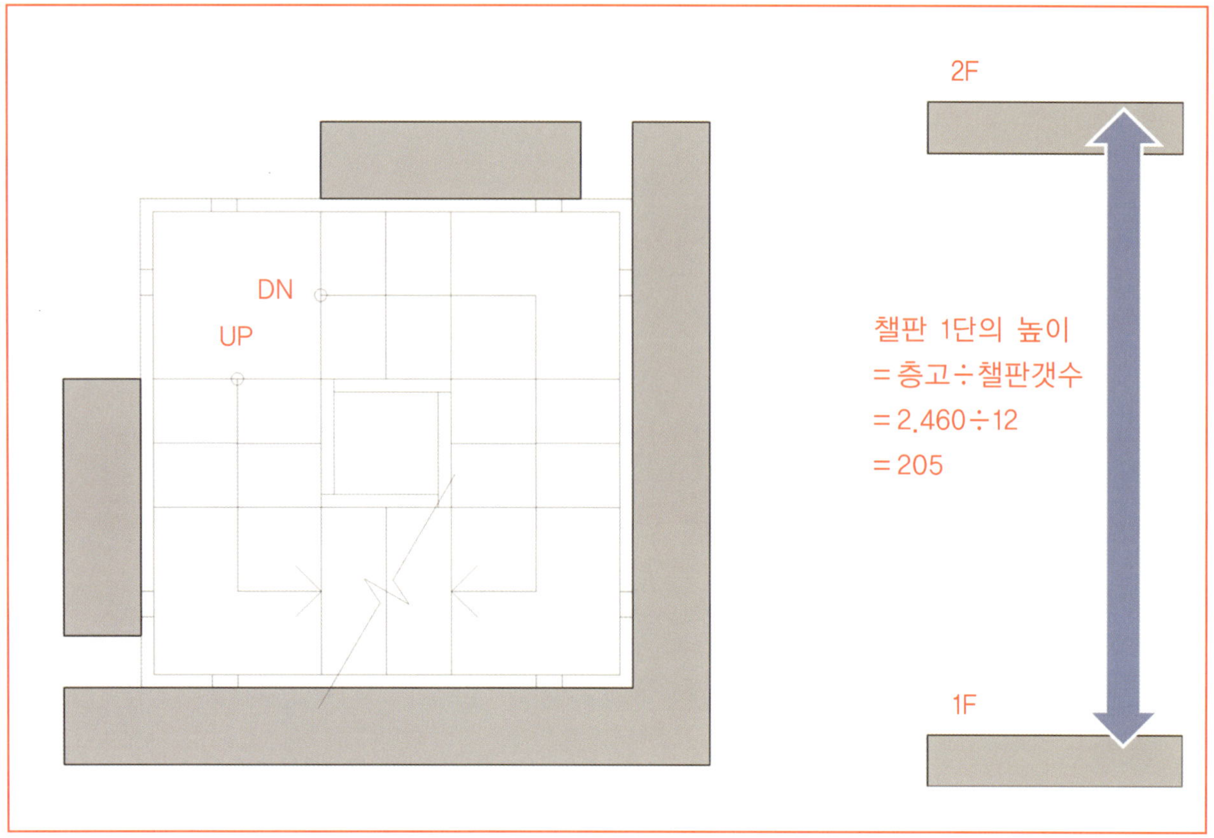
2F
DN
UP
챌판 1단의 높이
= 층고÷챌판갯수
= 2,460÷12
= 205
1F

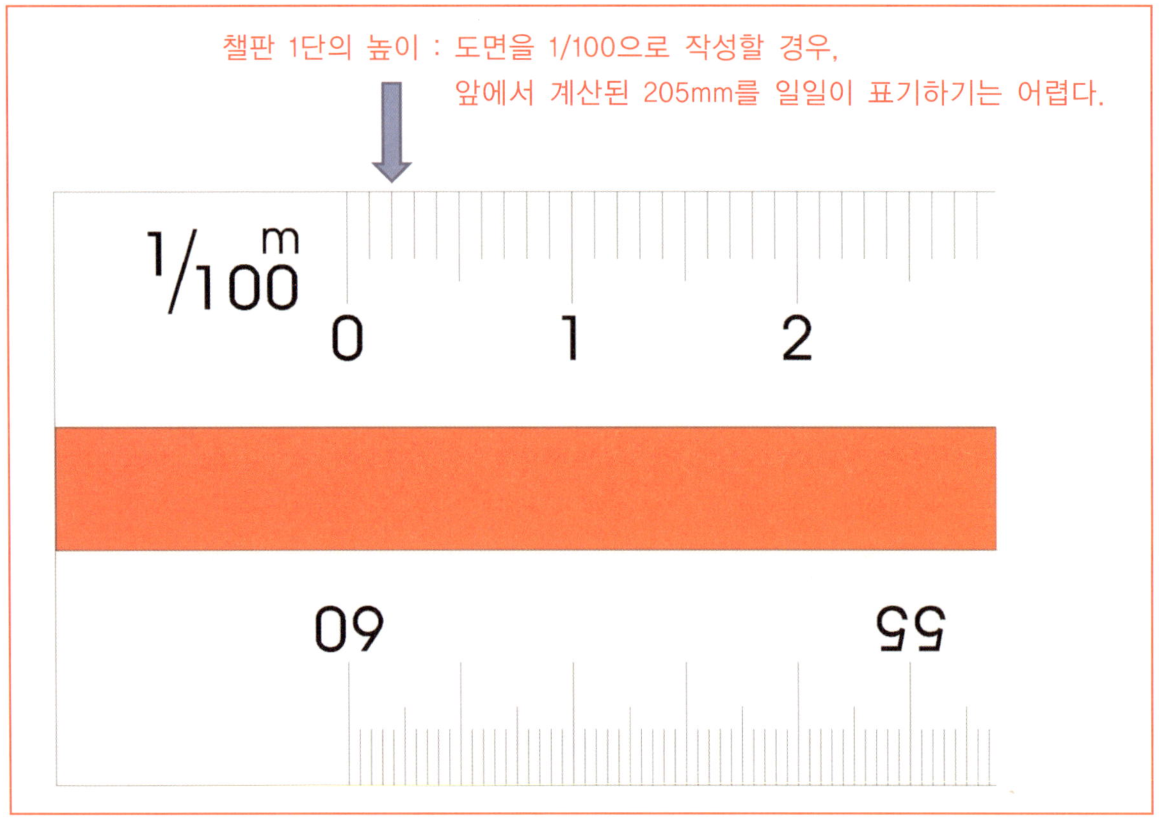
챌판 1단의 높이 : 도면을 1/100으로 작성할 경우,
앞에서 계산된 205mm를 일일이 표기하기는 어렵다.
1/100 m
0
1
2
60
55

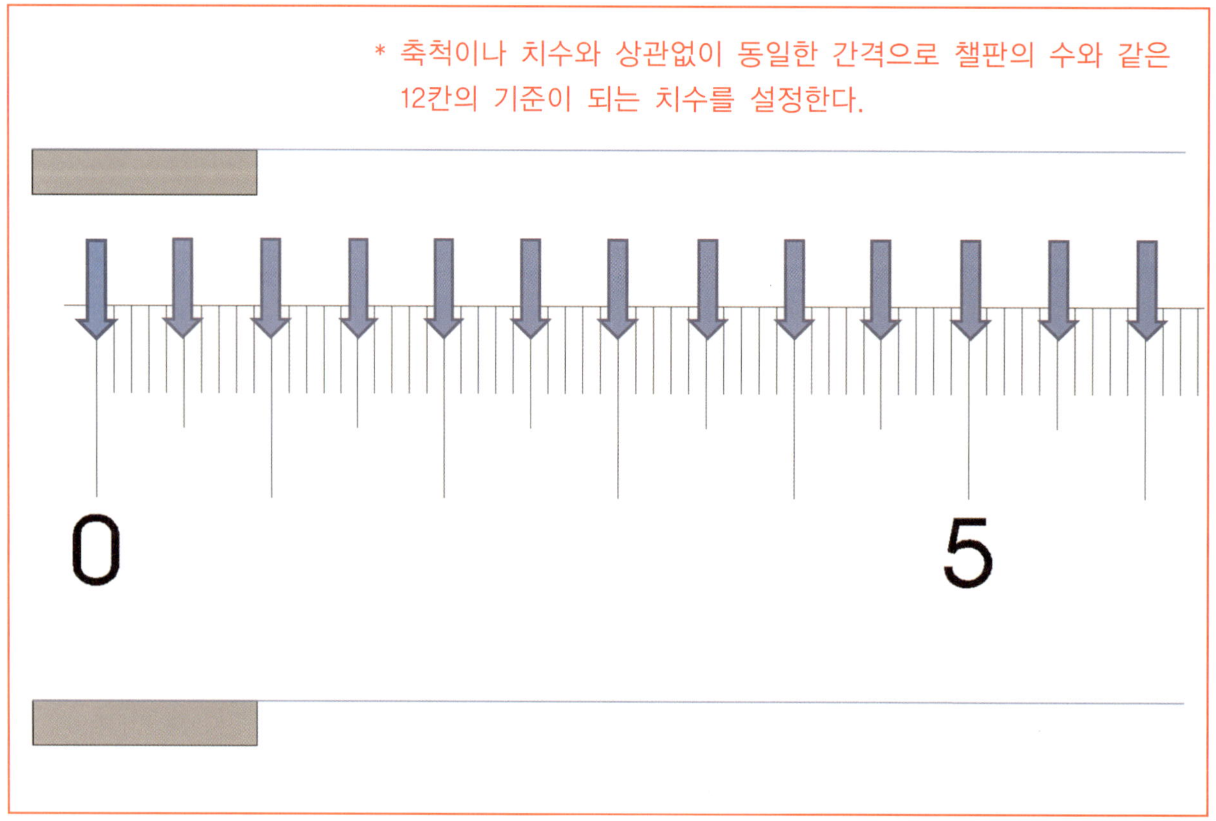
* 축척이나 치수와 상관없이 동일한 간격으로 챌판의 수와 같은
12칸의 기준이 되는 치수를 설정한다.
0
5

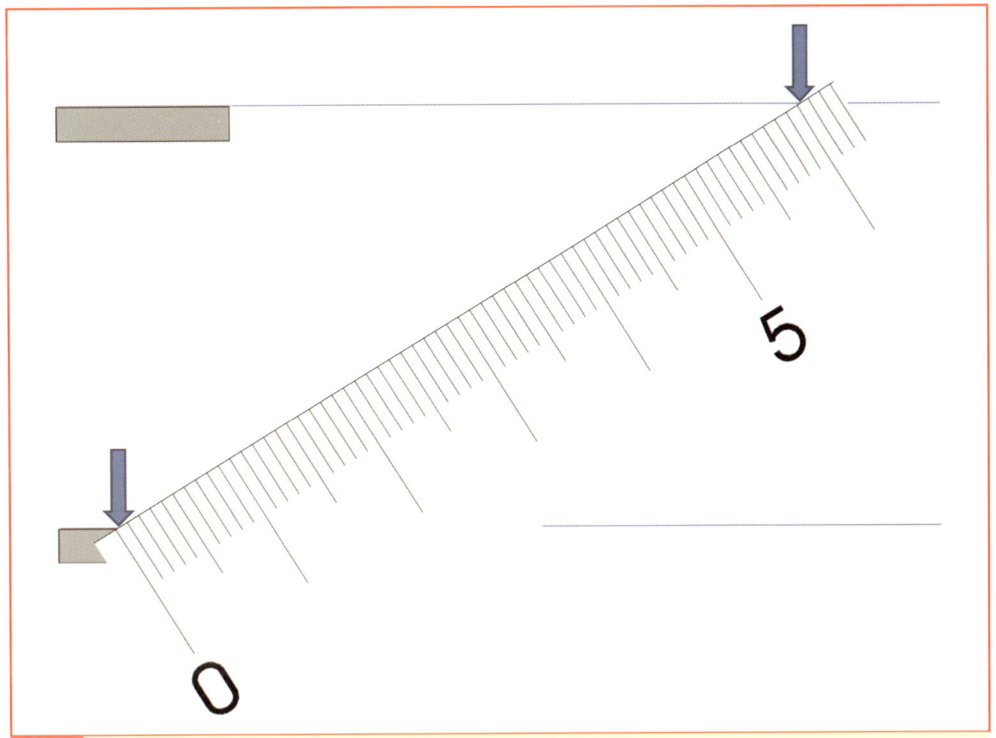

1 층고 해당선에 눈금자 위치 정렬

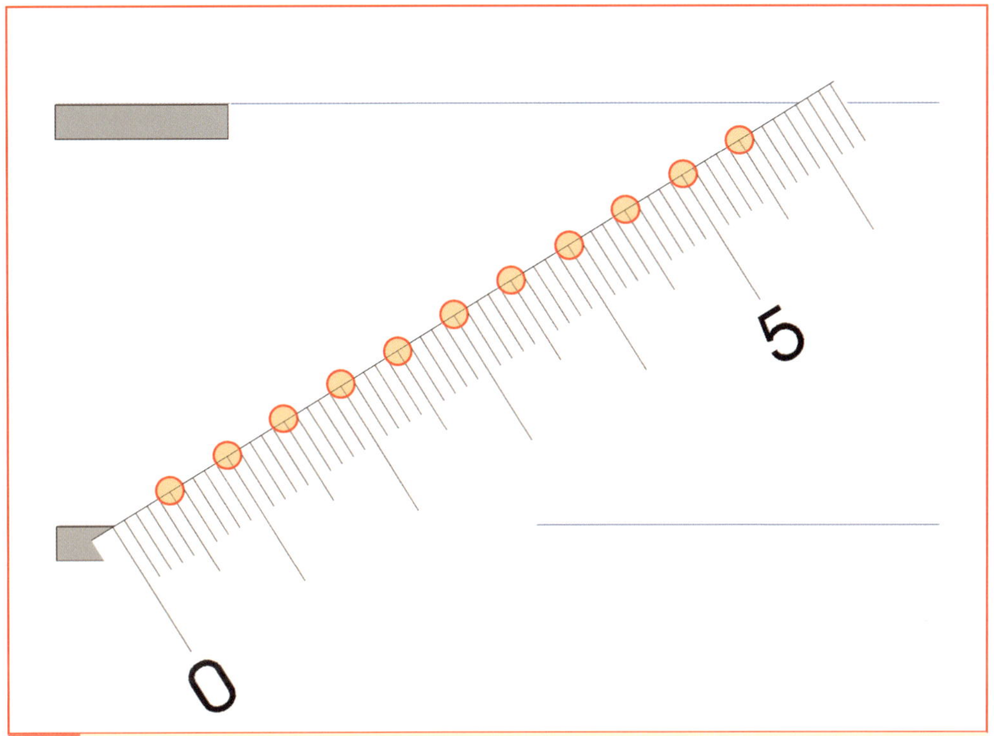

2 12칸 해당 눈금 위치 표시

3 각 눈금에서 수평선 작성

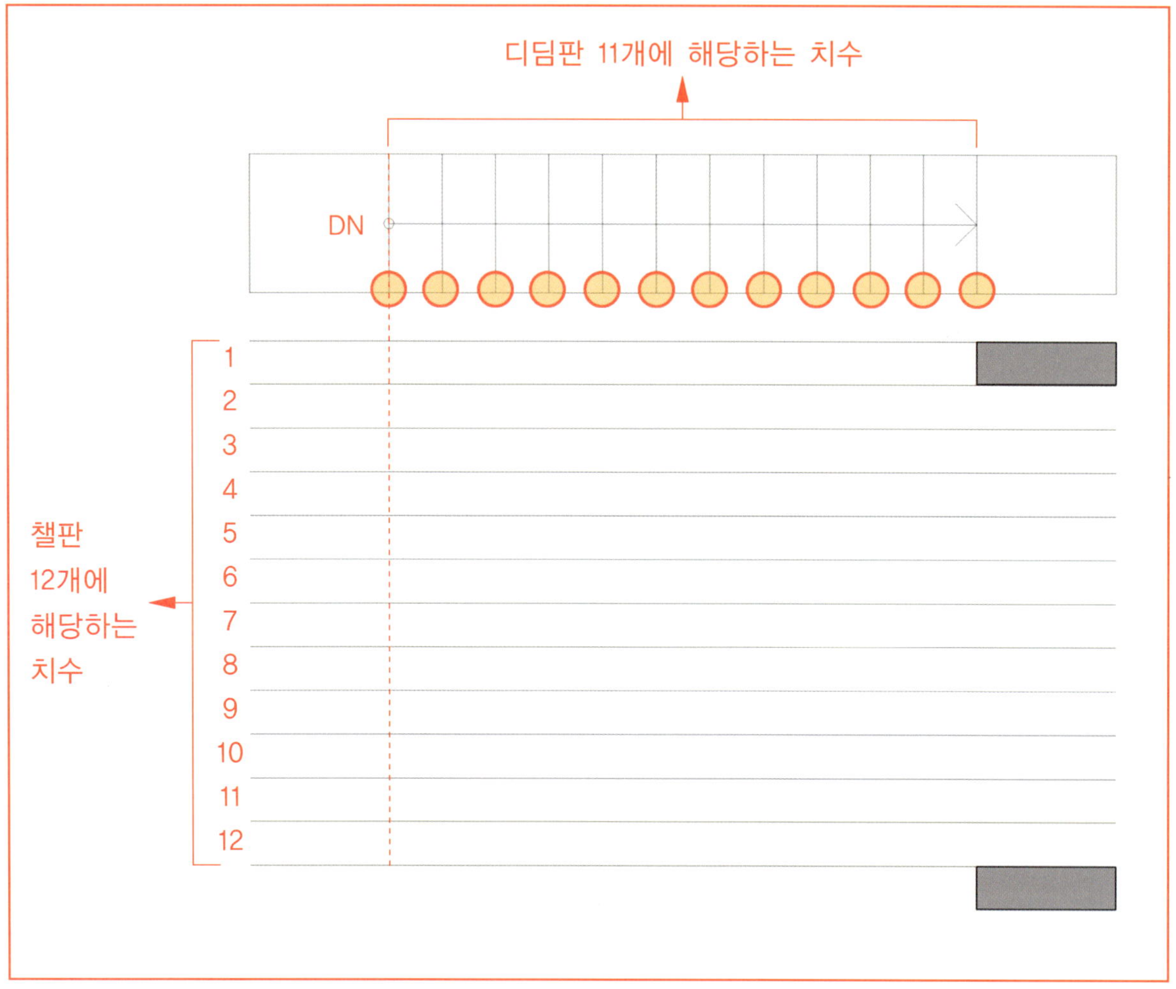
디딤판 11개에 해당하는 치수
DN
1
2
3
4
5
6
7
8
9
10
11
12
챌판
12개에
해당하는
치수

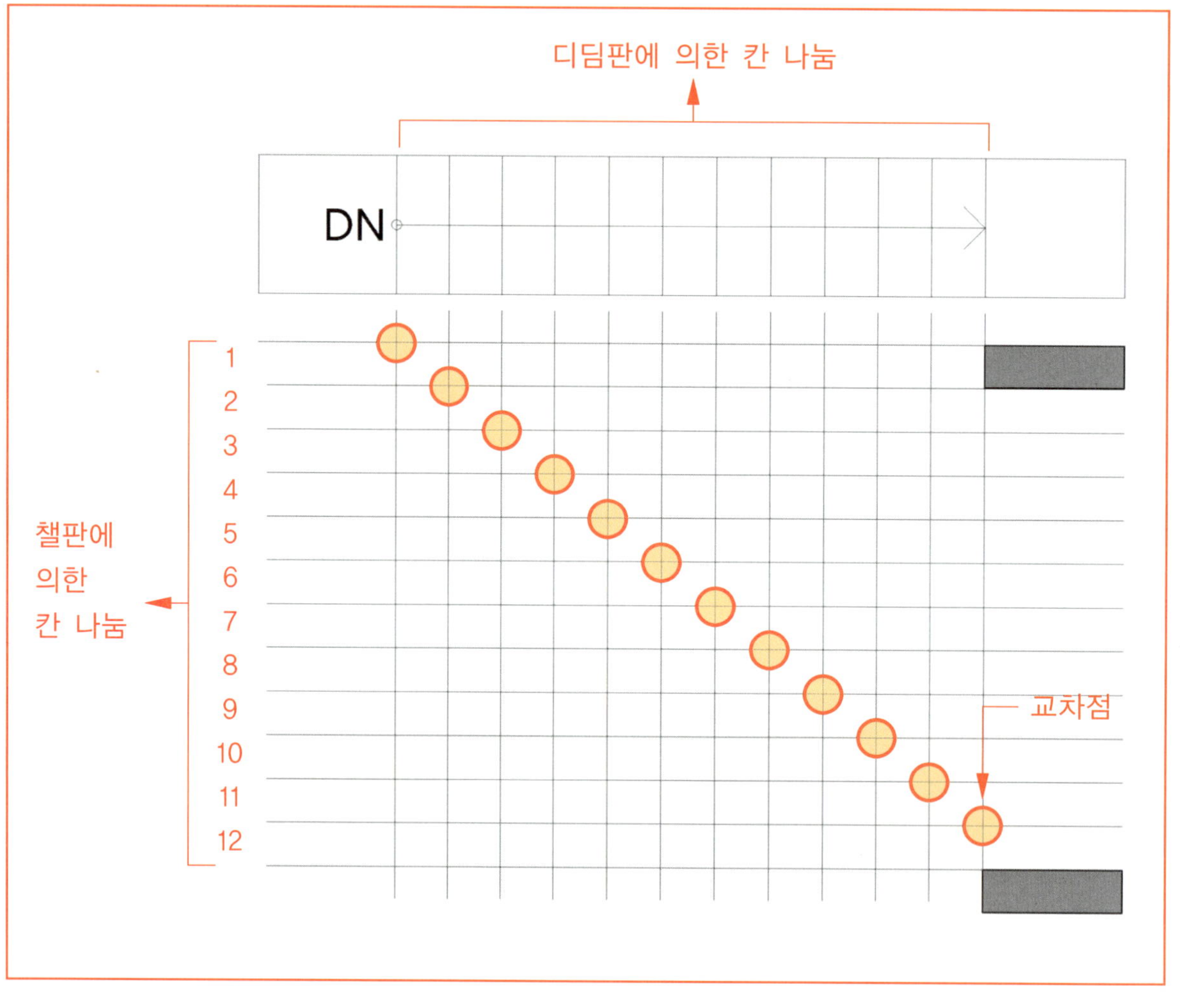
디딤판에 의한 칸 나눔
DN
1
2
3
4
5
6
7
8
9
10
11
12
챌판에
의한
칸 나눔
교차점

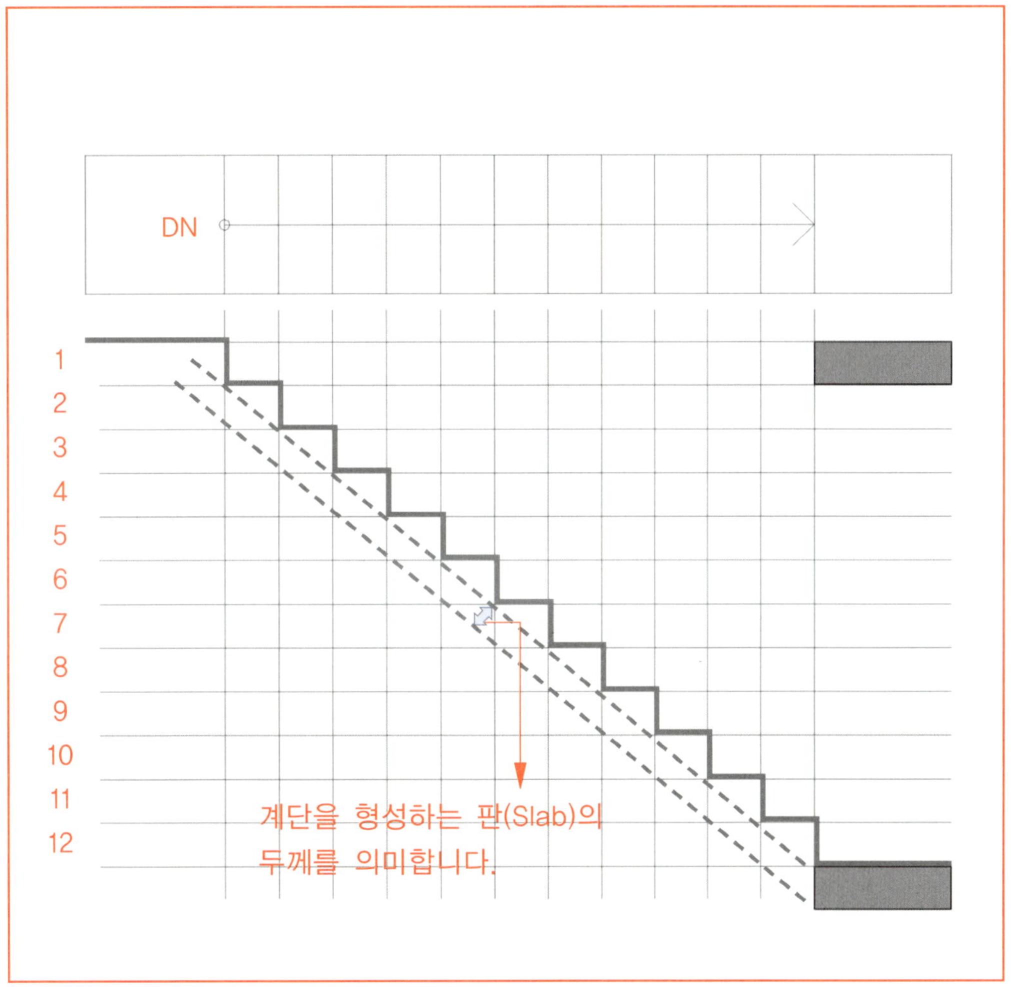
DN
1
2
3
4
5
6
7
8
9
10
11
12
계단을 형성하는 판(Slab)의
두께를 의미합니다.

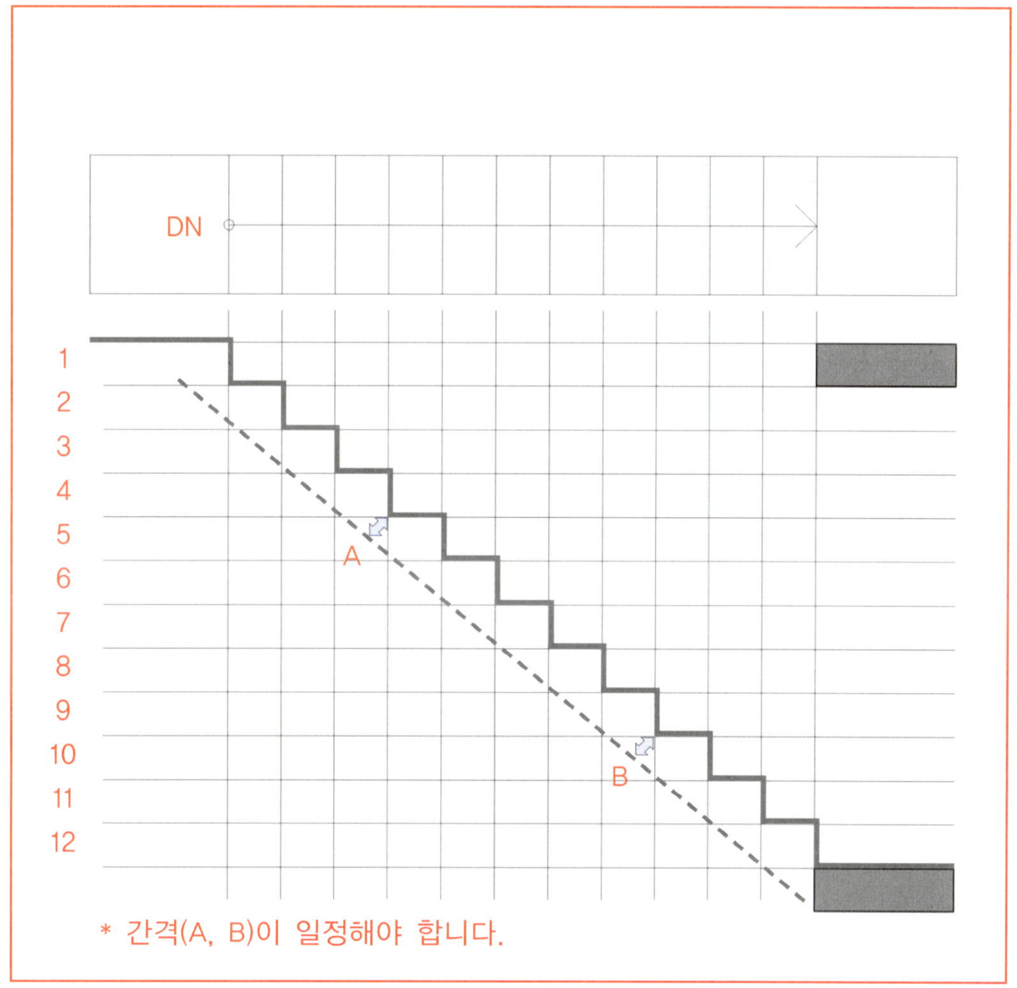
DN
1
2
3
4
5
6
7
8
9
10
11
12
A
B
* 간격(A, B)이 일정해야 합니다.

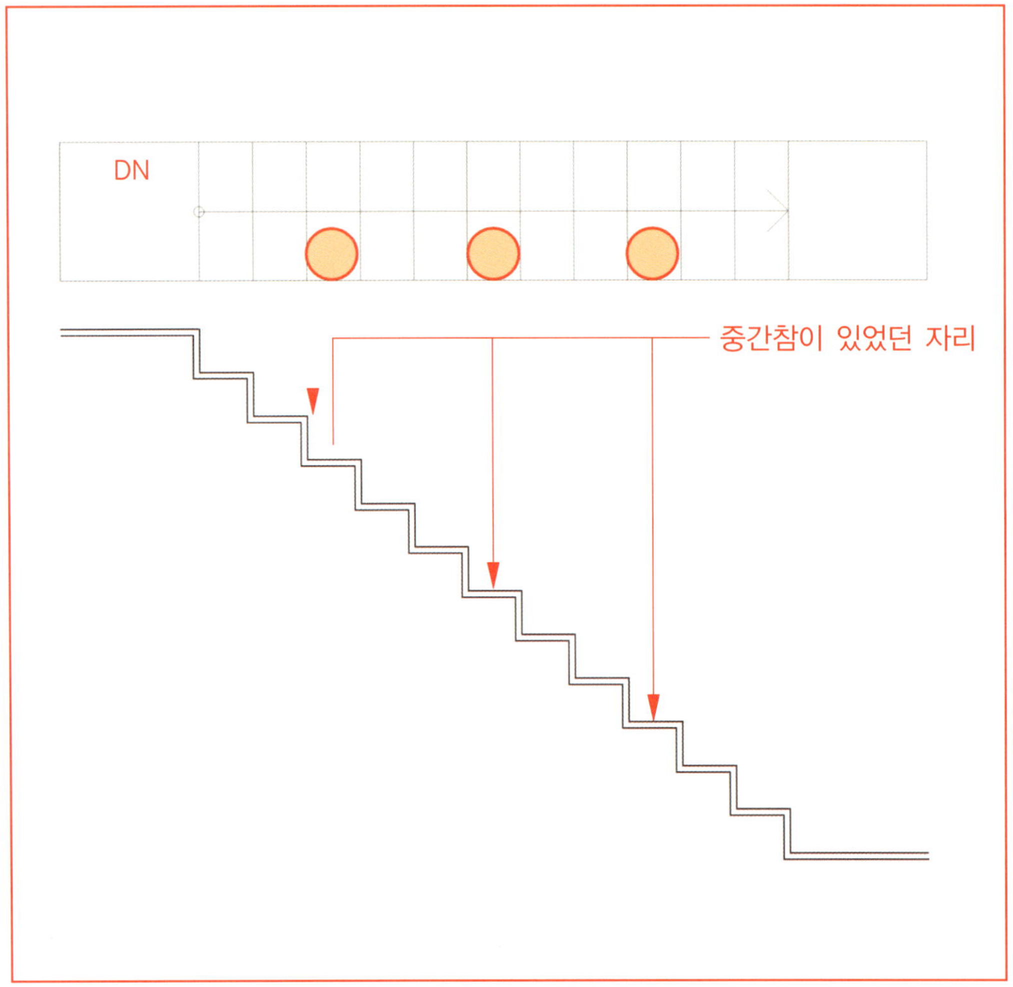

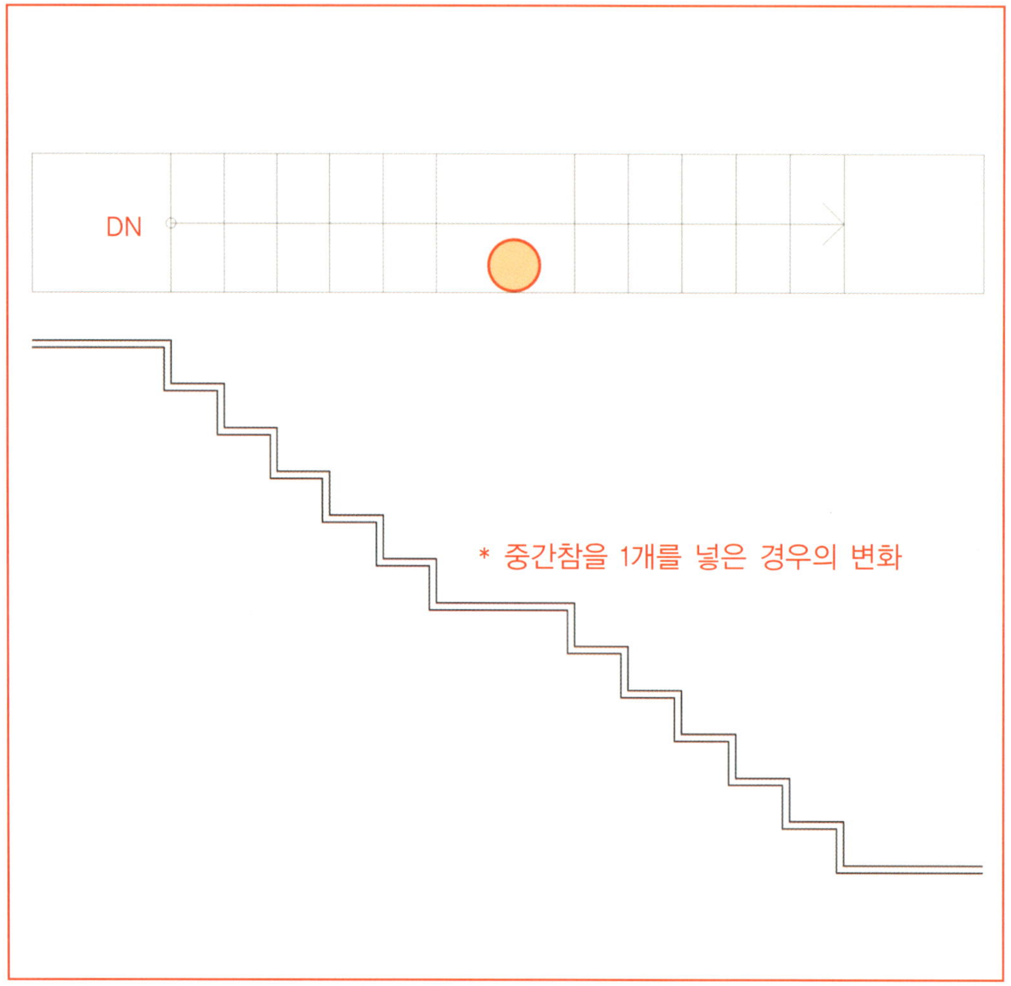

* 사례 Project의 특성상 계단 판(Slab)는 일반적인 형태와 차이가 있음.

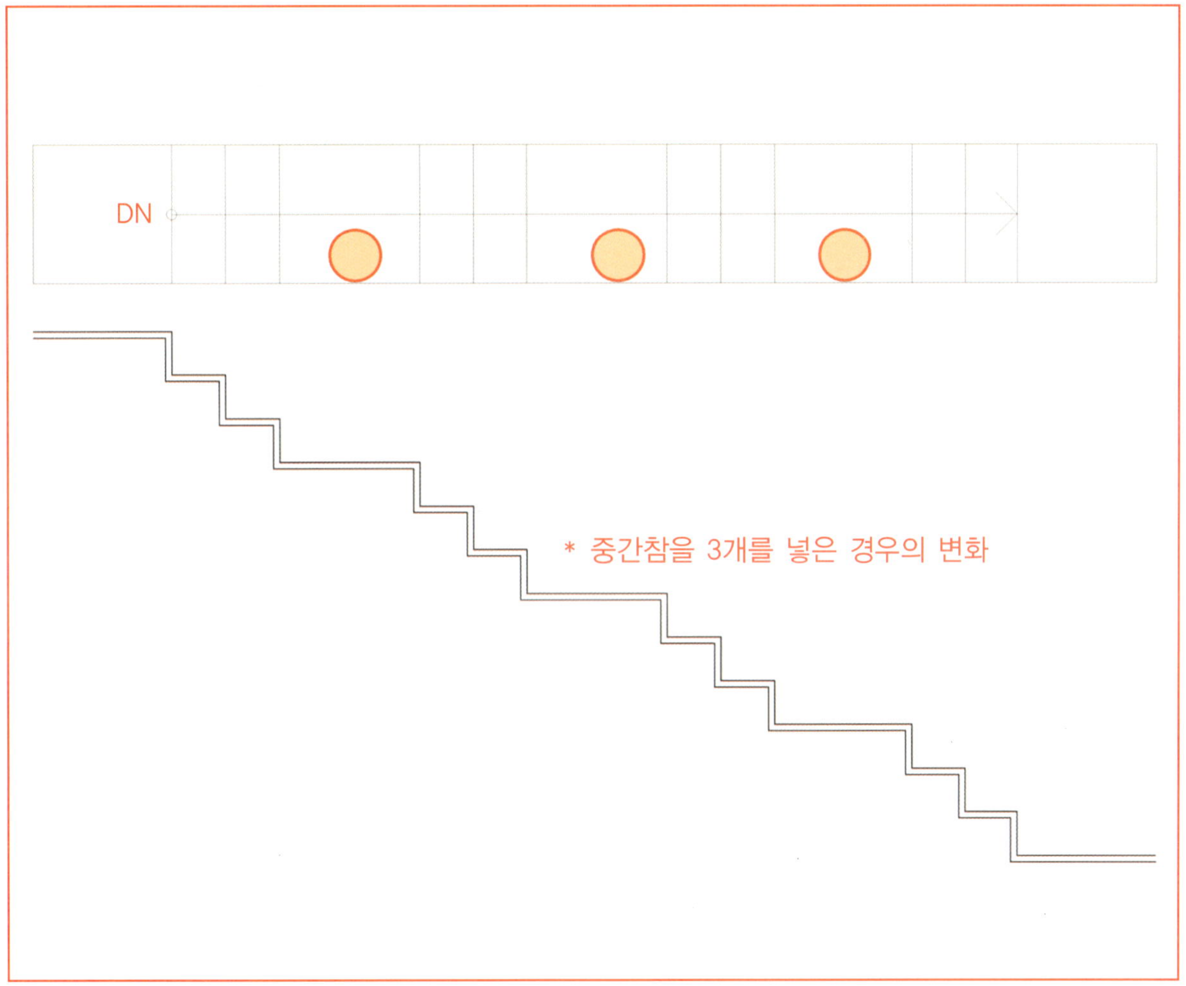

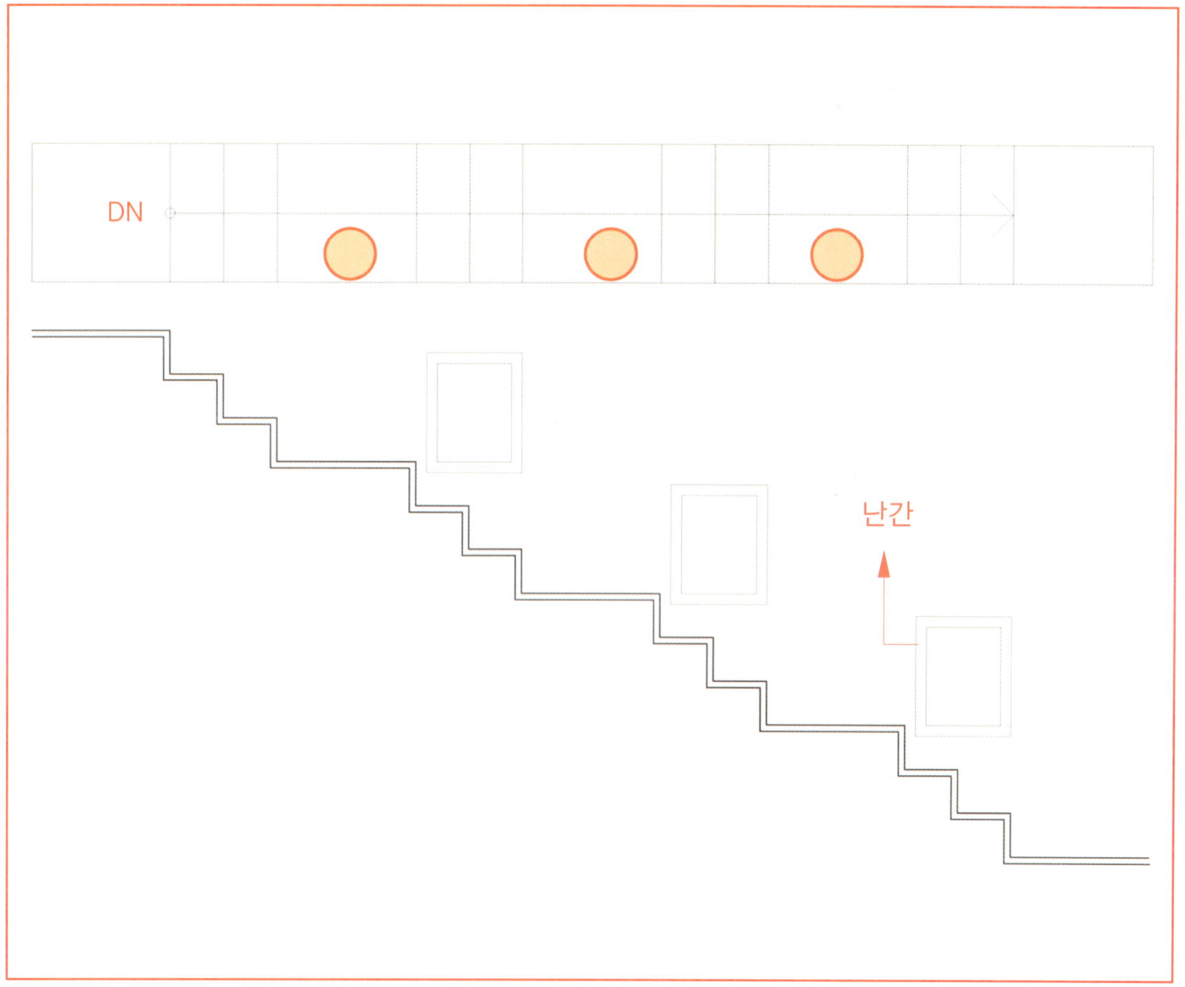

* 사례 Project의 특성상 난간 표현이는 일반적인 형태와 차이가 있음.

측면에서 바라본 모습

상부에서 내려다본 모습

하부에서 올려다본 모습

계단 계획 실습

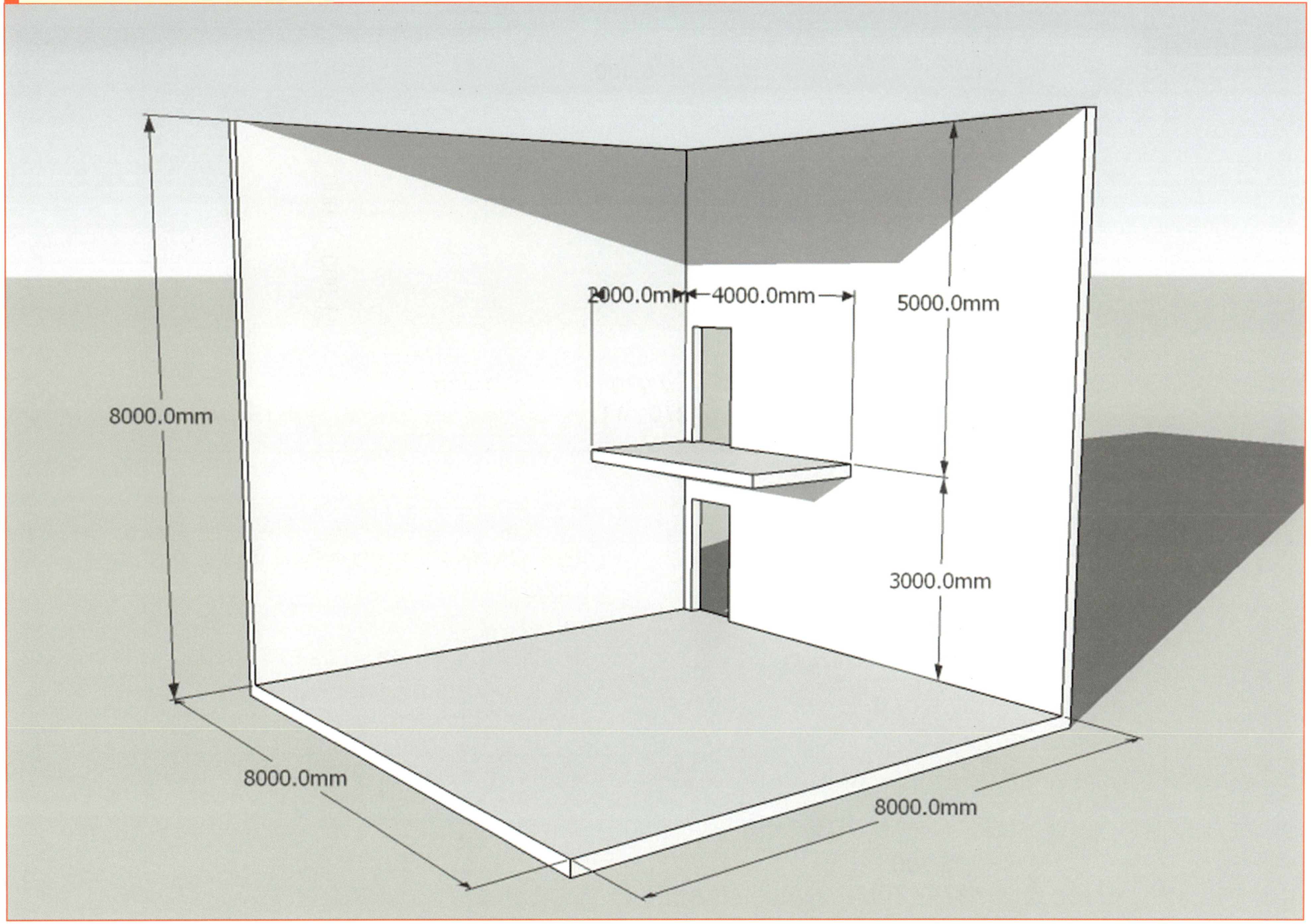

■ 참고 : 챌판이 24개, 디딤판이 22개로 계획된 계단의 경우

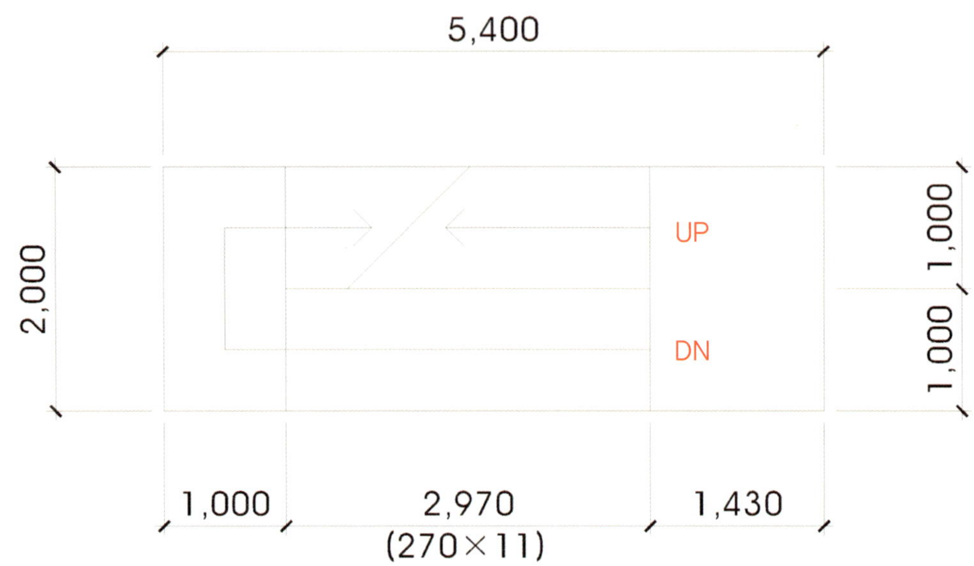

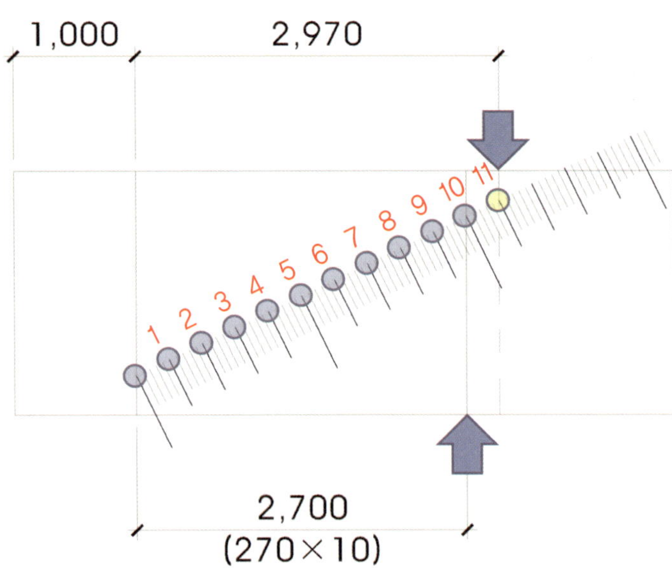

* 디딤판 1단의 깊이가 270mm인 계단에서 11개의 디딤판을 두어야 하는 경우
* 측정하기 쉬운 10개에 해당하는 치수(2700mm)를 설정하고 10칸으로 나눌 수 있는 간격을 대입
* 앞의 간격을 유지하고 11번째의 칸을 찾게되면 동일한 간격의 11칸을 작성할 수 있음

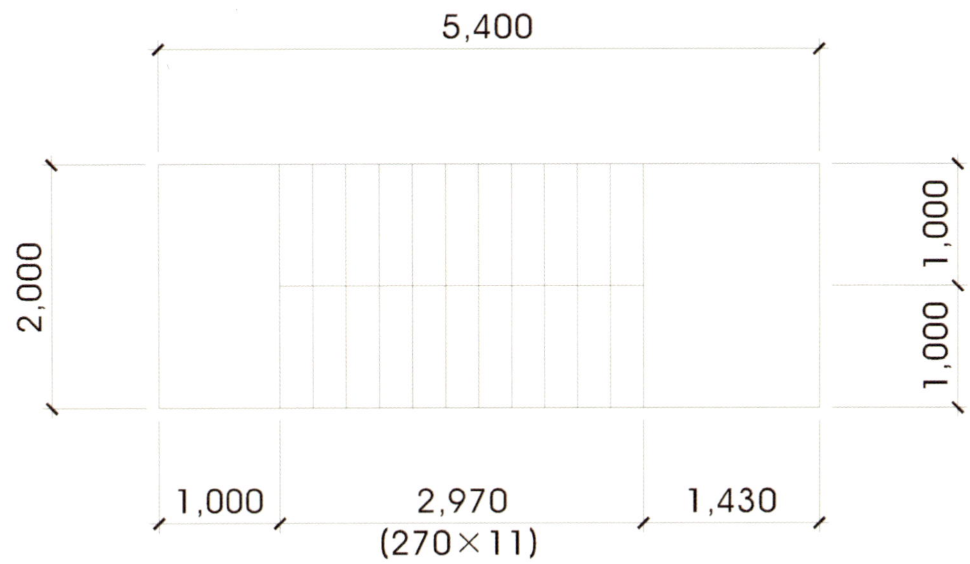

계단 계획 실습

* 일반적인 계단의 평면 표시방법

02 계단 작성 실습

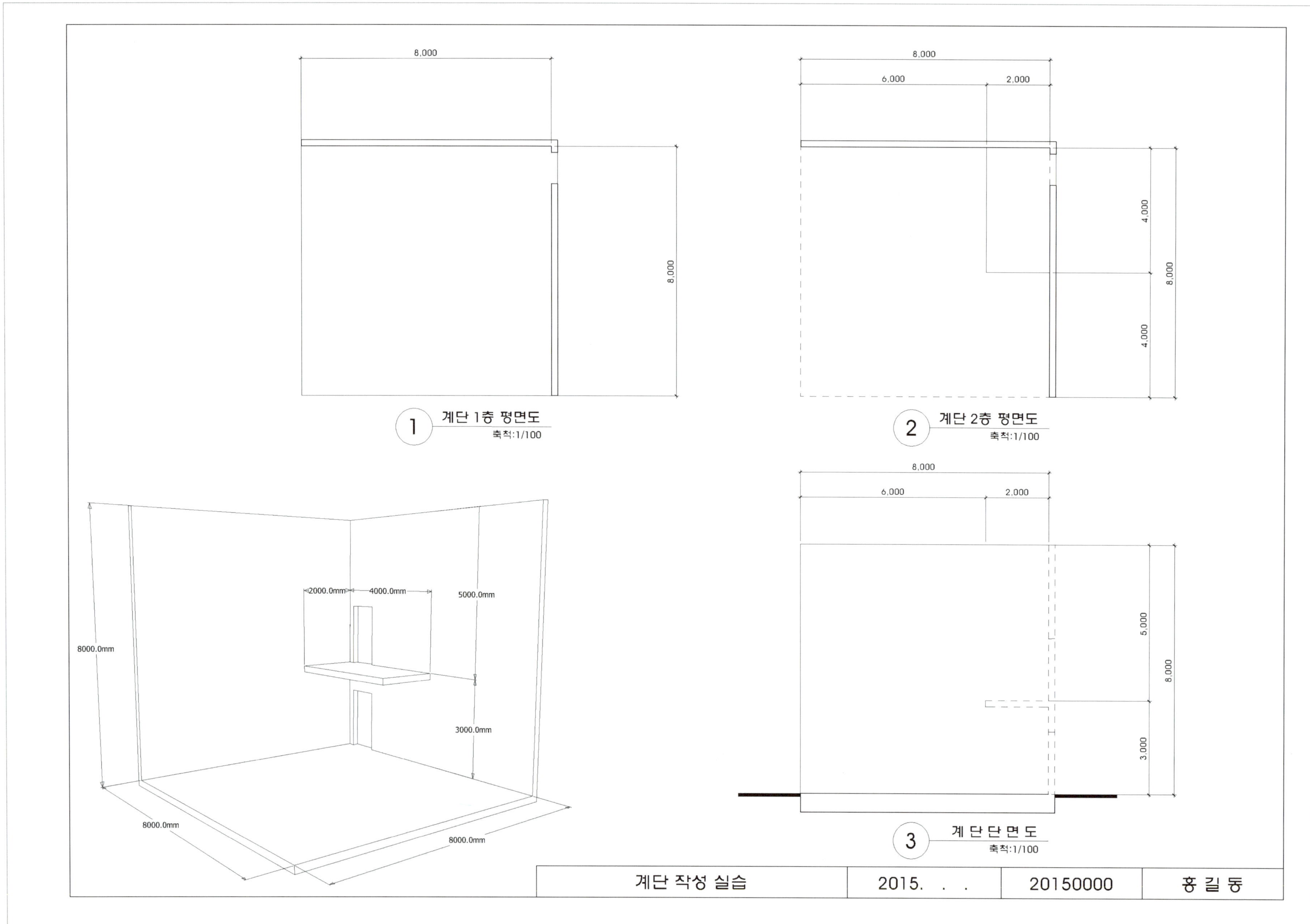
8,000
8,000
1 계단 1층 평면도
축척:1/100
8,000
6,000
2,000
4,000
8,000
4,000
2 계단 2층 평면도
축척:1/100
2000.0mm
4000.0mm
5000.0mm
8000.0mm
3000.0mm
8000.0mm
8000.0mm
8,000
6,000
2,000
5,000
8,000
3,000
3 계 단 단 면 도
축척:1/100
계단 작성 실습
2015. . .
20150000
홍 길 동

2. 창호 작성

01 창호 나누기

: 계단의 챌판이나 디딤판의 칸 나누기를 연상하면 쉽다.

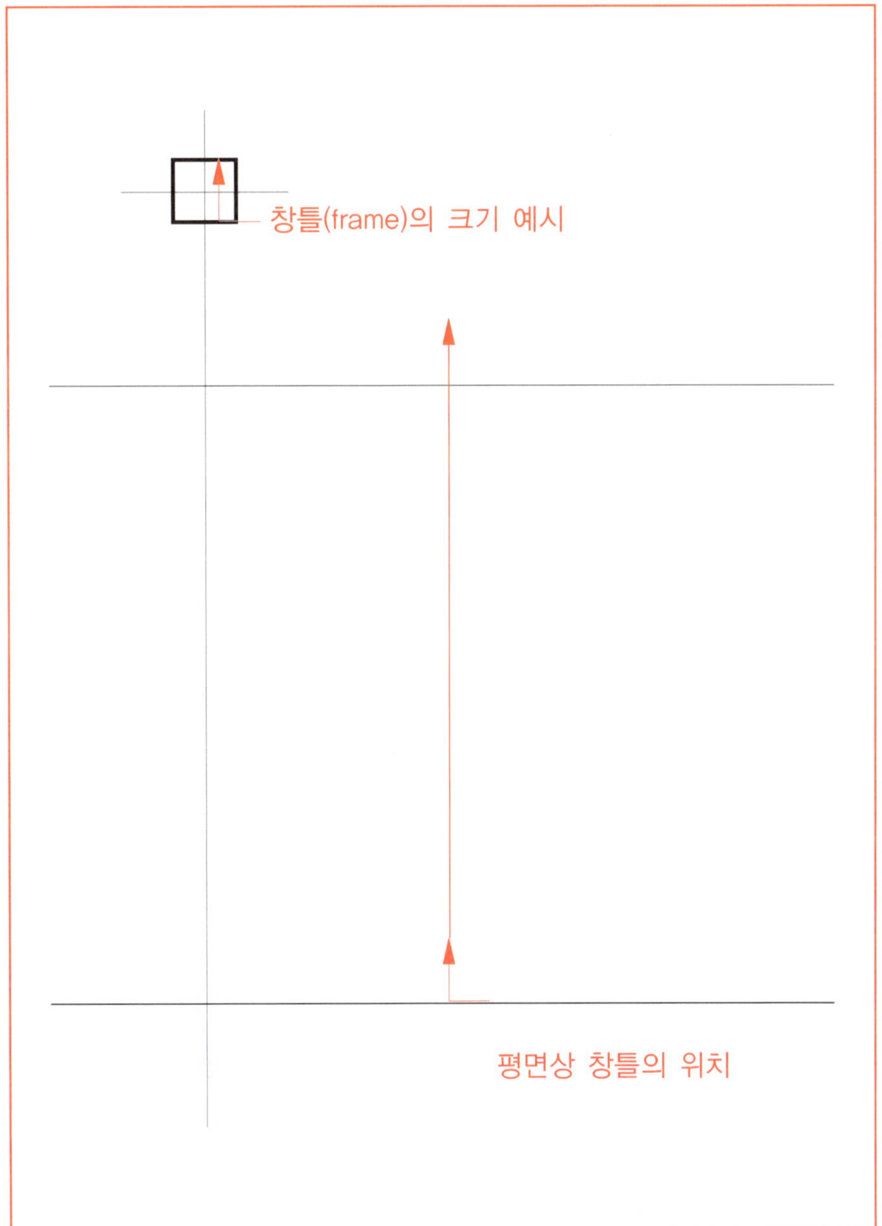

1 중심선 작성

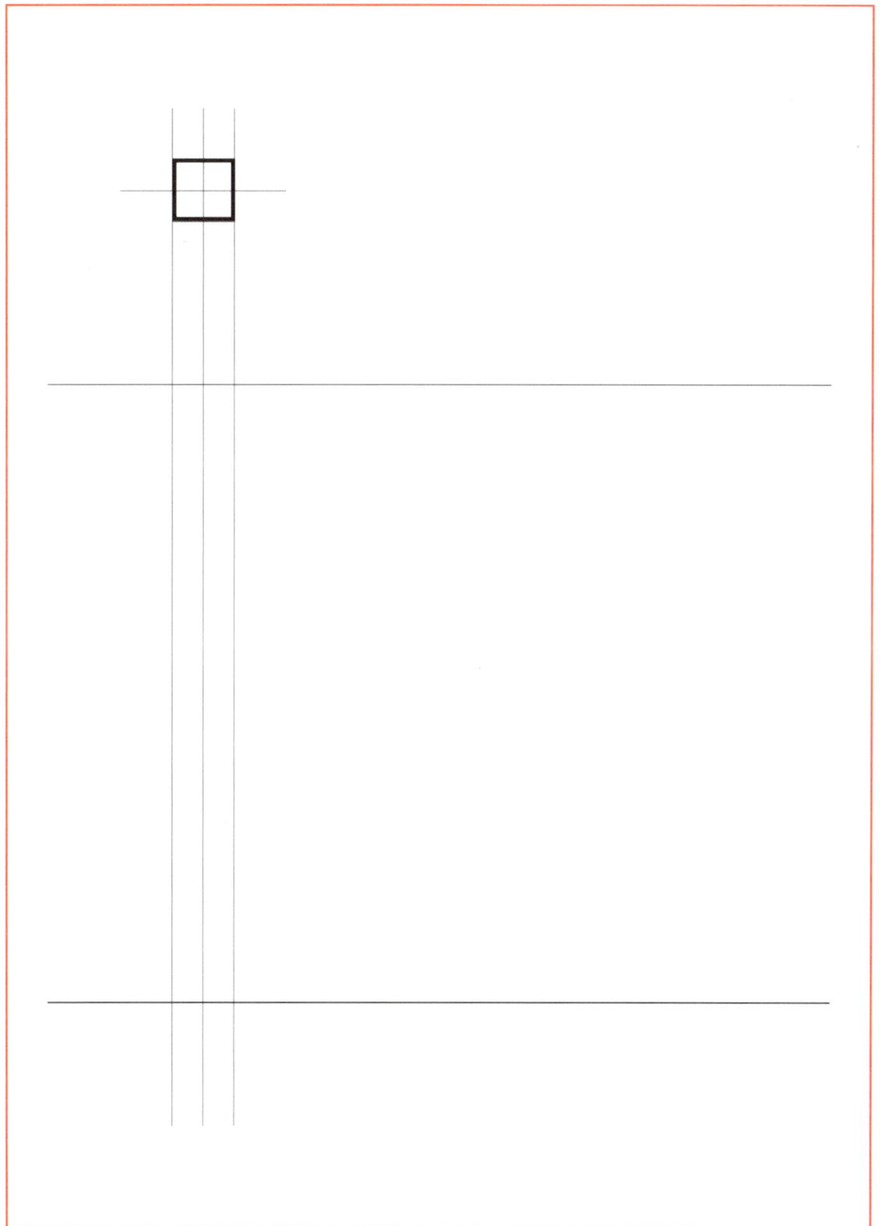

2 창틀 크기 확인

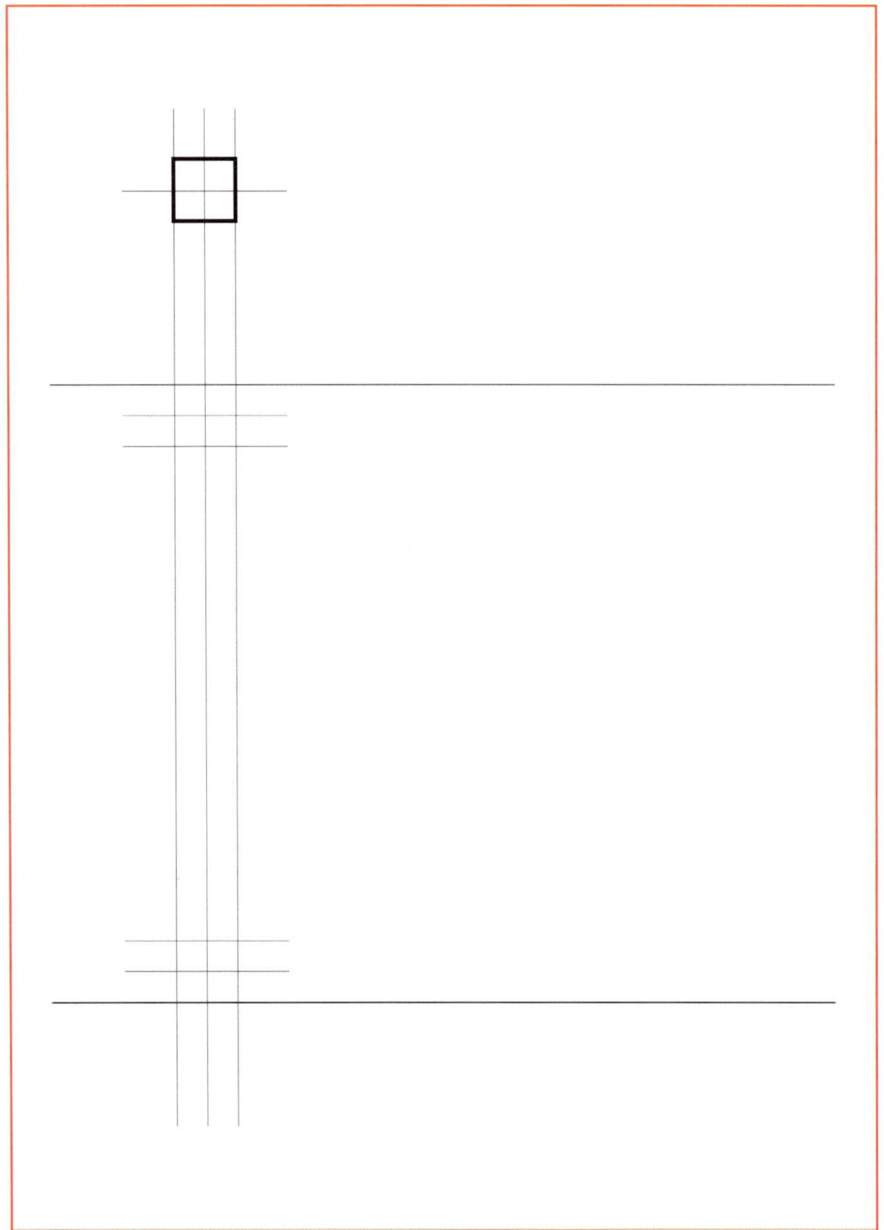

3 양측 창틀 크기 확인

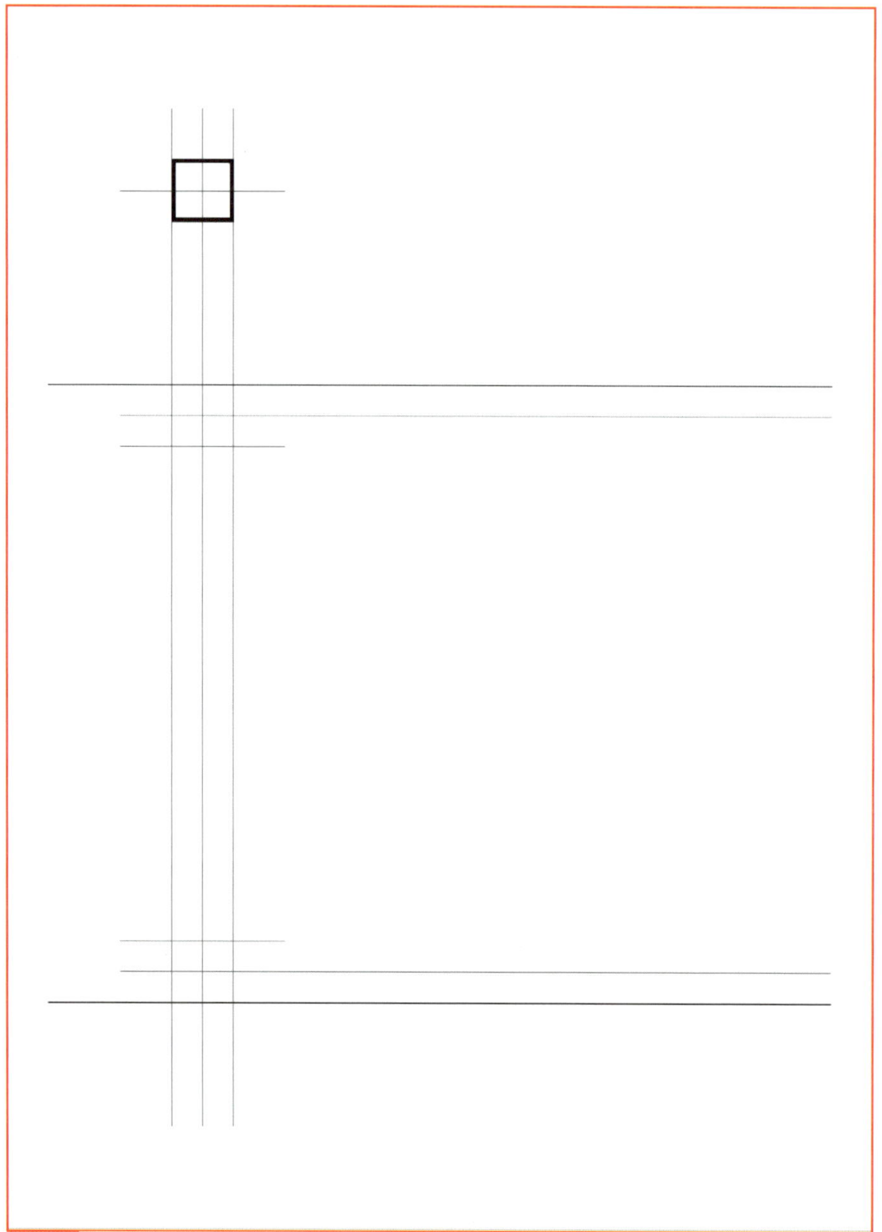

4 양측 창틀의 중심선 위치 확인

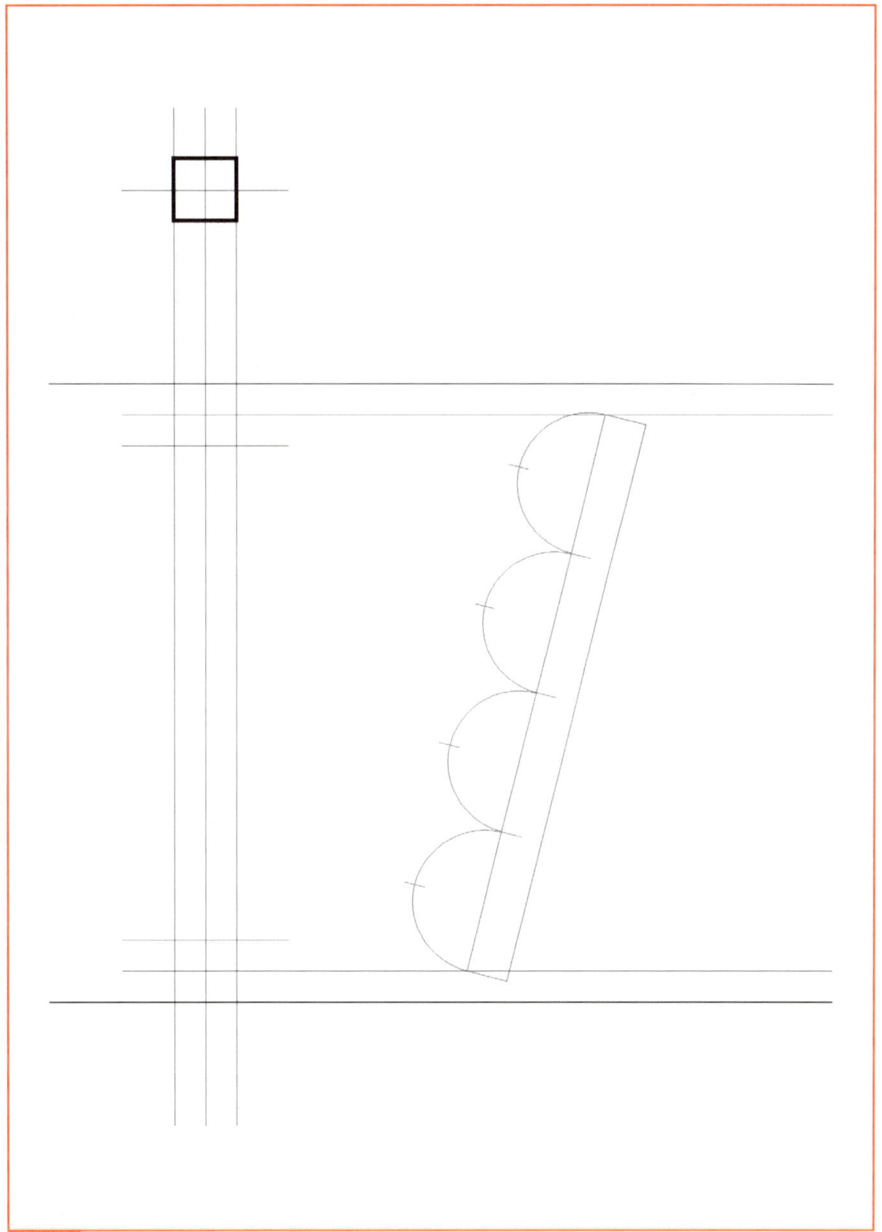

5 창틀의 등분 – 1 (4칸 등분시)

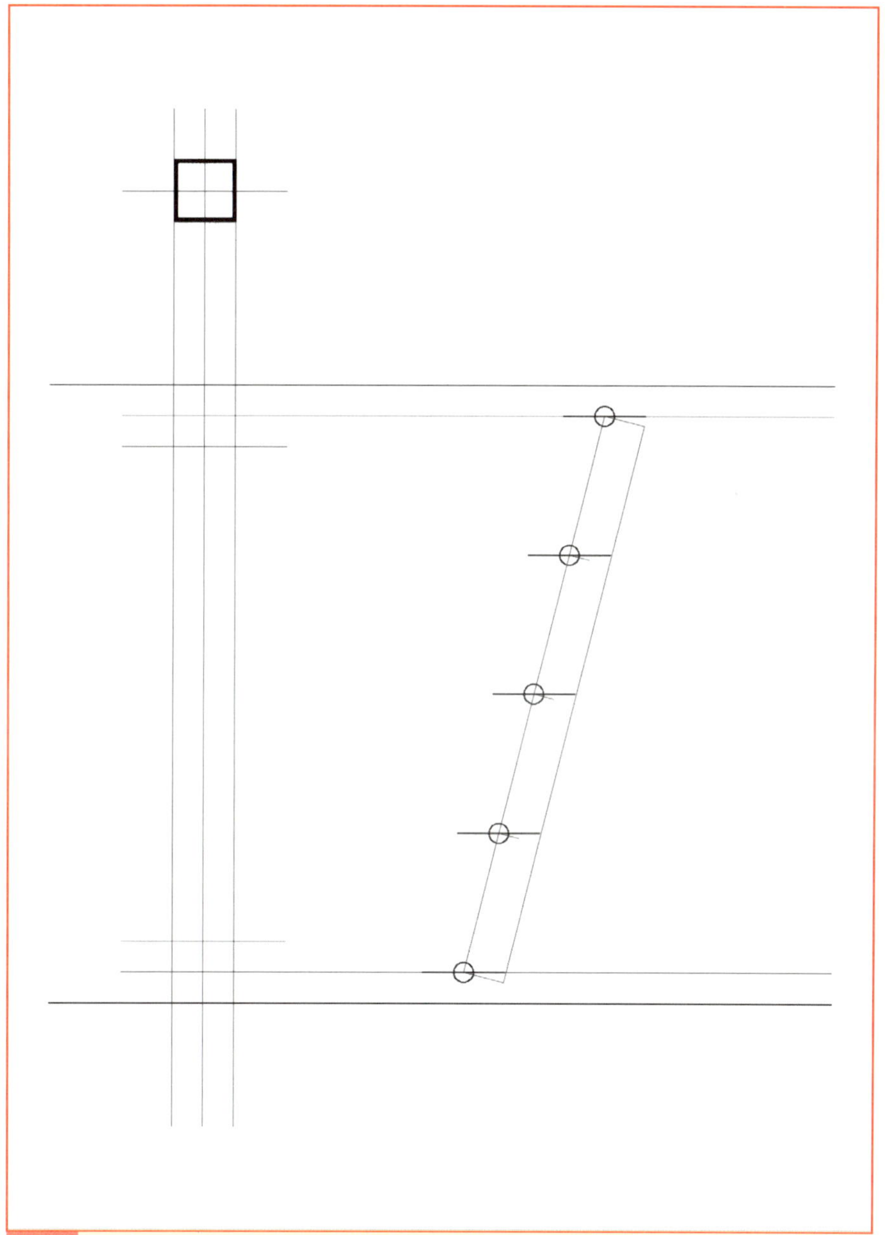

6 창틀의 등분 – 2

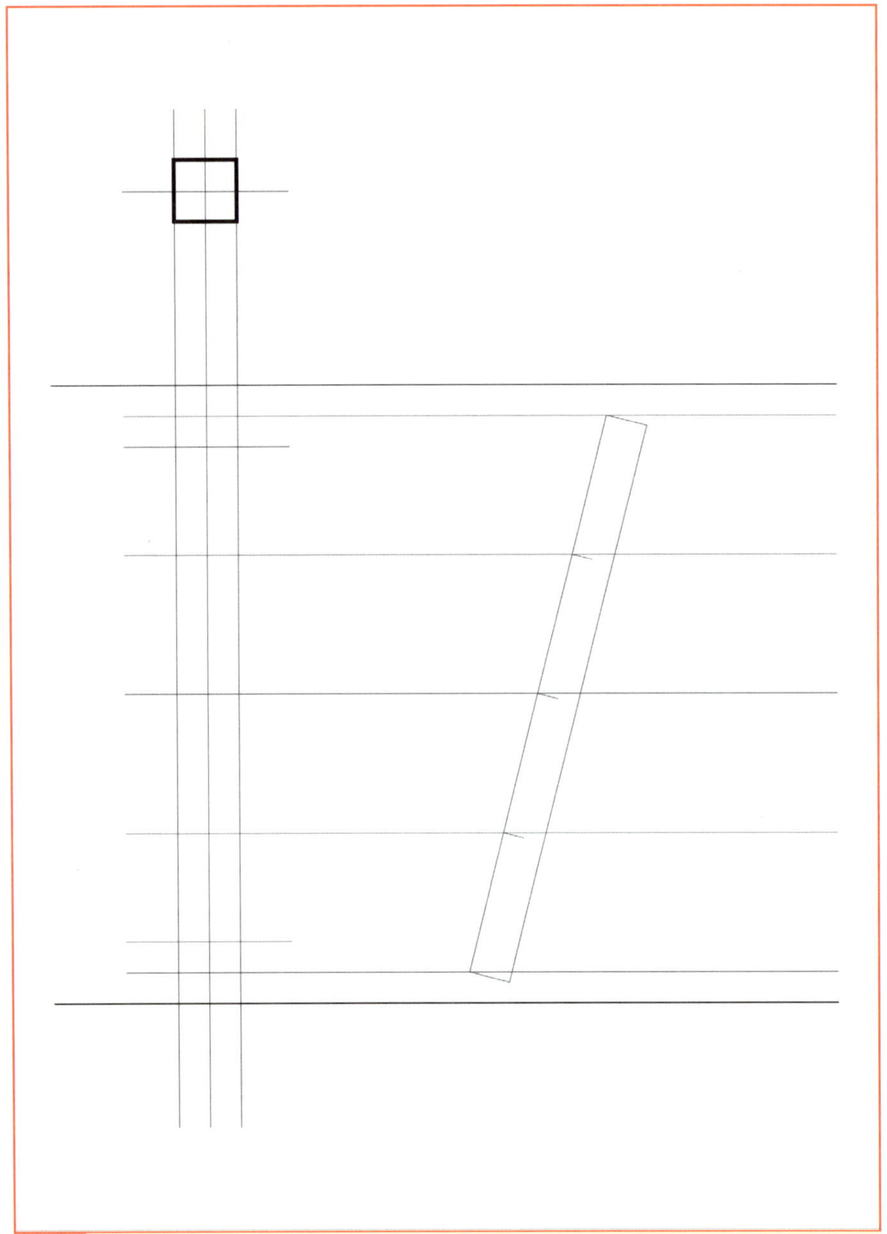

7 창틀의 등분 – 중심선 확인

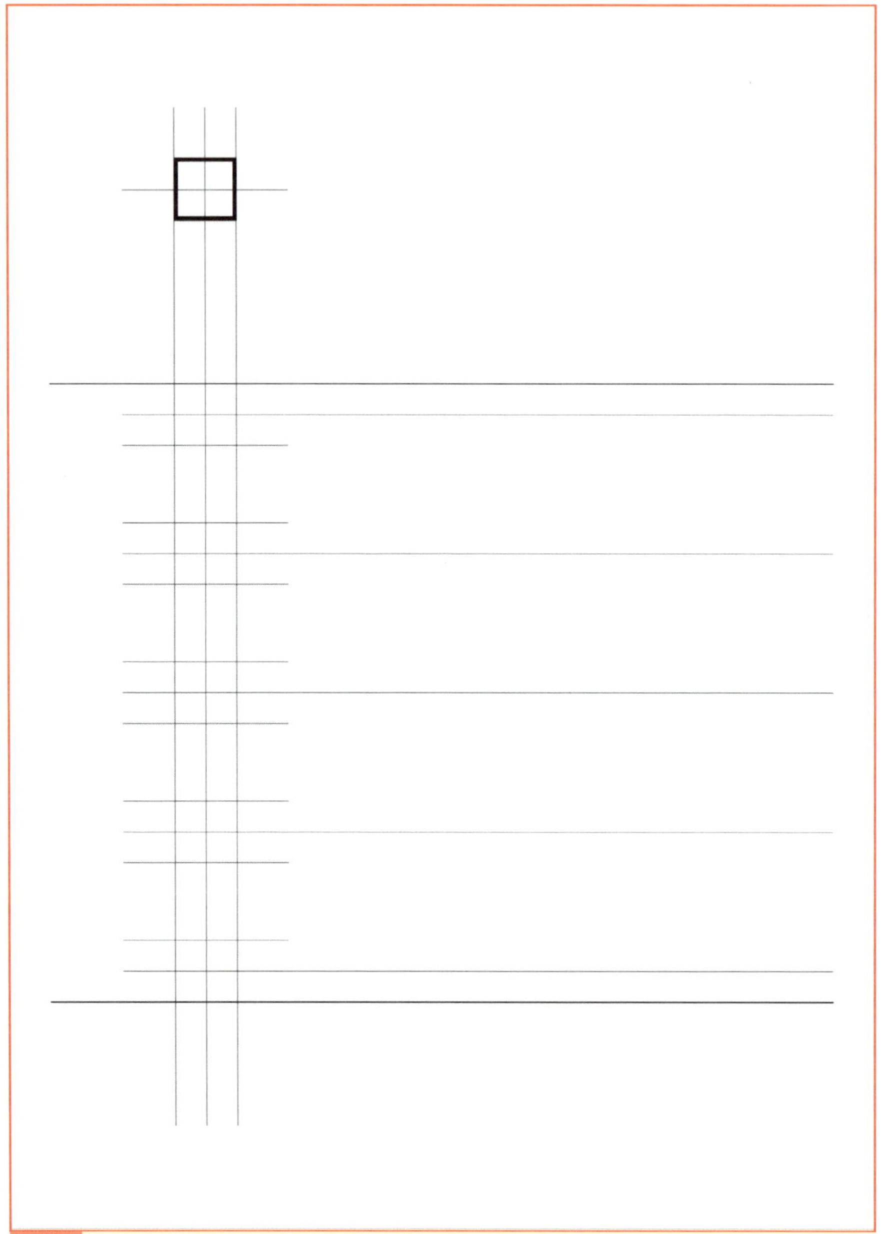

8 창틀의 등분 – 창틀 크기 확인

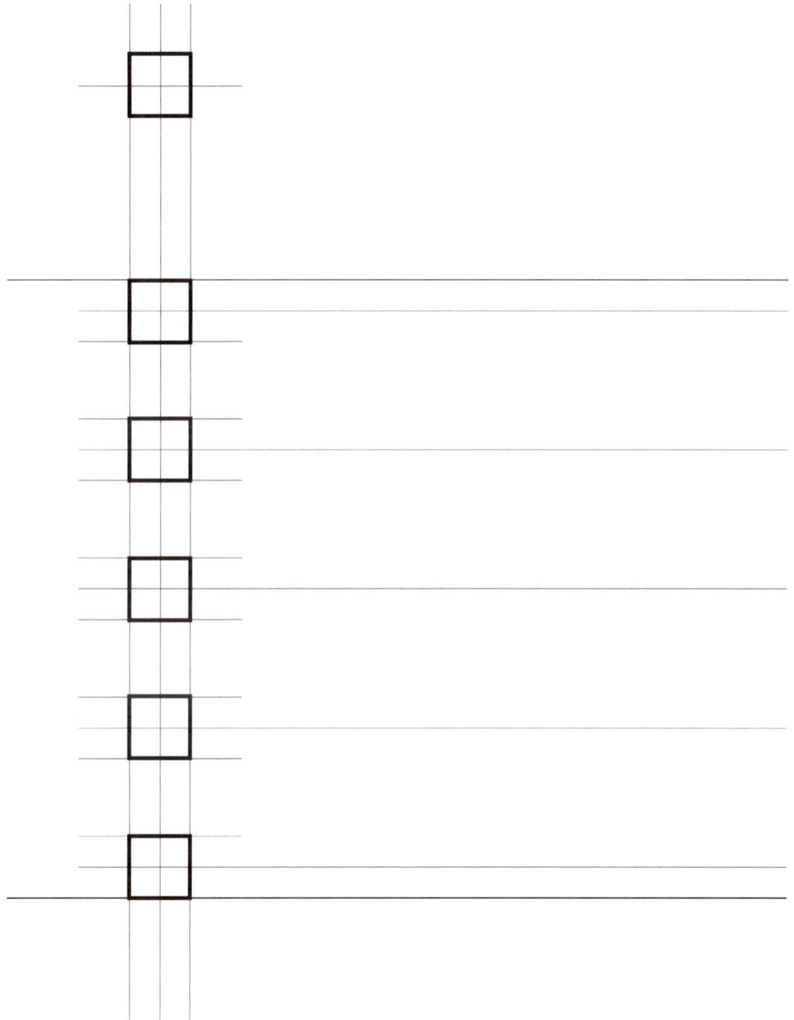

9 창틀 작성

3. 그림자 표현

01 그림자 표현 예시 – 평면

02 그림자 표현 예시 - 조감

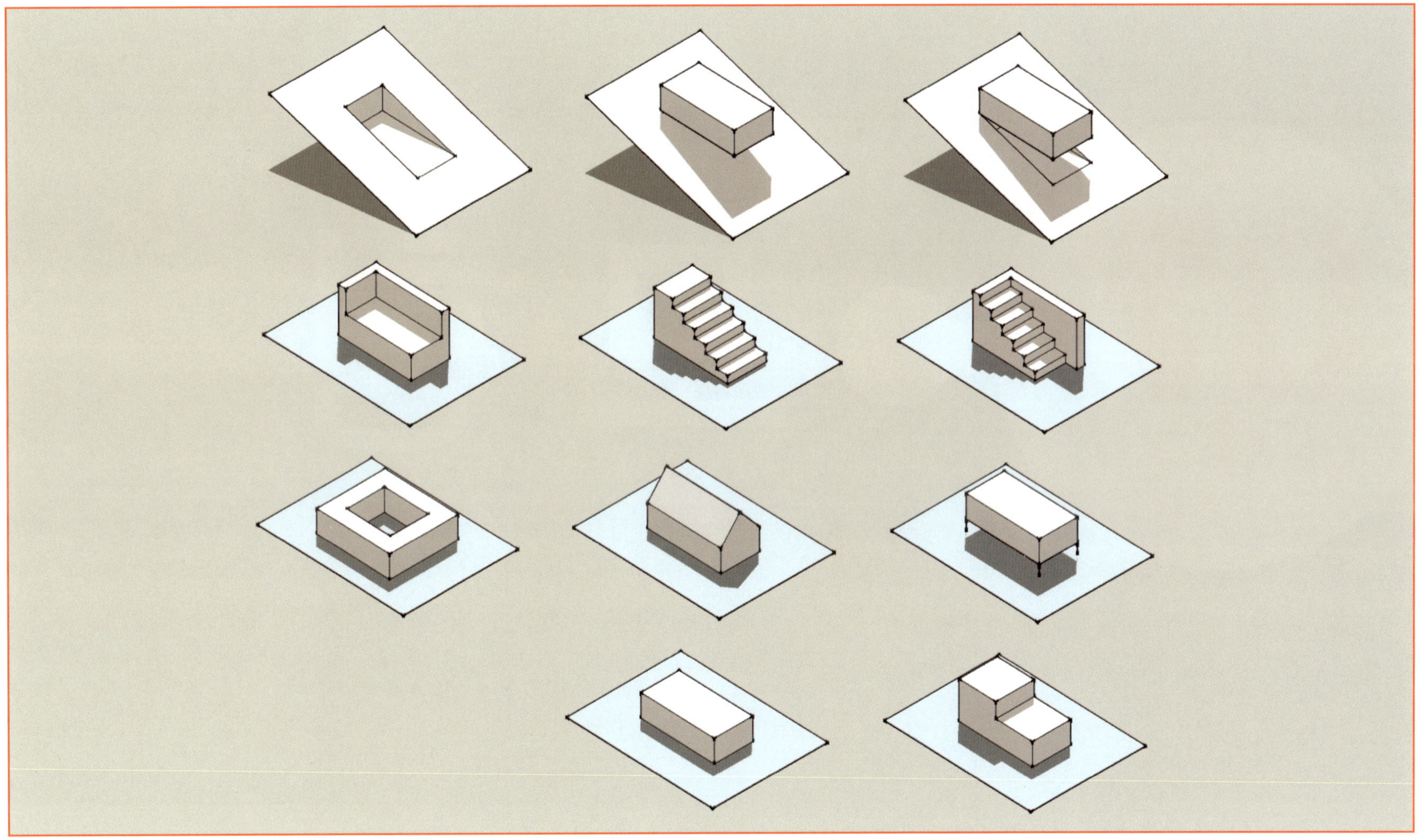

07 CHAPTER 모 형

1. CONTOUR의 이해

01 CONTOUR 만들기

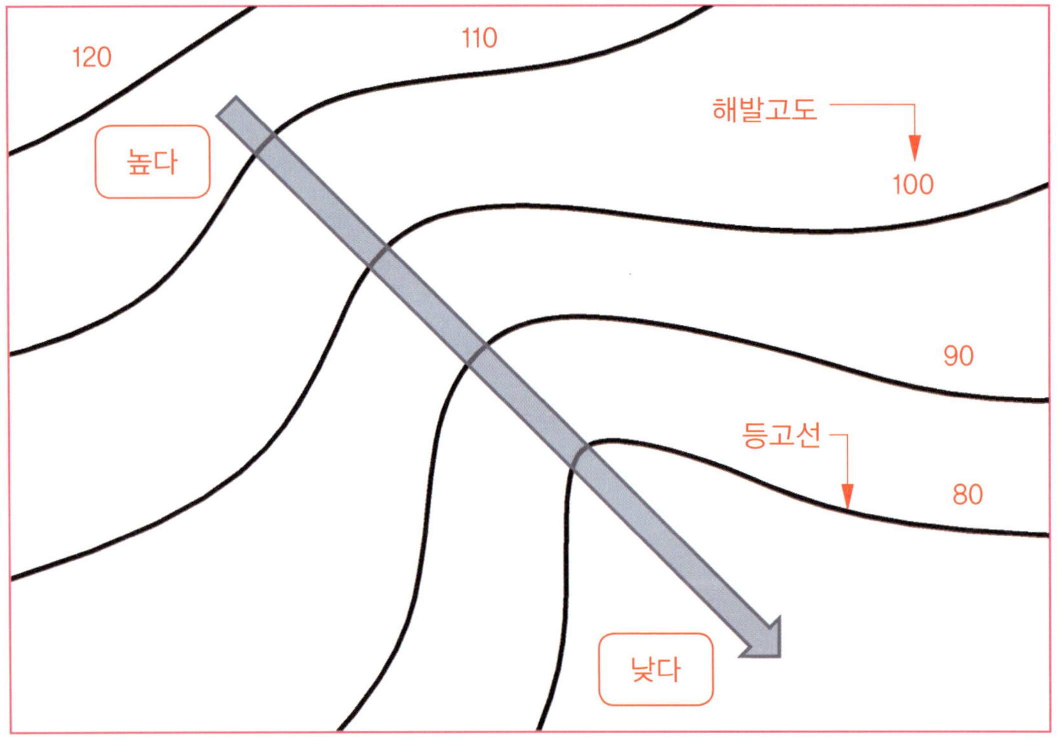

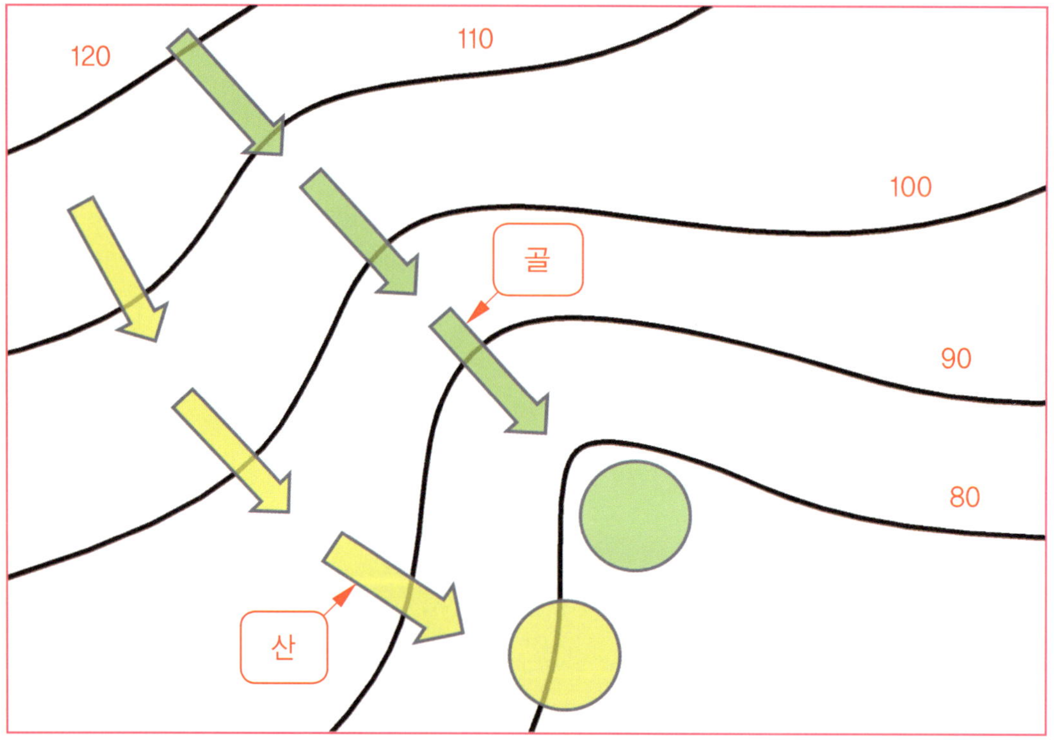

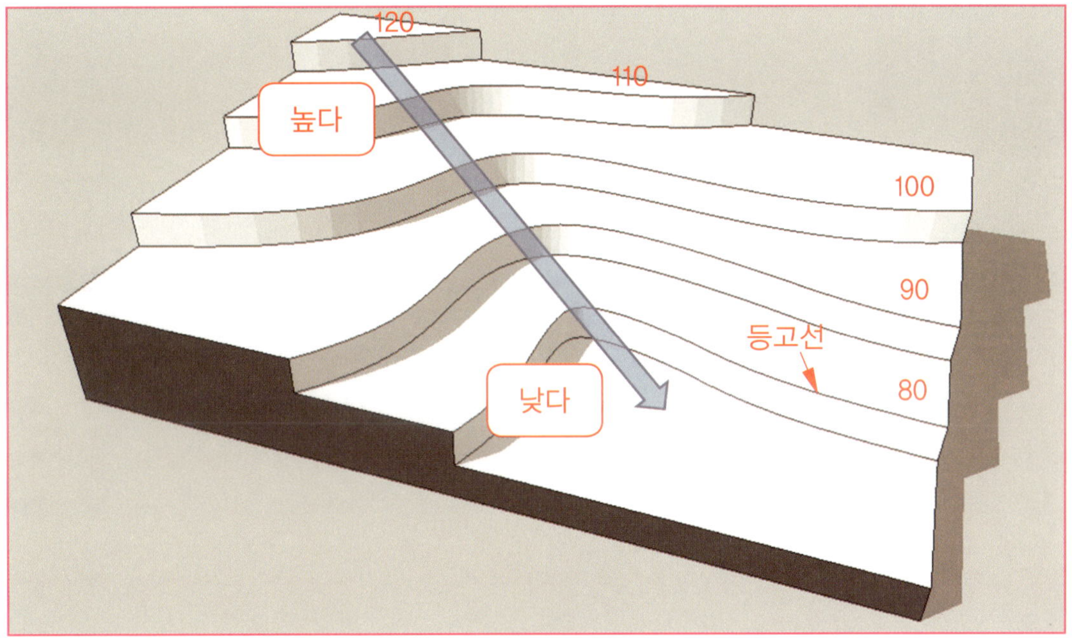
120
110
높다
100
90
등고선
80
낮다

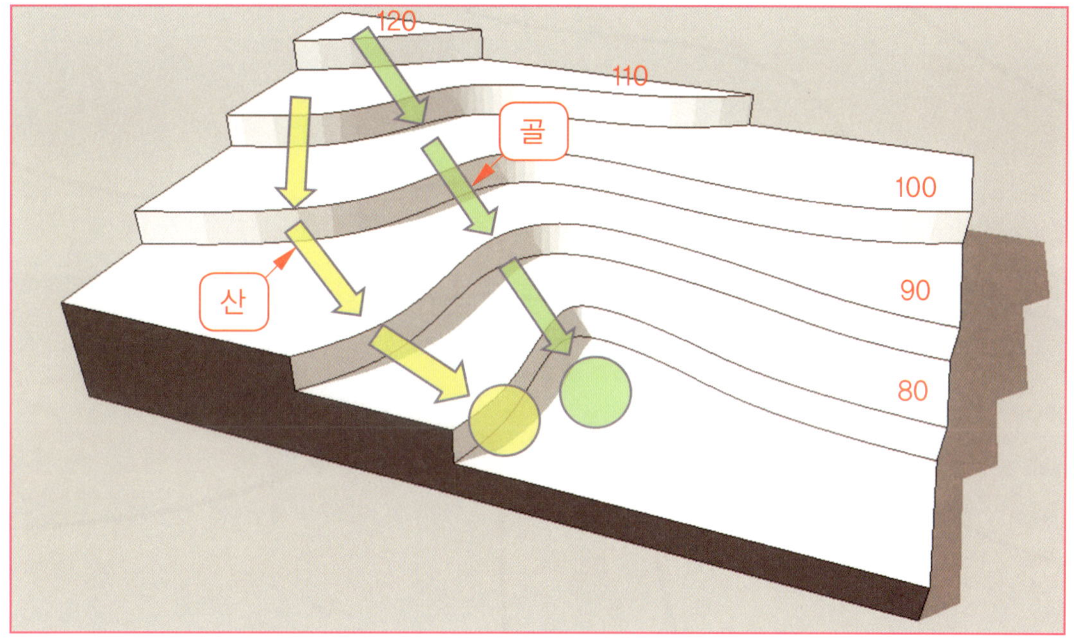
120
110
골
100
산
90
80

1 CONTOUR 만들기 실습

■ 등고선 확인

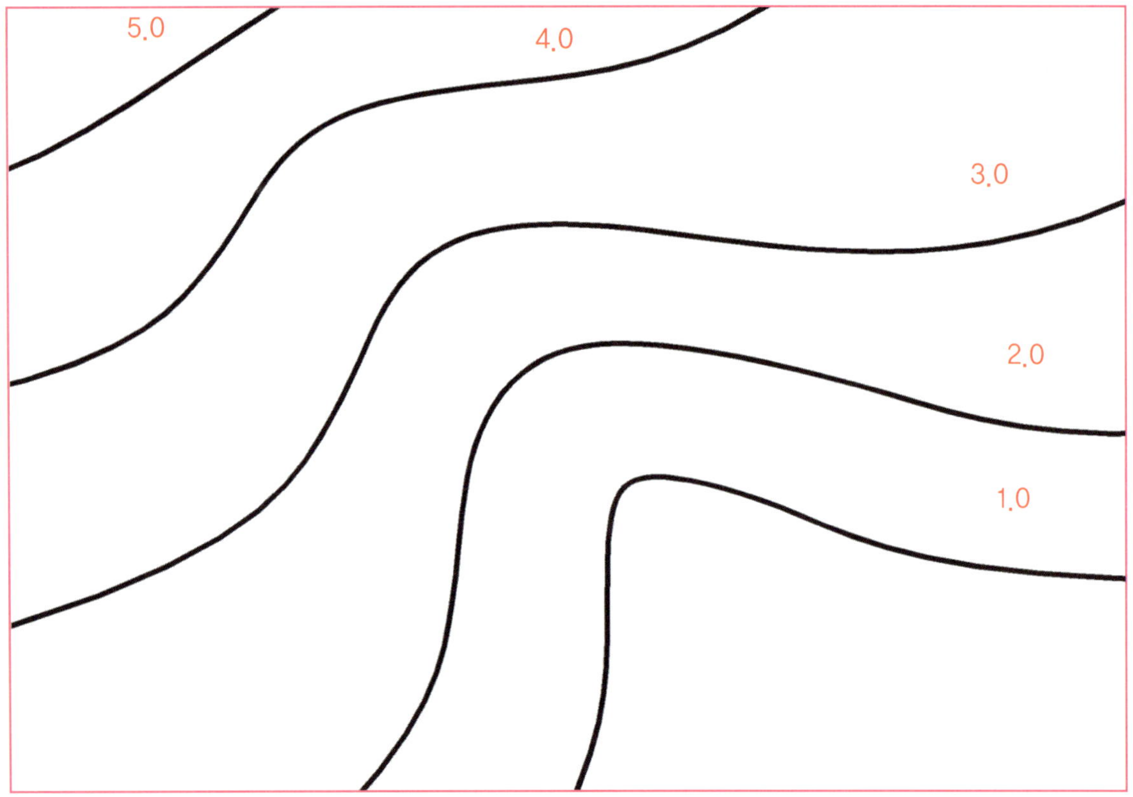

■ 재료 및 재료 두께 확인 (예) 축척 1/100, 두께 2mm 우드락 사용)

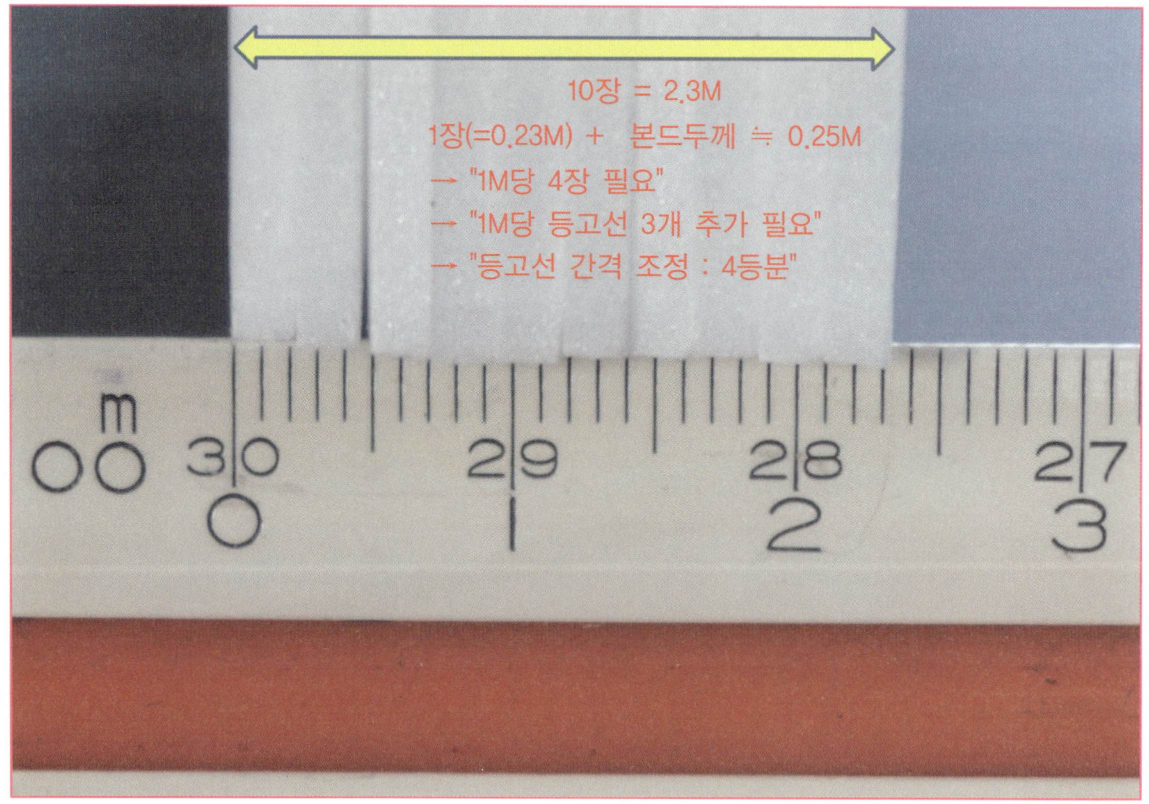

■ Contour 만들기

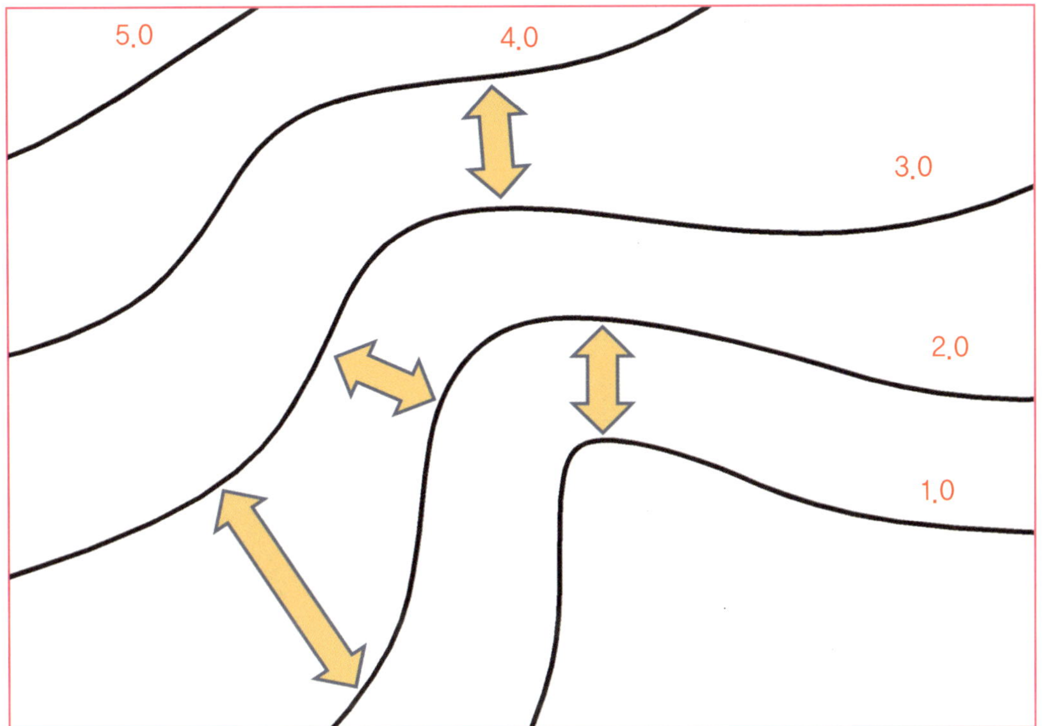

1 등고선 간의 최단거리 확인

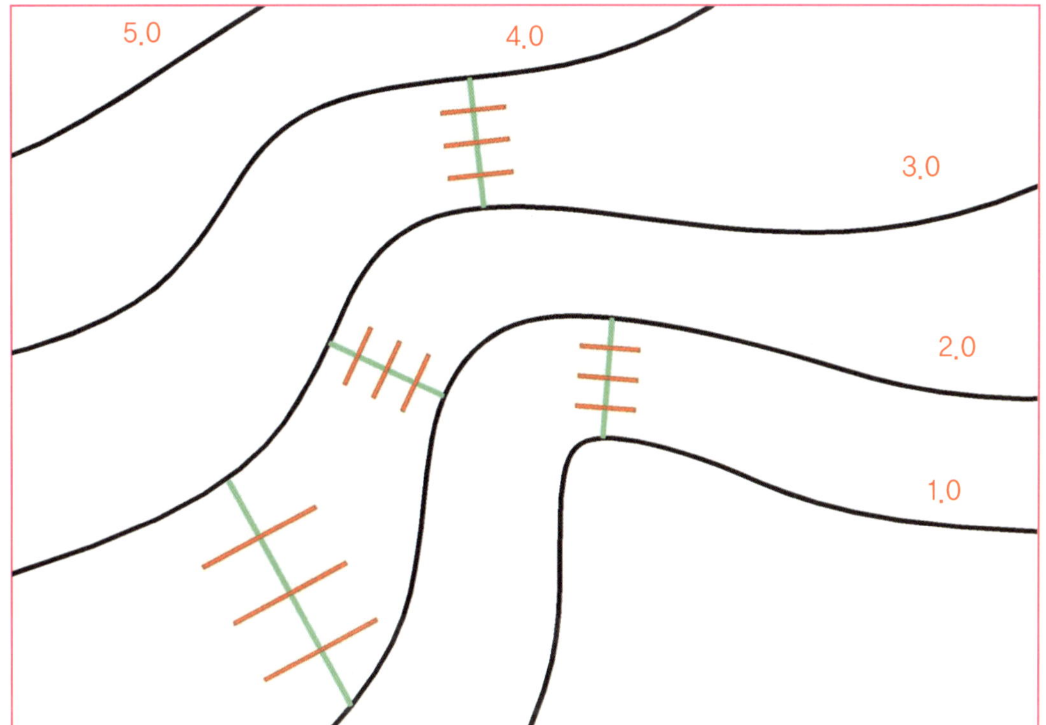

2 등고선 간격 등분

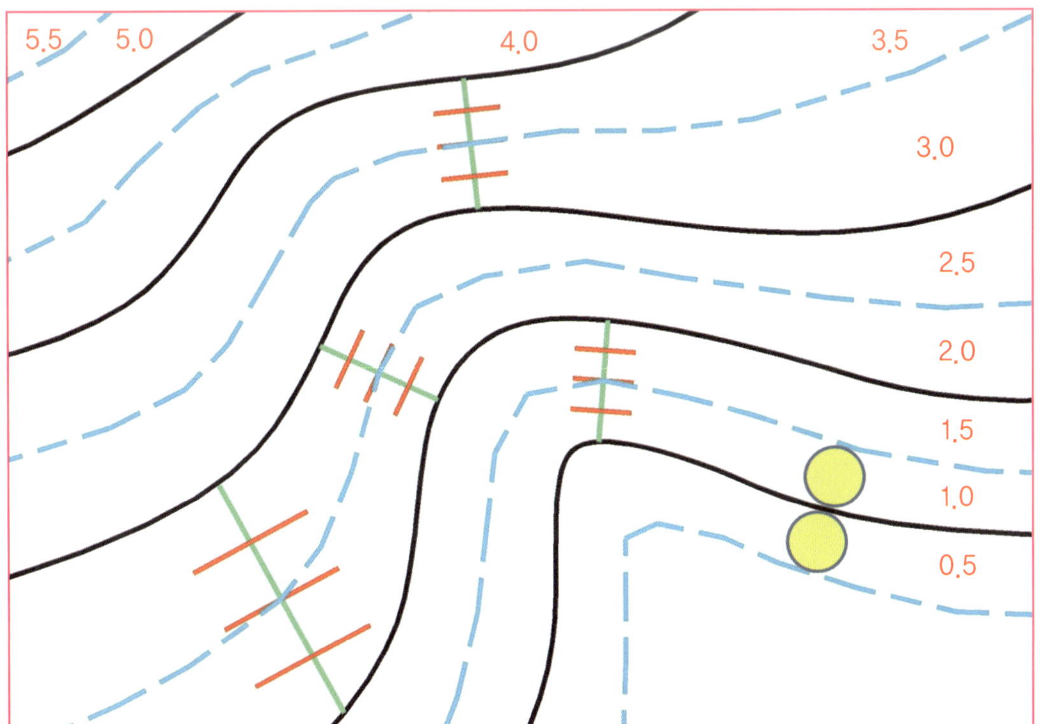

3 등고선 추가 0.5M

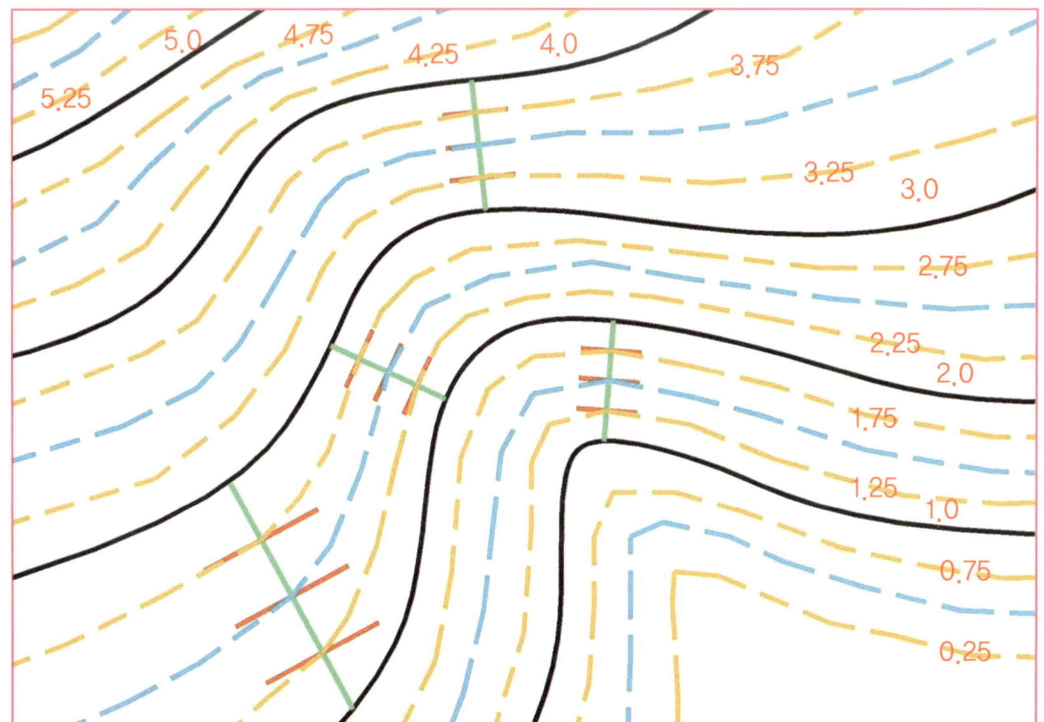

4 등고선 추가 0.25M

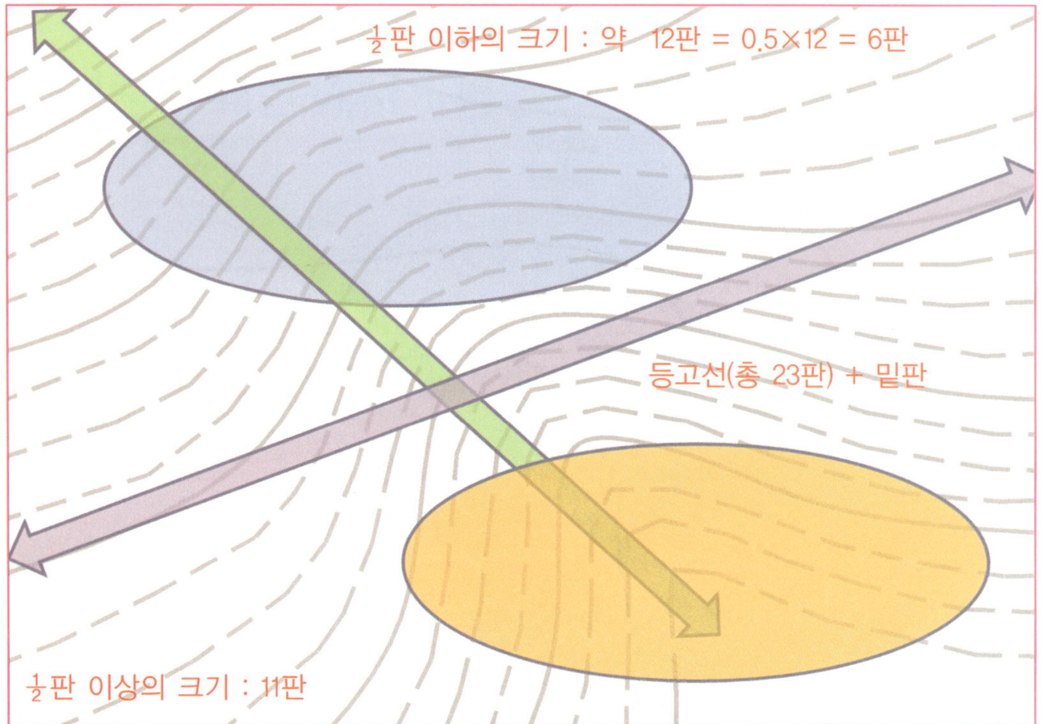

5 재료량 산정 약 16~17판

6 재료 준비

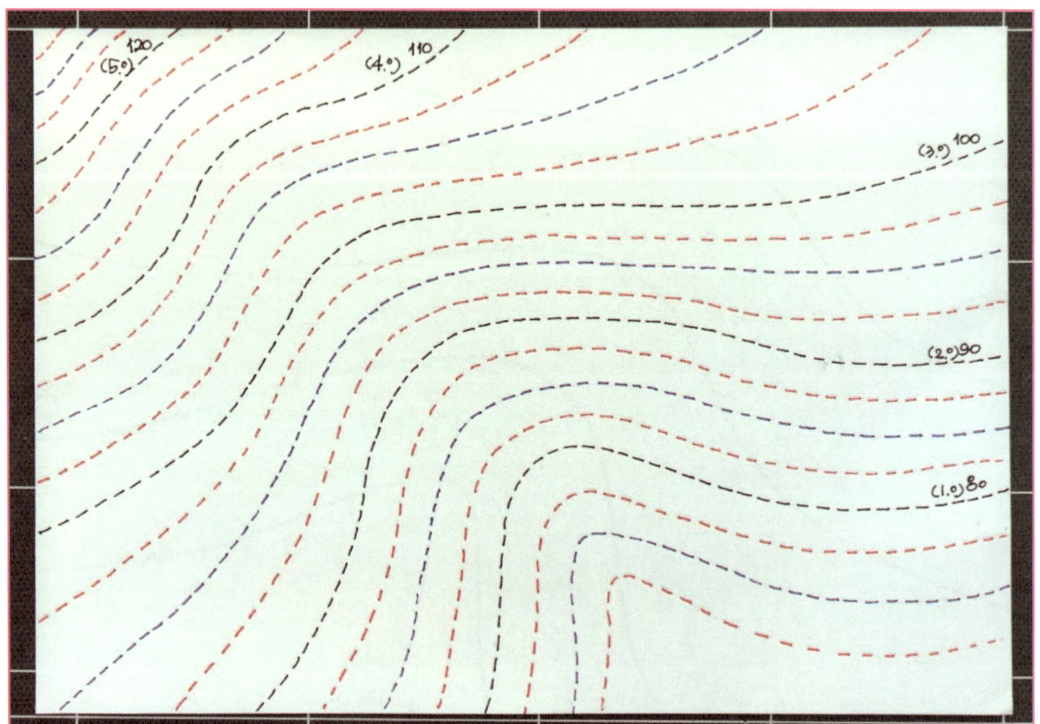

7 지형도 준비

8 지형도 뒷면에 임시고정용 스프레이 뿌리기

9 재료에 부착하기

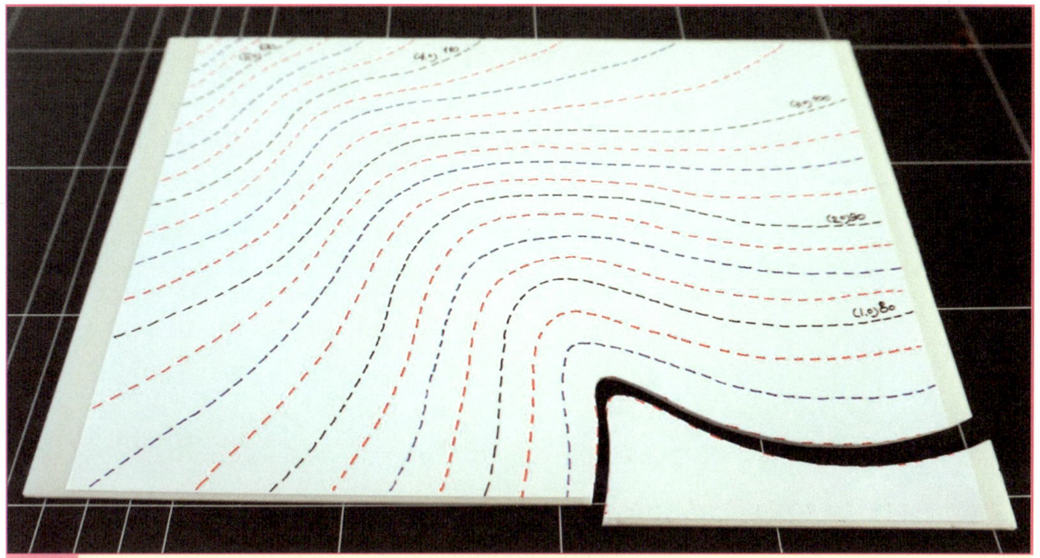

10 지형도 만들기

11 지형도 제거

12 지형 만들기 – ①

13 지형 만들기 - ②

14 지형 만들기 - ③

15 지형 만들기 - ④

16 지형 만들기 - ⑤

17 지형 만들기 - ⑥

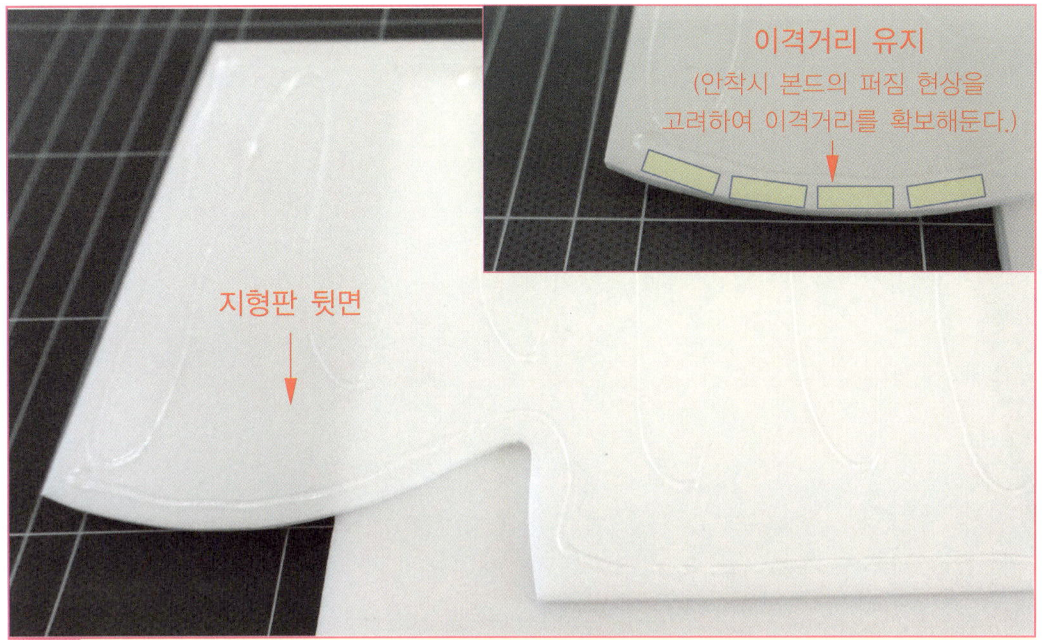

18 접착제 바르기

19 직각 맞추기(쇠자 또는 직각자 이용)

20 지형 고정 완료

21 Mass 적용 – ①

22 Mass 적용 – ②

23 Mass 적용 – ③

24 도로 적용 – ①

25 도로 적용 – ②

26 옹벽 적용 – ①

27 옹벽 적용 – ②

28 옹벽 적용 – ③

29 옹벽 적용 - ④

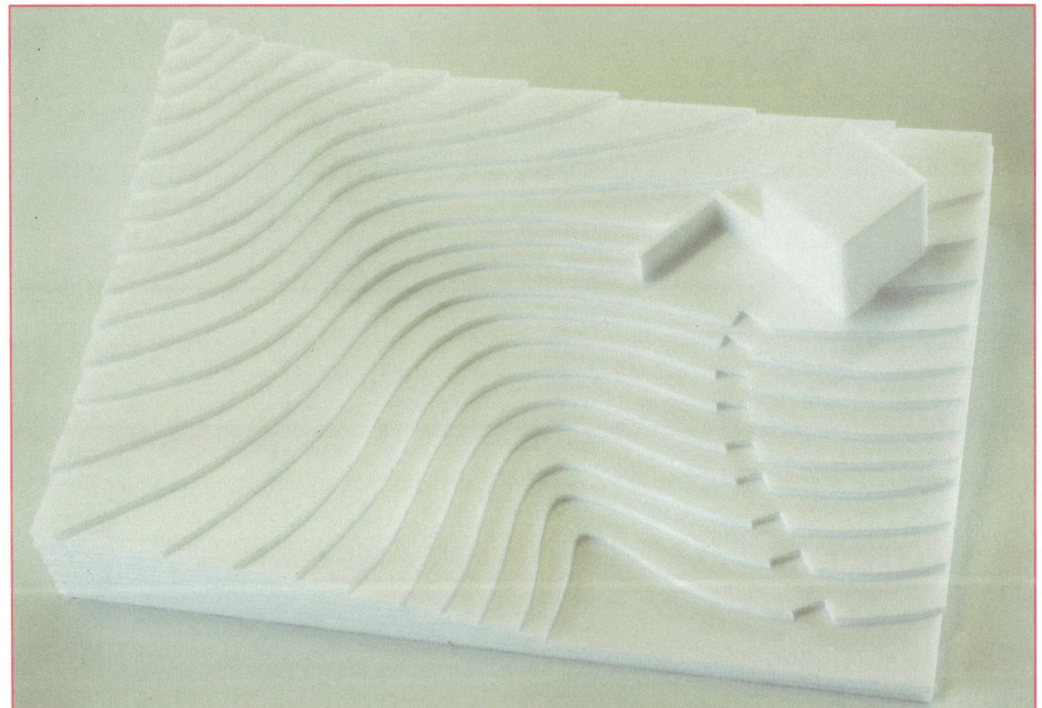

30 정리

* 옹벽이란?

비탈진 흙이 무너지는 것을 막기 위해 만든 벽체를 말하며 흔히 철근 콘크리트로 구성됩니다.

2 CONTOUR 만들기 연습

2. 모형실습

01 모형 실습 준비

1 모형 실습 준비 배치

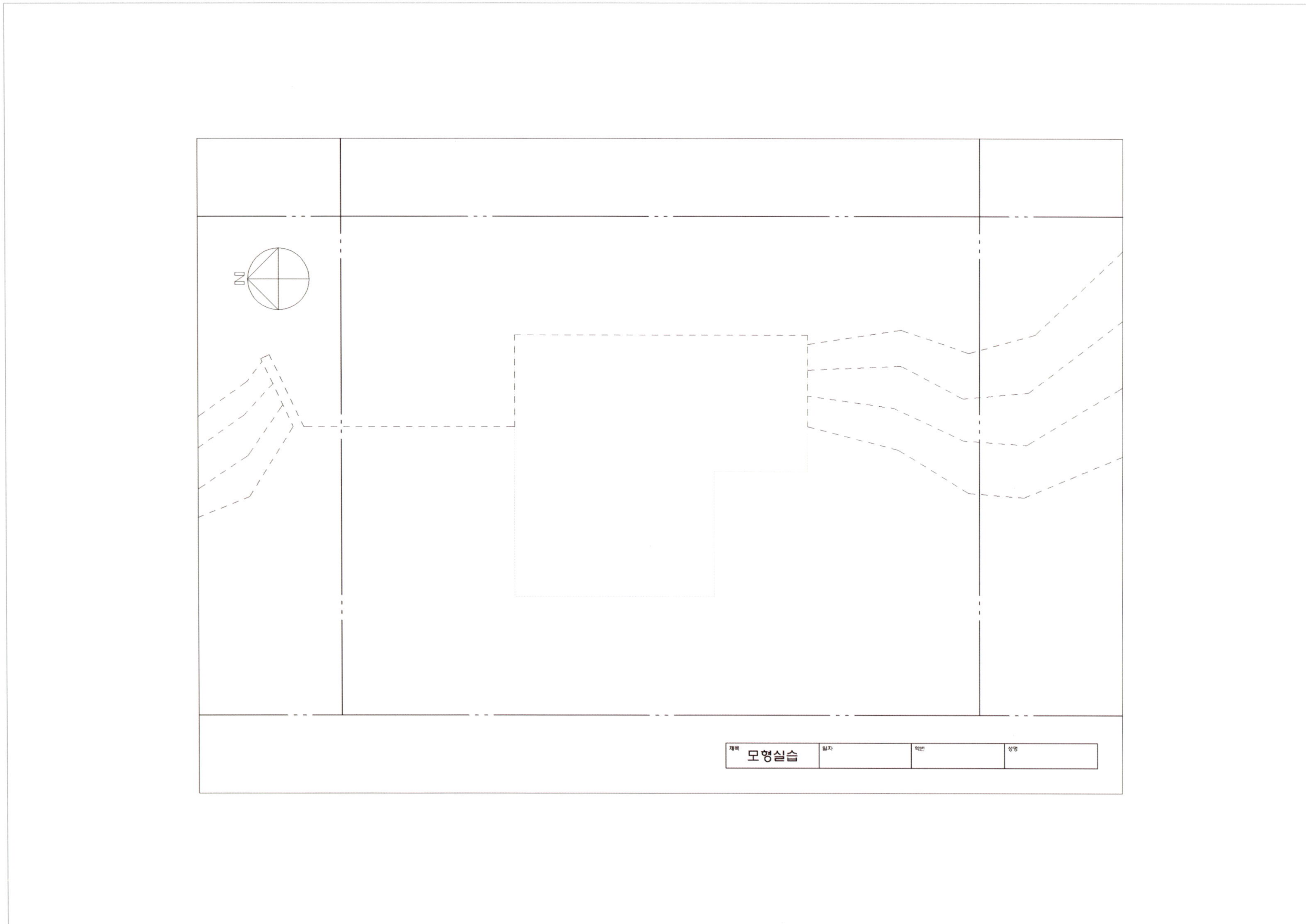

2 모형 실습 준비 평면

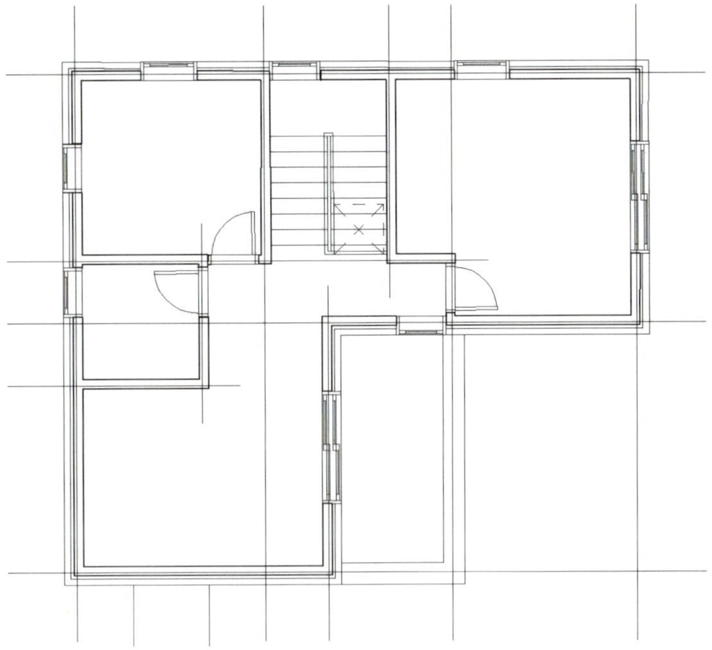

2층 평면도

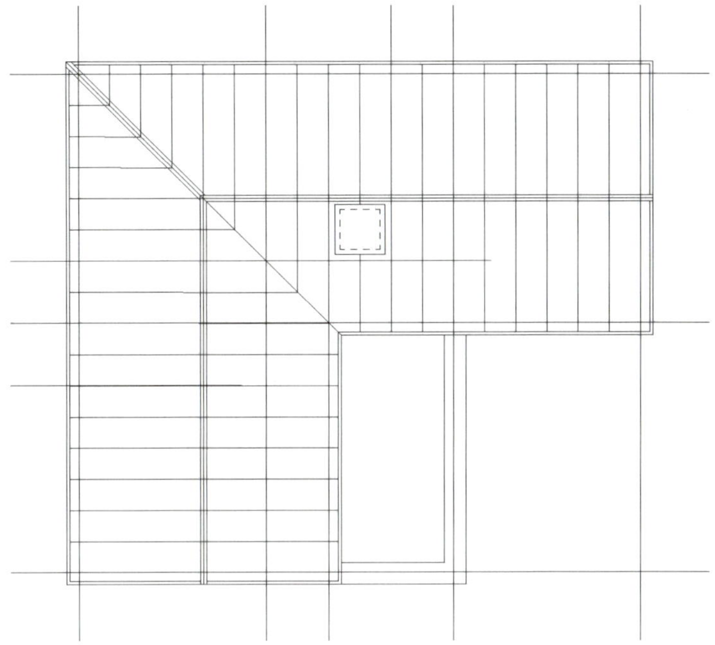

지붕 평면도

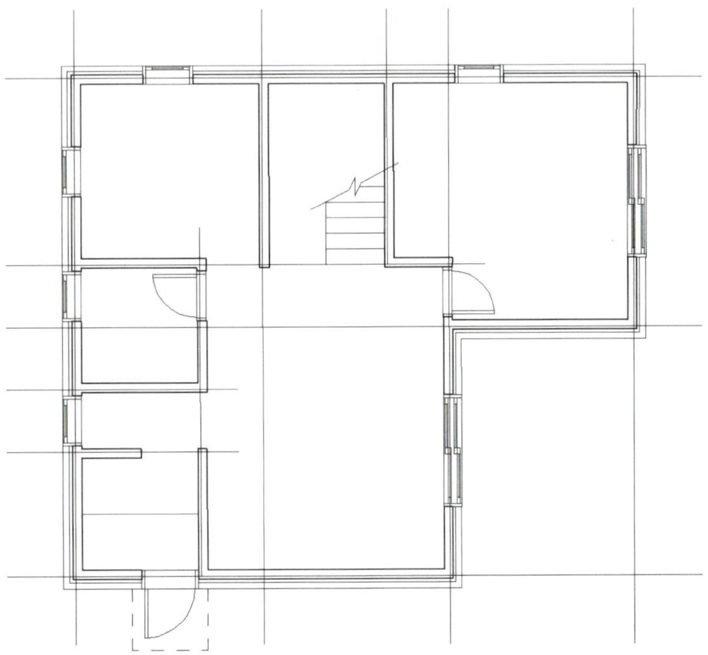

1층 평면도

3 모형 실습 준비 입면

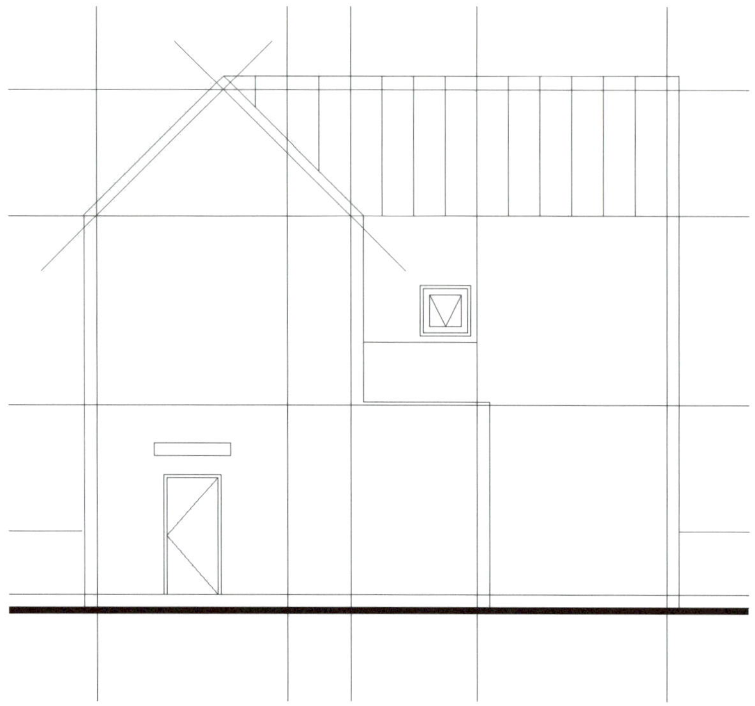

정면도

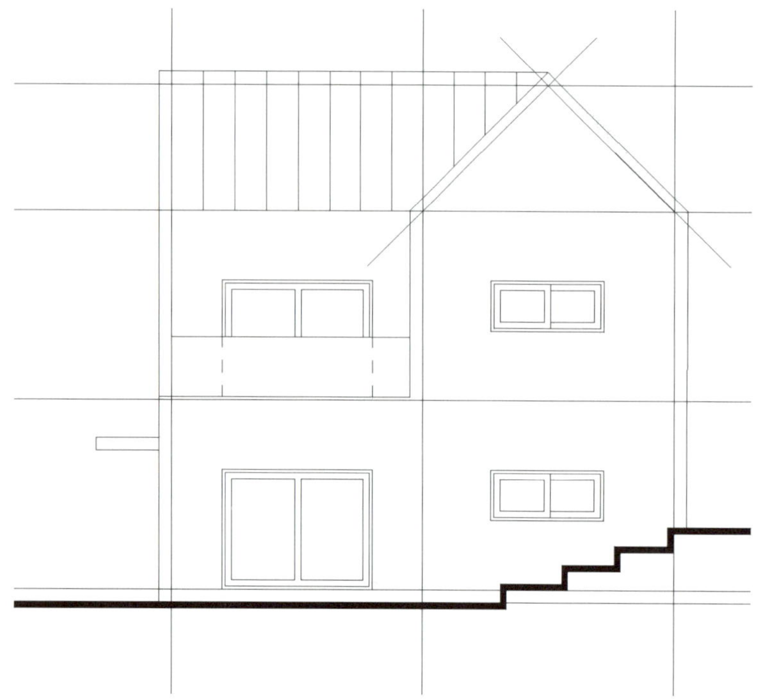

우측면도

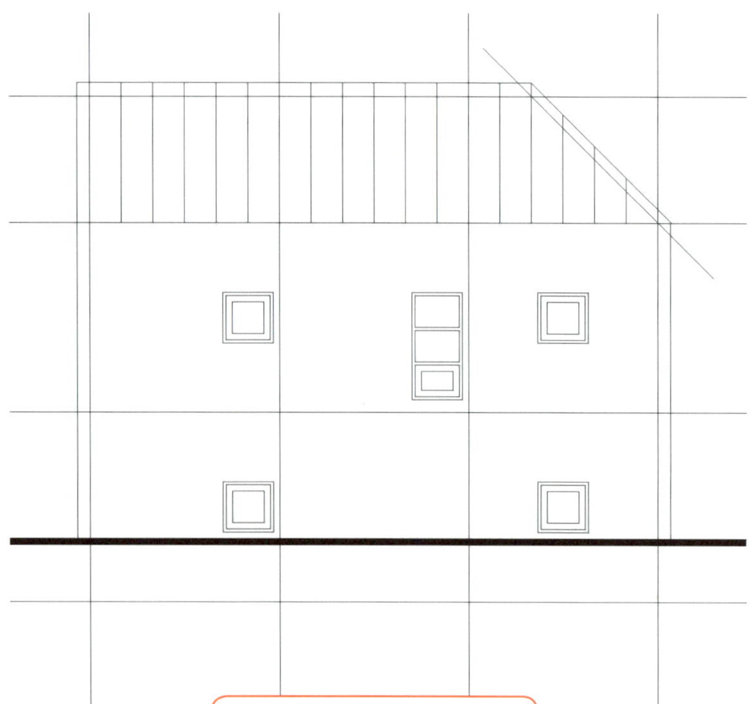

배면도

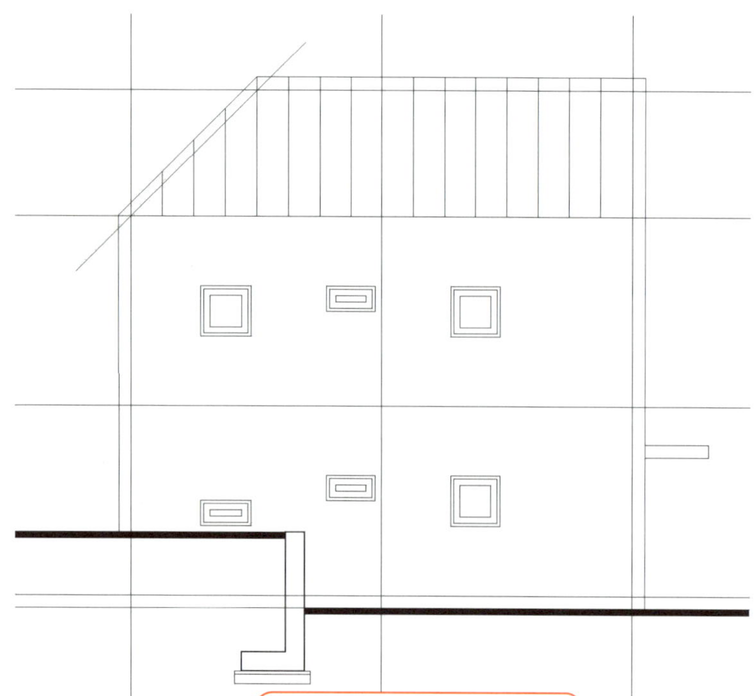

좌측면도

4 모형 실습 준비 단면

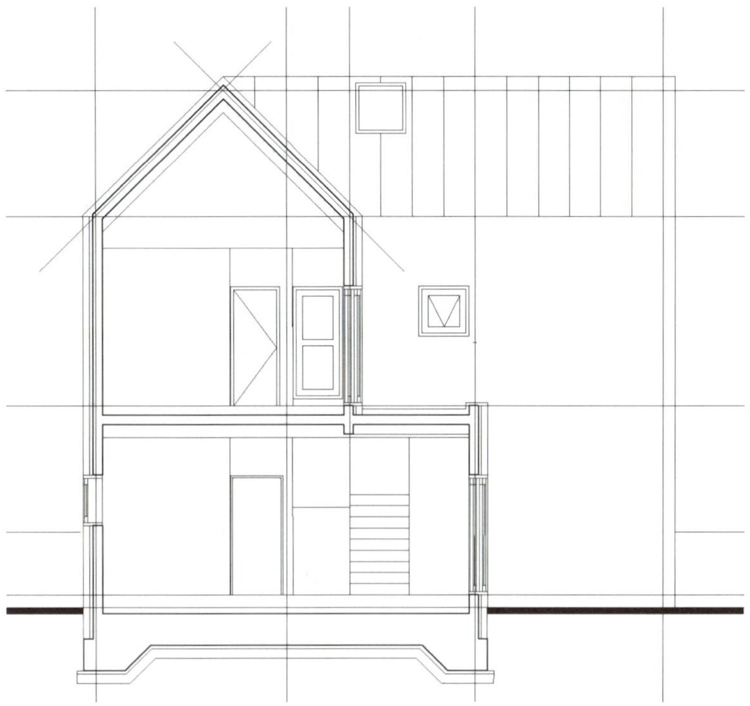

단면도 – 1

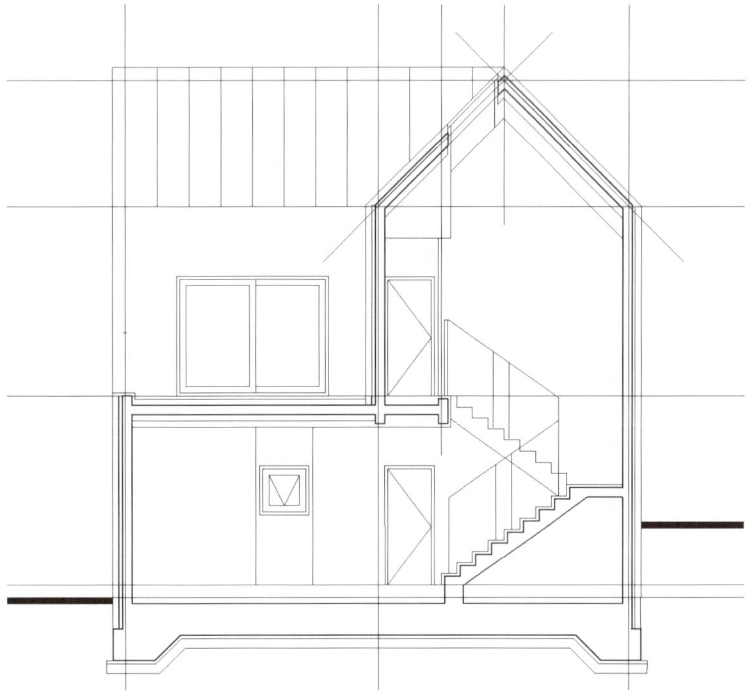

단면도 – 2

02 모형 실습 예시

1 Contour 만들기

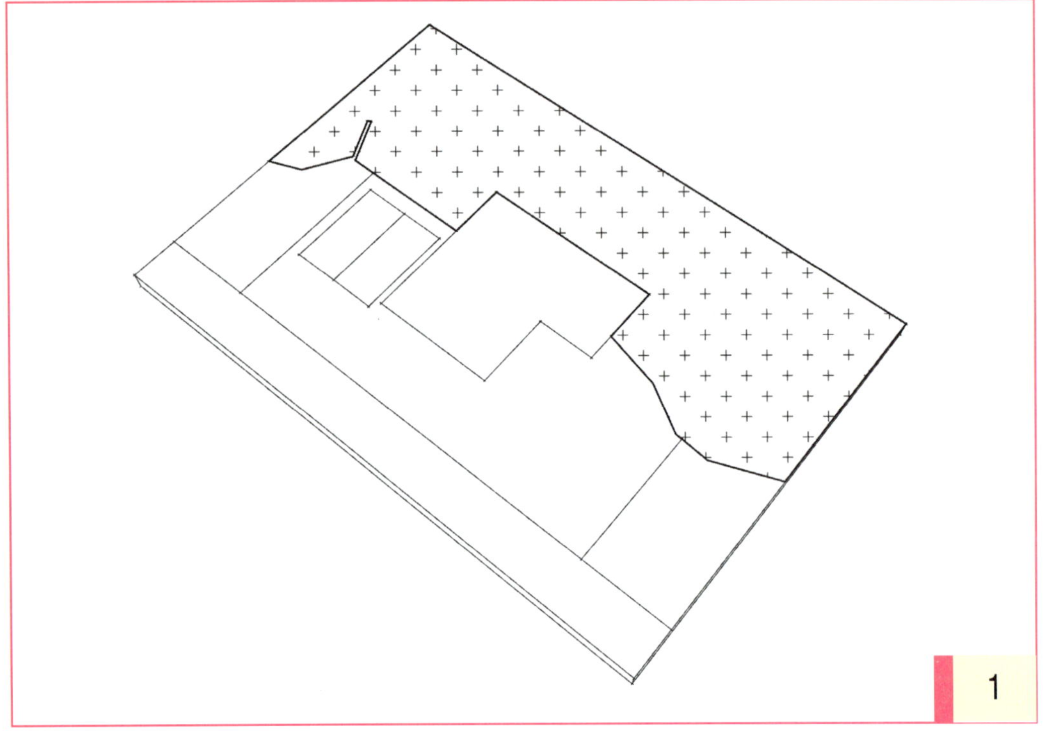

1

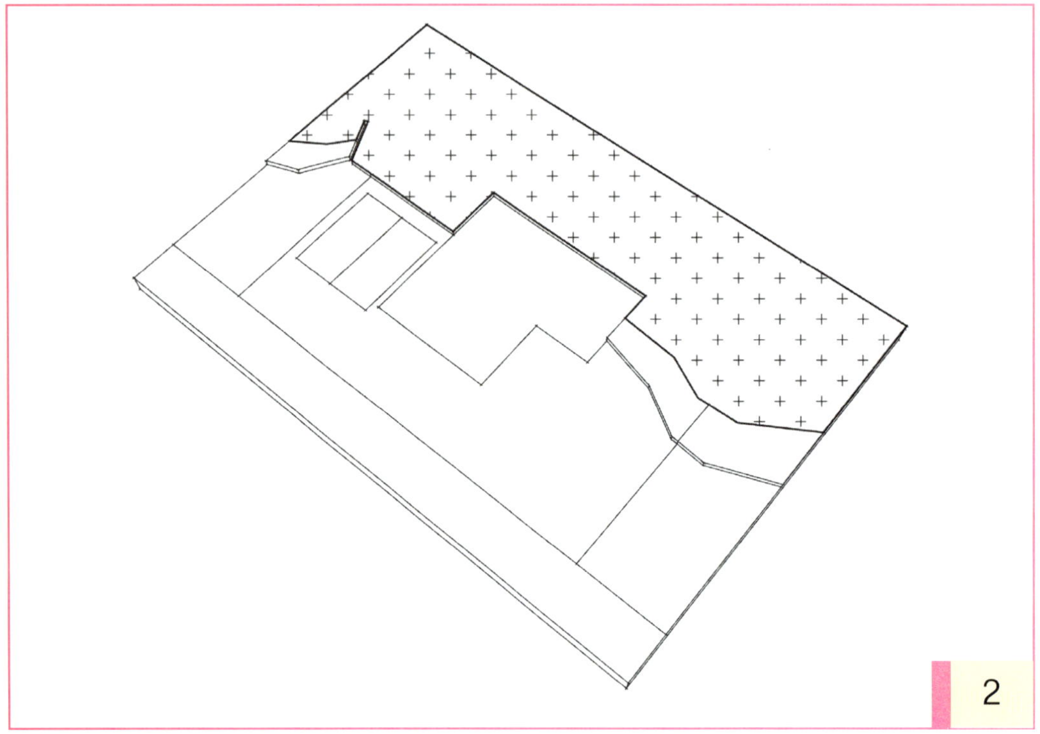

2

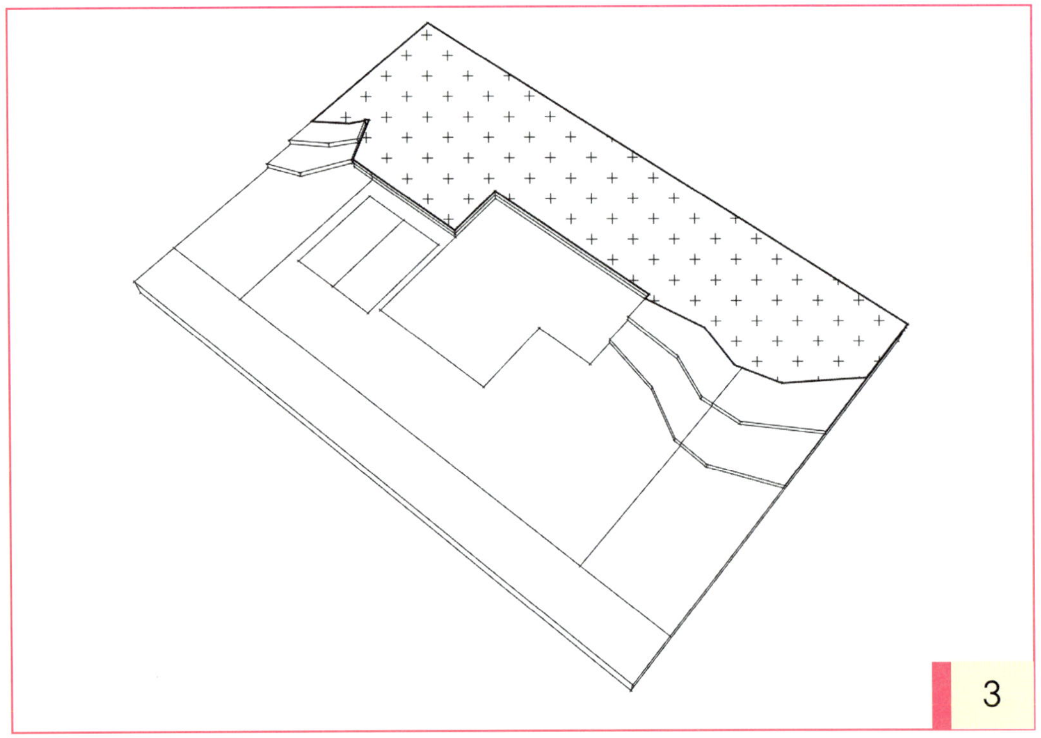

3

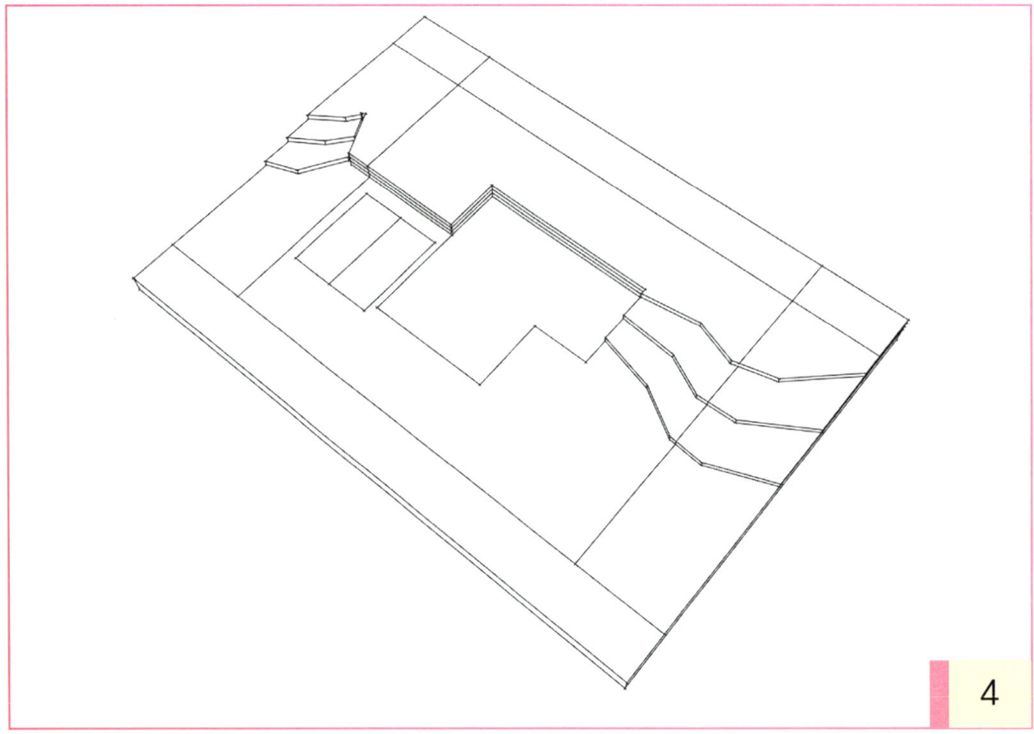

4

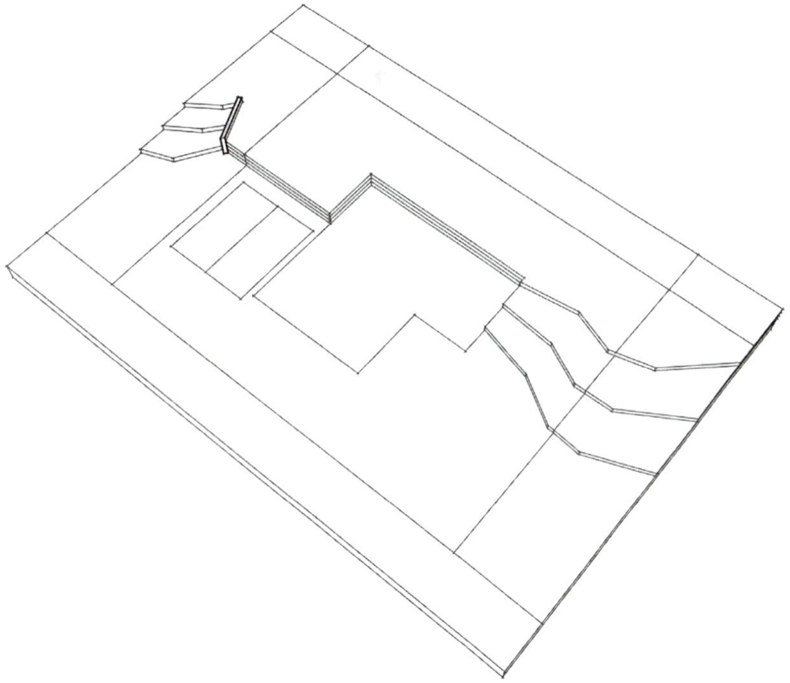

5

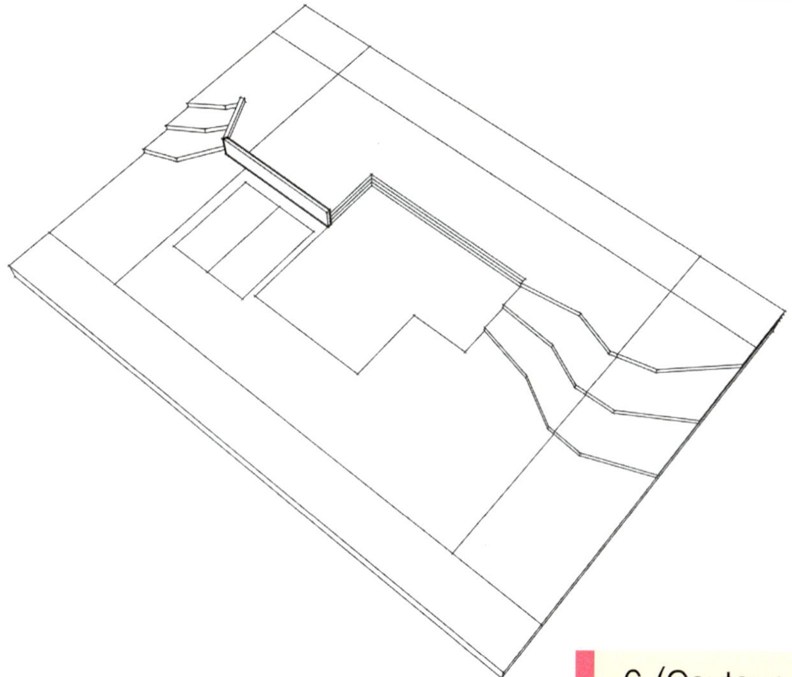

6 (Coutour 완성)

03 건물 만들기

1 건물 만들기

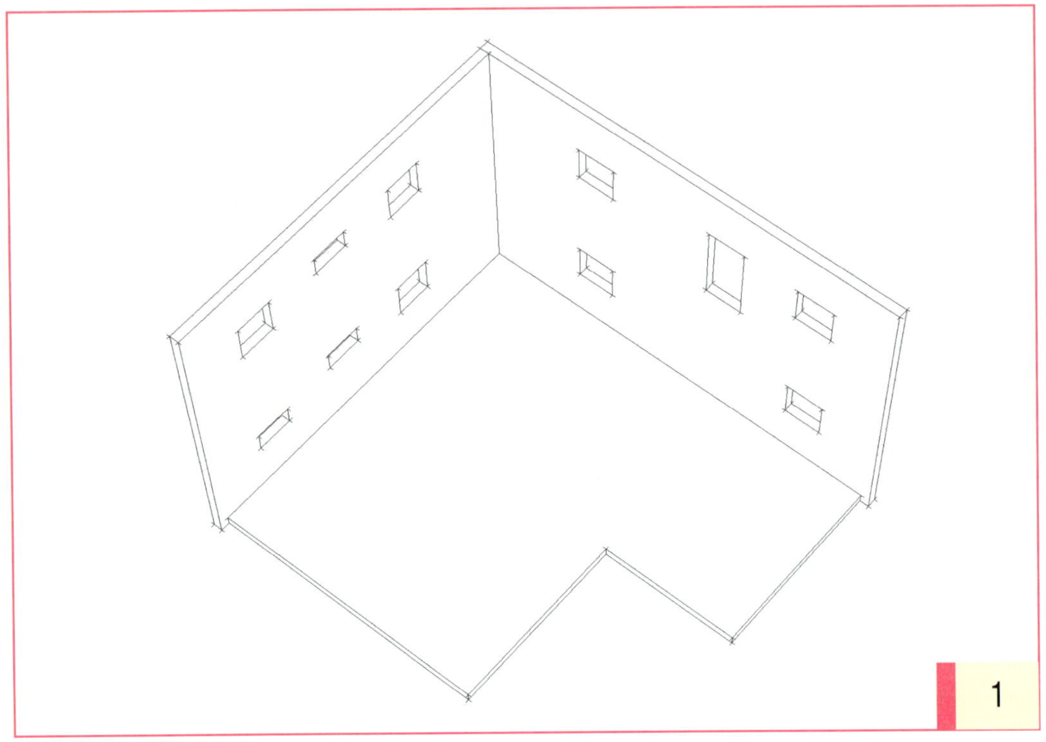

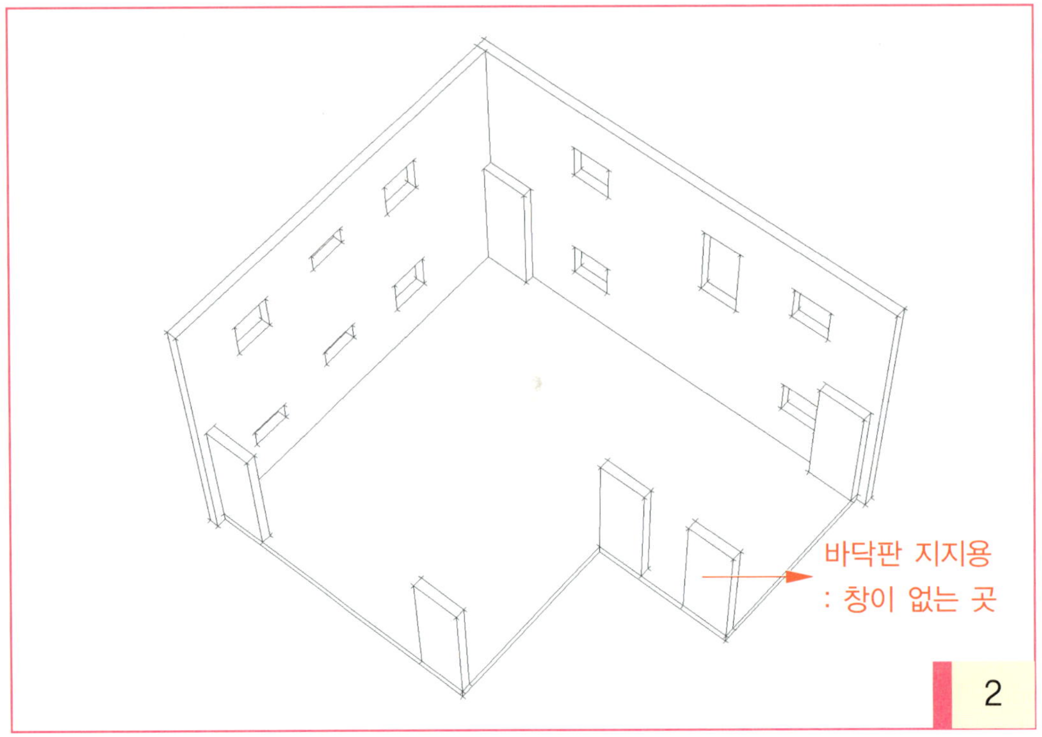

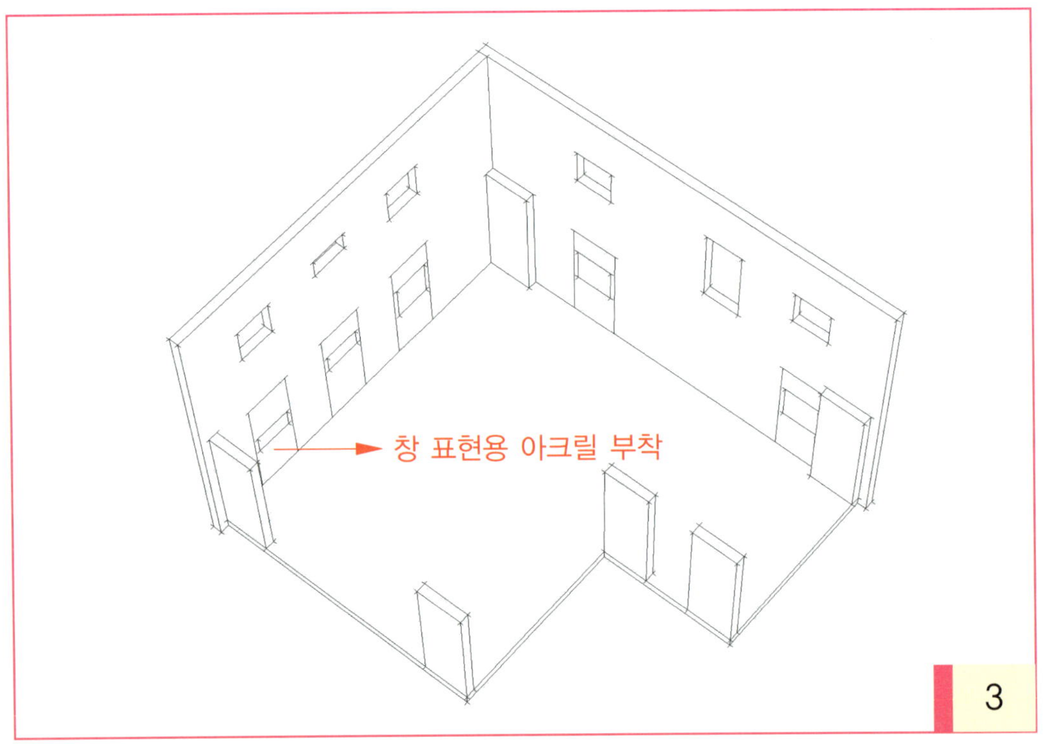

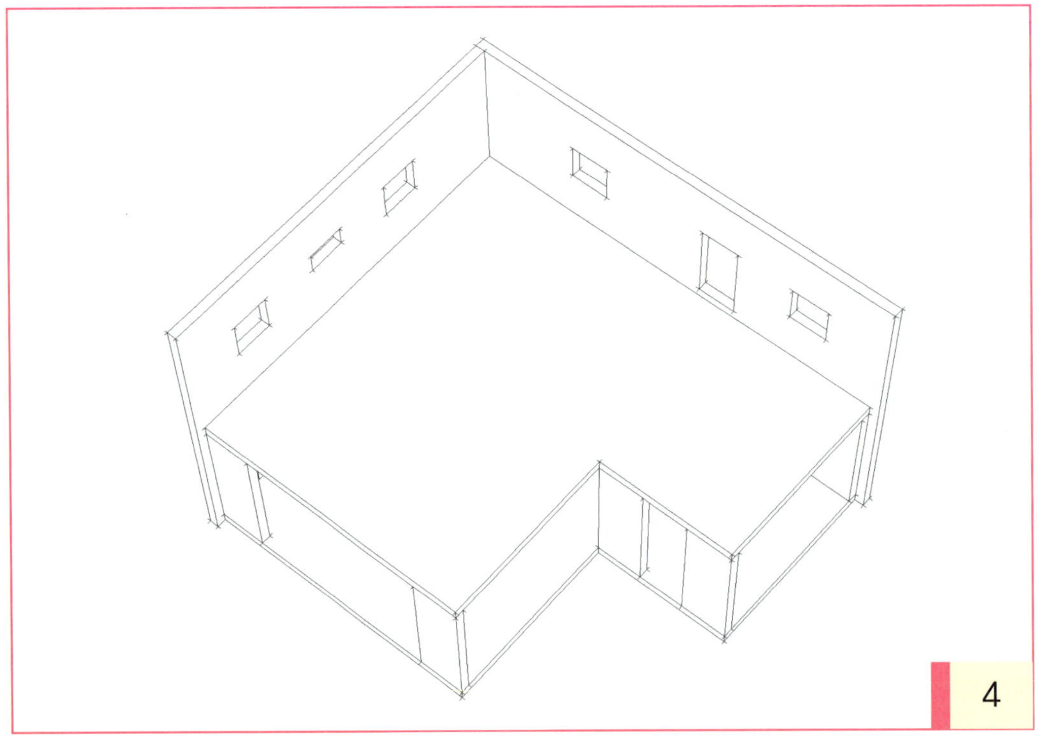

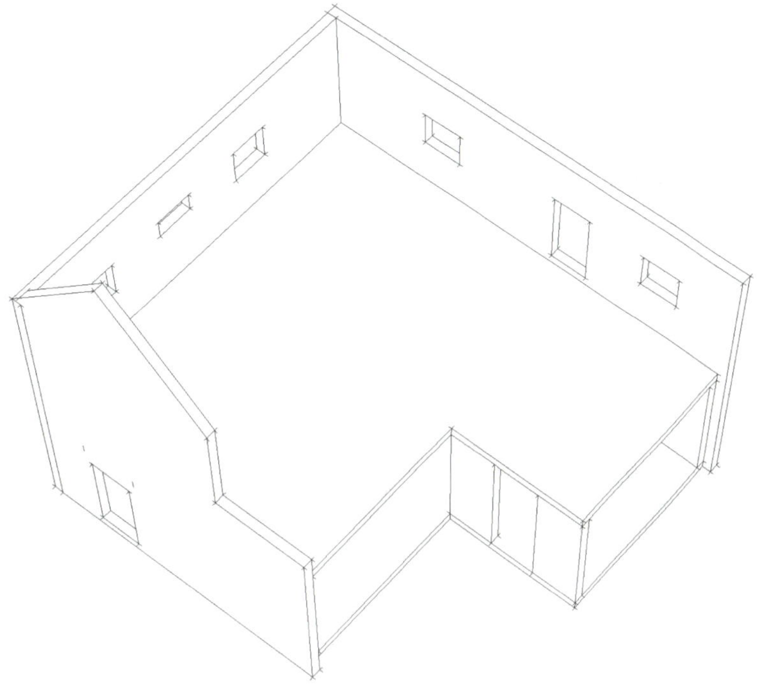

5

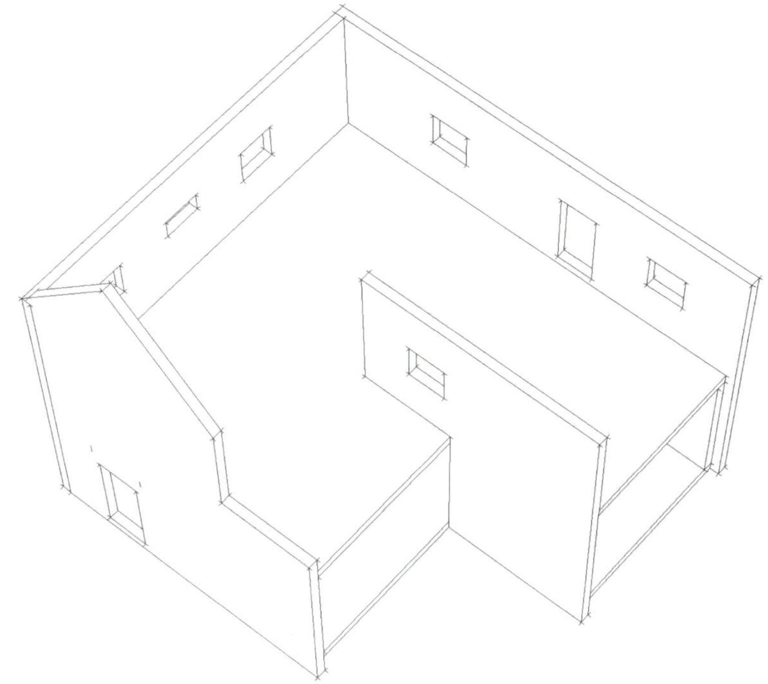

6

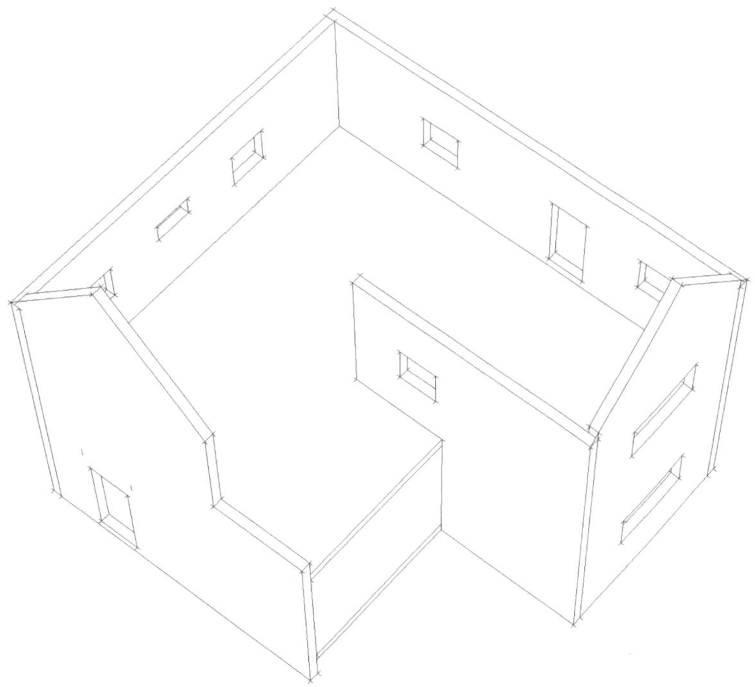

7

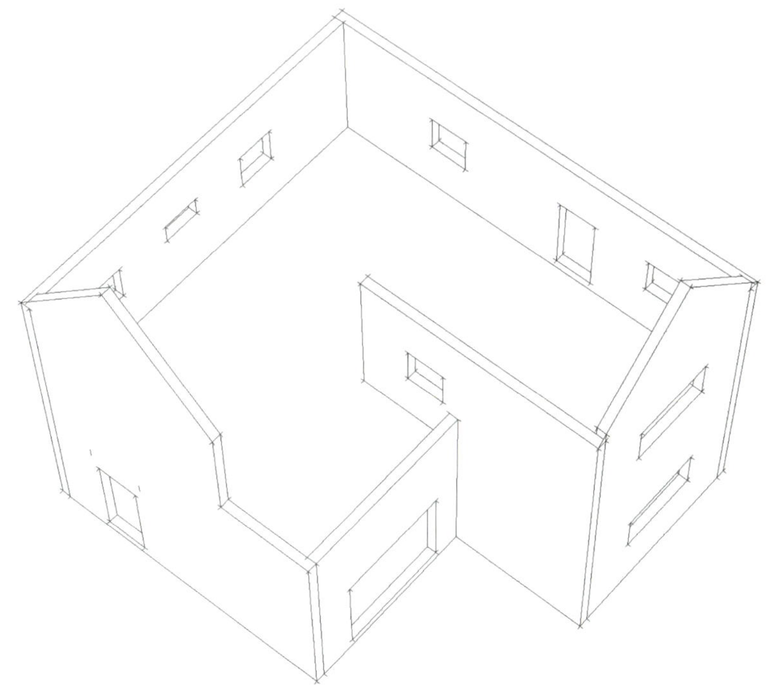

8

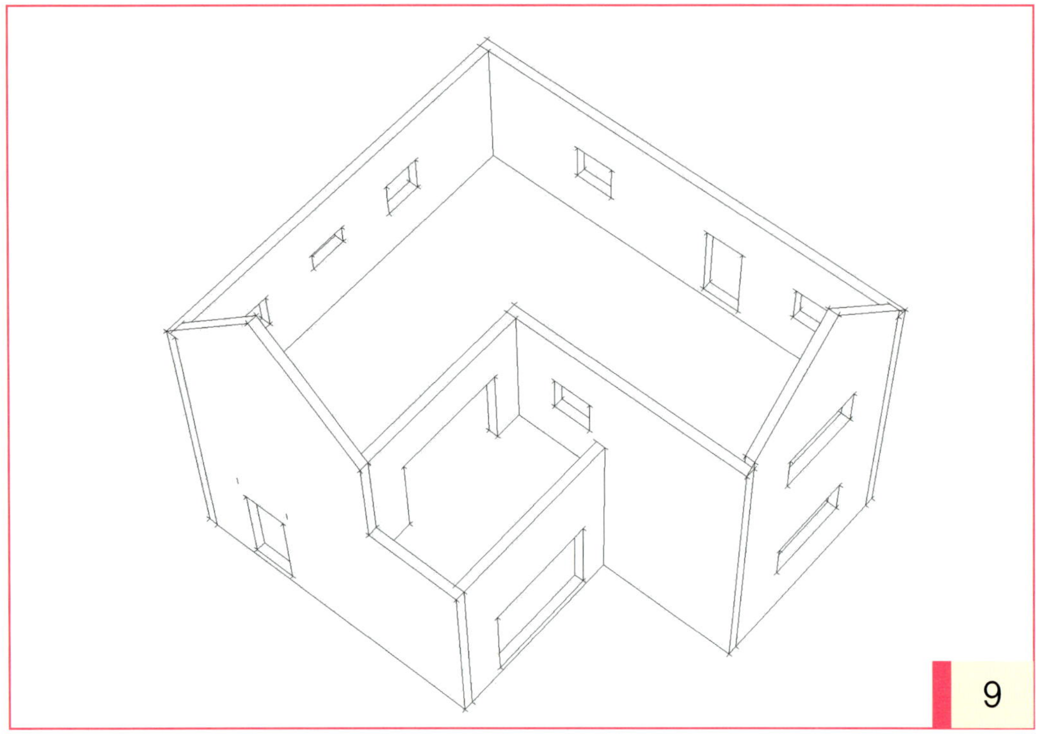

9

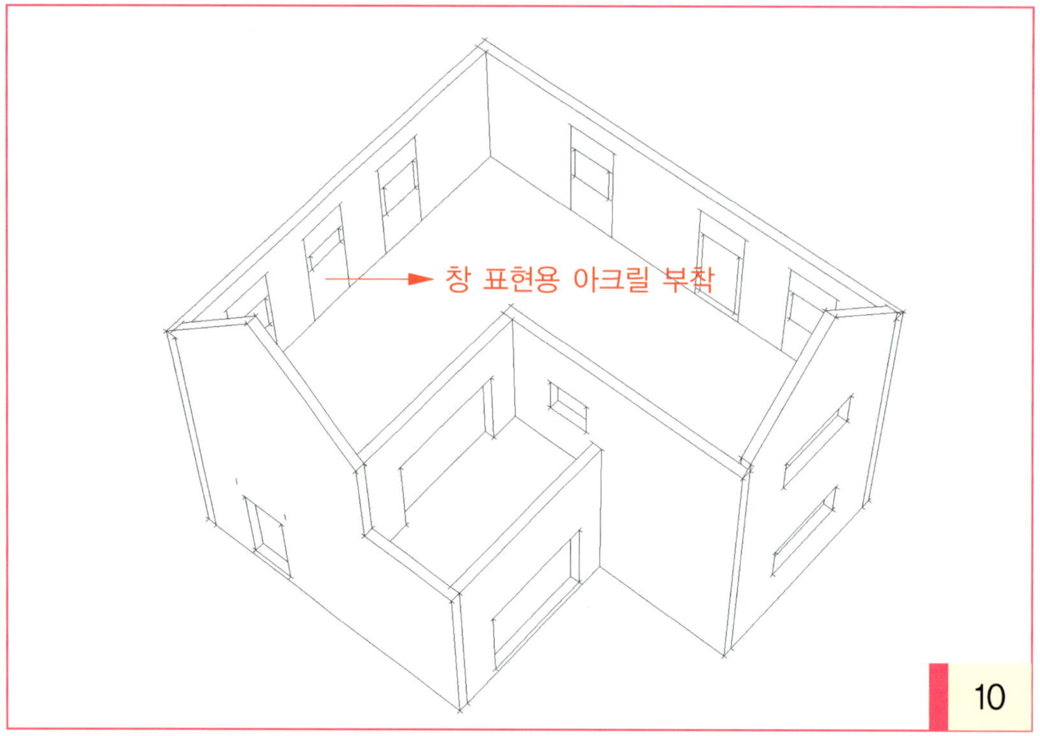

10

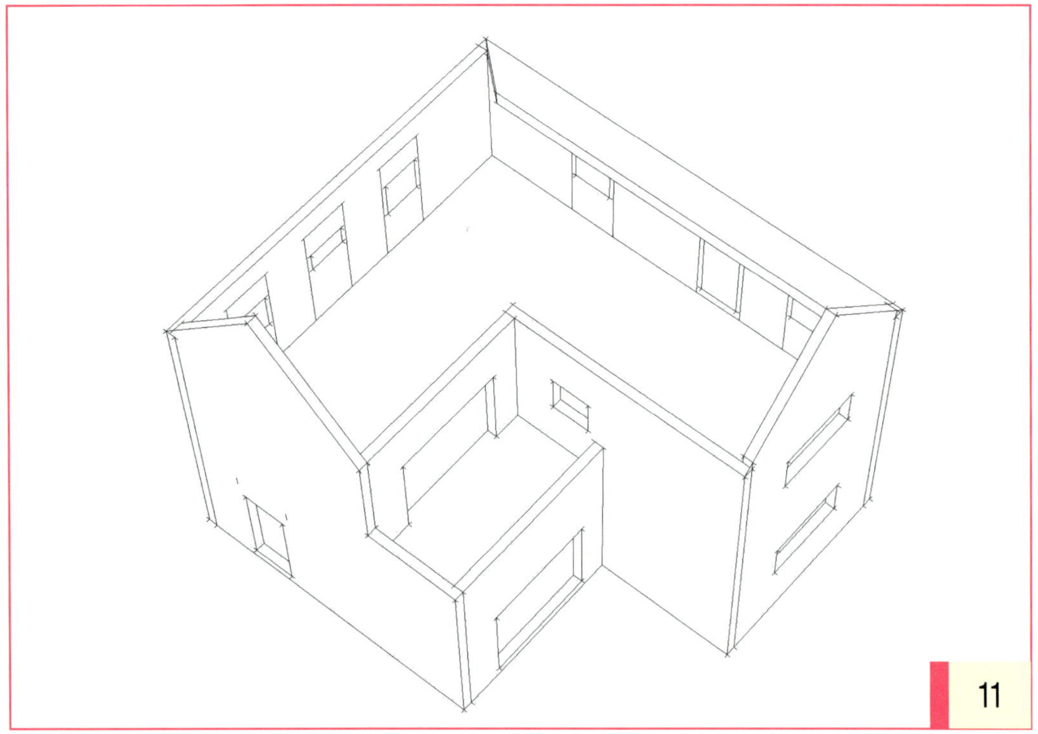

11

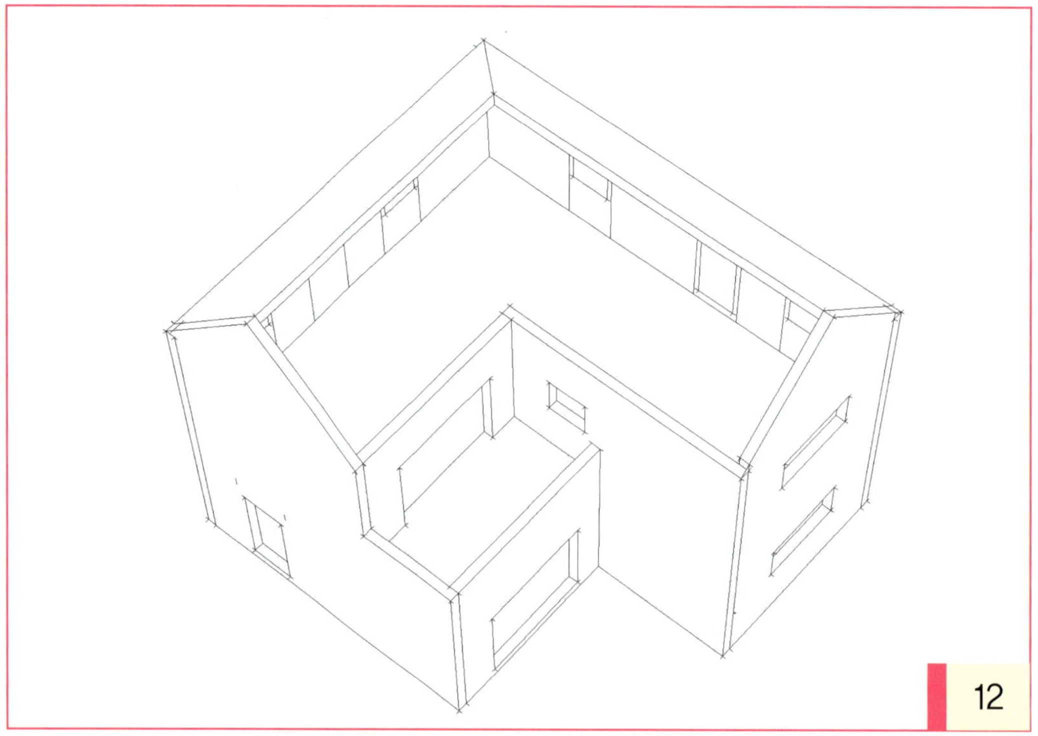

12

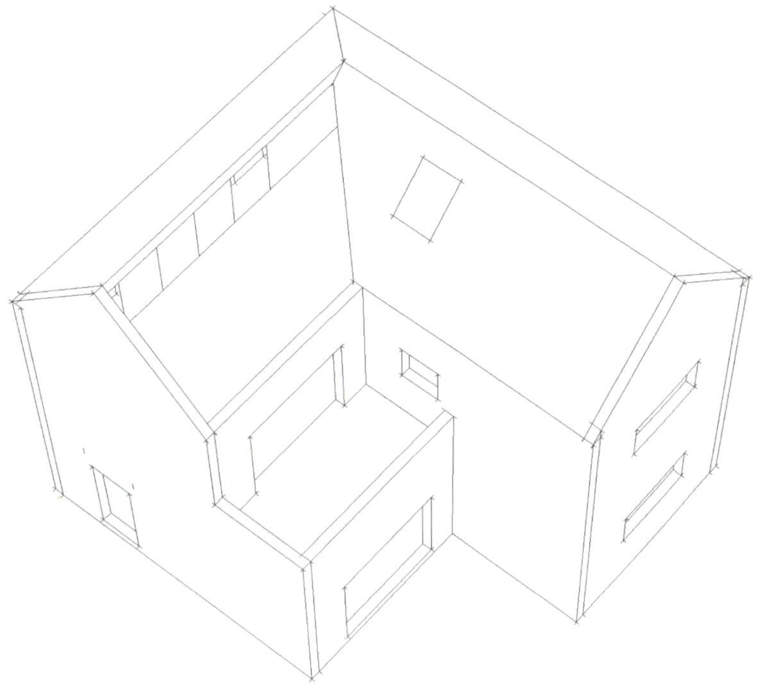

13

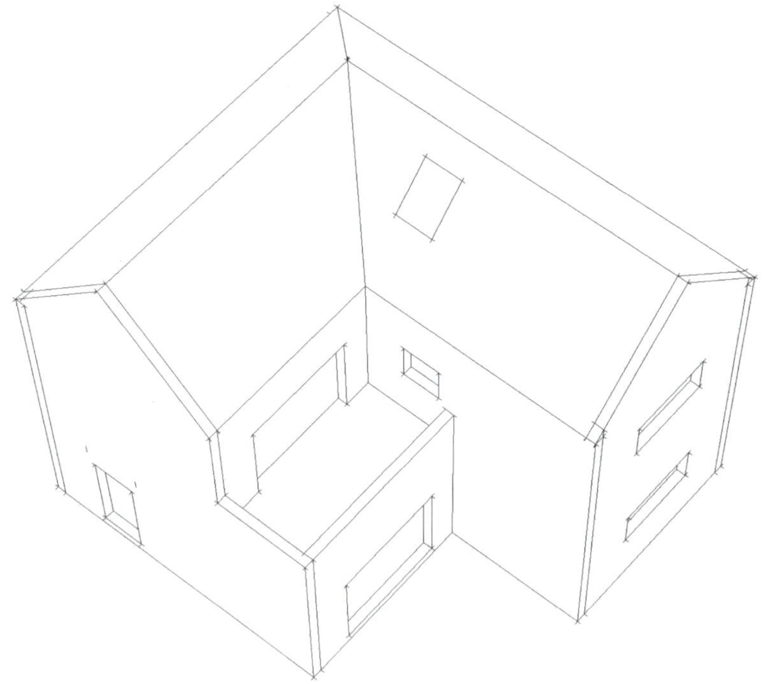

14

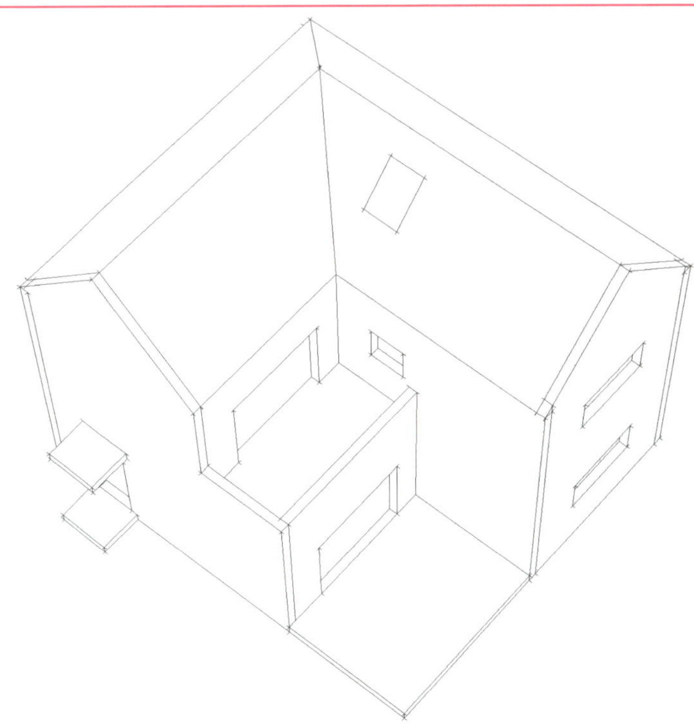

15

04 모형 실습 완성

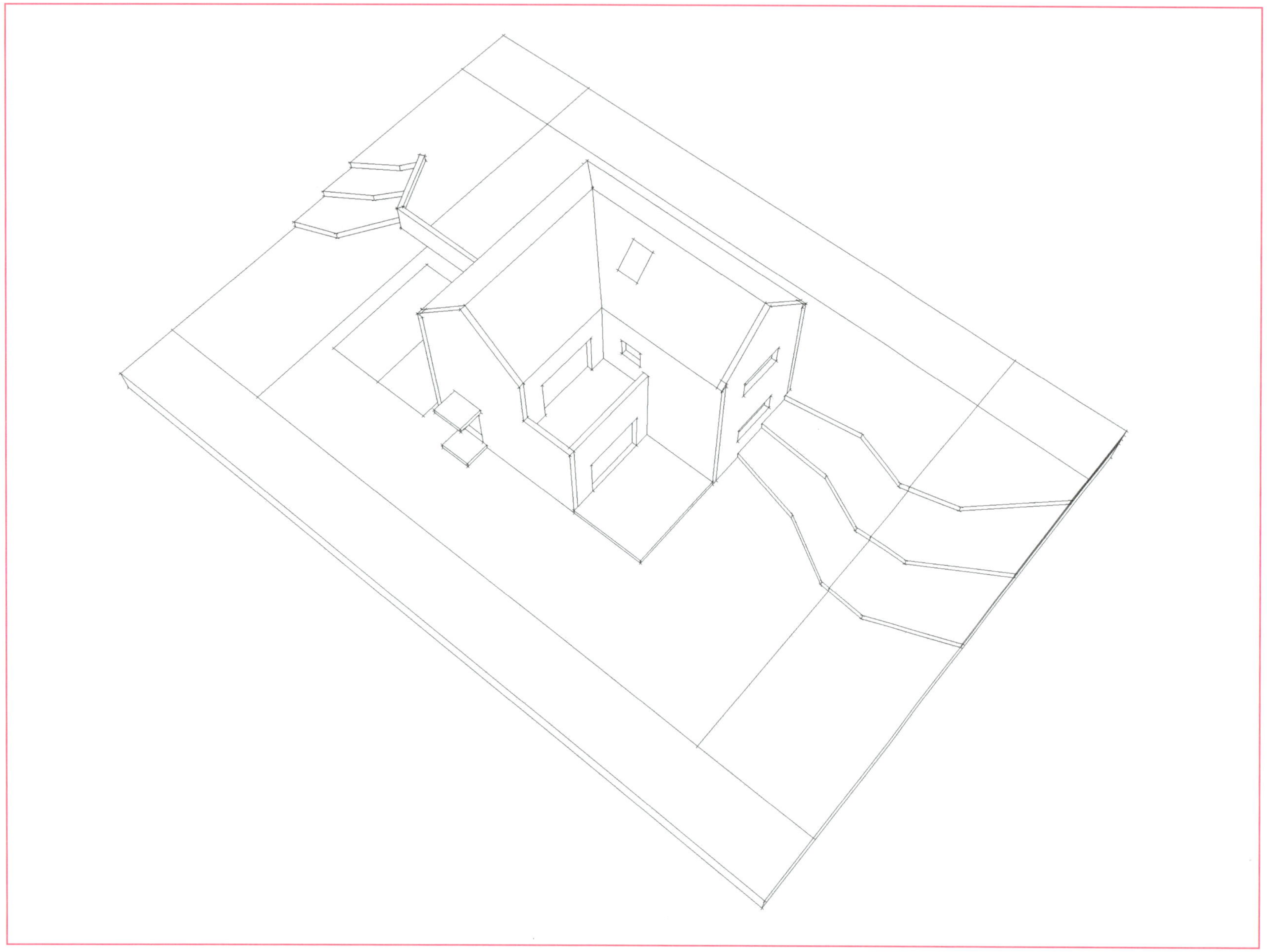

05 모형 실습 예시

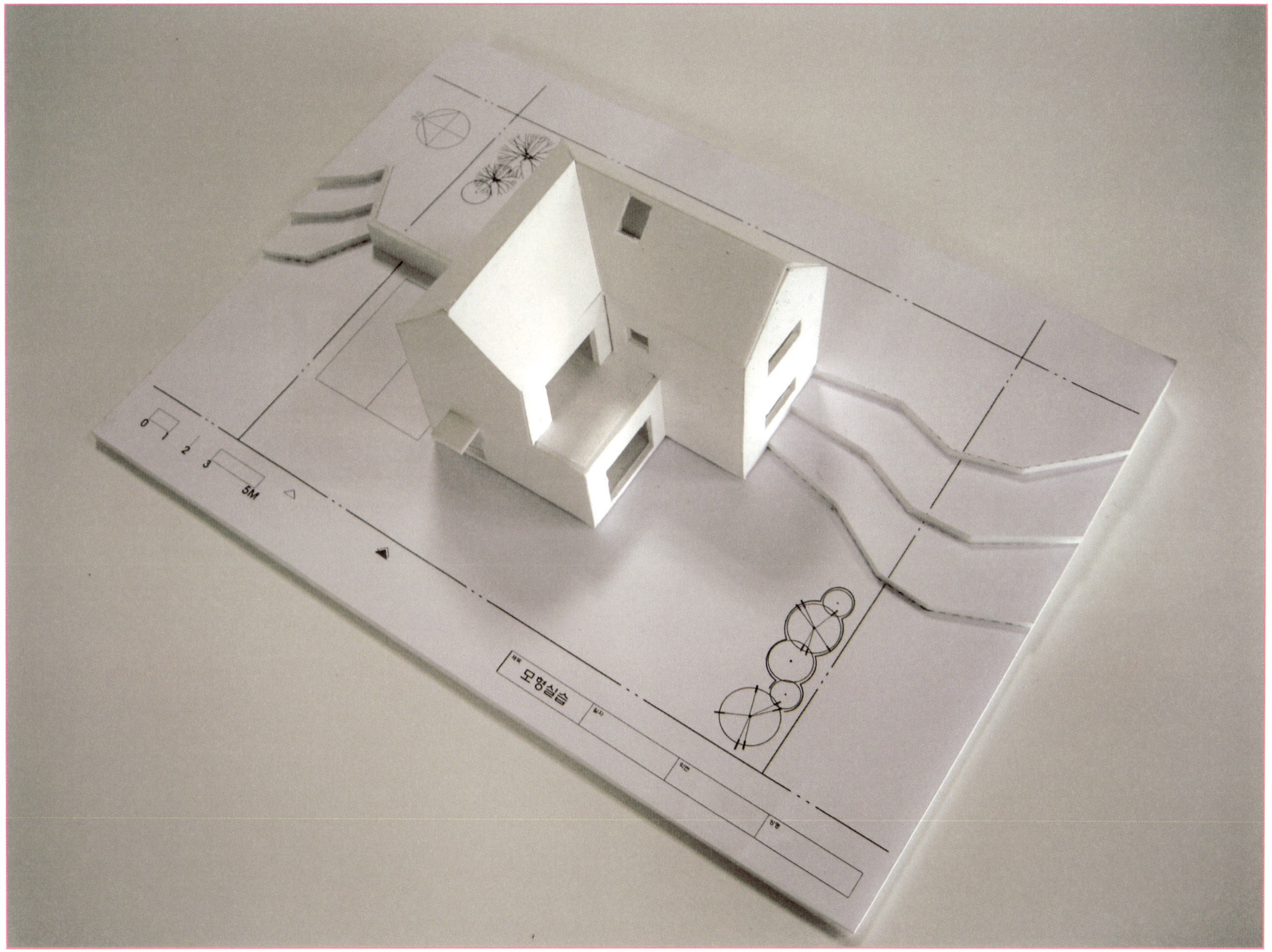

08 CHAPTER 판 넬

1. 최종 판넬구성 예시

2. 학생 판넬구성 예시

1. 최종 판넬구성 예시

01 사례 연구

작품 개요

- 작가, 작품명과 기본적인 건축개요사항을 기재

배치 분석

- 배치도를 이용, 대지와 주변 환경에 의해서 작가의 의도를 살펴폰다

작품 사진 B

- 작가가 제시하고자하는 개념, 분위기가 잘 나타난 사진을 통해서 작품을 이해하기가 쉬워진다.

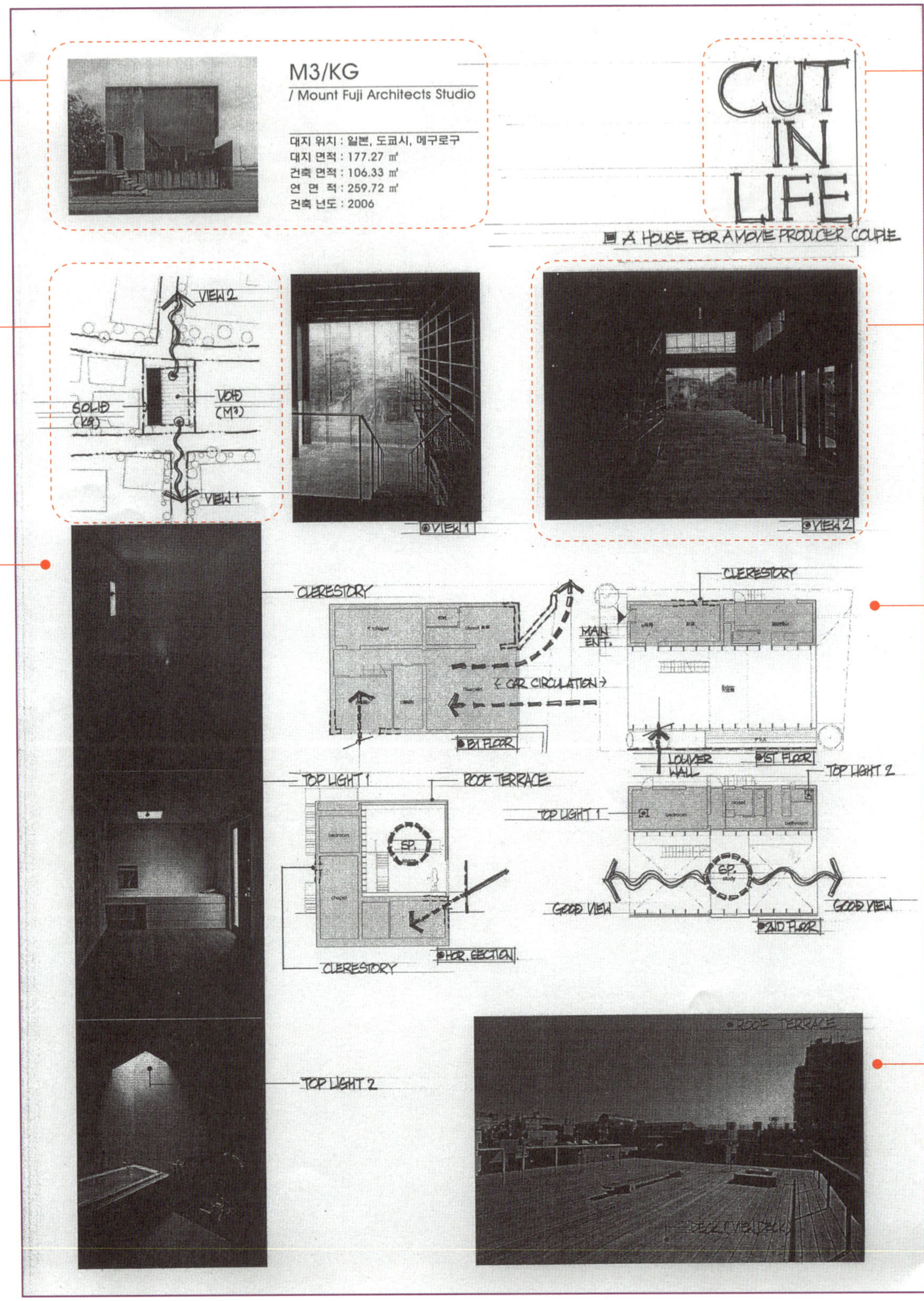

판넬제목

- 작품에서 느껴지는 주요개념을 축약할 수 있는 용어를 제시
- 간단한 설명을 부제목으로 첨부

작품사진 A

- 주요 개념의 이해를 도와줄 수 있는 사진을 포함시켜 작가의 의도를 살펴볼 수 있다.

도면분석

- 확보된 도면을 분석, 이해하여 작가가 의도하는 바를 Diagram 형식으로 정리해본다.

작품사진 C

- 특별히 강조되는 개념을 설명해 줄 수 있는 사진을 포함시켜 작가의 의도를 살펴볼 수 있다.

02 기본 개념 설정

(1) 작품 분석을 통해서 느껴지는 자신의 느낌을 정리하여, 하나의 이미지나 다이어그램으로 표현해본다.

(2) 사례의 작품 M3/KG에서의 느낌을 핑거프레임(finger frame)으로 표현해 본 예

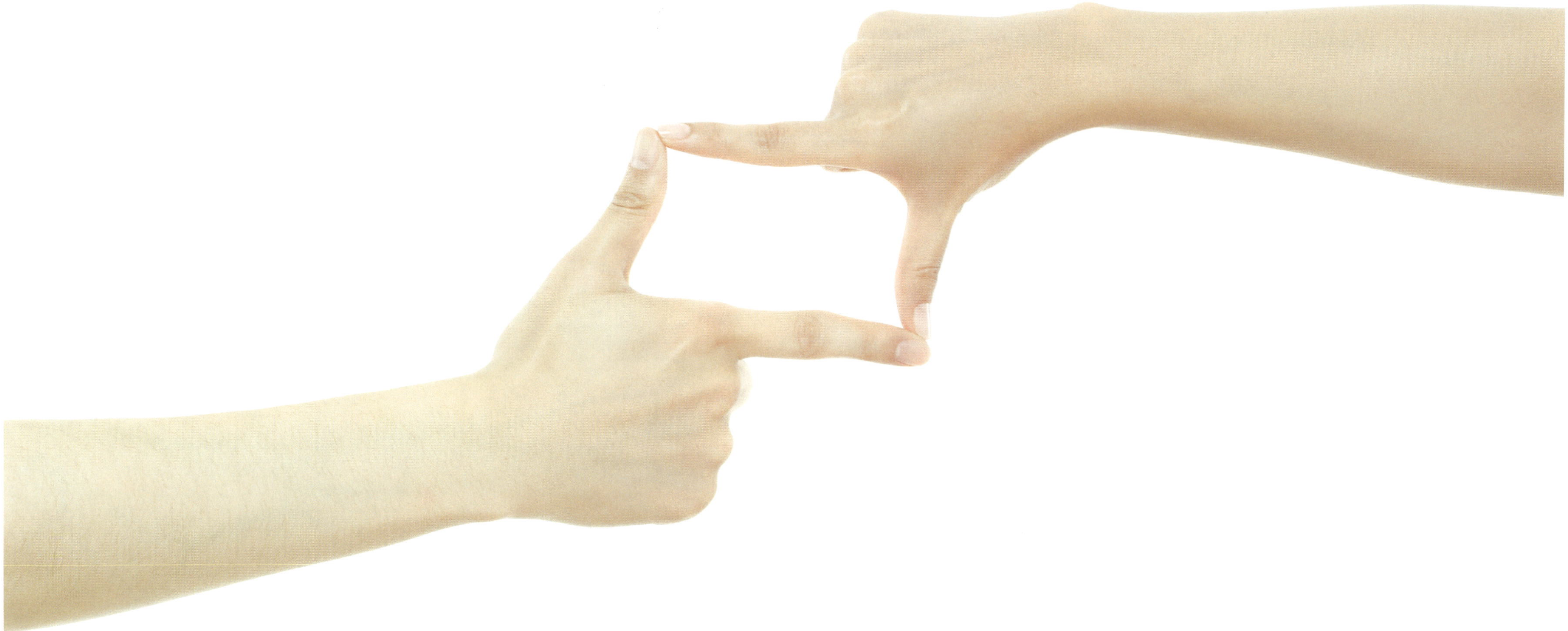

03 스케치의 종류

1 계획 스케치

: 설정된 대지의 상황에 맞게 기본 개념을 적용시켜보고, 의도하는 요소들을 정리해본다.

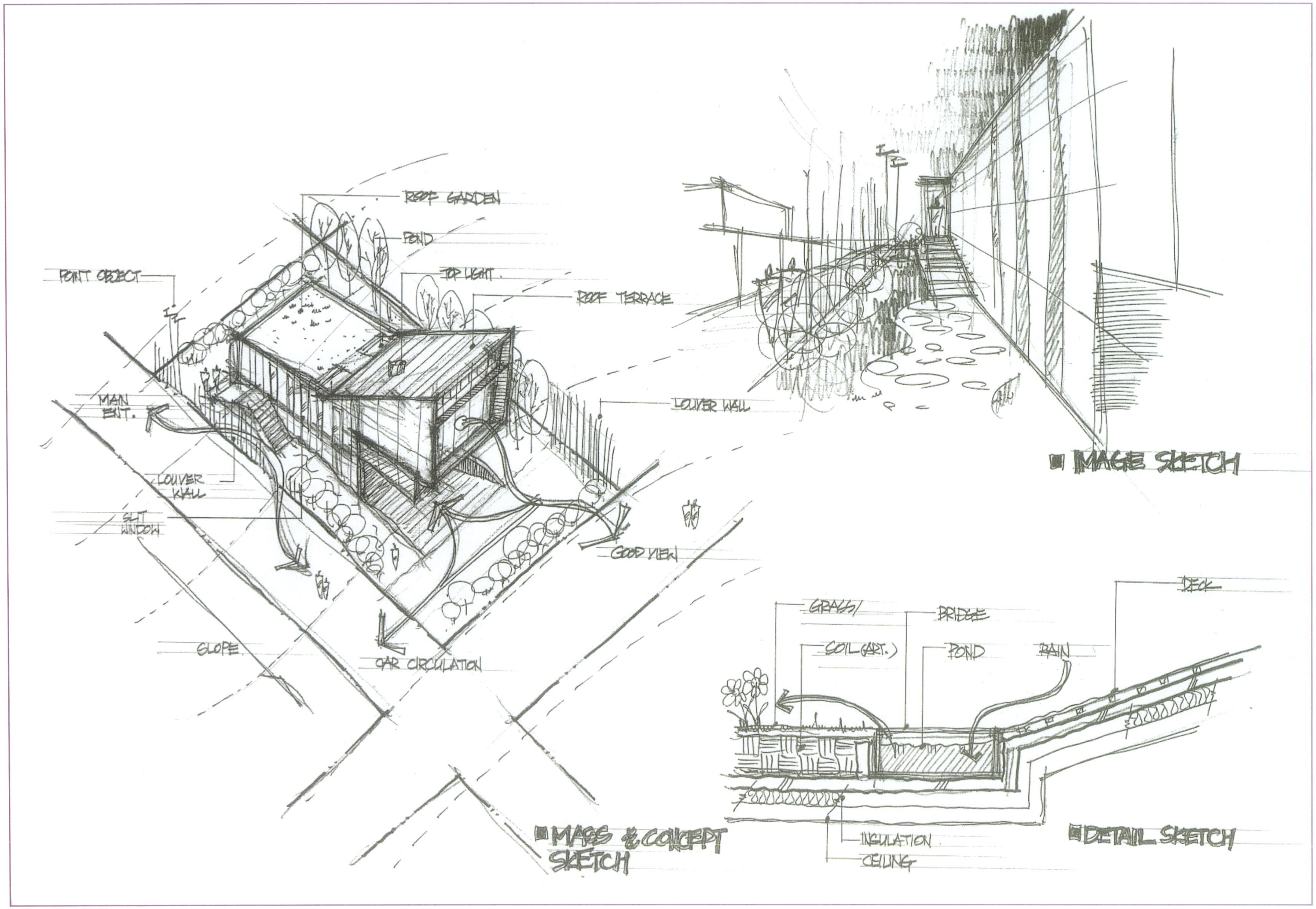

2 평면 스케치

: 개념 스케치, Mass Study 등을 통해 정리된 내용으로 평면을 계획해본다.

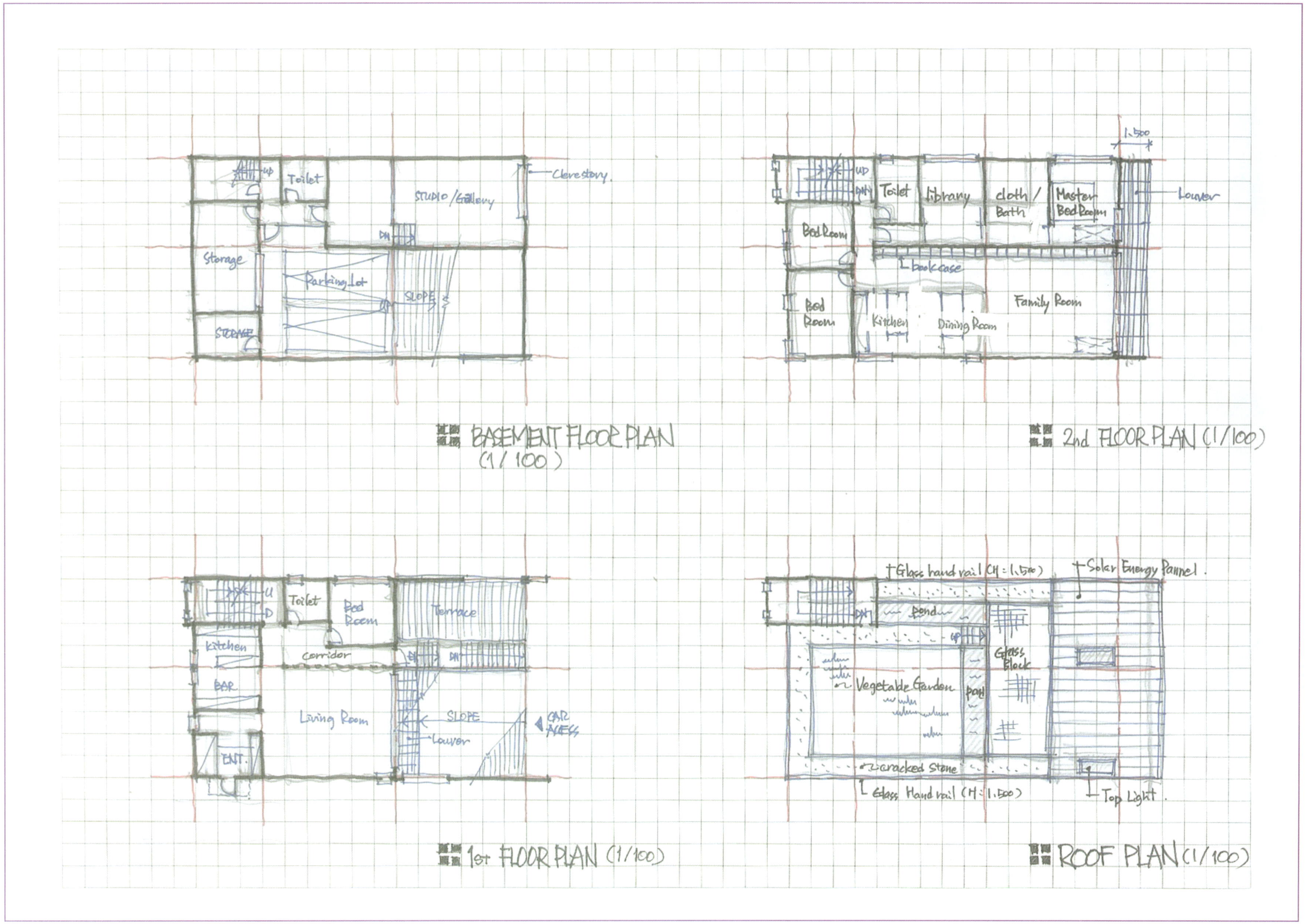

3 입면 스케치 1

: 평면 계획을 반영할 수 있는 기본적인 외부 형태를 정리해보고, 의도하는 바에 따라 입면을 계획해본다. 평면과의 상호 비교, 보완이 필요해질 수 있다.

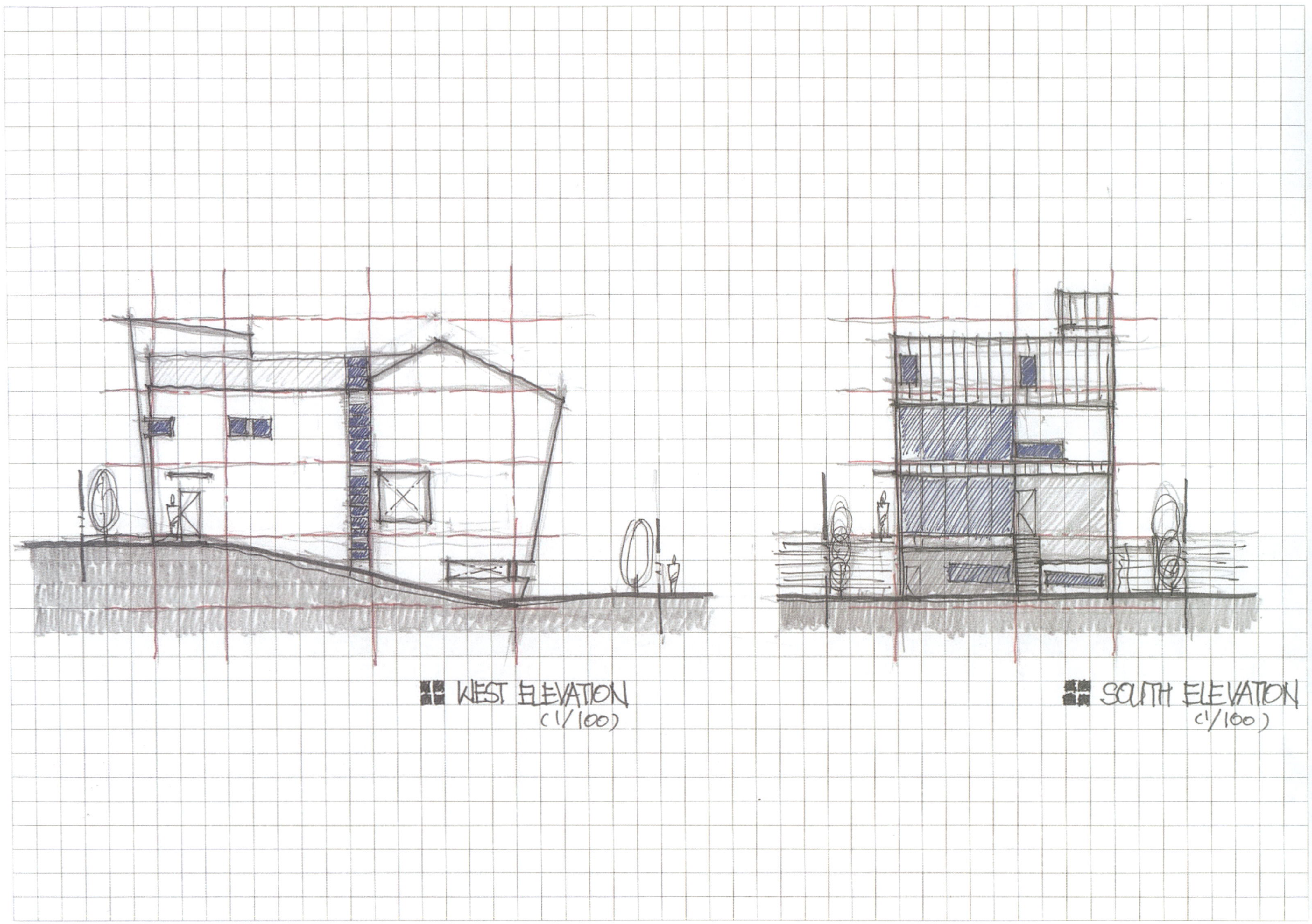

4 입면 스케치 2

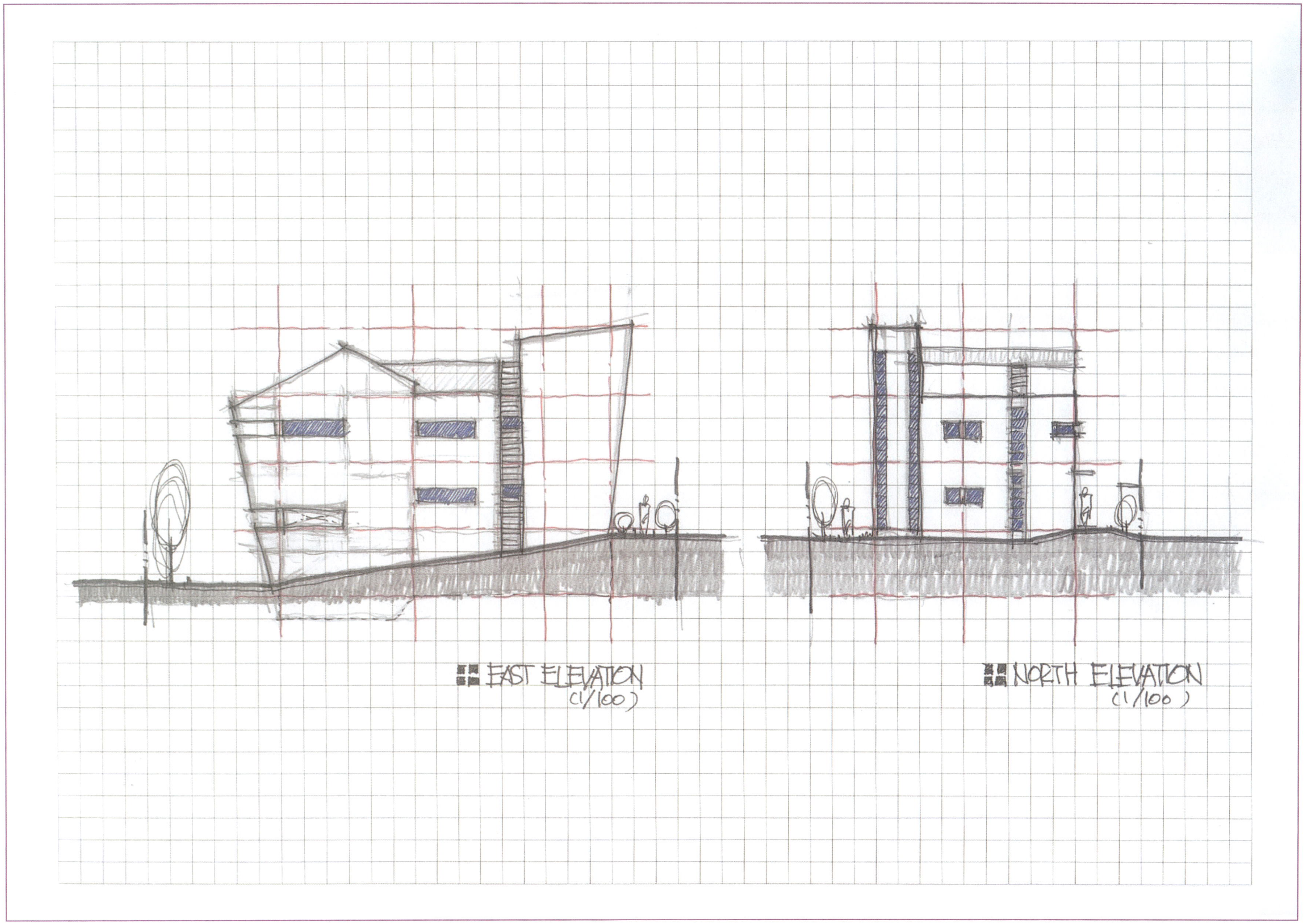

5 단면 스케치

: 평면, 입면 계획을 바탕으로 기본적인 단면 형태를 정리해보고, 의도하는 바에 따라 세부적인 계획을 해본다. 평면, 입면과의 상호 비교를 통해 보완이 필요해질 수 있다.

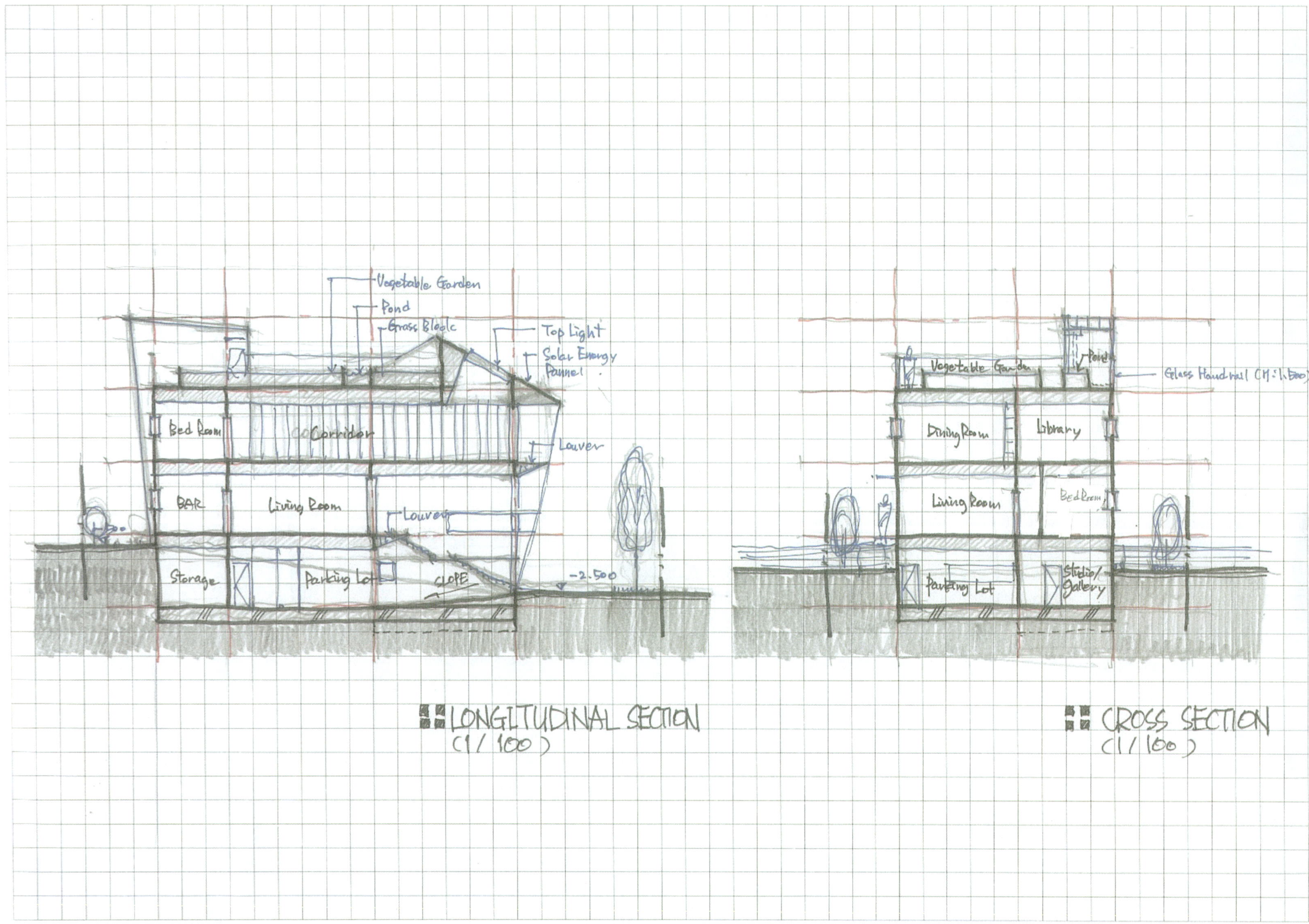

6 배치 스케치

(1) 계획 스케치에서 기본 도면 스케치까지 정리된 내용을 배치도에 정리한다.

(2) 평면 · 도면의 이해를 바탕으로한 외부공간의 높이 설정이 필요하다.

(3) 동선의 흐름을 파악할 수 있도록 하고, 방위표 등 필요 요소들을 표현한다.

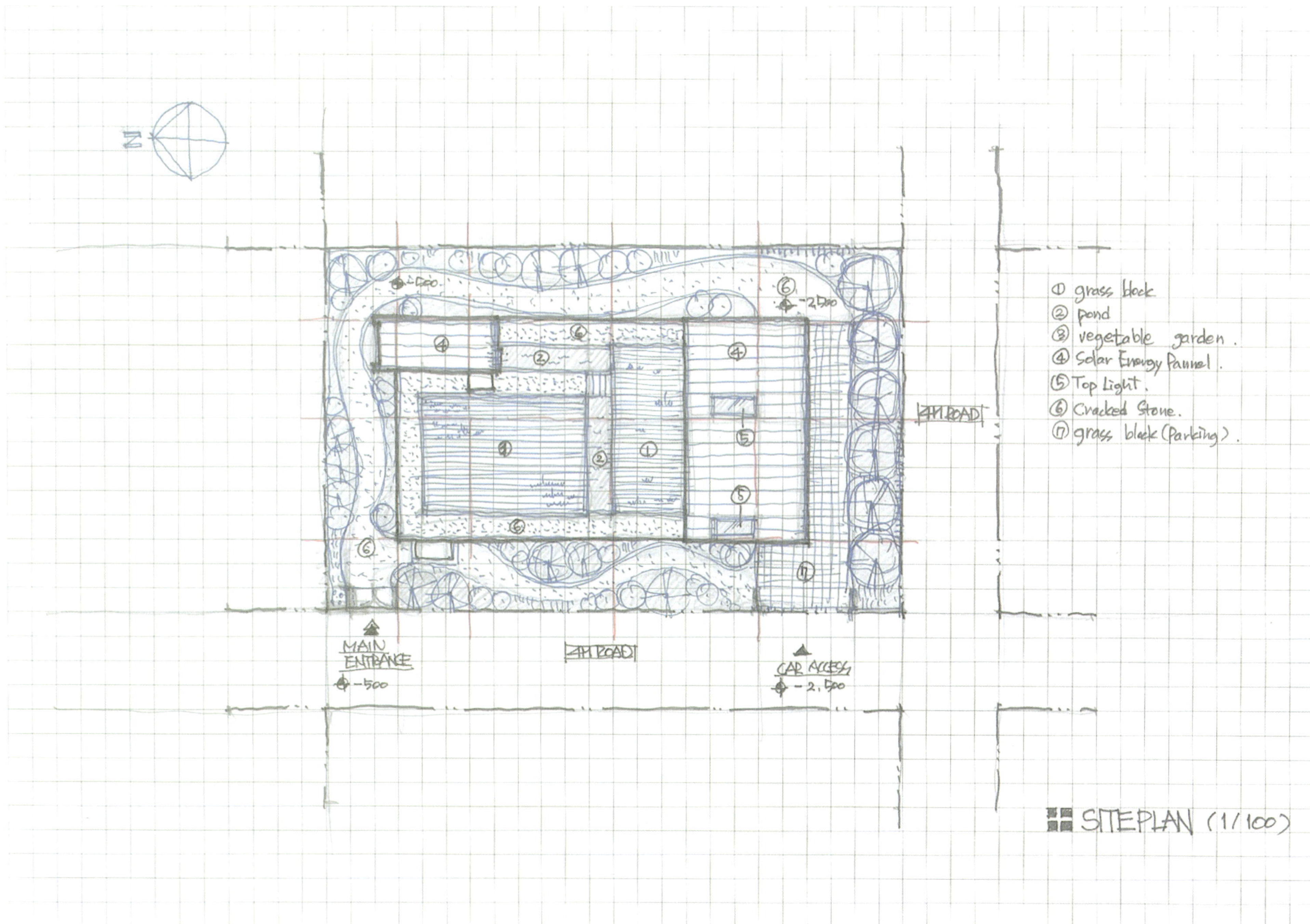

04 개념적용 mass modeling

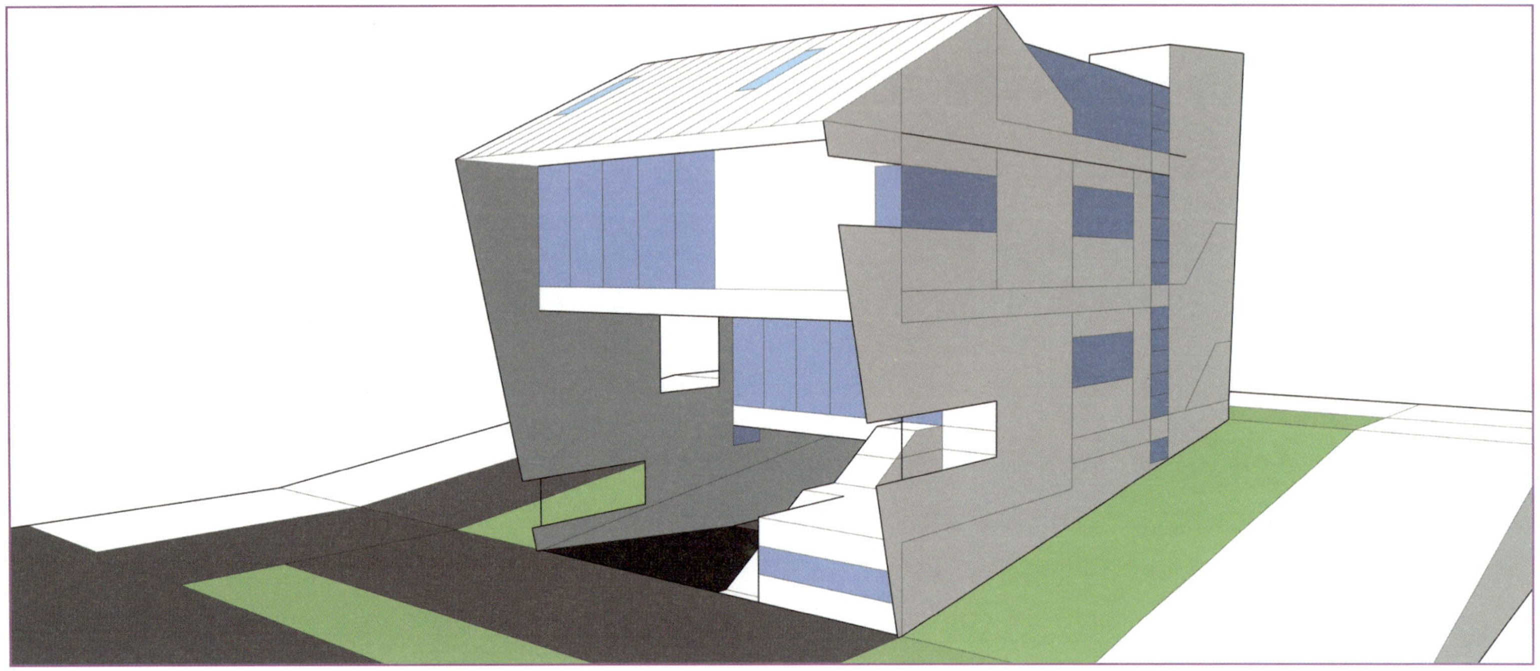

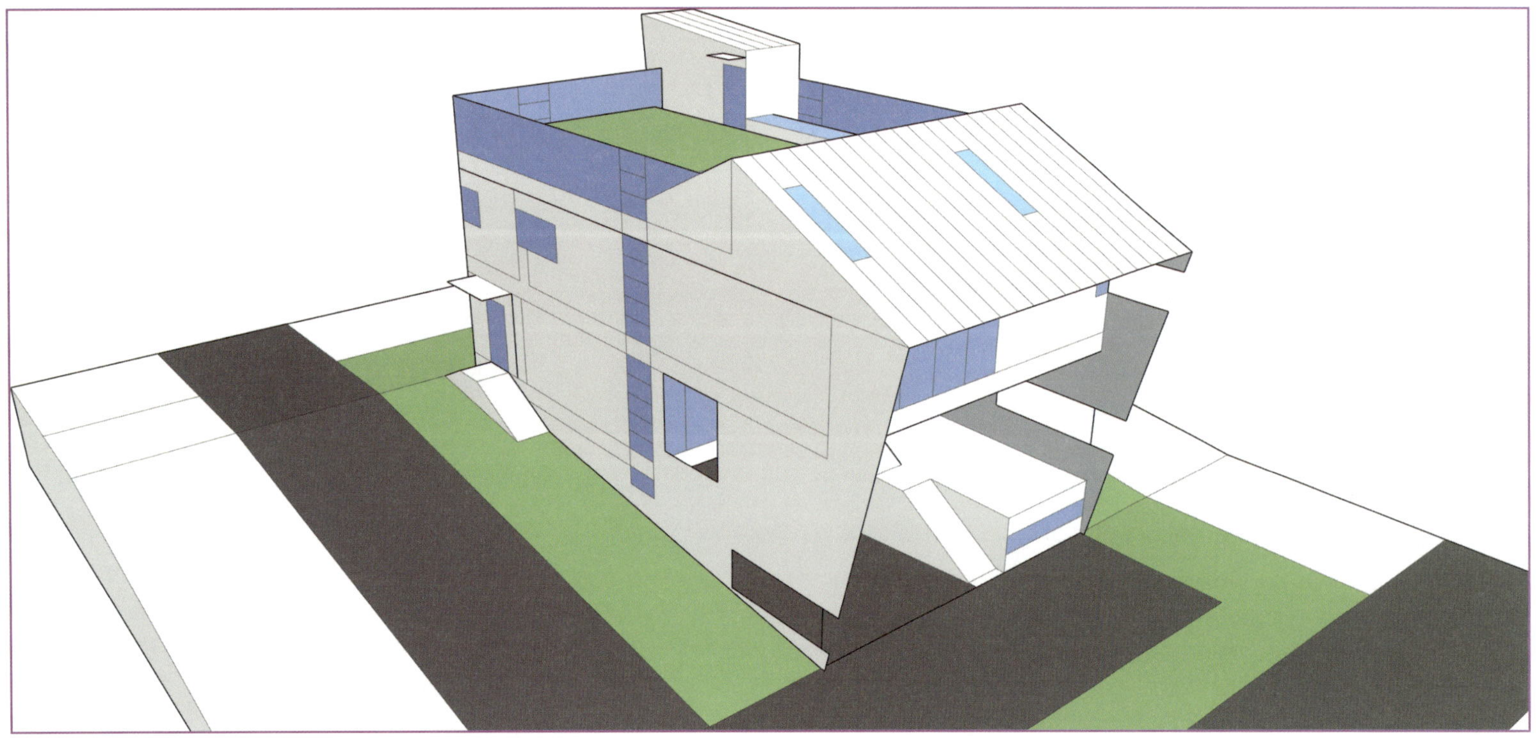

1 mass modeling

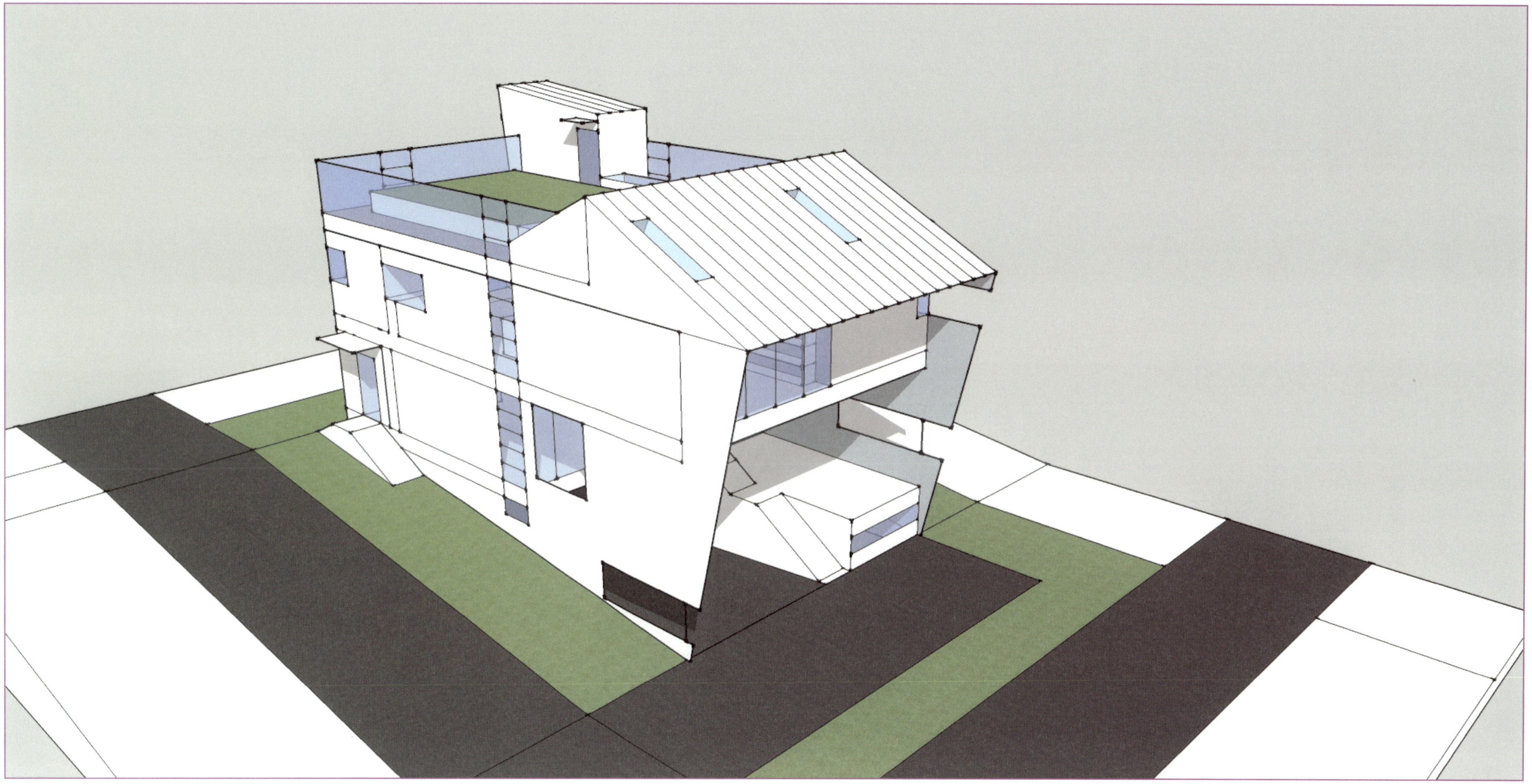

05 판넬용 도면작성

: 판넬 구성에 사용할 도면을 작성한다.

지하층 평면도

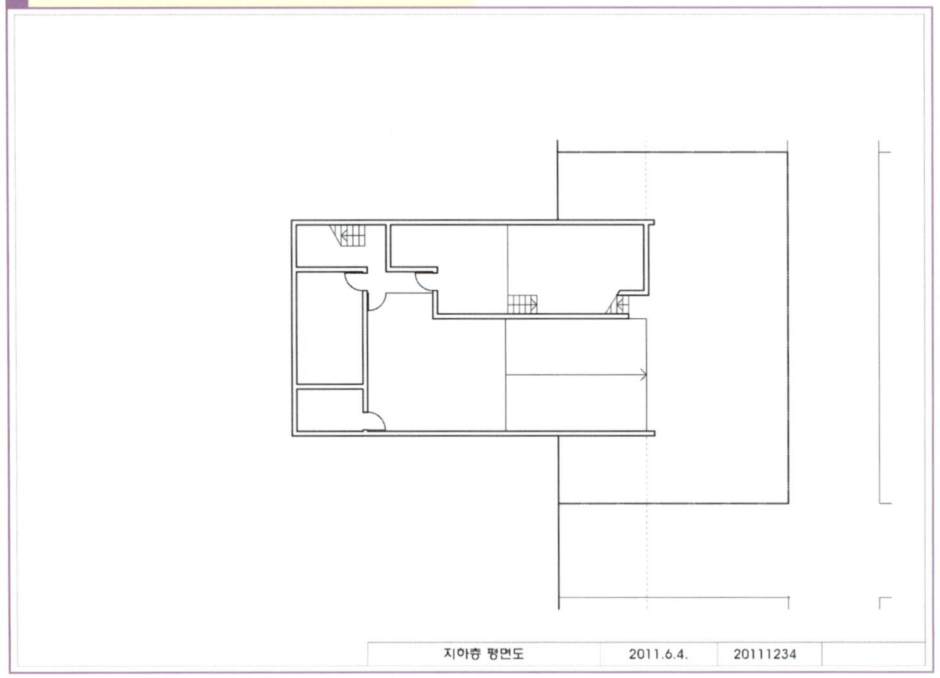

1층 평면도

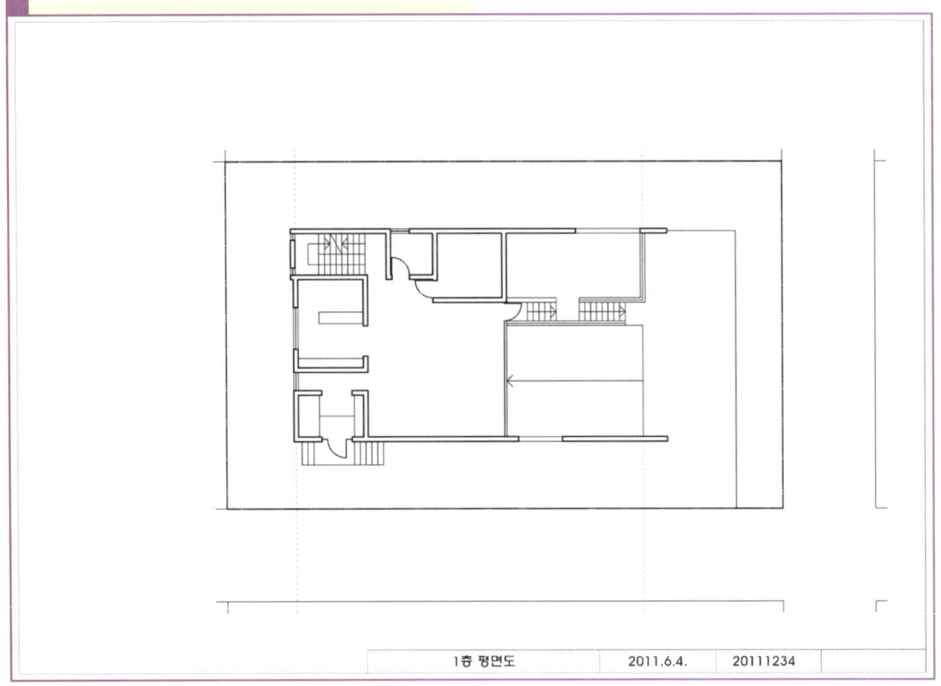

2층 평면도

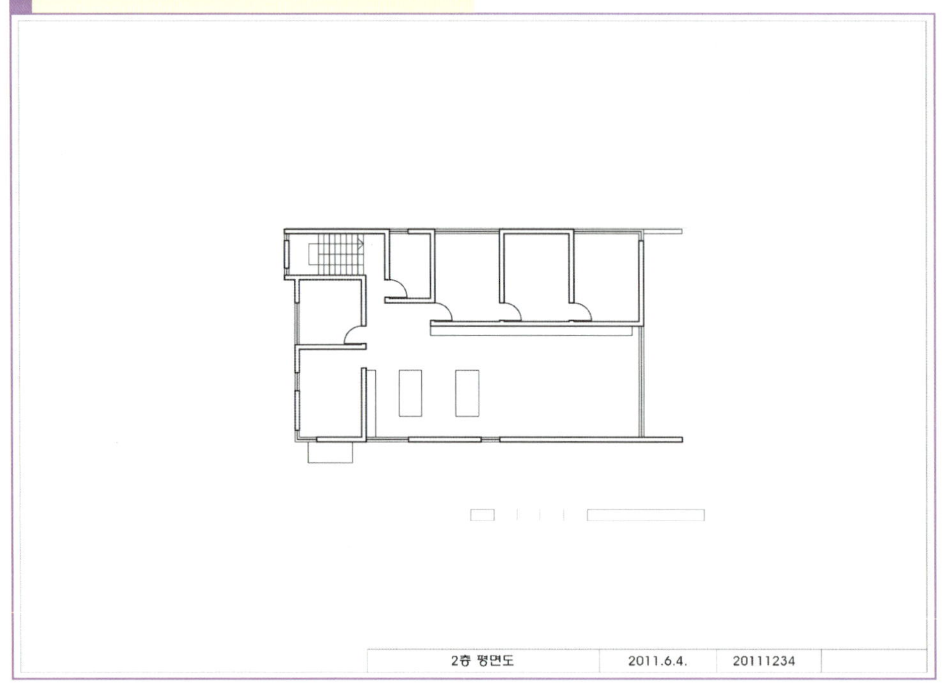

입면도 1

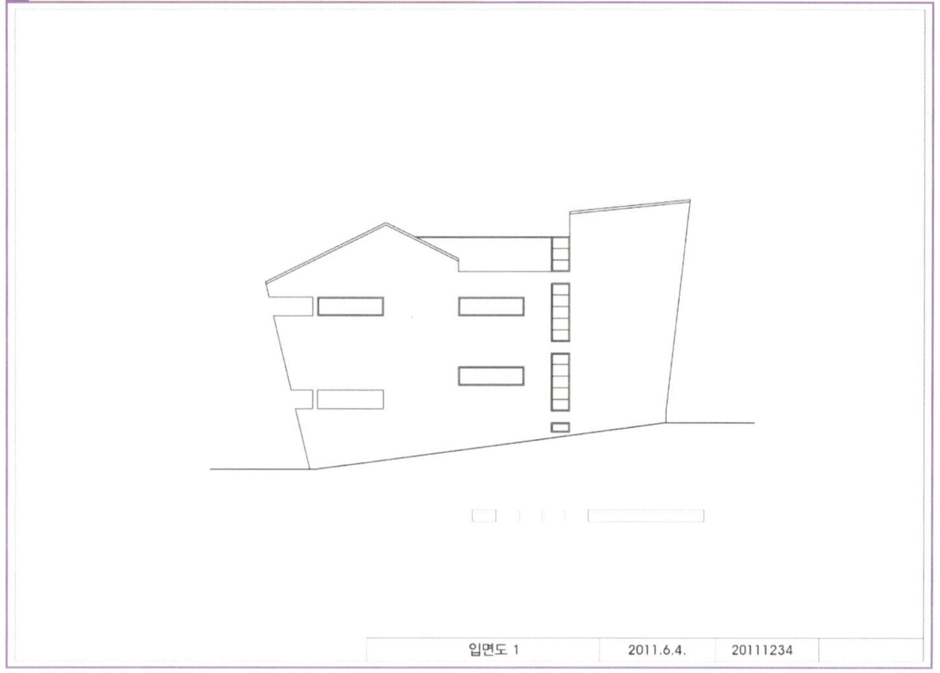

입면도 2

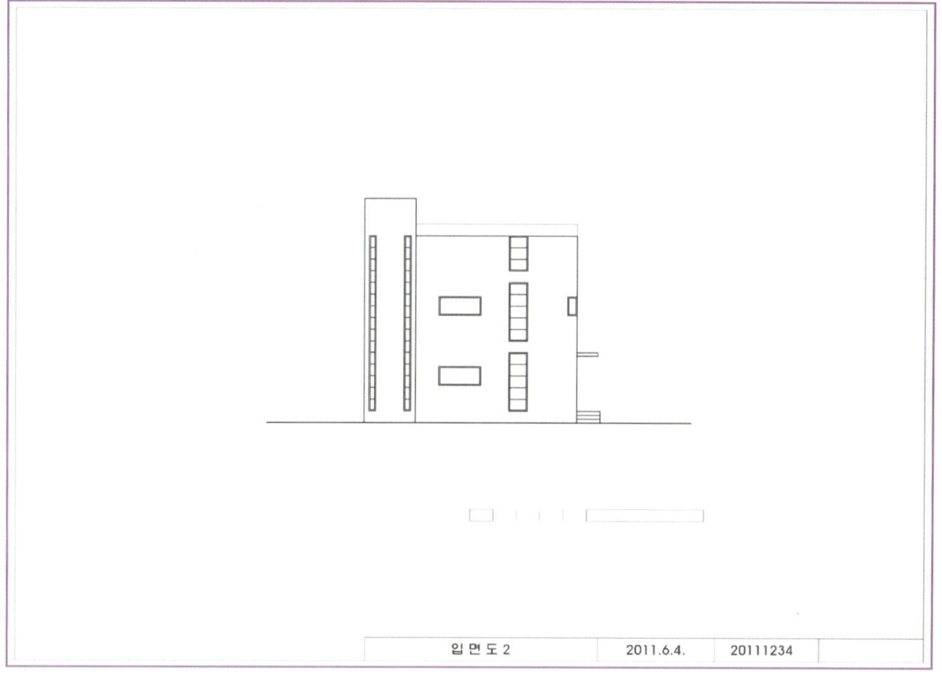

단면도

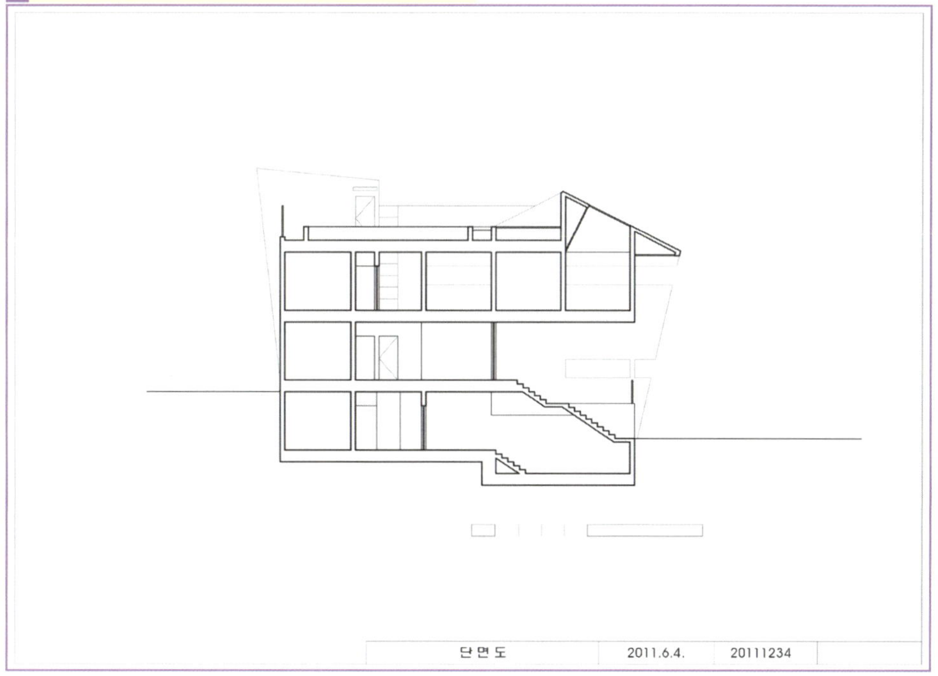

배치도

06 개념적용 이미지 도출

(1) 사례에서 도출된 개념이 계획이 반영되었음을 보여줄 수 있는 표현을 포함시킨다.

(2) 투시도, 모델링 등 효과적인 방법을 선택한다.

07 최종 판넬 구성

(1) 사례 작품 및 작품명(M3/kg)에서 나타나는 느낌을 판넬의 구성 형태에도 적용해본다.

(2) 사례 작품의 Solid 부분과 Void 부분을 염두에 두고 판넬 구성을 해보았다.

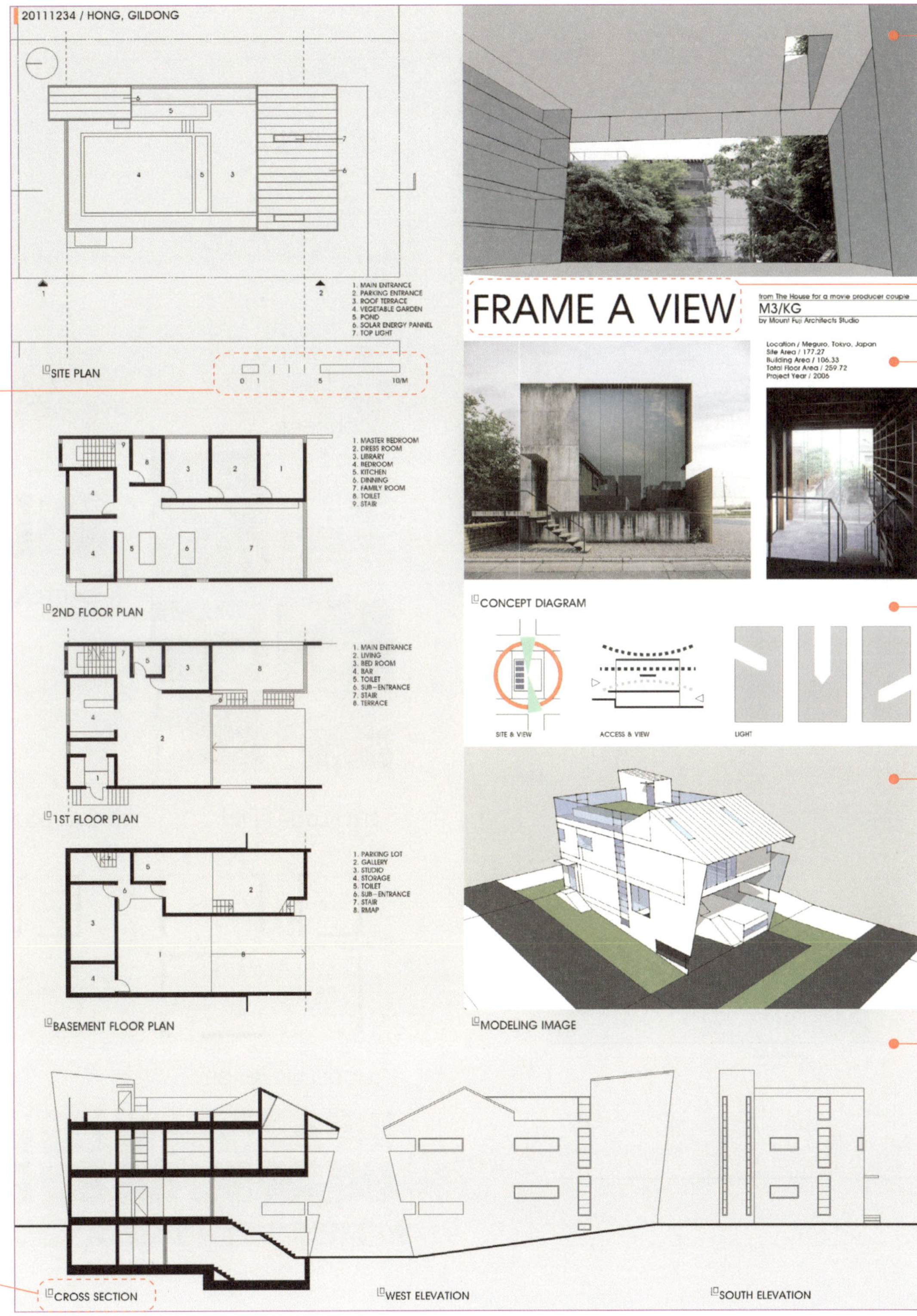

제시하고자 하는 주요 내용을 적절한 위치에 배치시킨다.
- 3D 모델링, 모형, 스케치, 투시도 등이 고려된다.

판넬을 설명하기 위한 제목을 부여한다.

사례 작품의 기본적인 설명, 개요 내용을 포함시킨다.

동일 크기의 도면 사용시 축척 등 중복 표현을 지양한다.

사례에서 도출되고, 적용하고자하는 개념을 Diagram 형식으로 포함시킨다.

개념 이해를 돕기에 적절한 입체 표현을 포함시킨다. 모형, 3D Modeling 등이 고려된다.

계획된 기본 도면을 포함시킨다. 필요에 따라 작성된 도면이 판넬에서 배제될 수도 있다.

판넬 제목, 도면명, 개념 설명 등 위계에 따른 글자 크기를 설정하고 기입한다.

2. 학생 판넬구성 예시

01 학생 판넬구성 예시 1

* 출처 : 숭실대학교 건축학부 2011년 1학년 1학기 최종 결과물

[고단비, 고아라, 권응영, 김륜희, 김 솔, 김성후, 김영희, 김원준, 박상현, 박인화, 변준혁, 신종우, 백진아, 윤지수, 윤지인, 이명훈, 임태경, 주수형, 최강욱, 최동연(가나다순)]

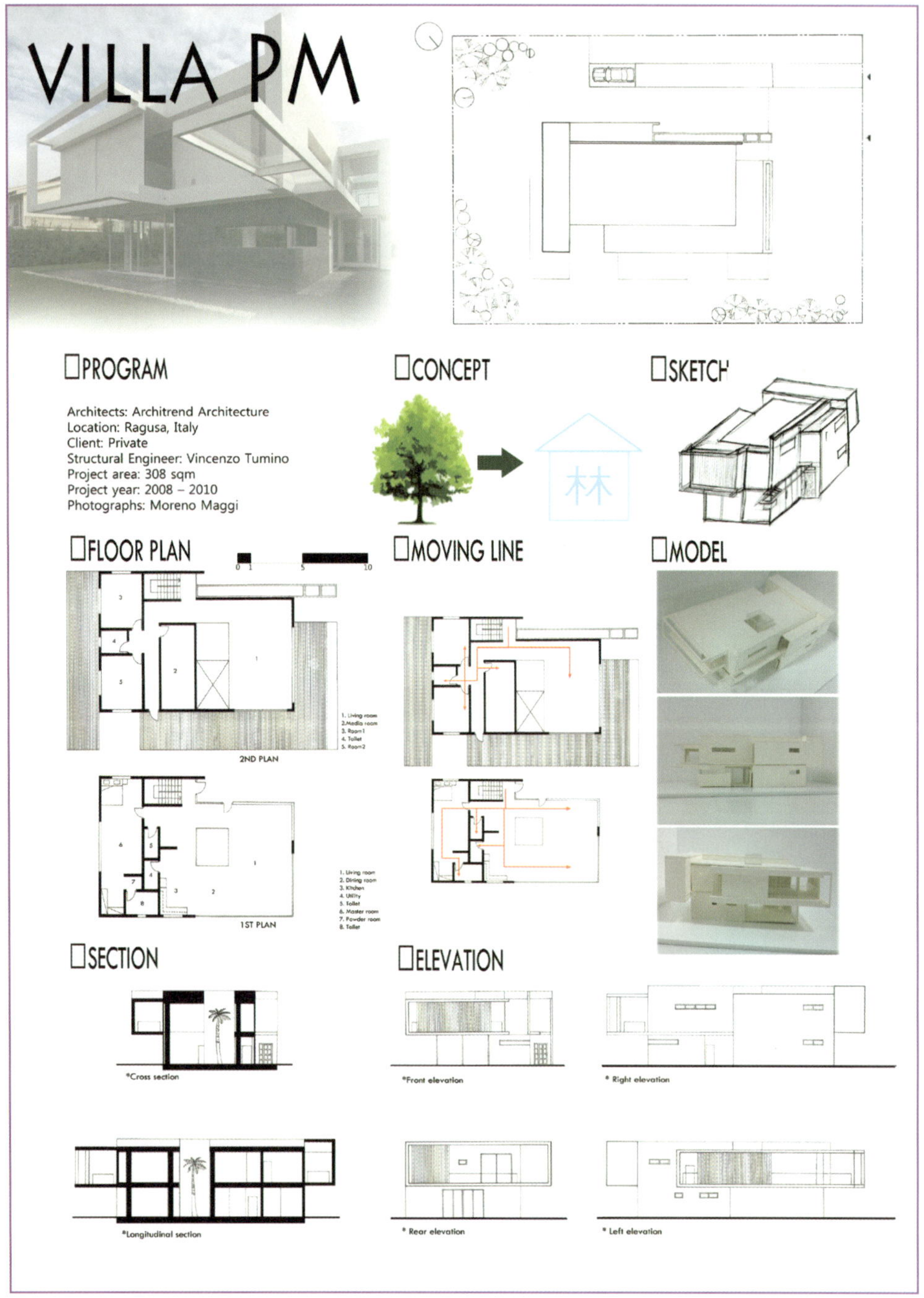

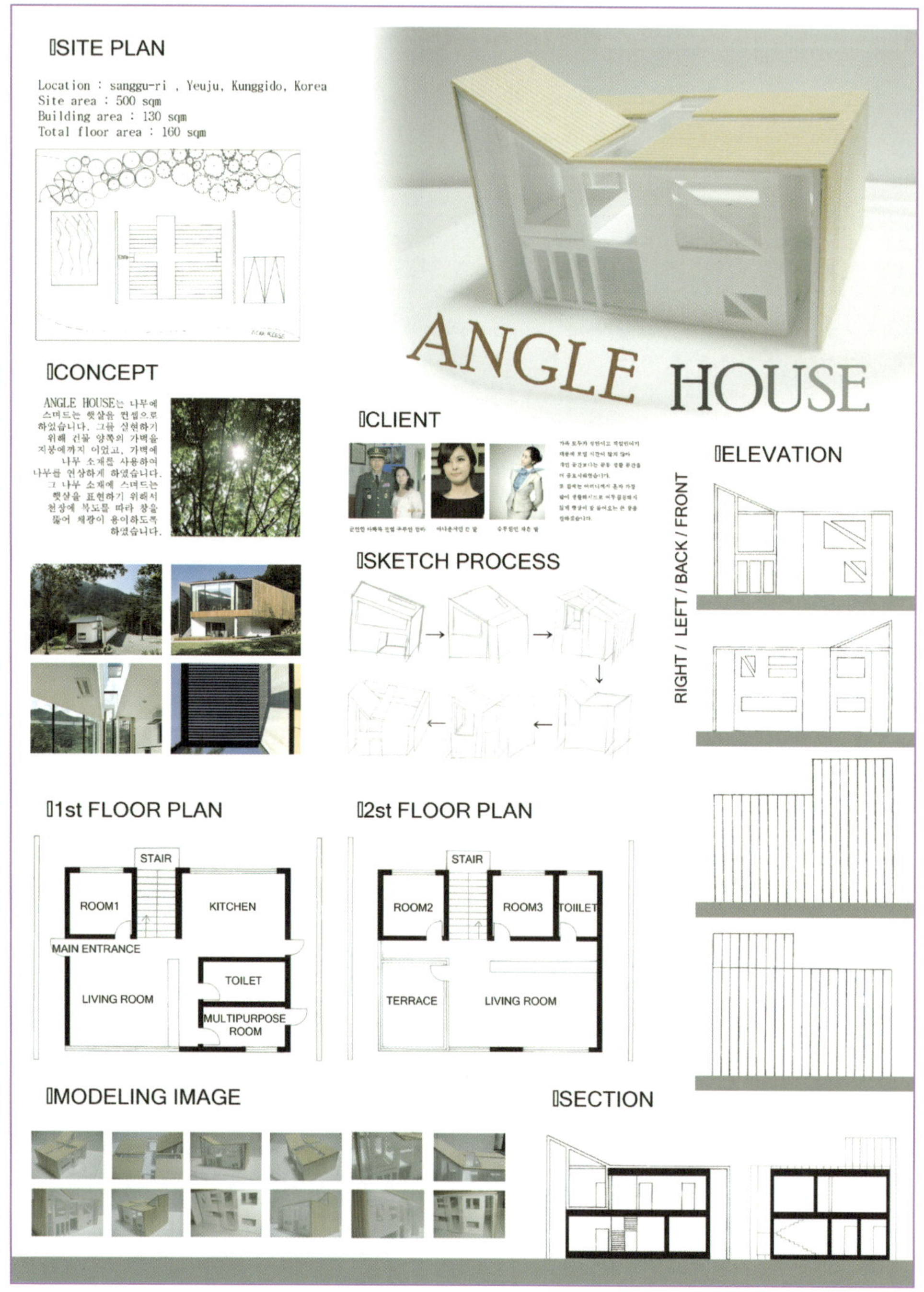

02 학생 판넬구성 예시 2

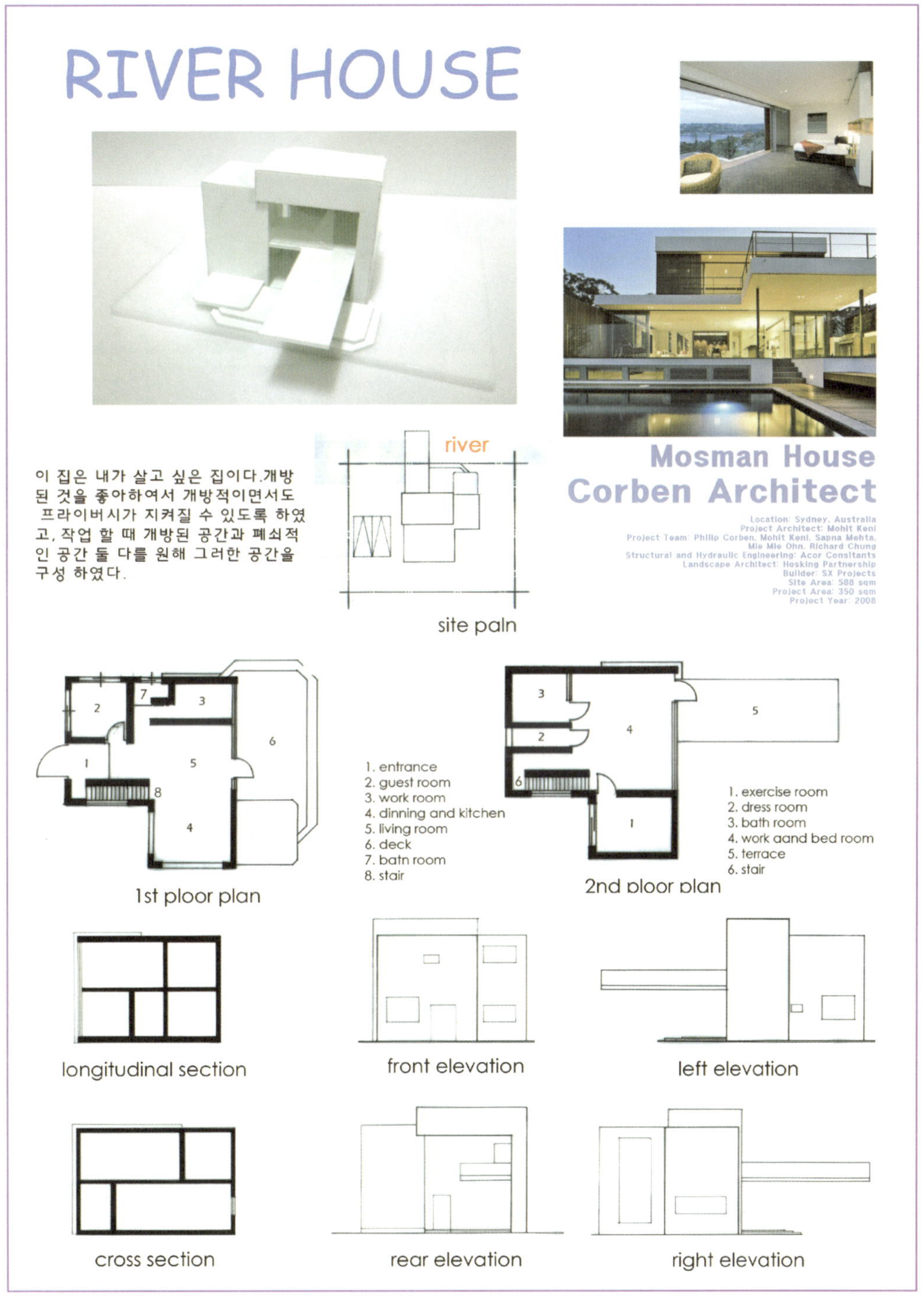

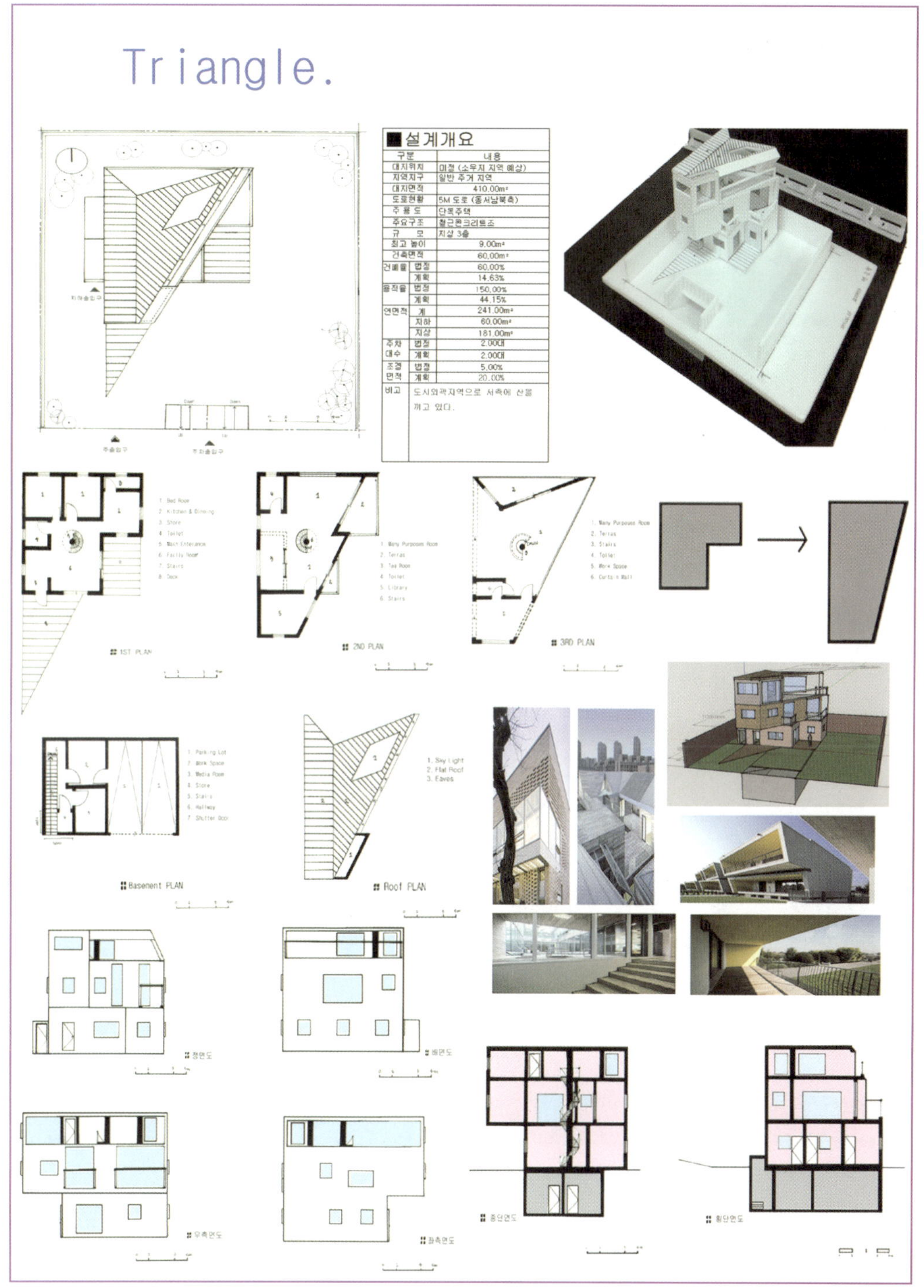

03 학생 판넬구성 예시 3

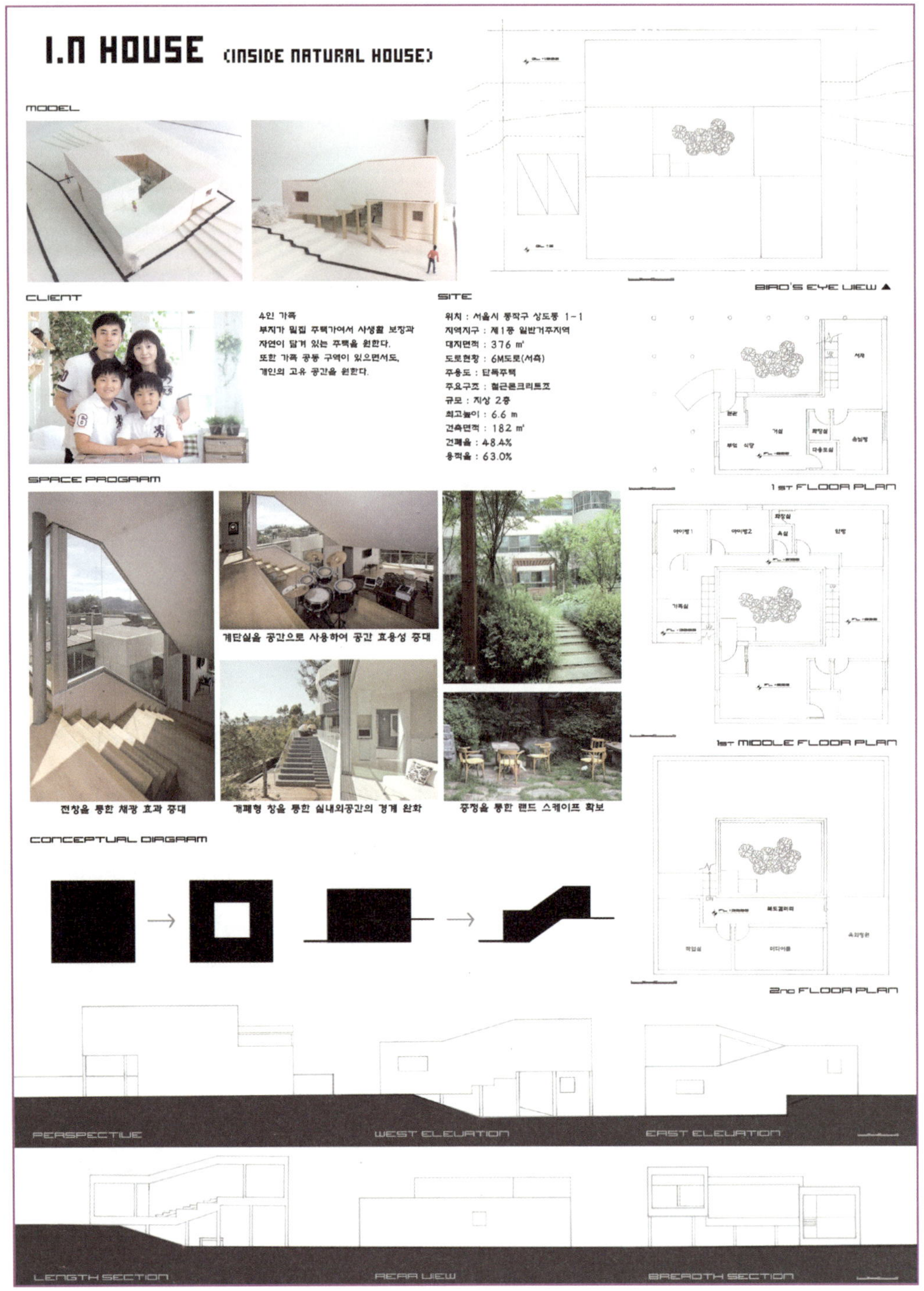

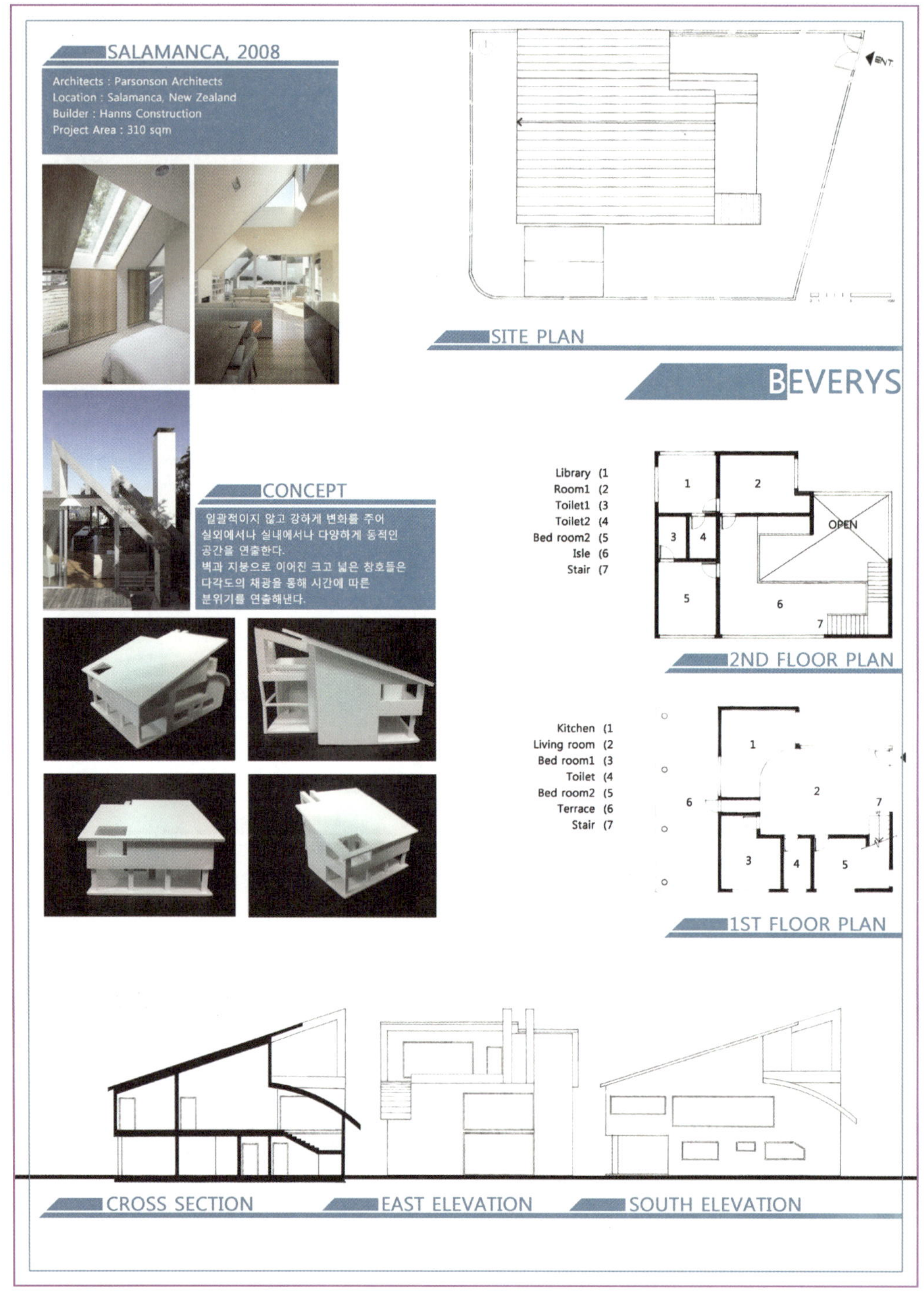

04 학생 판넬구성 예시 4

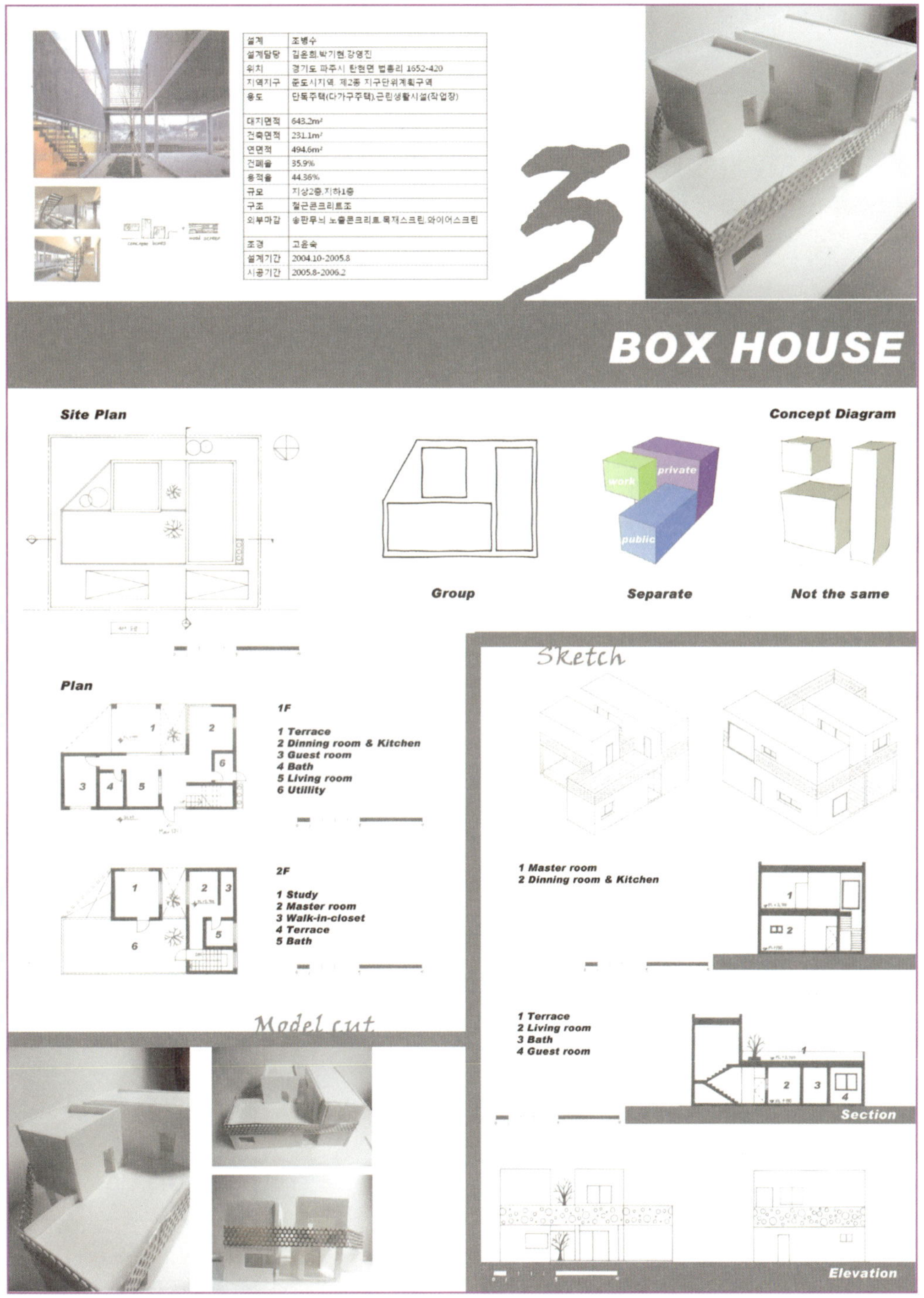

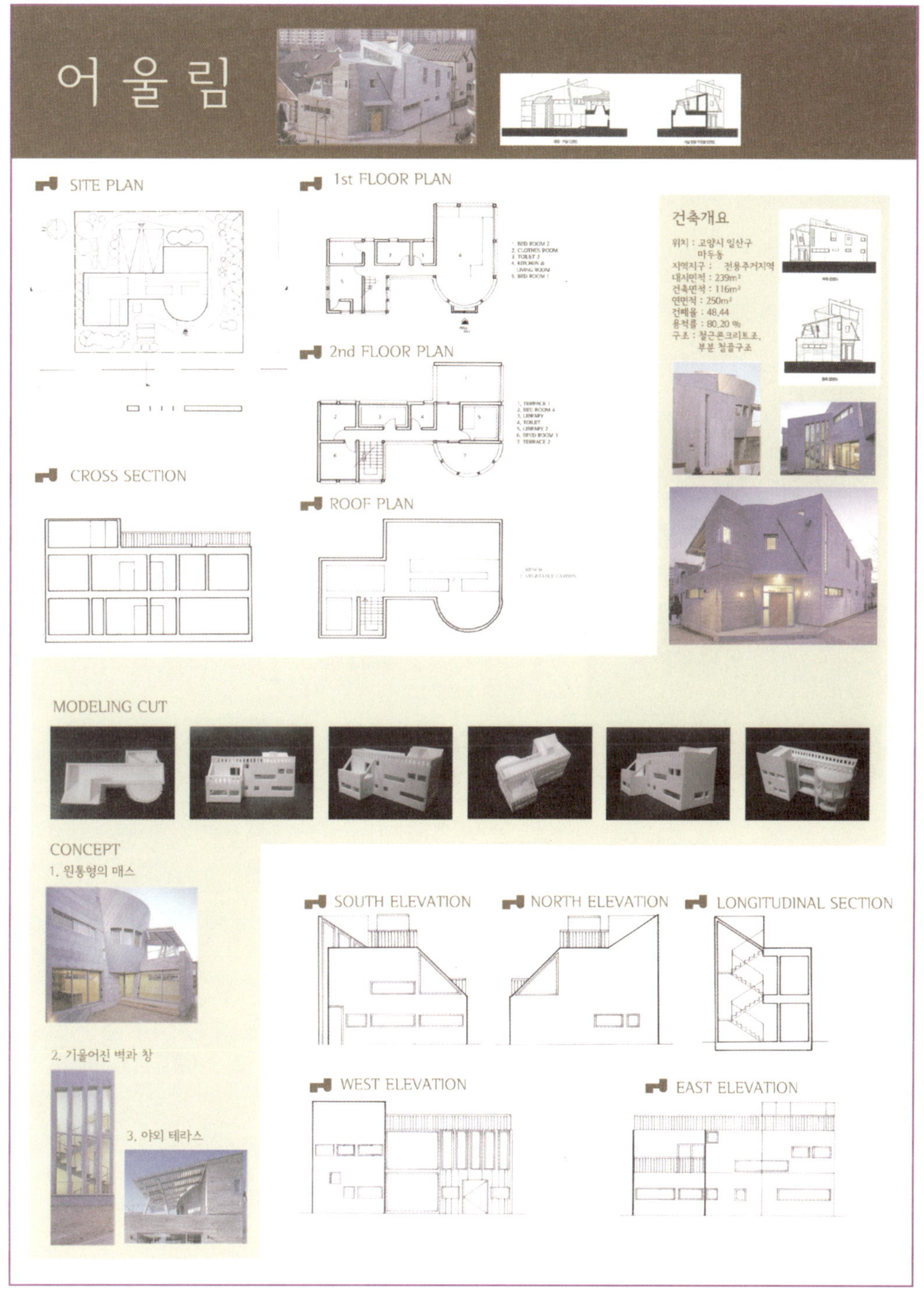

05 학생 판넬구성 예시 5

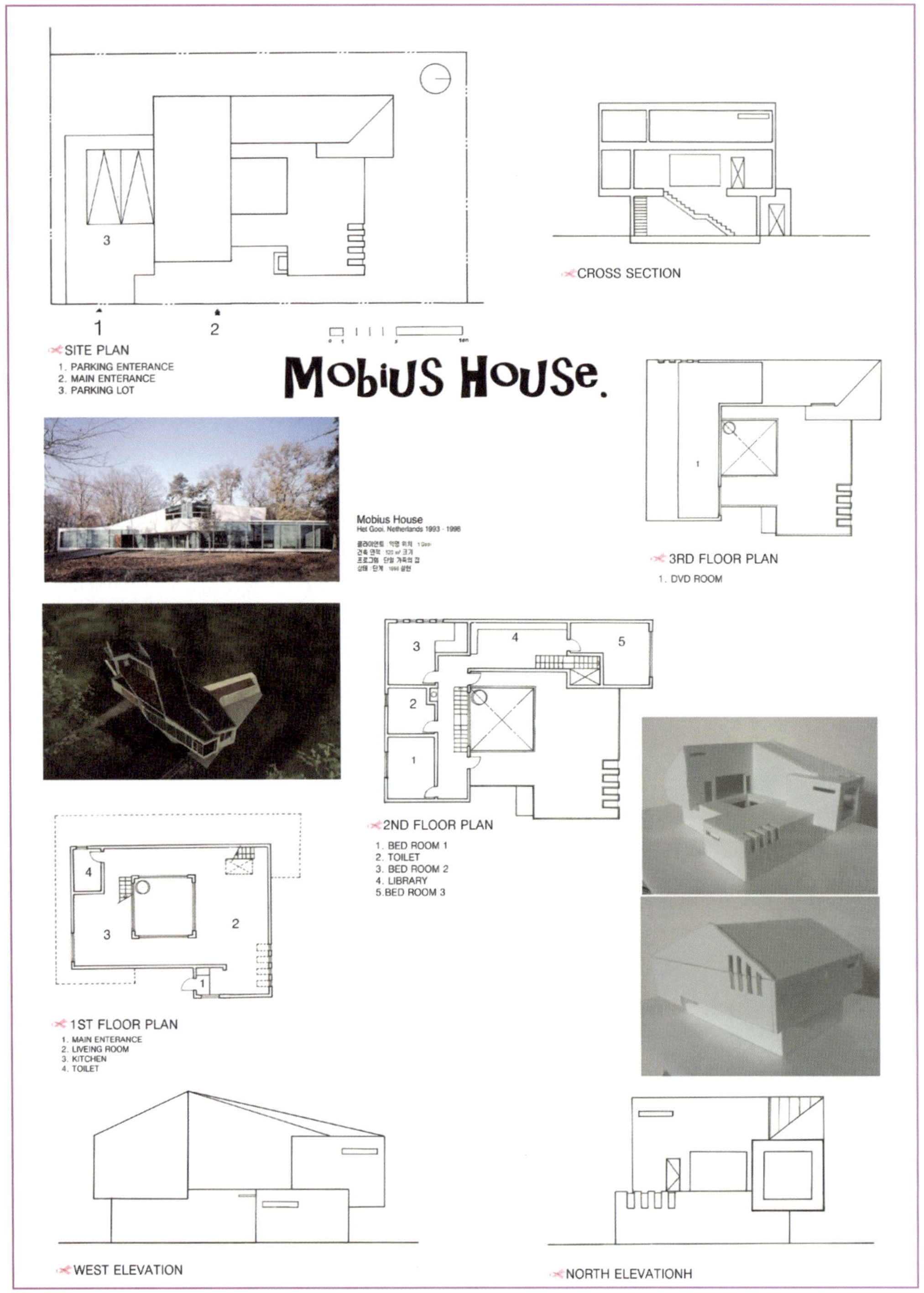

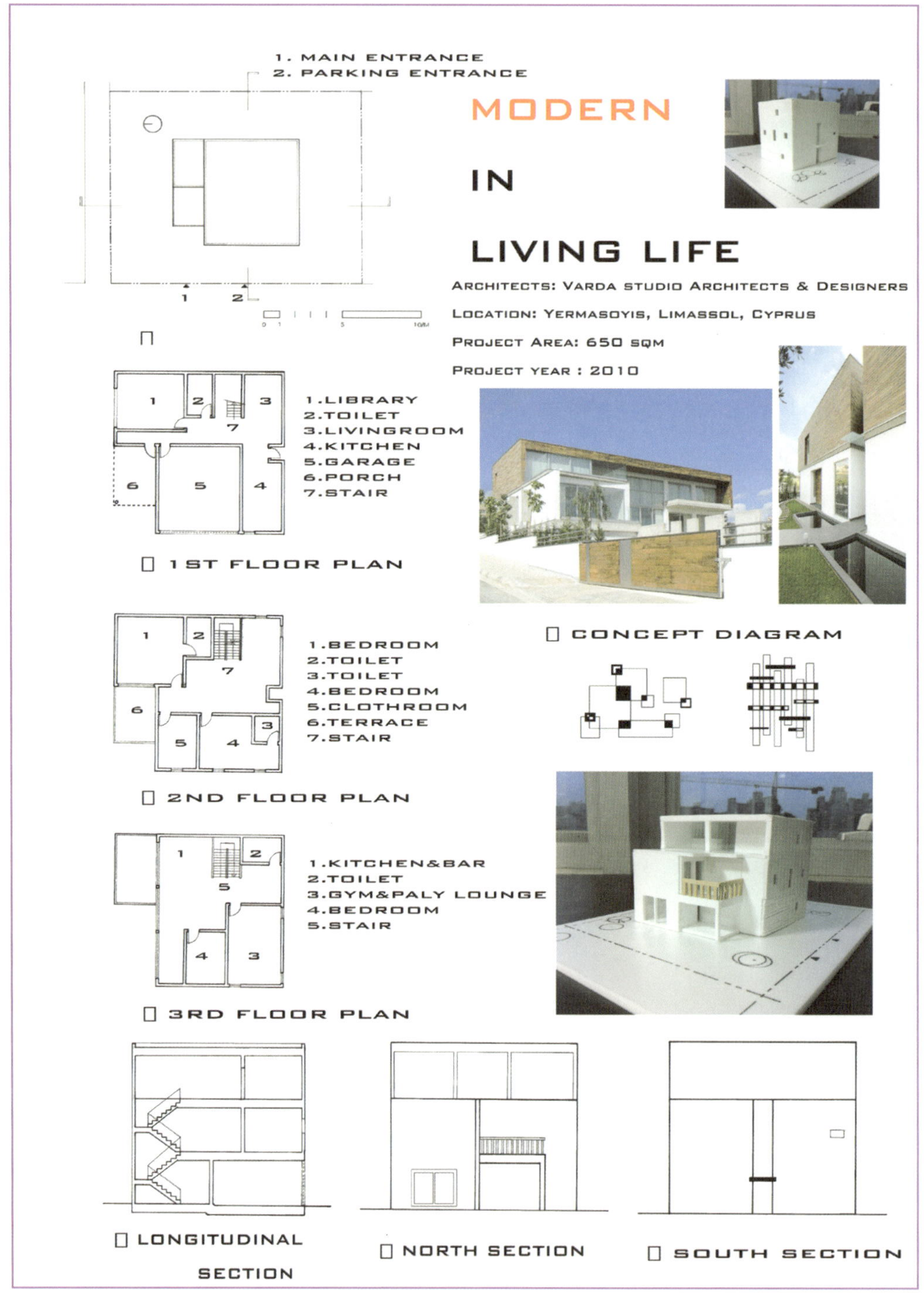

06 학생 판넬구성 예시 6

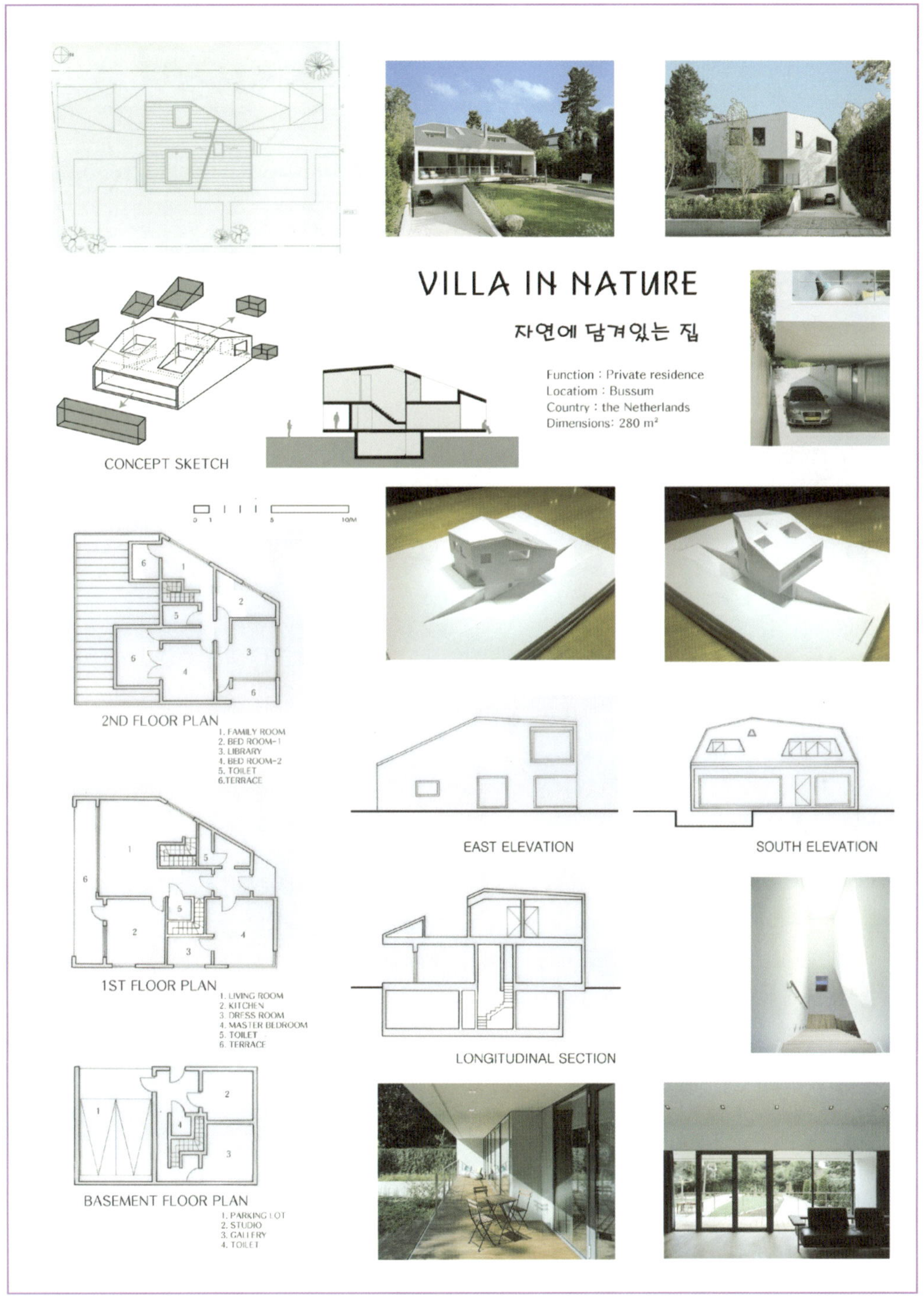

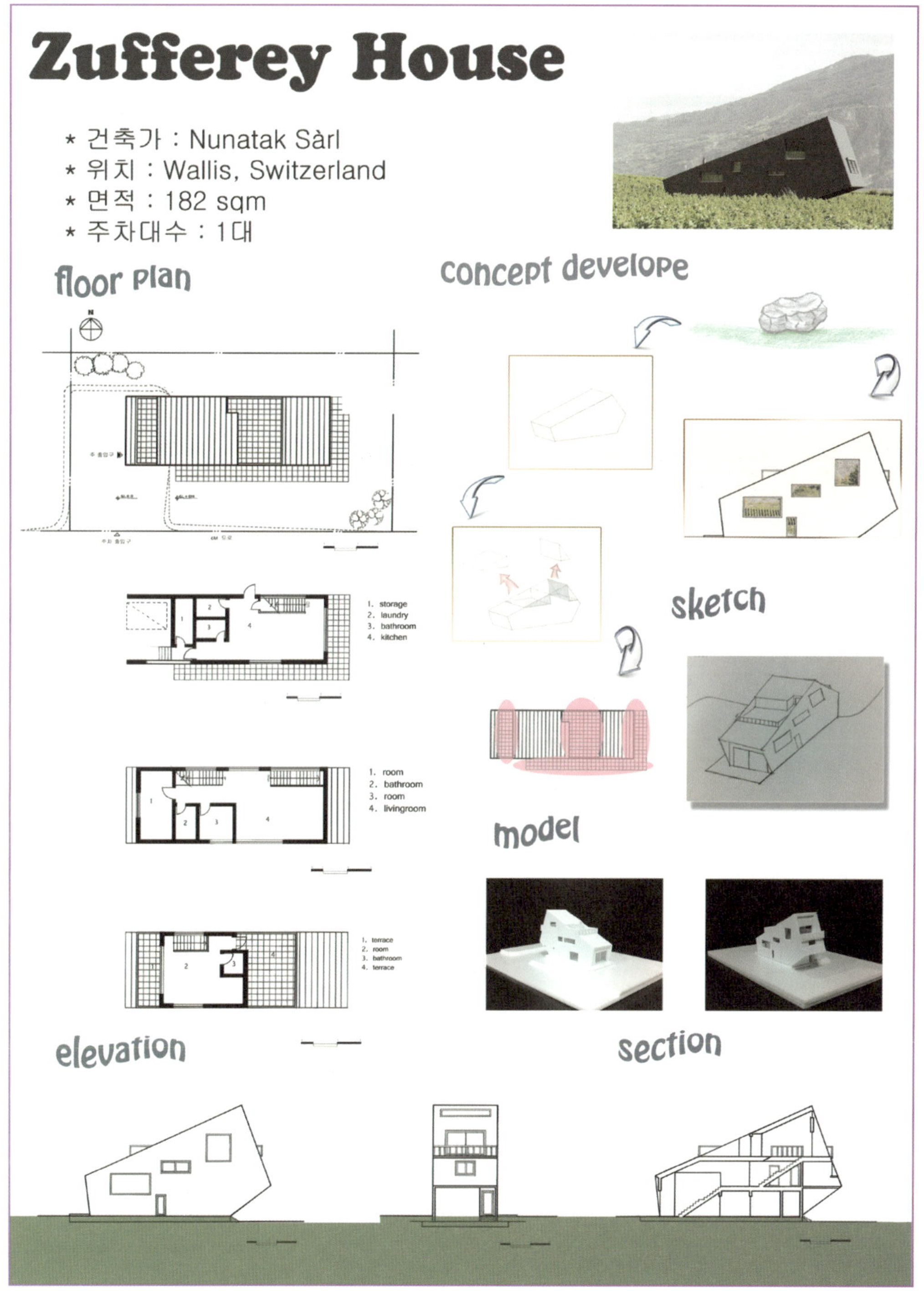

07 학생 판넬구성 예시 7

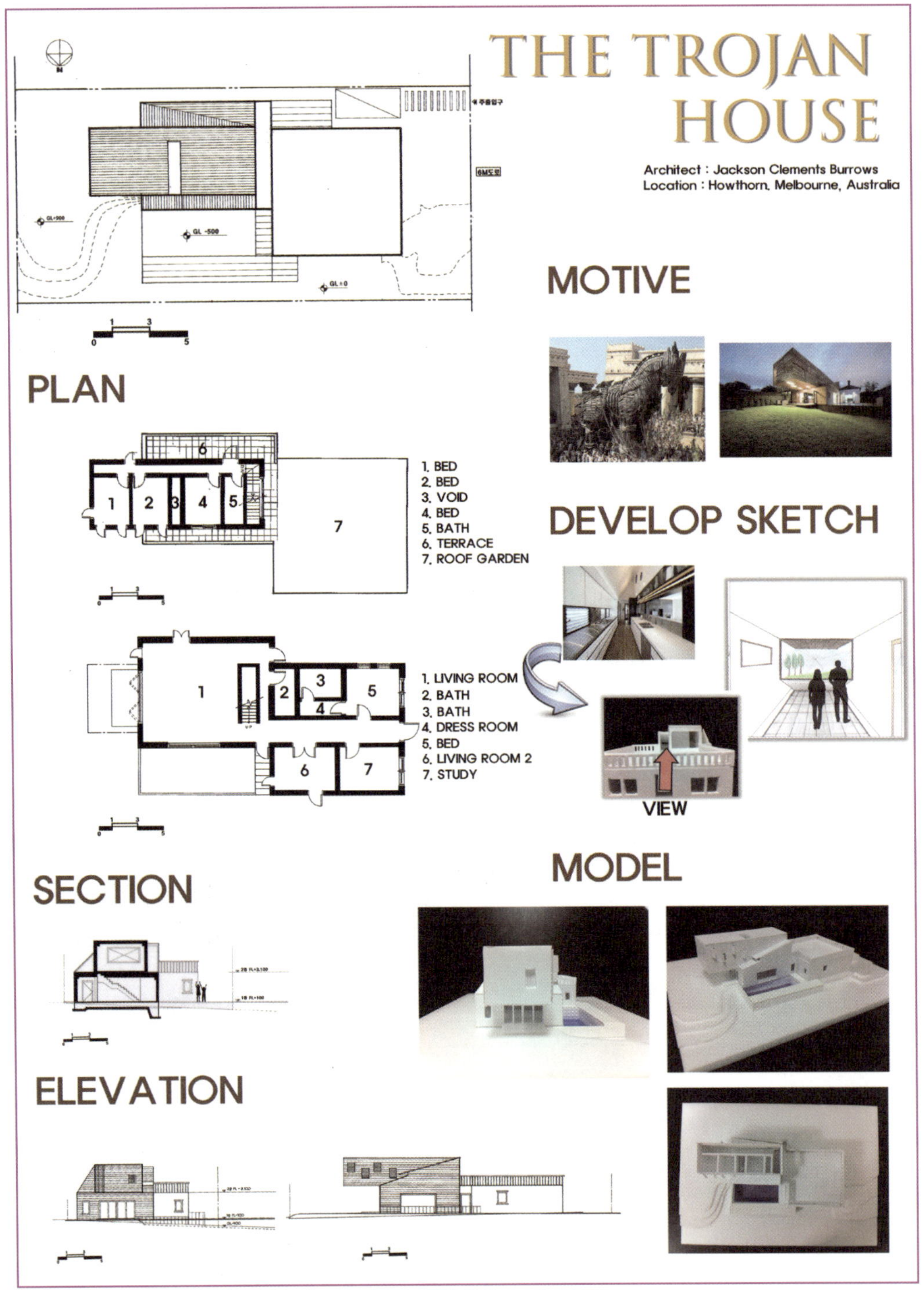

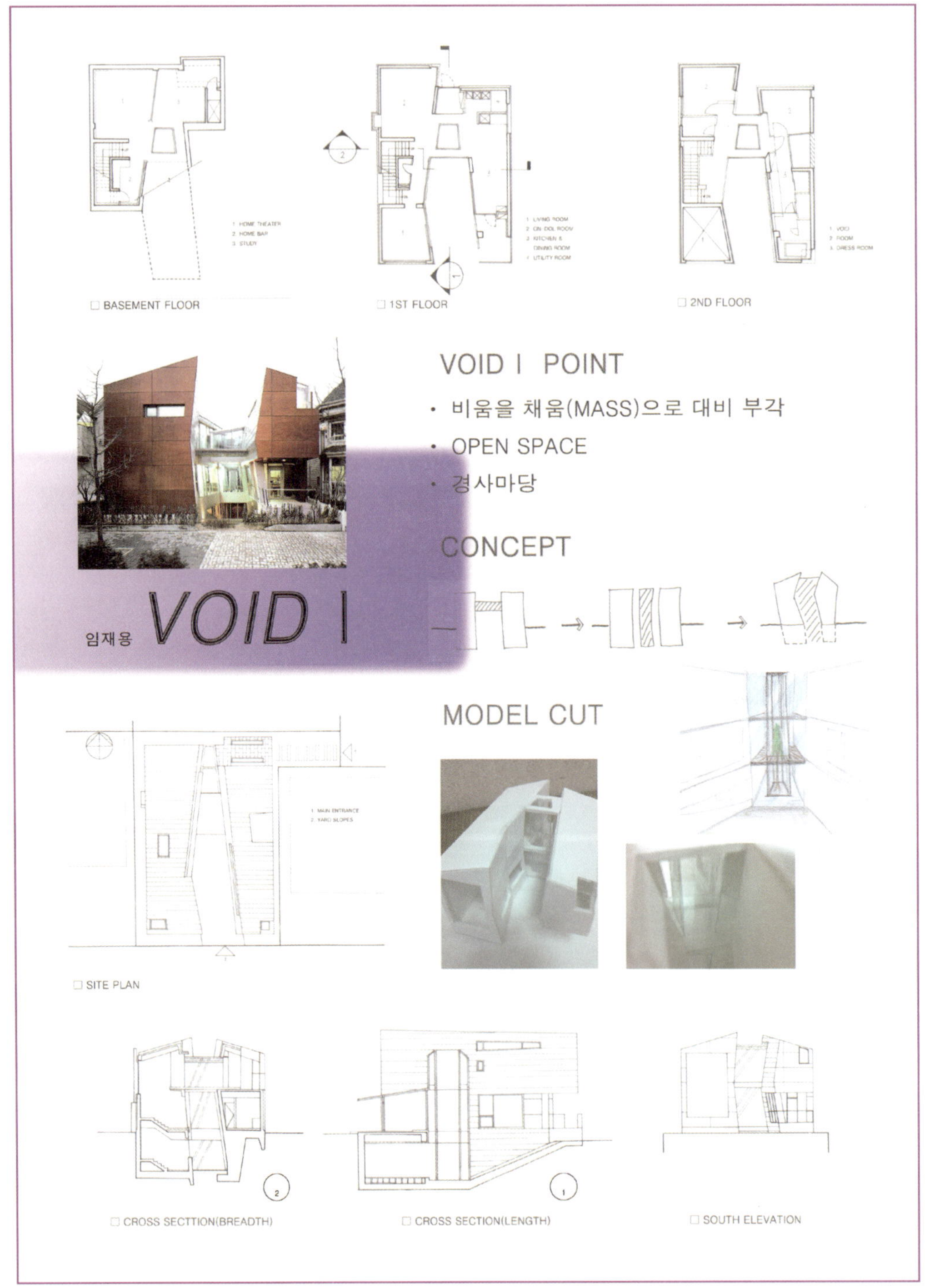

08 학생 판넬구성 예시 8

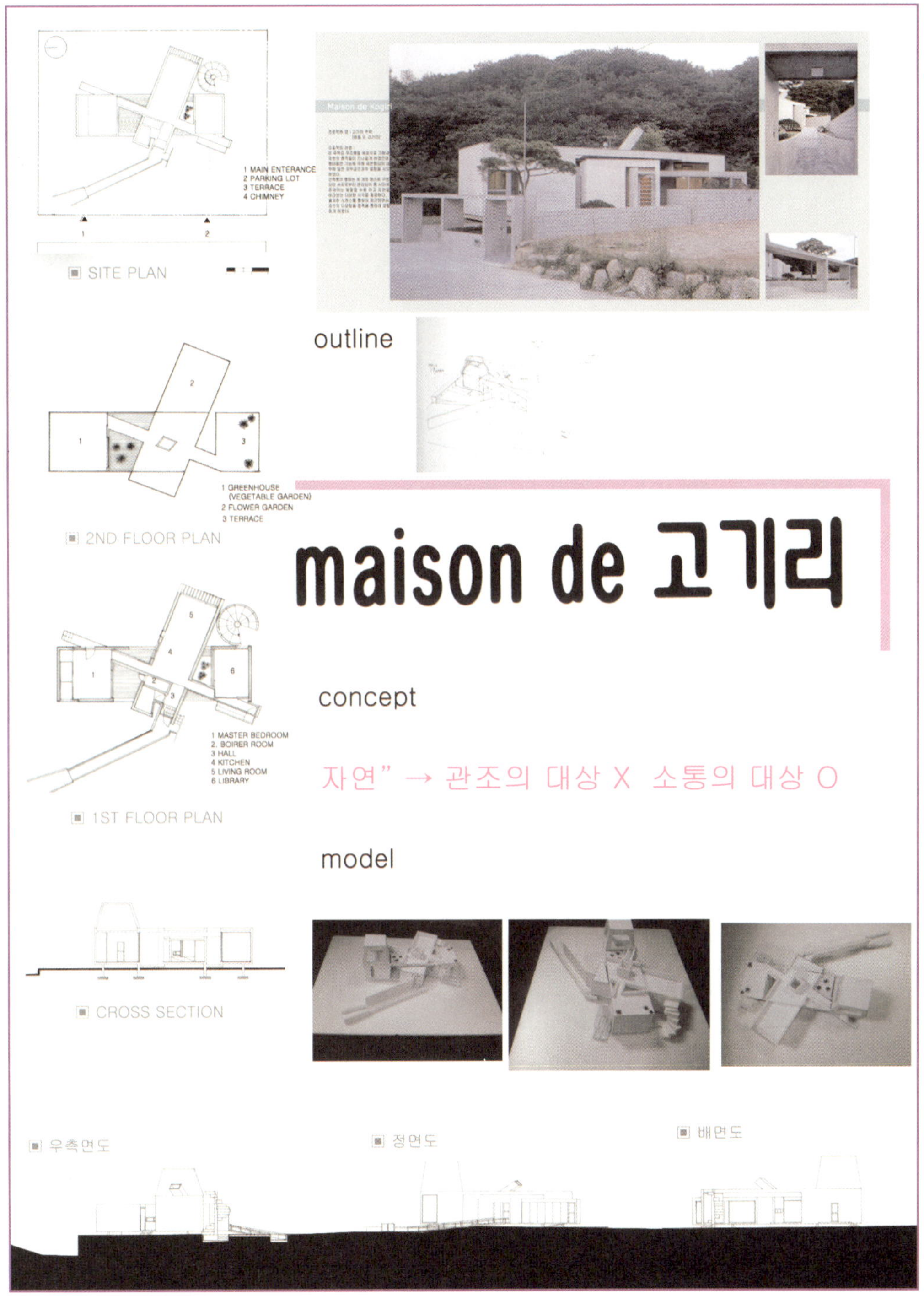

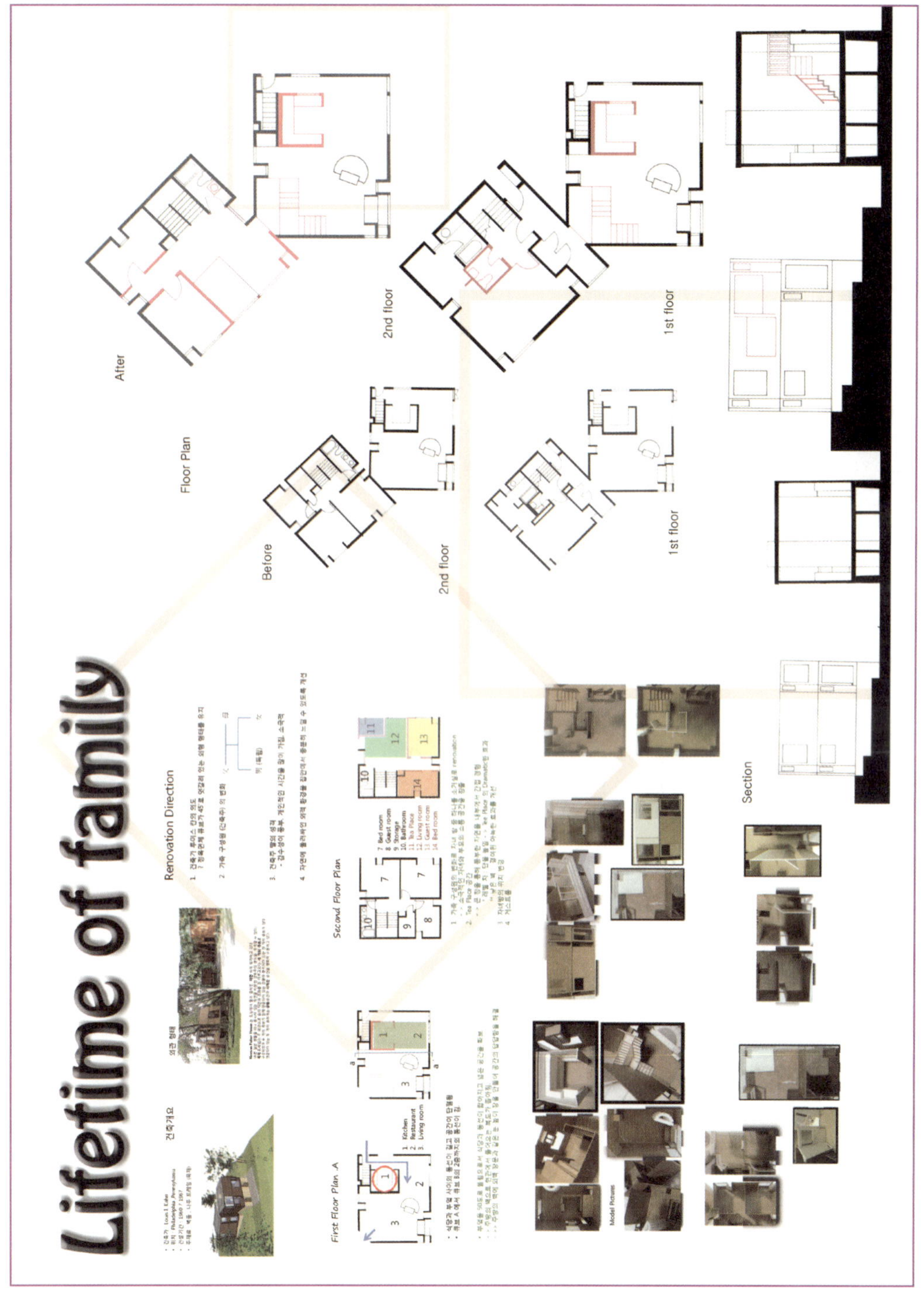

09 학생 판넬구성 예시 9

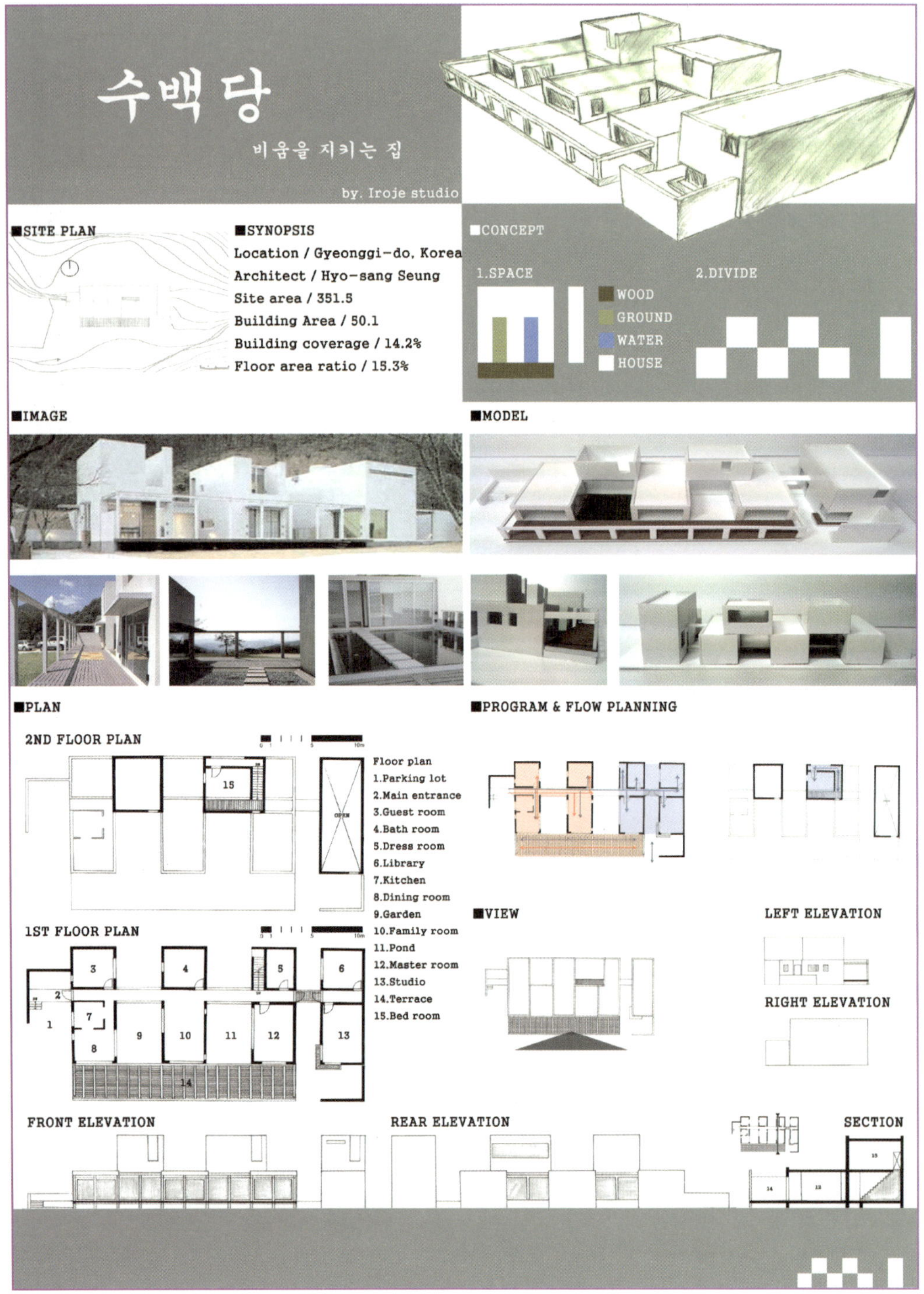

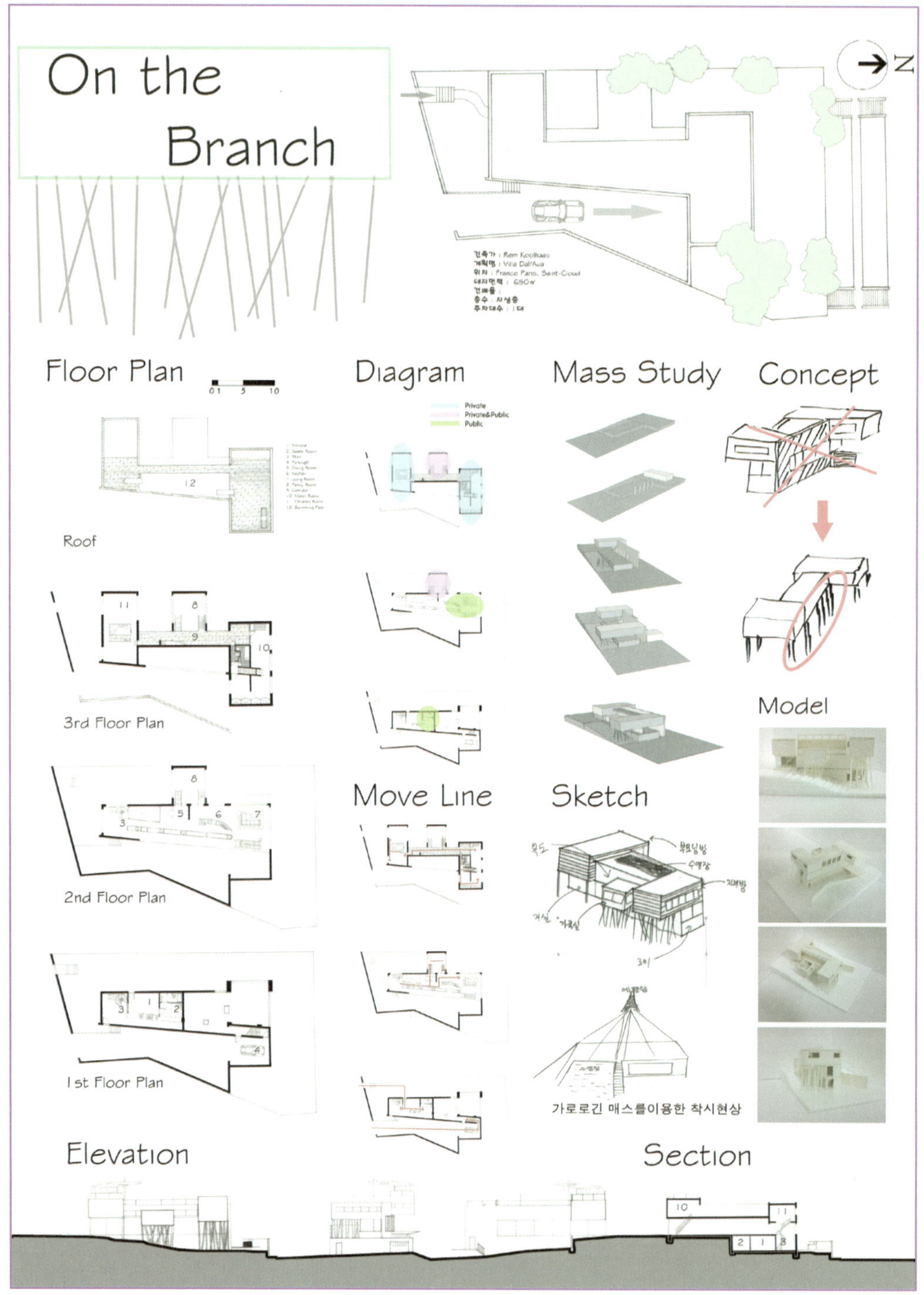

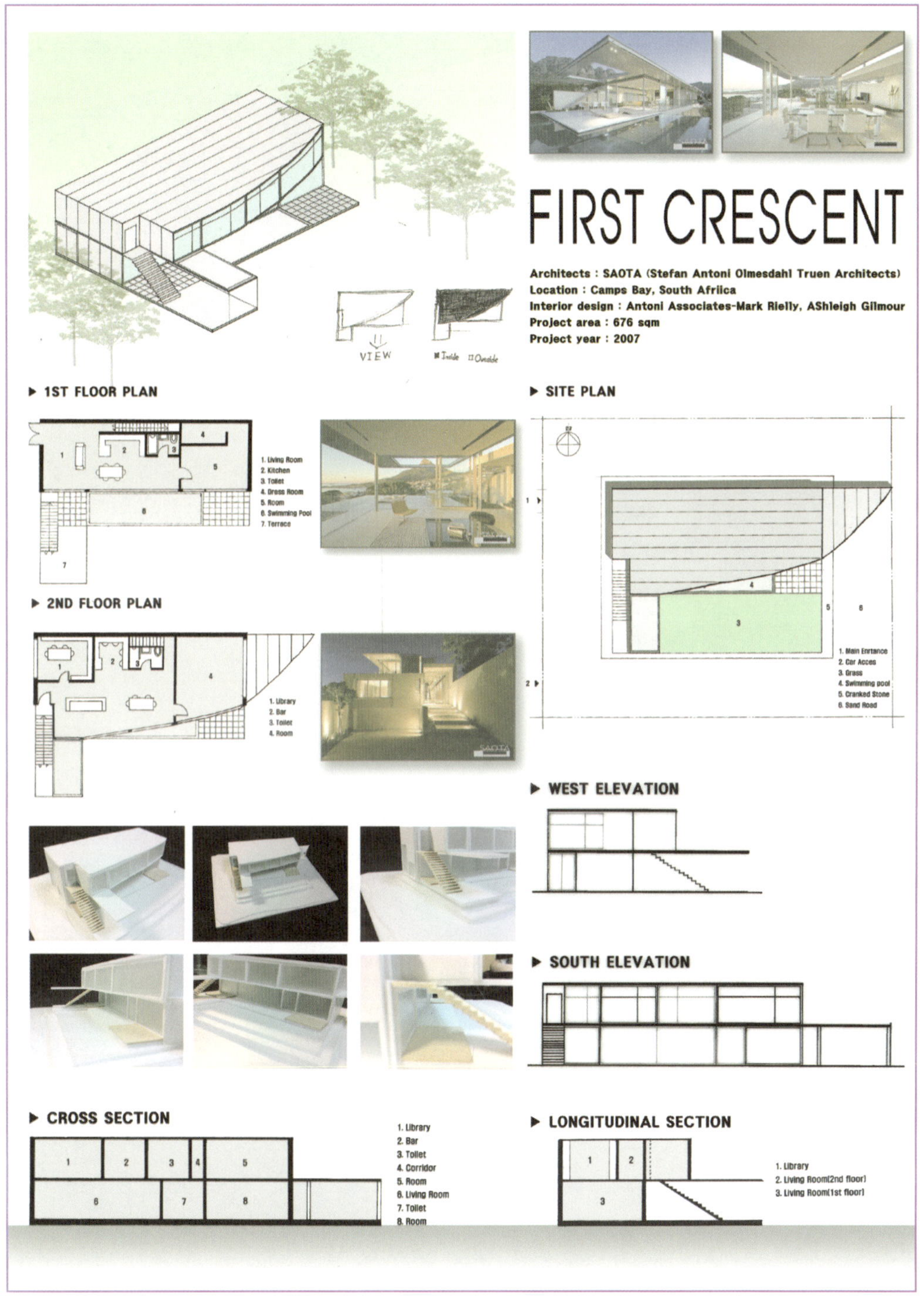
FIRST CRESCENT
Architects : SAOTA (Stefan Antoni Olmesdahl Truen Architects)
Location : Camps Bay, South Africa
Interior design : Antoni Associates-Mark Rielly, AShleigh Gilmour
Project area : 676 sqm
Project year : 2007
VIEW
1ST FLOOR PLAN
SITE PLAN
2ND FLOOR PLAN
WEST ELEVATION
SOUTH ELEVATION
CROSS SECTION
1. Library
2. Bar
3. Toilet
4. Corridor
5. Room
6. Living Room
7. Toilet
8. Room
LONGITUDINAL SECTION
1. Library
2. Living Room(2nd floor)
3. Living Room(1st floor)

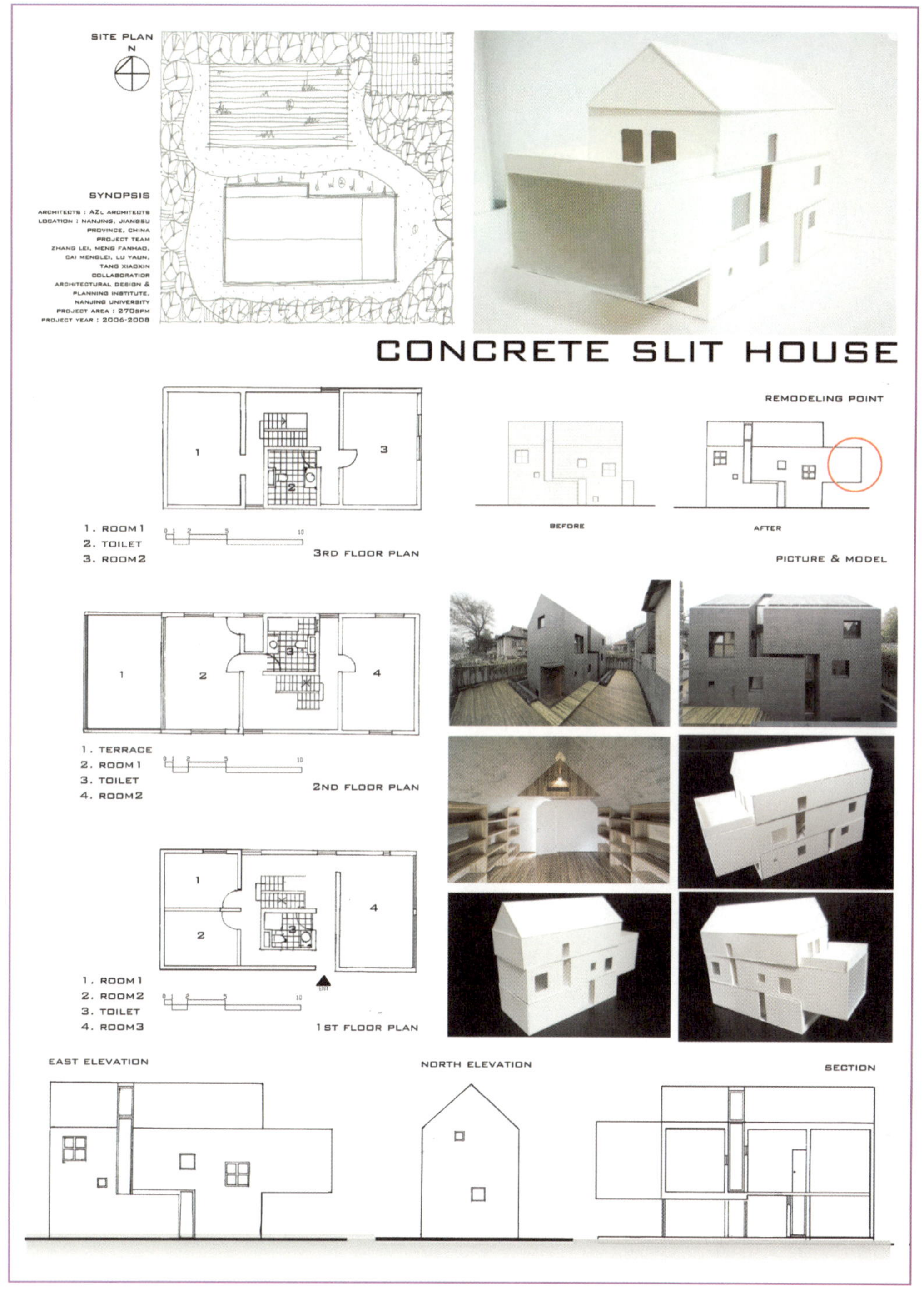
SITE PLAN
SYNOPSIS
CONCRETE SLIT HOUSE
REMODELING POINT
BEFORE
AFTER
1. ROOM1
2. TOILET
3. ROOM2
3RD FLOOR PLAN
PICTURE & MODEL
1. TERRACE
2. ROOM1
3. TOILET
4. ROOM2
2ND FLOOR PLAN
1. ROOM1
2. ROOM2
3. TOILET
4. ROOM3
1ST FLOOR PLAN
EAST ELEVATION
NORTH ELEVATION
SECTION

09 CHAPTER 부록

1. Mario Botta의 Riva San Vitale 모형 실습

| 01 | Bilding

| 02 | Bridge

| 03 | Contour

2. 참고 Site 소개

1. Mario Botta의 Riva San Vitale 모형 실습

1 Mario Botta의 Riva San Vitale 모형 실습 - 1

* 참고문헌 : Mario Botta Architetto의 Riva San Vitale

'Mario Botta의 Riva San Vitale 모형 실습-1 ~ 10' 은 Mario Botta Architetto로부터 제공받은 계획도면을 참고로 하여 재구성한 것으로, 실제 건축물과 차이가 있을 수 있습니다.

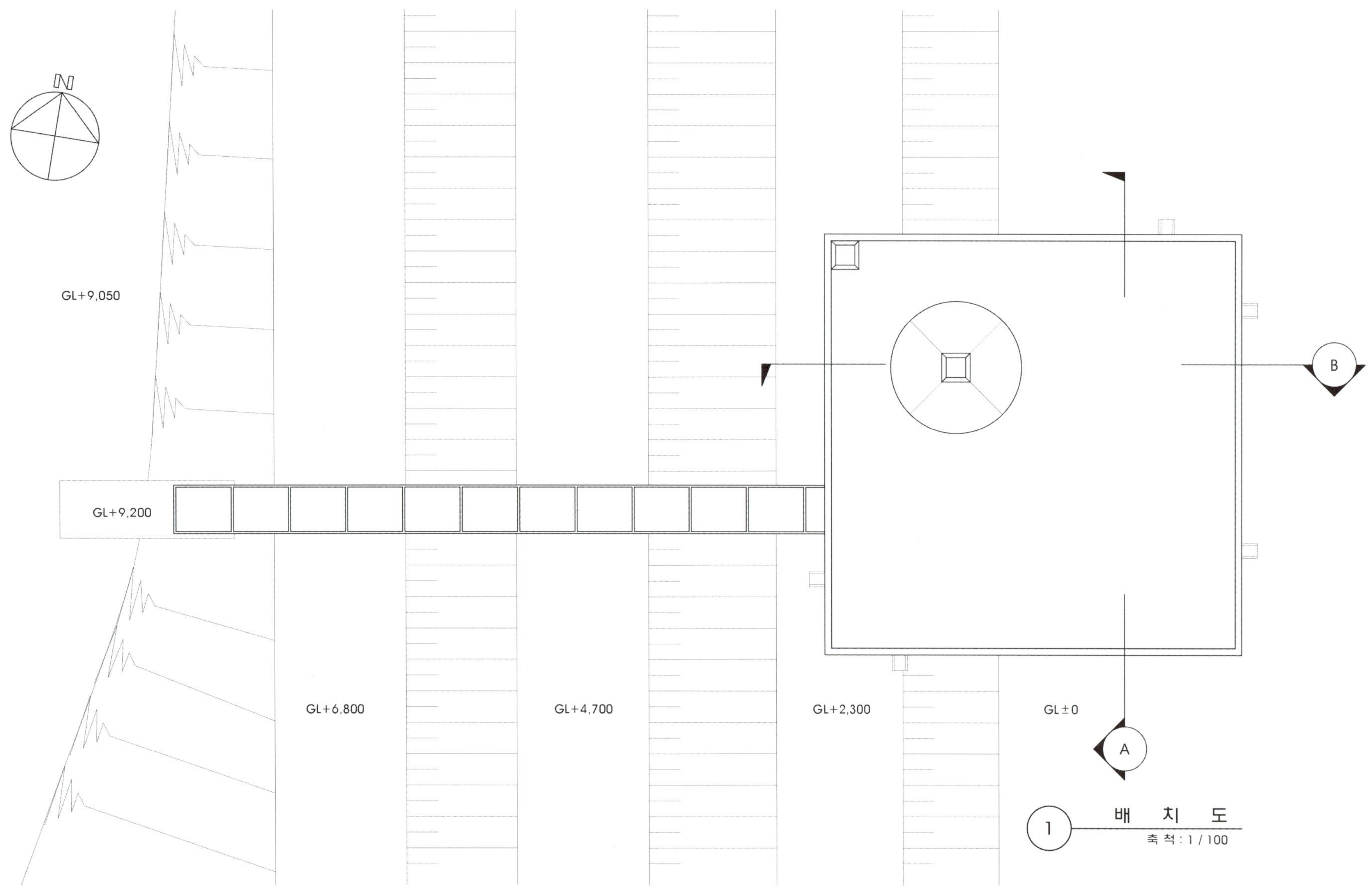

배 치 도	20 . . .		홍 길 동

2 Mario Botta의 Riva San Vitale 모형 실습 - 1

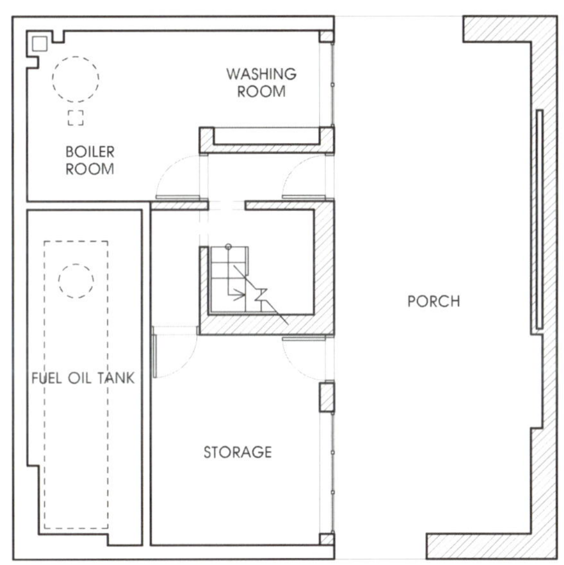

1 1층 평면도
축척 : 1 / 100

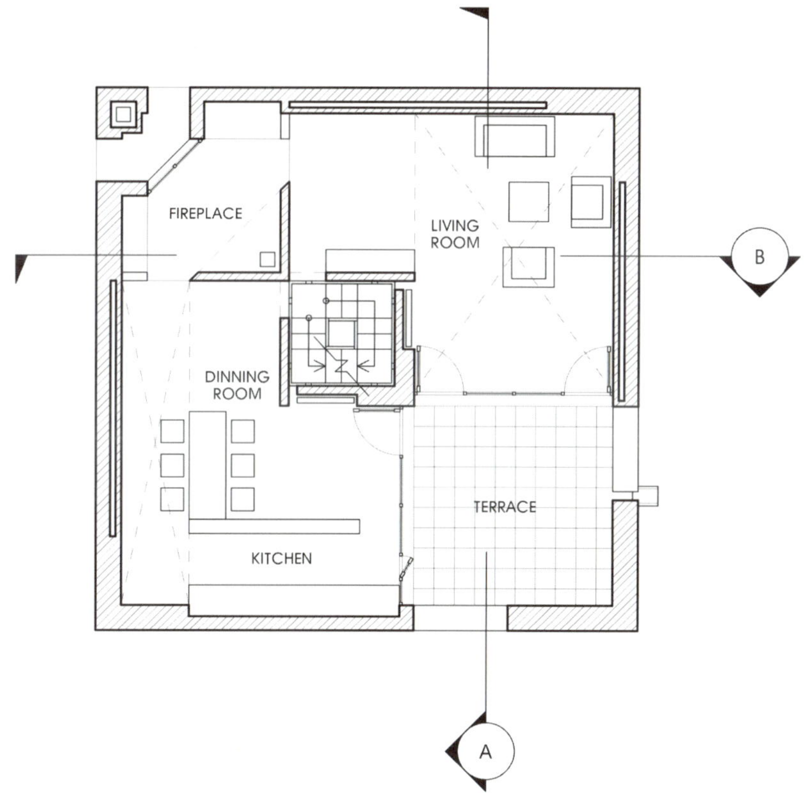

2 2층 평면도
축척 : 1 / 100

1, 2 층 평 면 도	20 . . .		홍 길 동

3 Mario Botta의 Riva San Vitale 모형 실습 - 1

4 Mario Botta의 Riva San Vitale 모형 실습 - 1

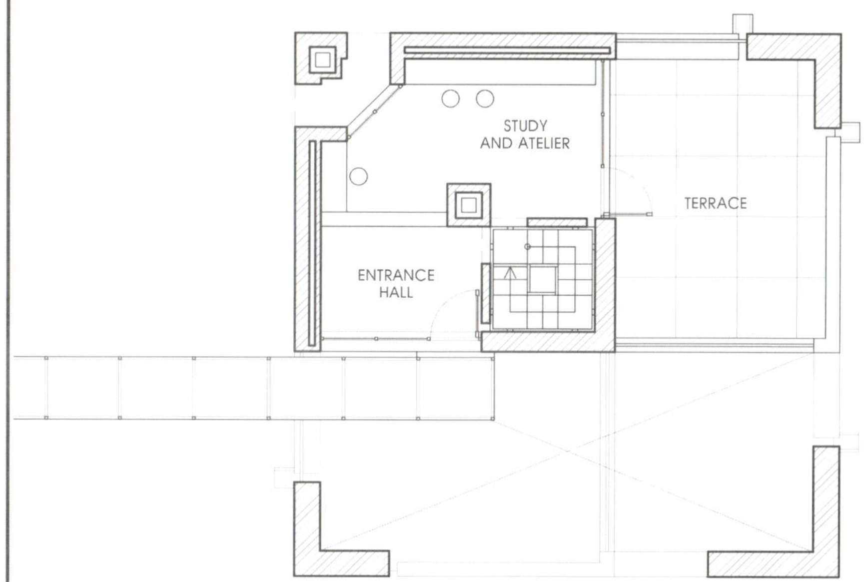

1 5층 평면도
축척 : 1 / 100

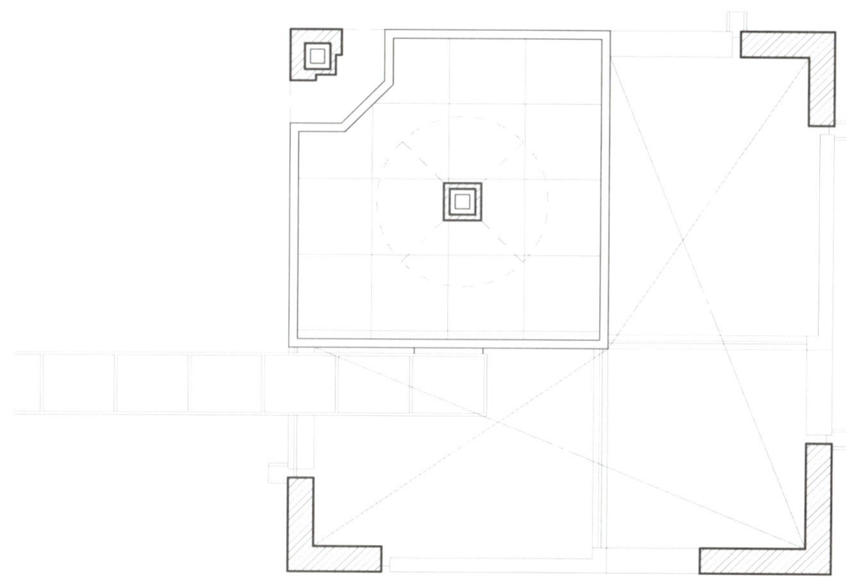

2 지붕1 평면도
축척 : 1 / 100

5층, 지붕1 평면도	20 . . .		홍길동

5 Mario Botta의 Riva San Vitale 모형 실습 - 1

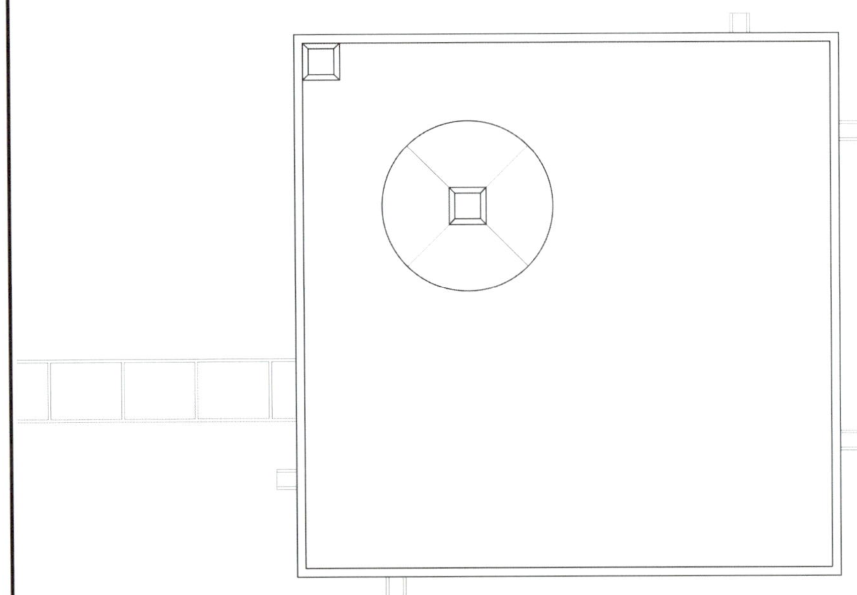

1 지붕 2 평면도
축척 : 1 / 100

지붕 2 평면도	20 . . .		홍길동

6 Mario Botta의 Riva San Vitale 모형 실습 - 1

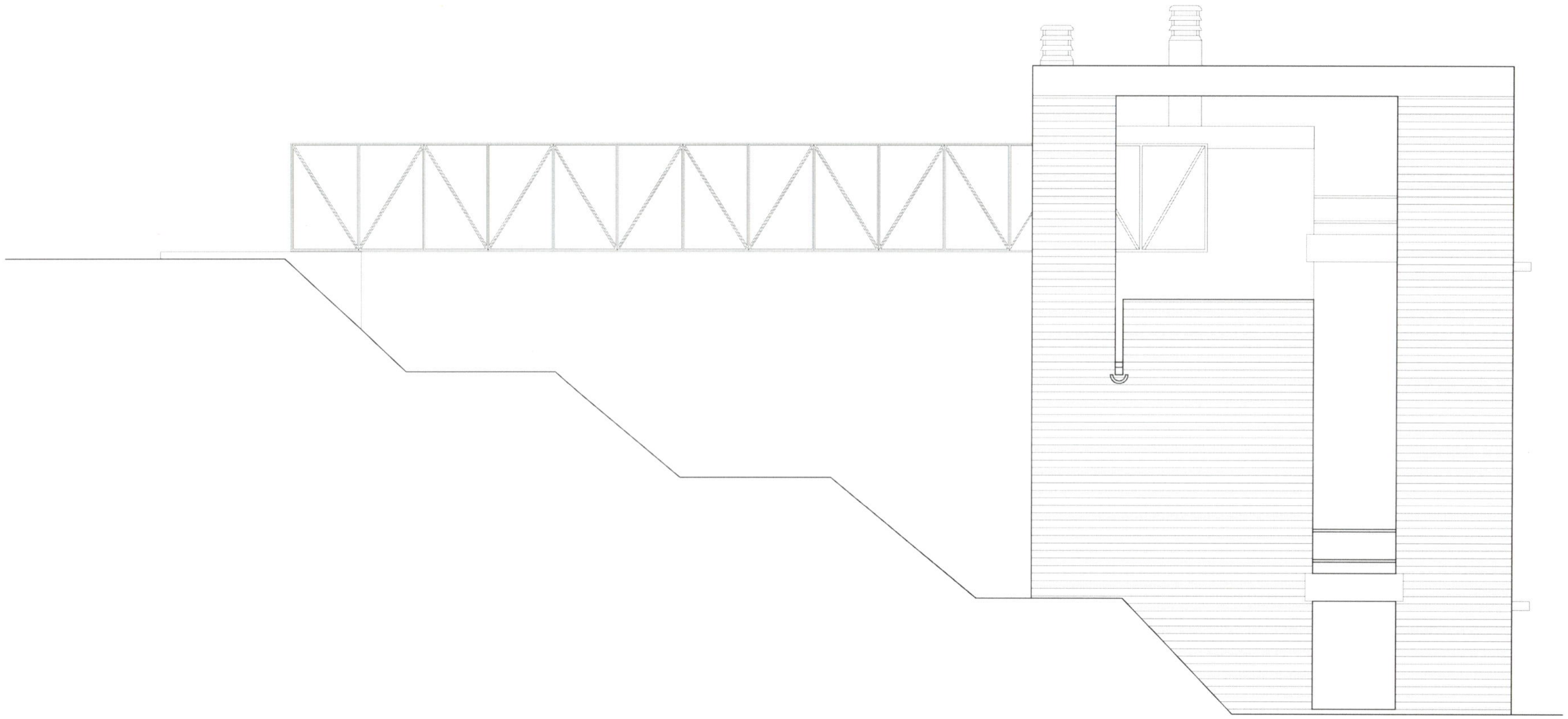

정 면 도	20 . . .		홍 길 동

7 Mario Botta의 Riva San Vitale 모형 실습 - 1

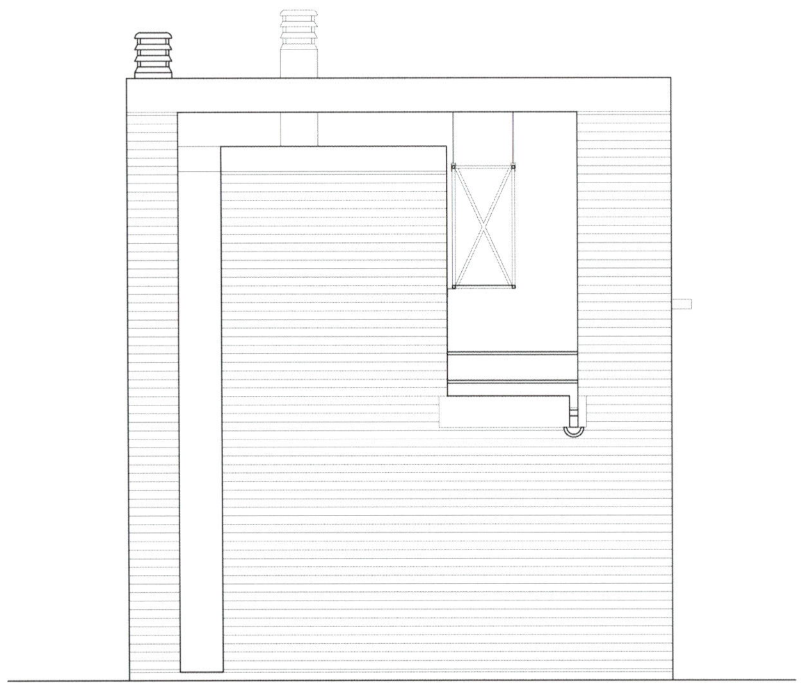

① 좌 측 면 도
축척 : 1 / 100

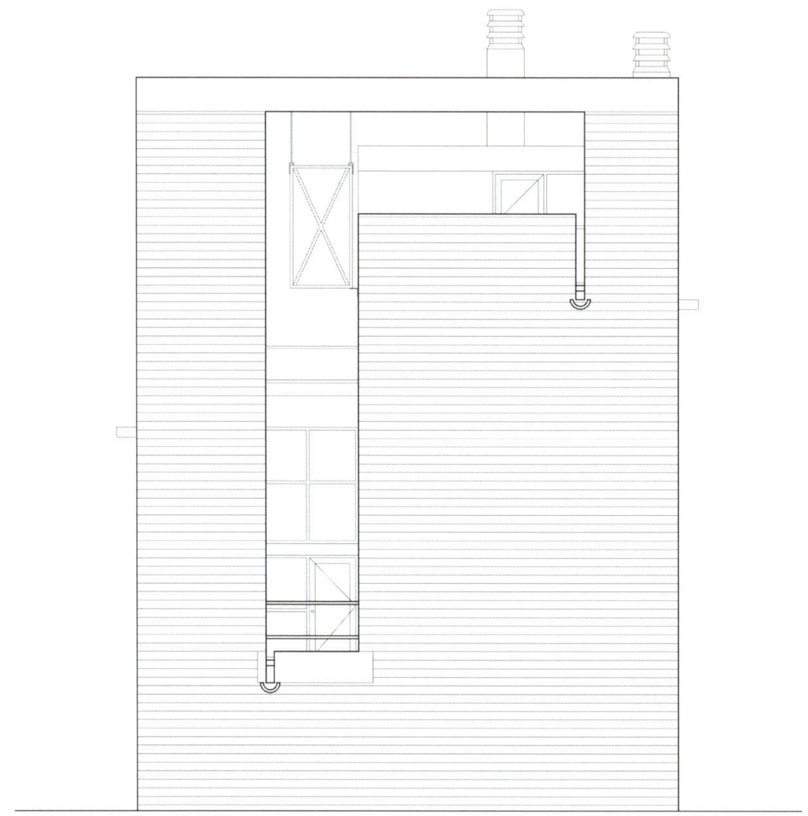

② 우 측 면 도
축척 : 1 / 100

좌측면도, 우측면도	20 . . .		홍길동

8 Mario Botta의 Riva San Vitale 모형 실습 - 1

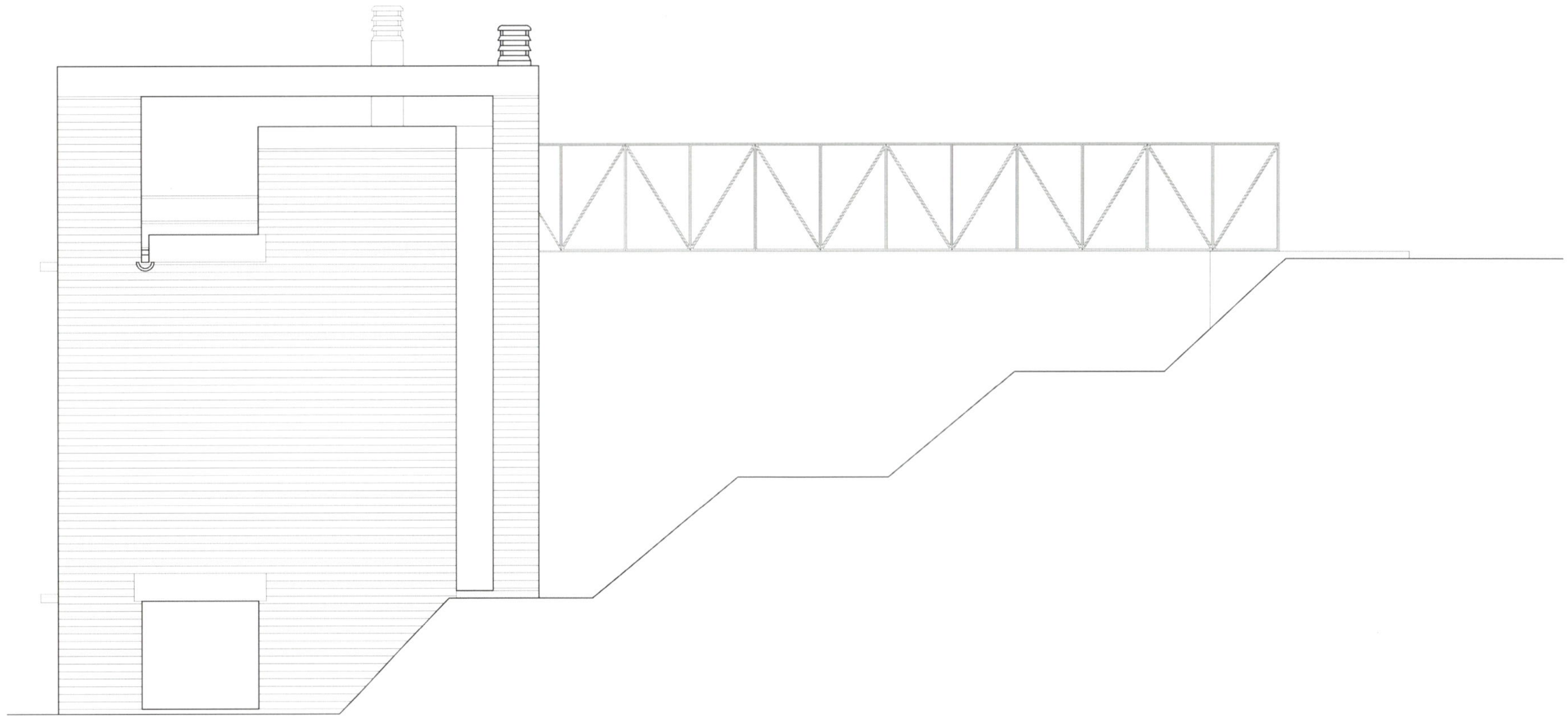

① 배 면 도
축척 : 1 / 100

배면도	20 . . .		홍길동

9 Mario Botta의 Riva San Vitale 모형 실습 - 1

1 단 면 도 A
축 척 : 1 / 100

단면도A	20 . . .		홍길동

10 Mario Botta의 Riva San Vitale 모형 실습 - 1

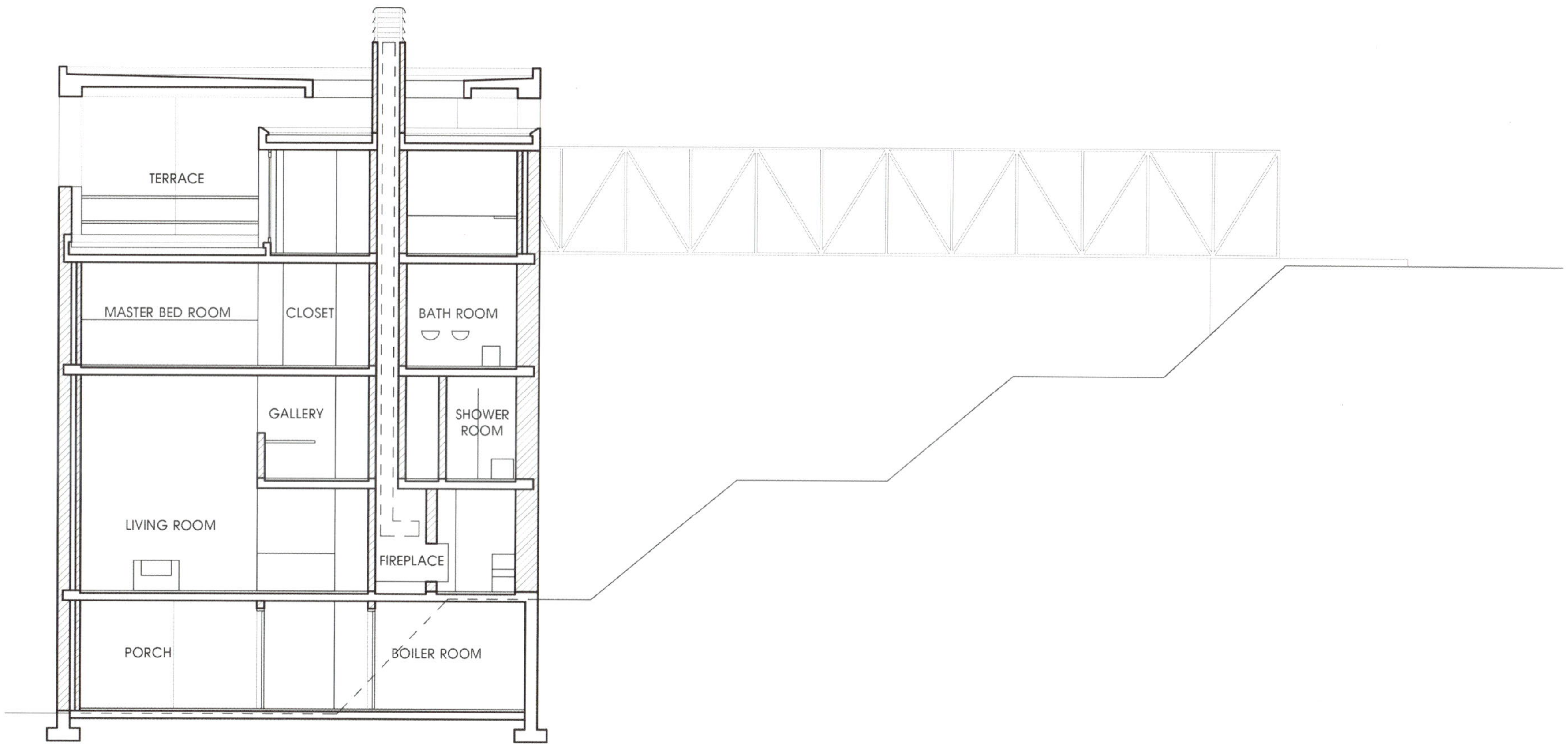

1 단 면 도 B
축 척 : 1 / 100

단면도B	20 . . .		홍길동

1 도면에서 벽체의 제일 외곽선 치수를 확인하고 이 치수에 맞게 바닥판을 만든다.

* 최하부층 바닥이 주변 지형과 비슷한 높이를 유지해야 하는 점을 고려하여 바닥판은 Contour에 묻히고 벽체가 바닥판 위에 올라가는 방식을 채택하였다.

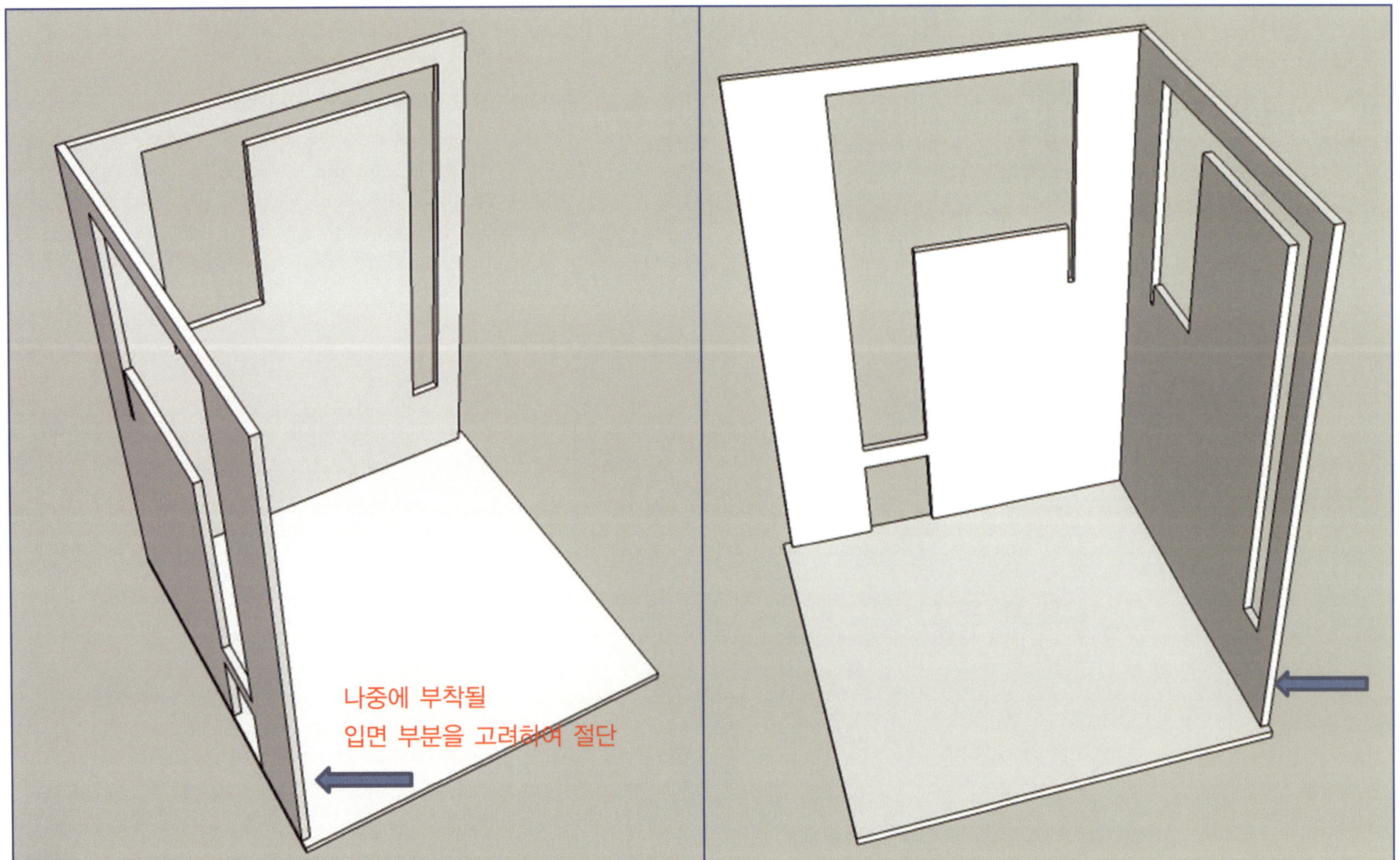

2 두 개의 입면과 바닥판을 이용 서로 직각을 이루는 기준면을 만든다.

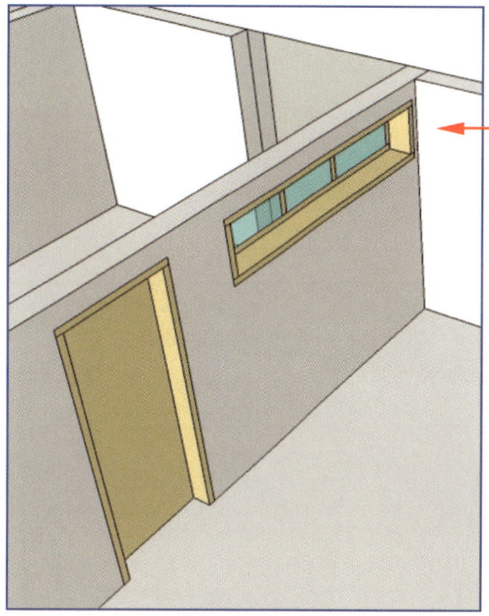

아트지를 이용 창틀을 먼저 만들고 투명필름지로 창문 효과를 낸다. LINETAPE로 별도 창틀 효과를 준다. 필름지는 순간접착제로 일부분만 접착 해야 하는데 아트지가 우드락이 녹는걸 막아 줄 수 있다.

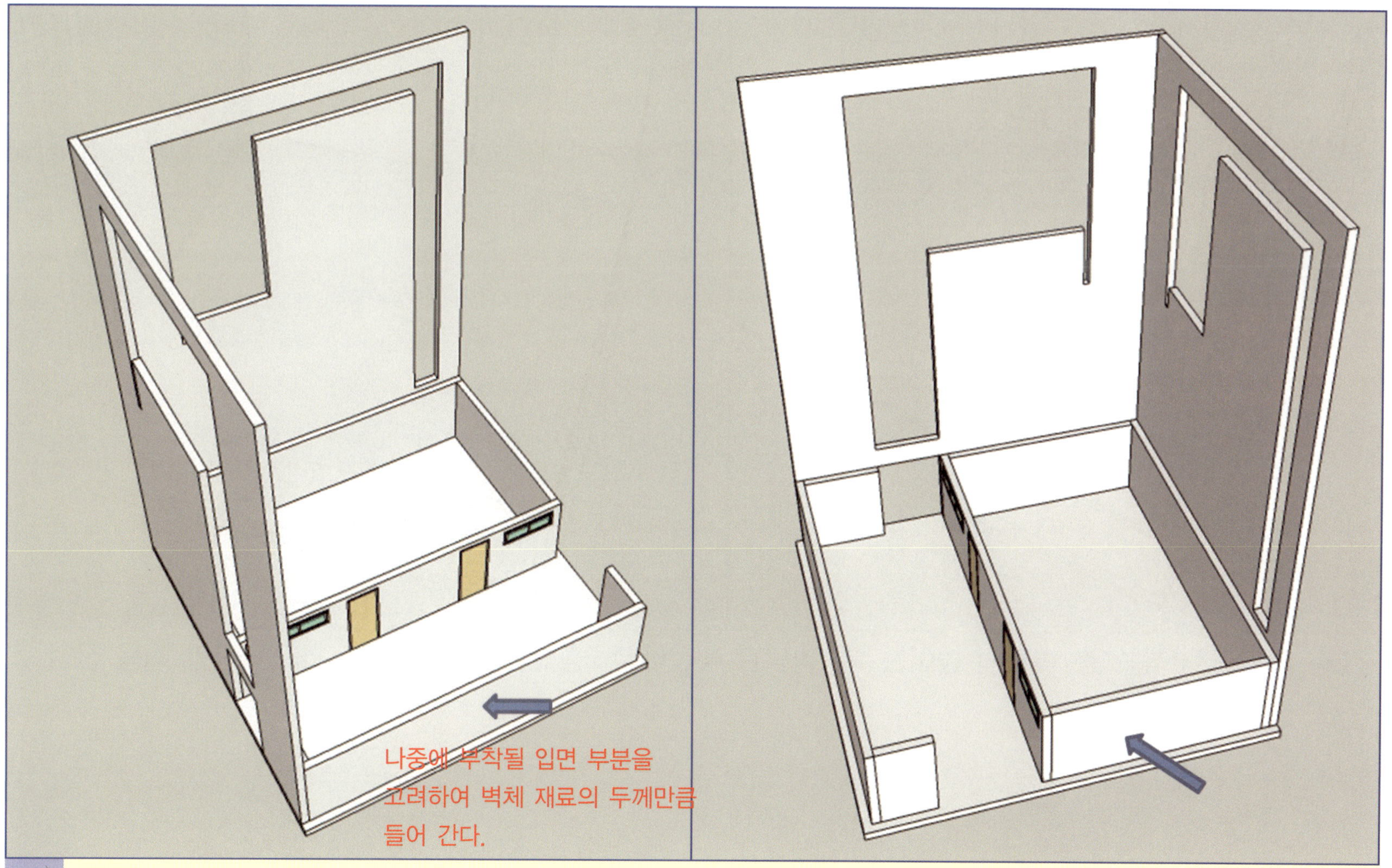

3 내부 벽체 부착 : 보이는 면만 만든다.

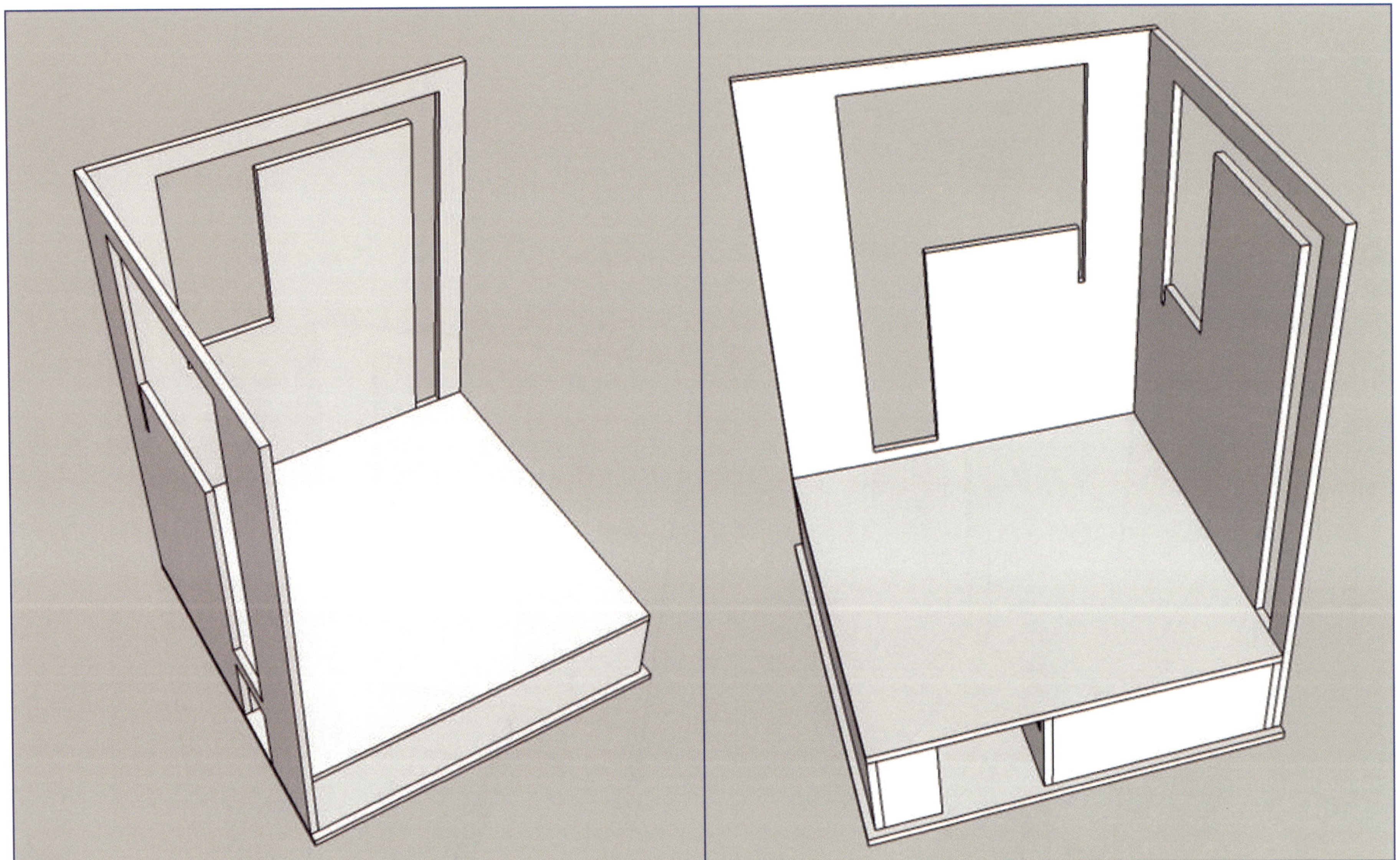

4 2층 바닥판 부착 : 1층 벽체의 높이는 1층 바닥판 윗선에서 2층 바닥판의 아랫선 까지 : 단면 이용 산정

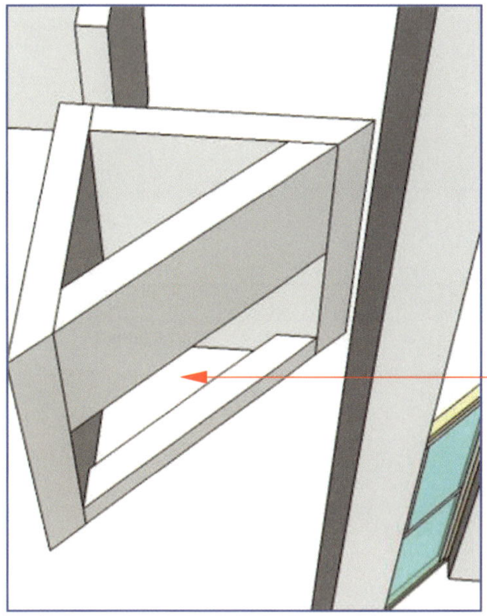

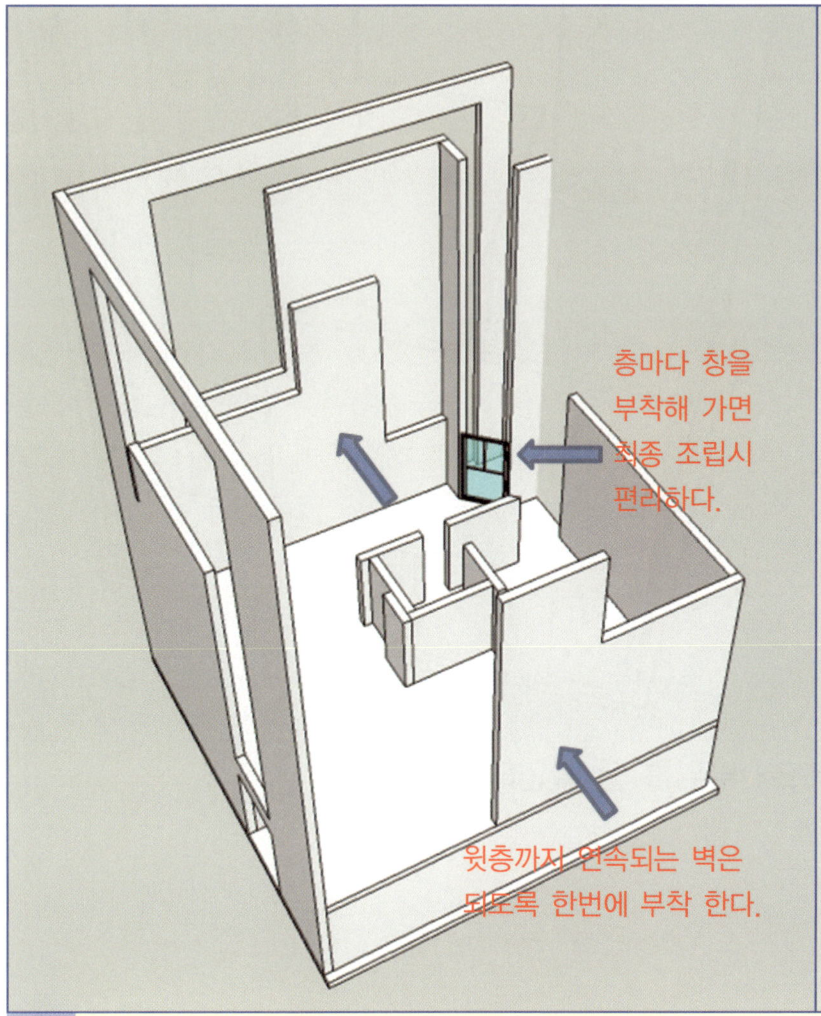

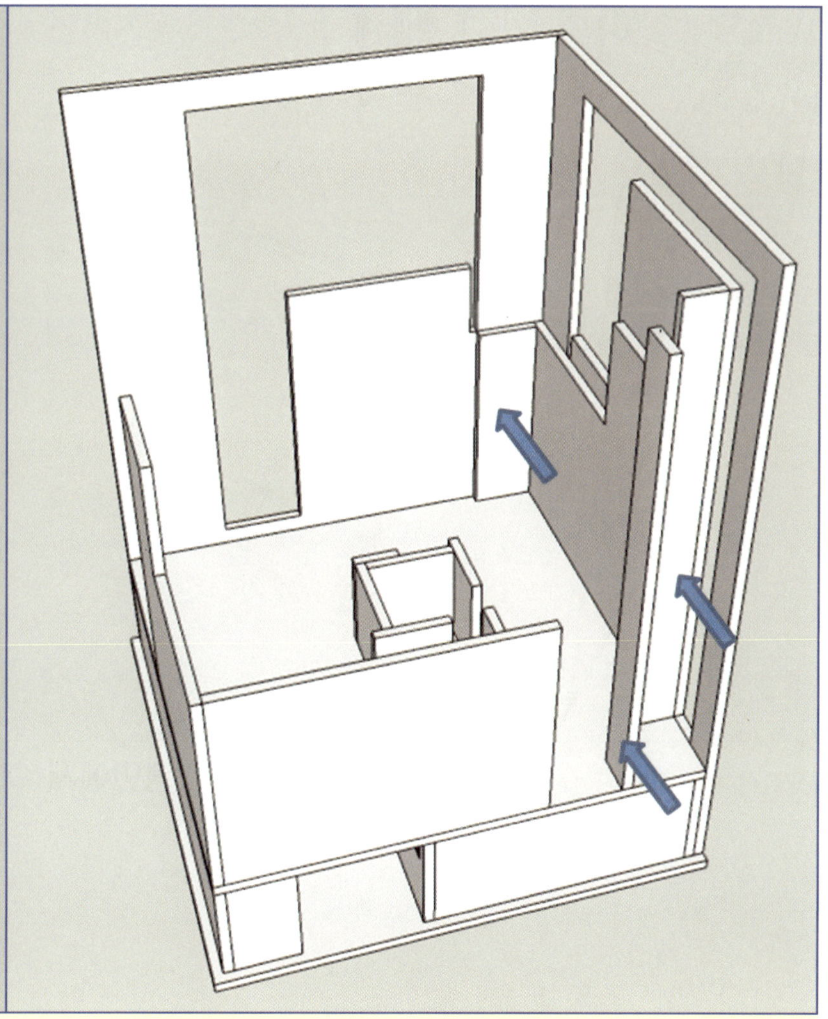

5 5. 2층 벽체 부착 : 필요한 치수는 도면에서 산정하되 재료의 두께를 고려한다.

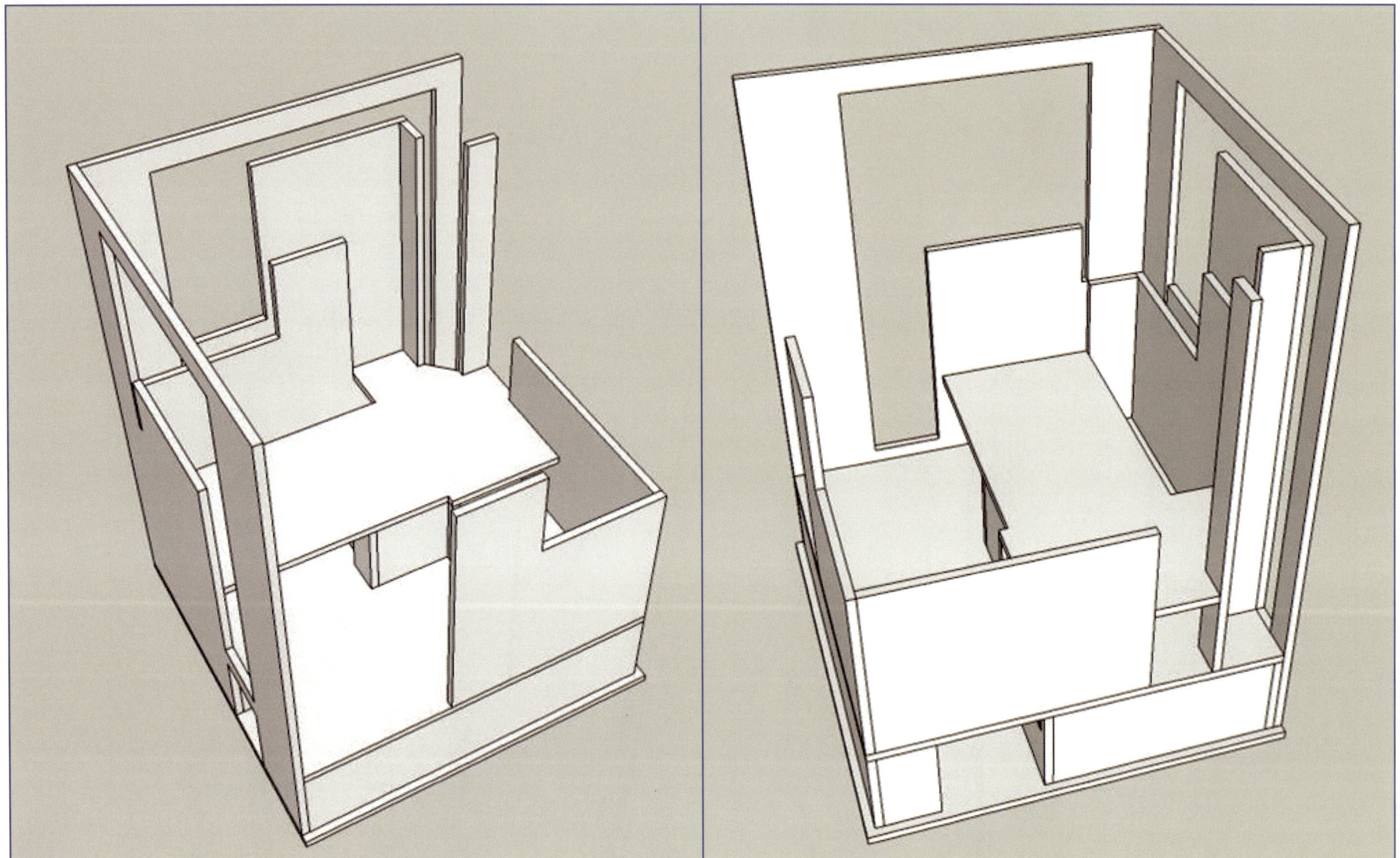

6 3층 바닥판 부착 : 평면에서 OPEN 부위를 잘 확인해야 한다.

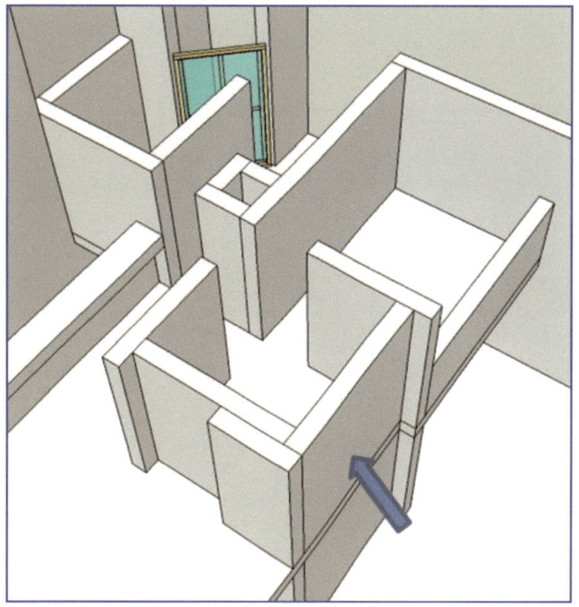

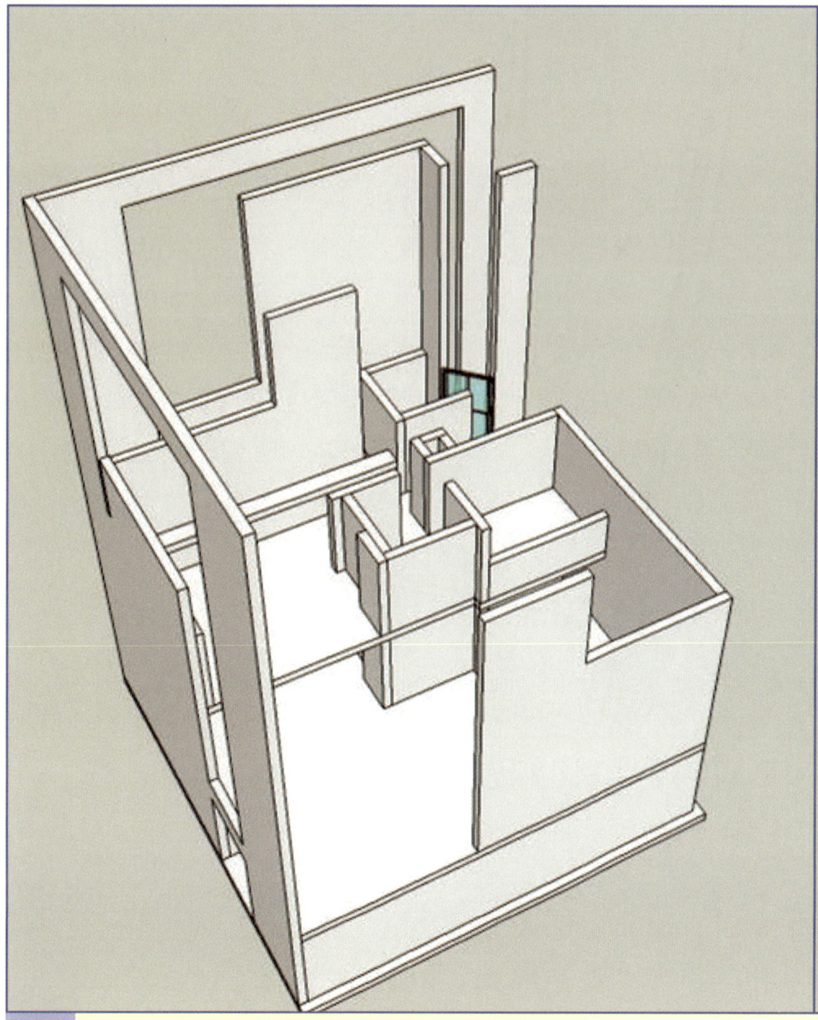

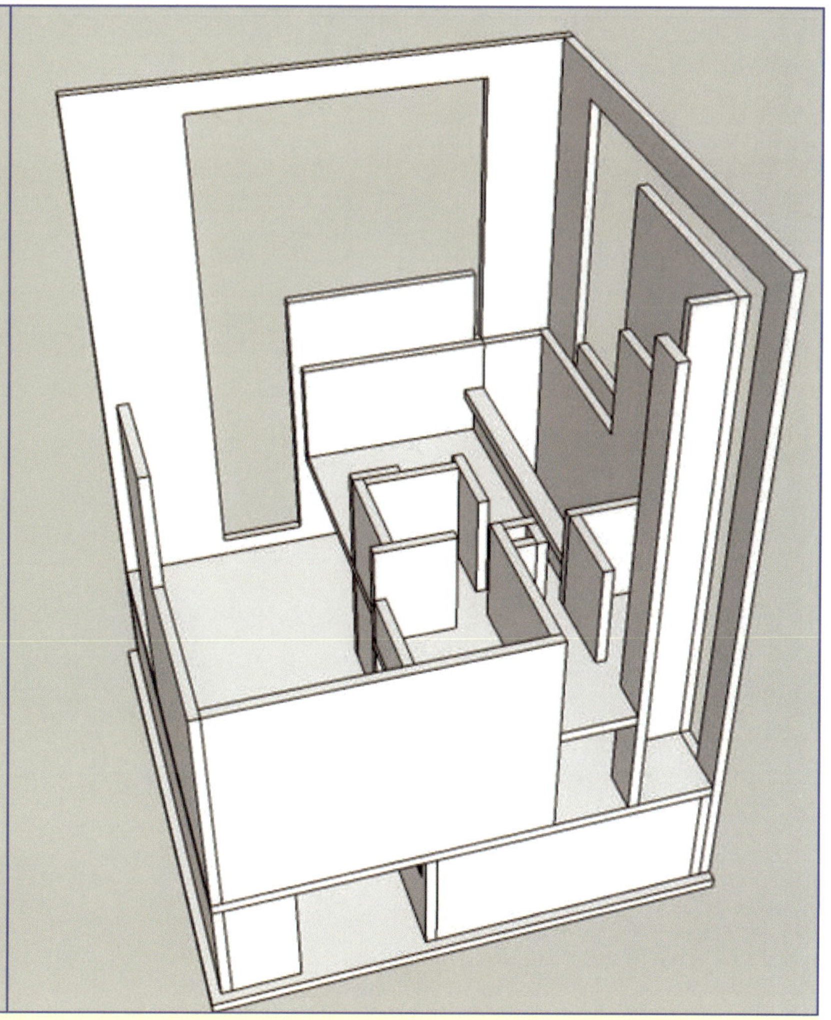

7 3층 벽체 부착 : 내부쪽에도 나중에 부착될 입면이 있으므로 부착될 두께를 고려한다.

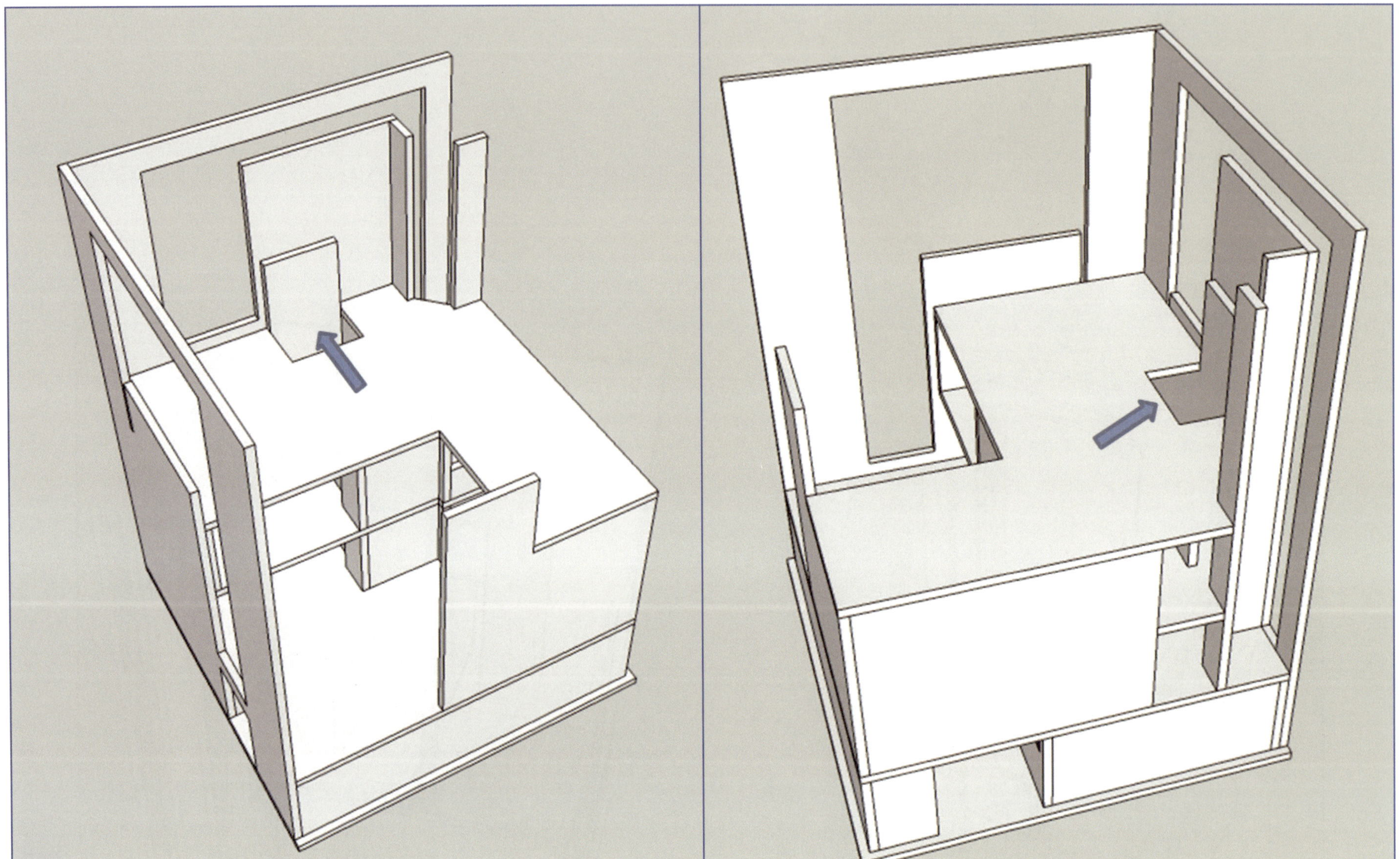

8 4층 바닥판 부착 : 작게 OPEN 되는 부위도 외부에서 보인다면 빼놓지 않도록 한다.

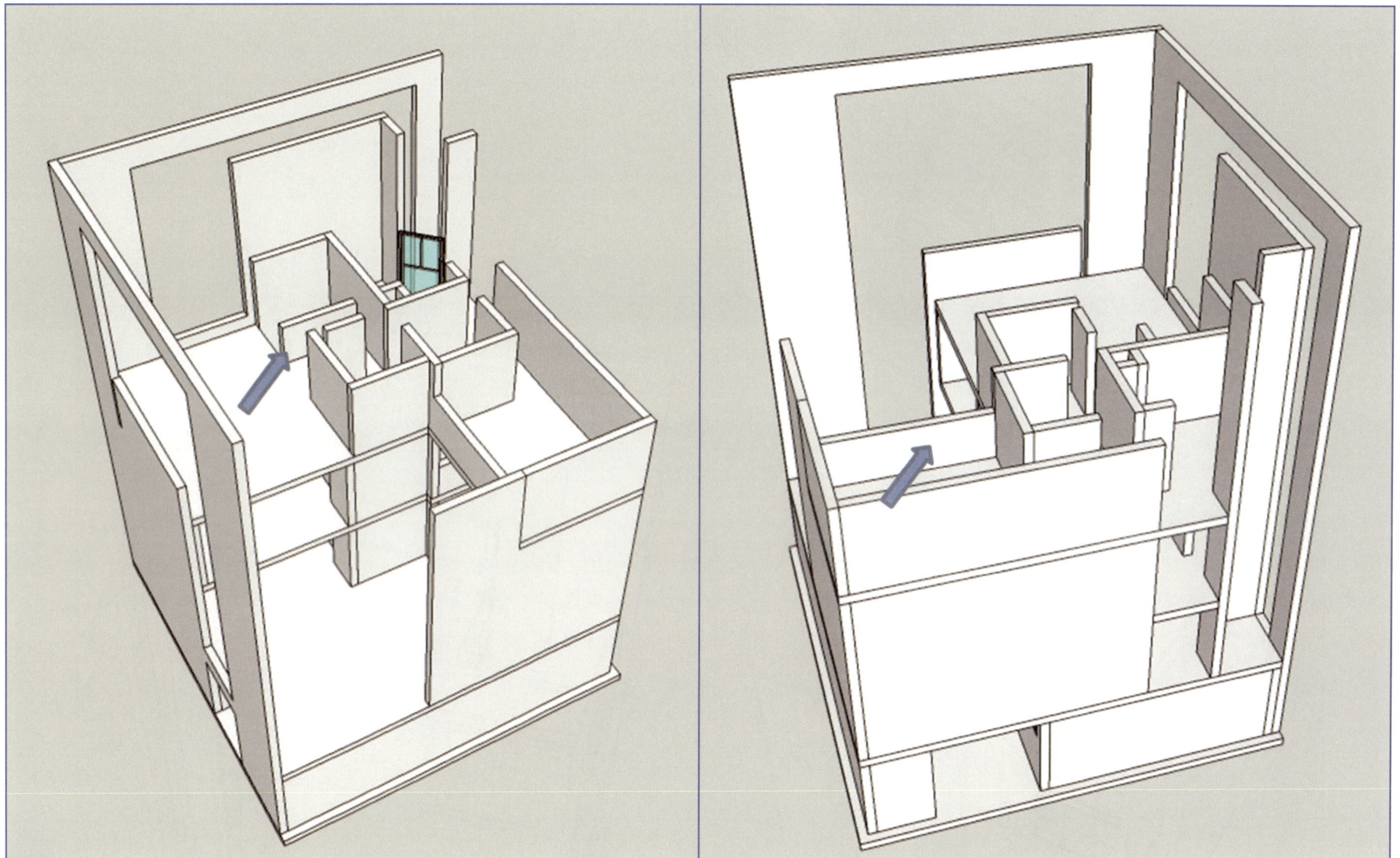

9 4층 벽체 부착 : 난간을 꼭 부착 한다. 따로 부착해도 상관 없다.

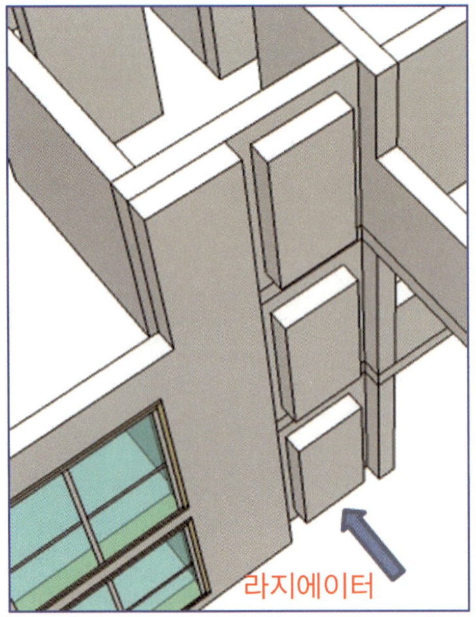

* 외부에 해당하는 벽체와 라지에이터 판을 부착한다.

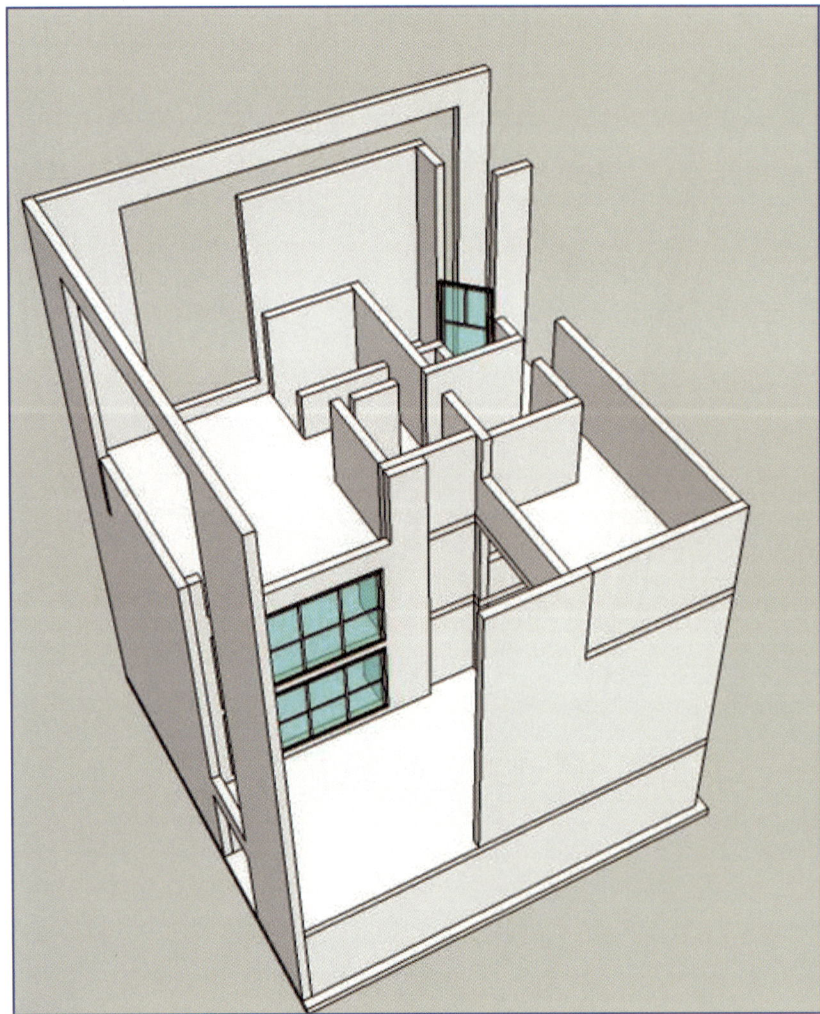

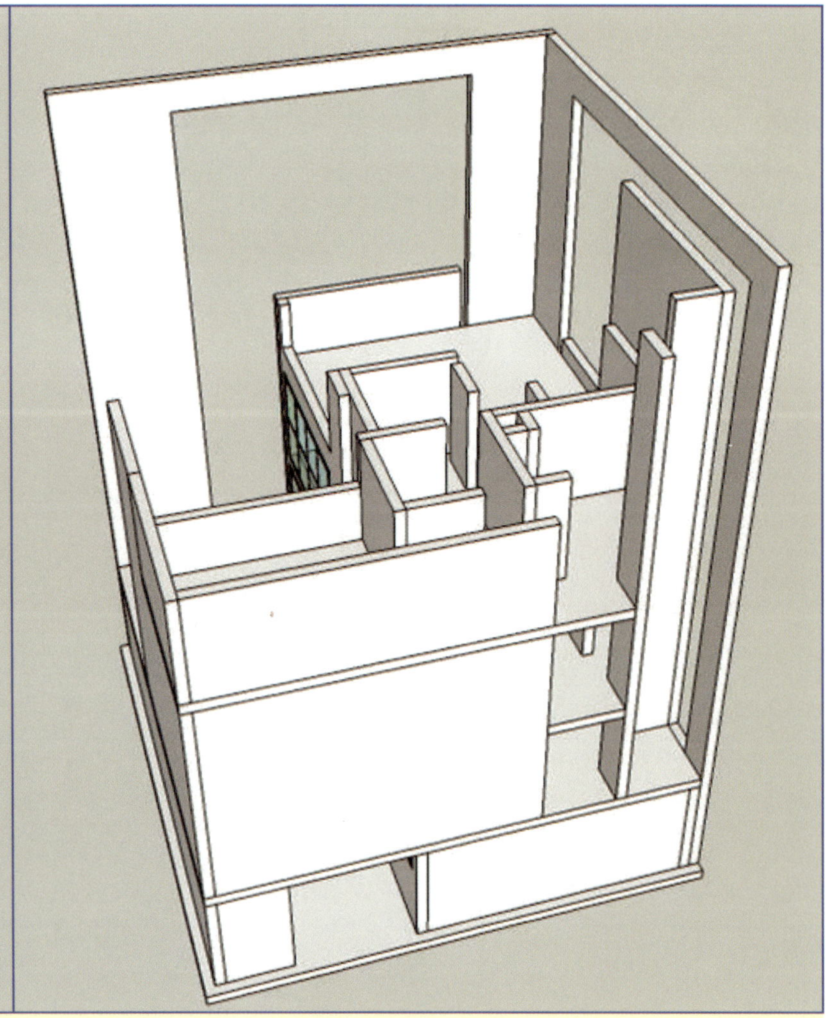

10 내측 외벽 부착 : 창문은 미리 벽체판에 부착하고 조립 한다.

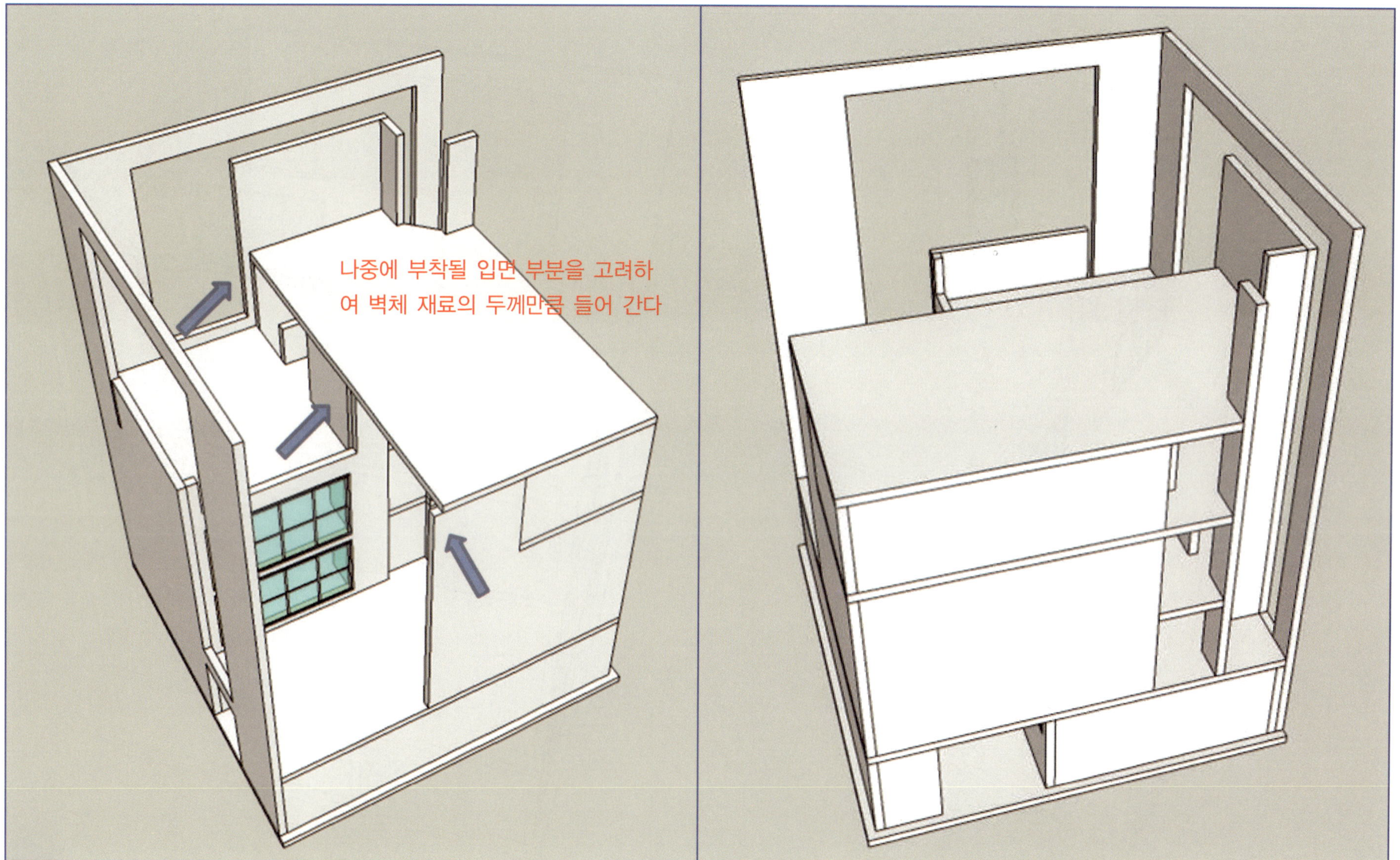

11 5층 바닥판 부착

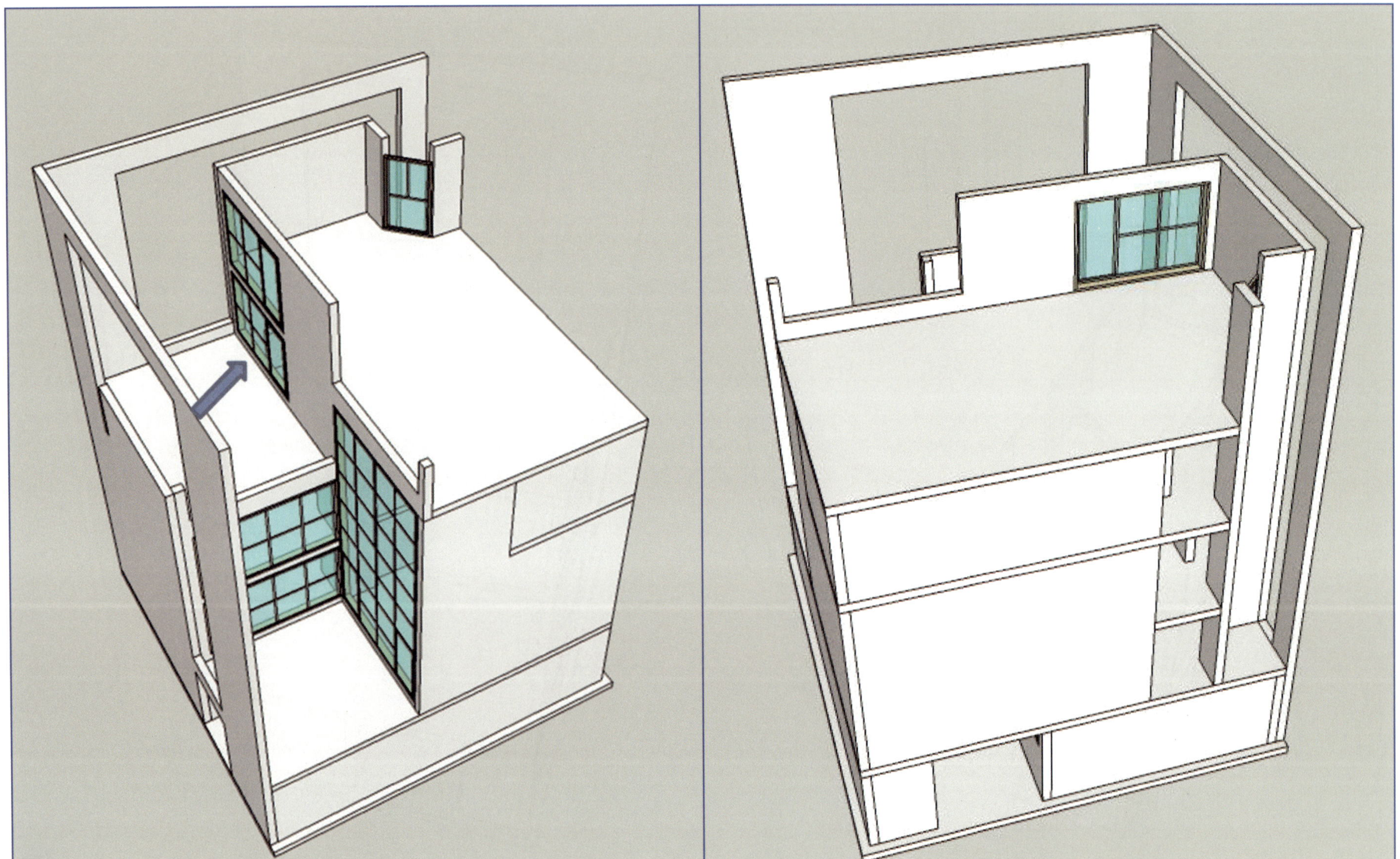

12 4,5층 내측 외벽 부착 : 도면에 없는 부분은 평면과 단면 등 다른 도면을 참고하여 만들어 내야 한다.

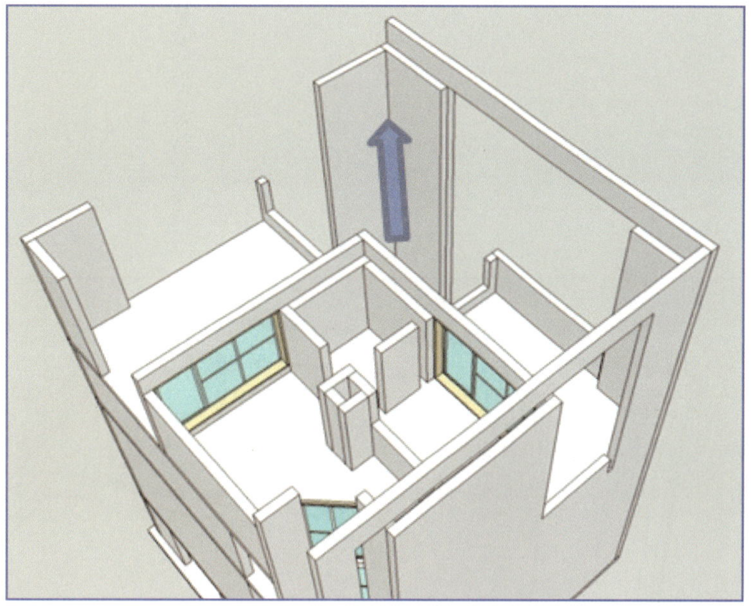

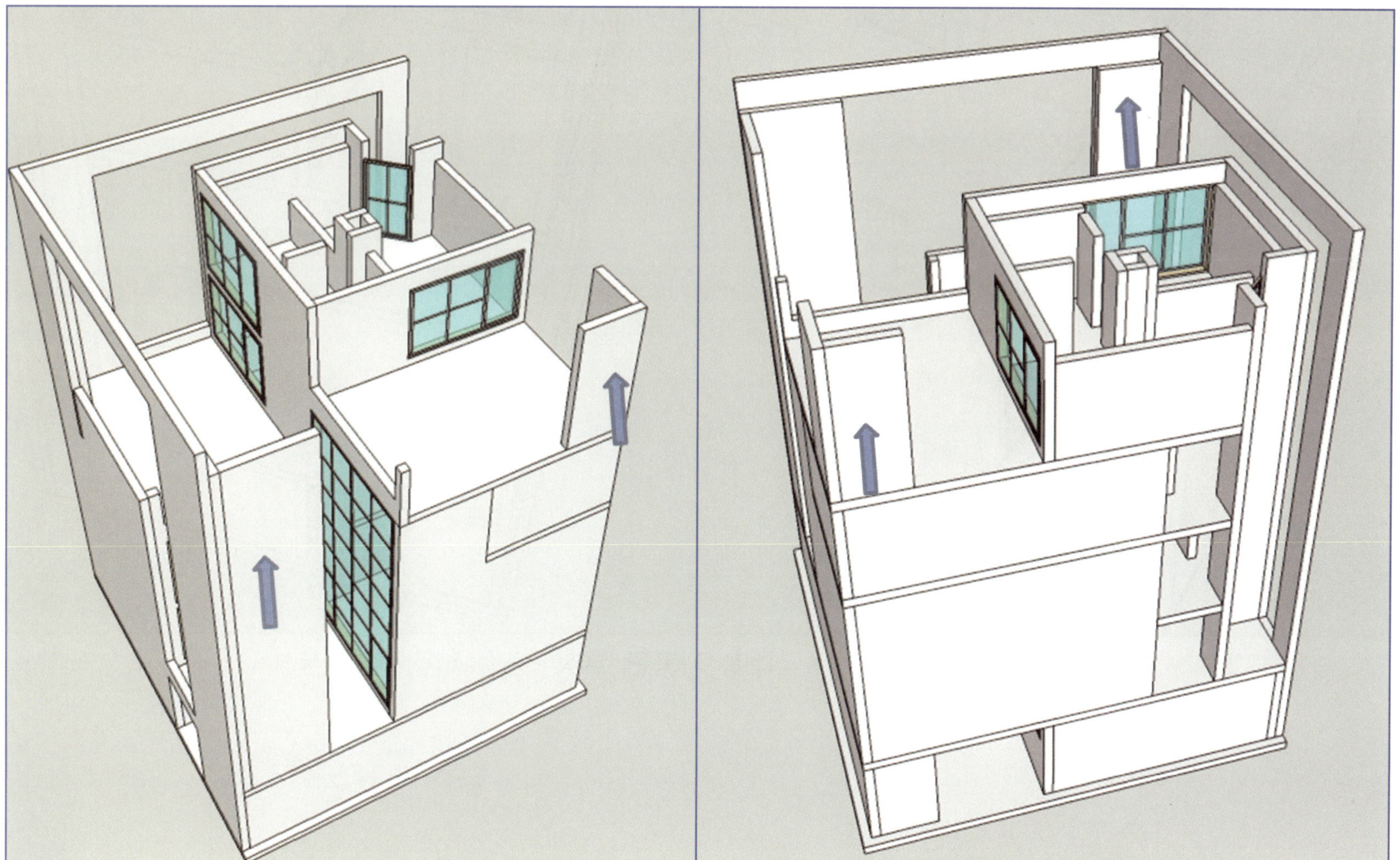

13 벽체 중 외부에서 두껍게 보이는 부분을 위해 안쪽에 판을 덧댄다.

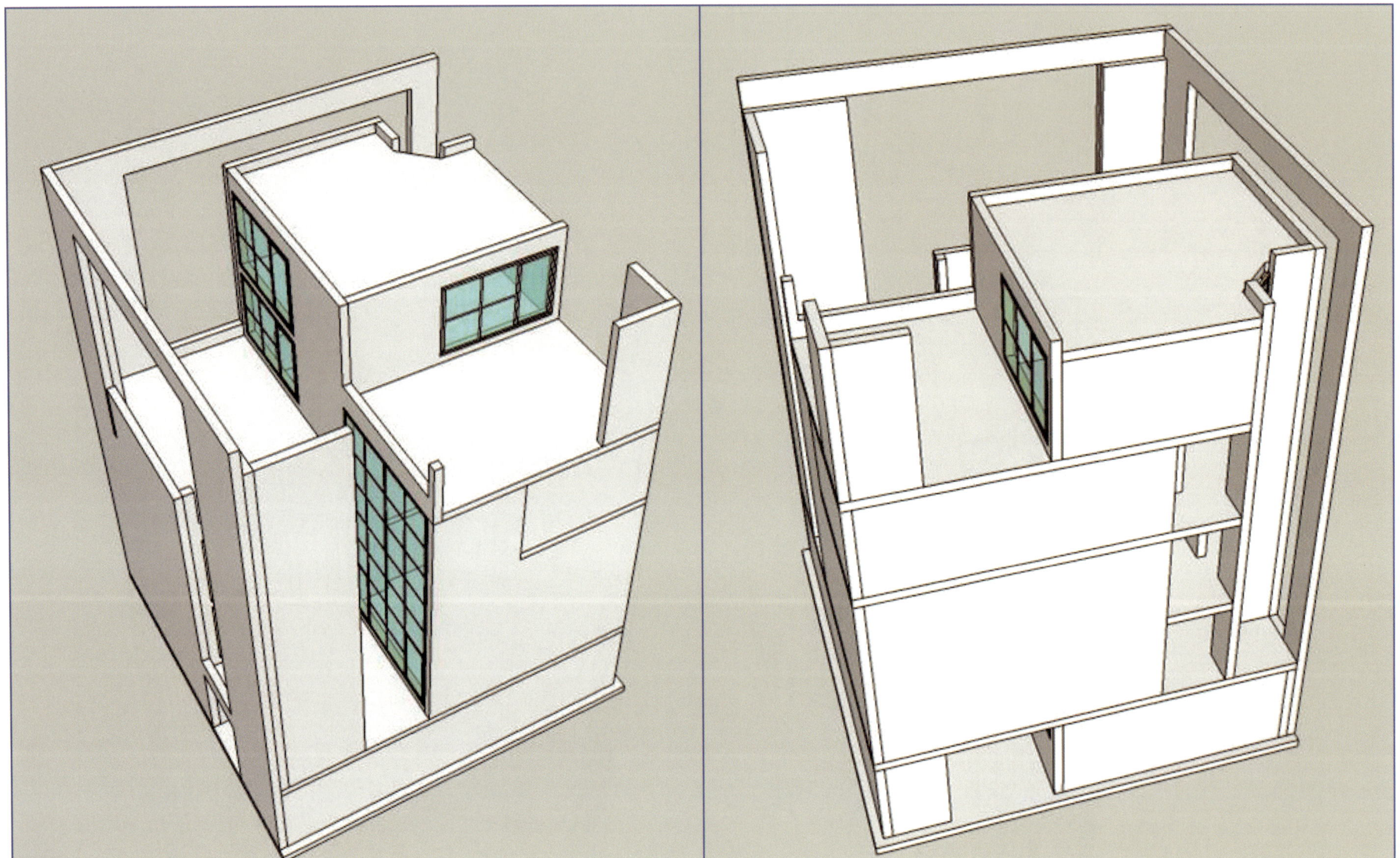

14 내측 지붕판 부착

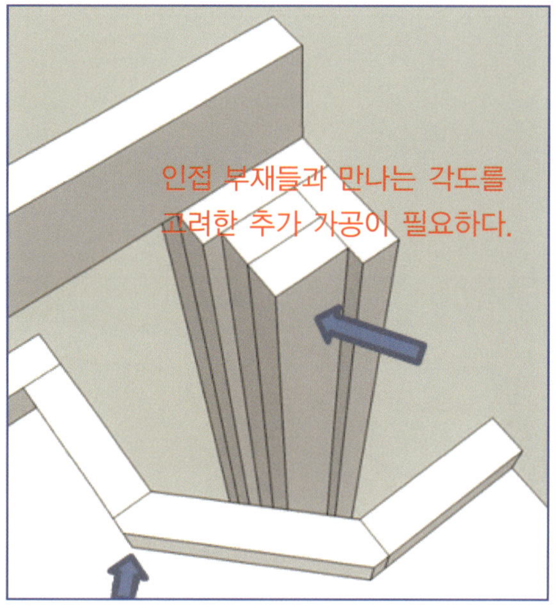

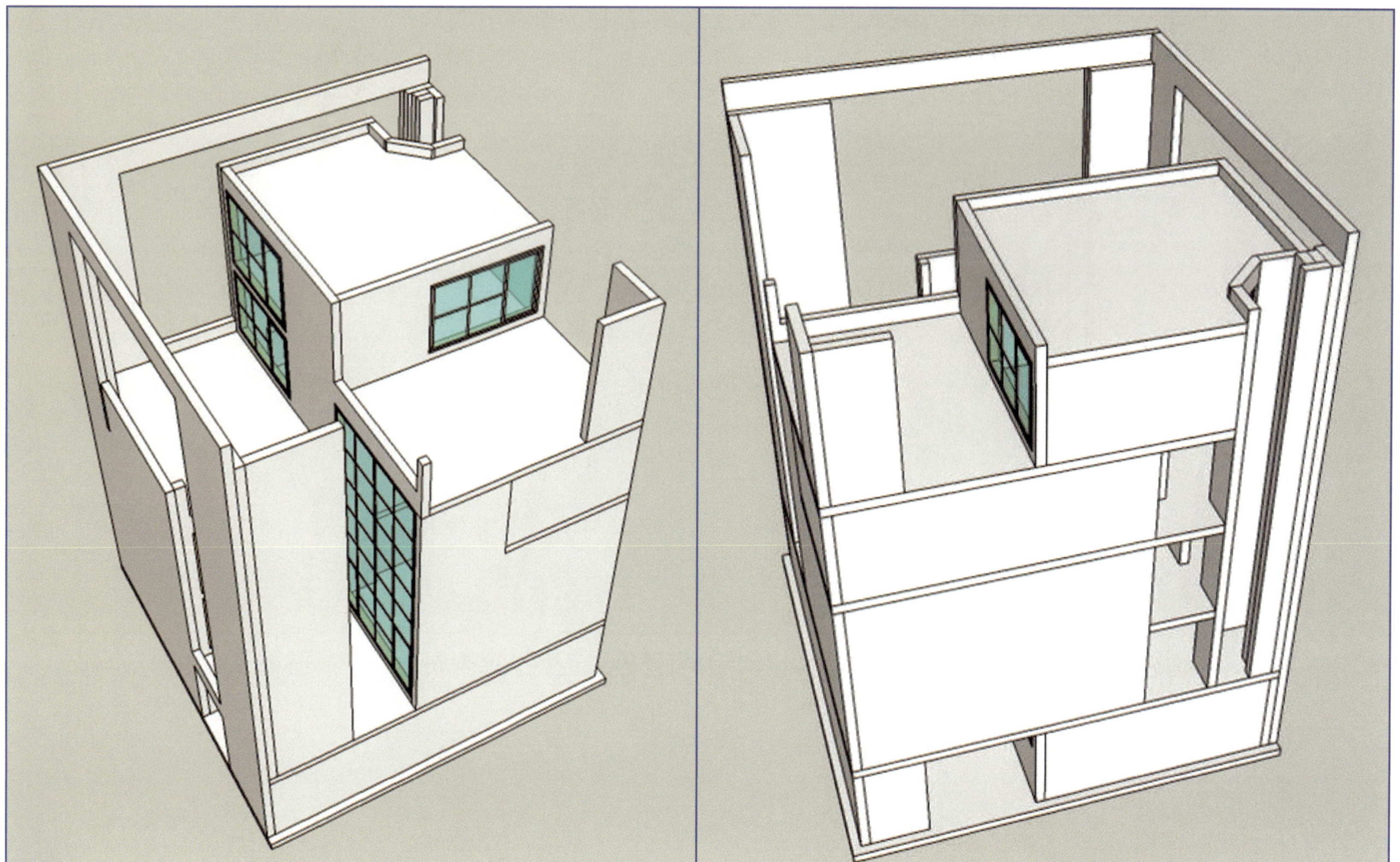

15 굴뚝 하부를 지지하고 있는 벽체는 요철 부분이 표현 될 수 있도록 한다.

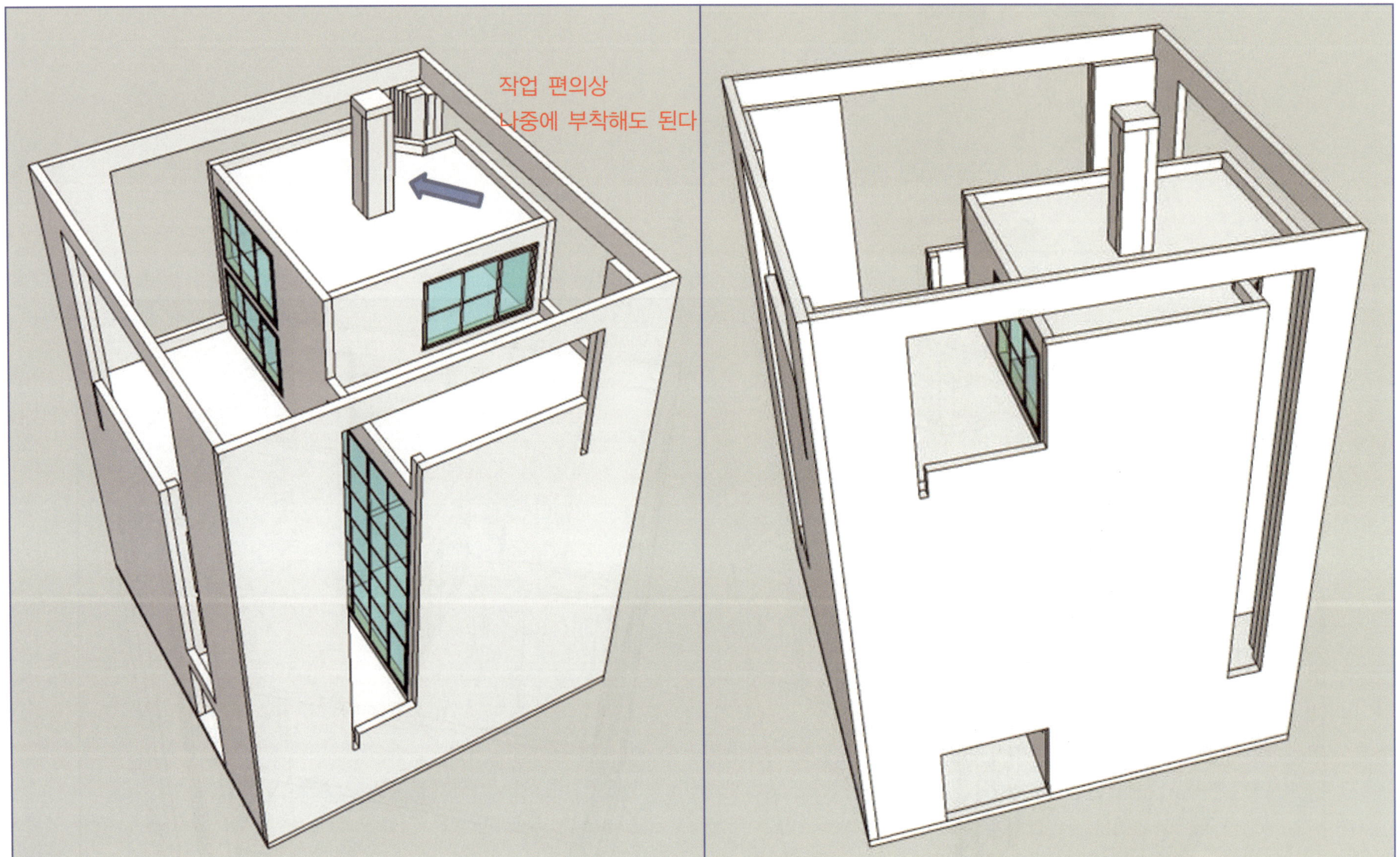

16 입면의 나머지 두면을 부착 한다.(외부 지붕판을 먼저 부착하는 것이 편할 수 있음)

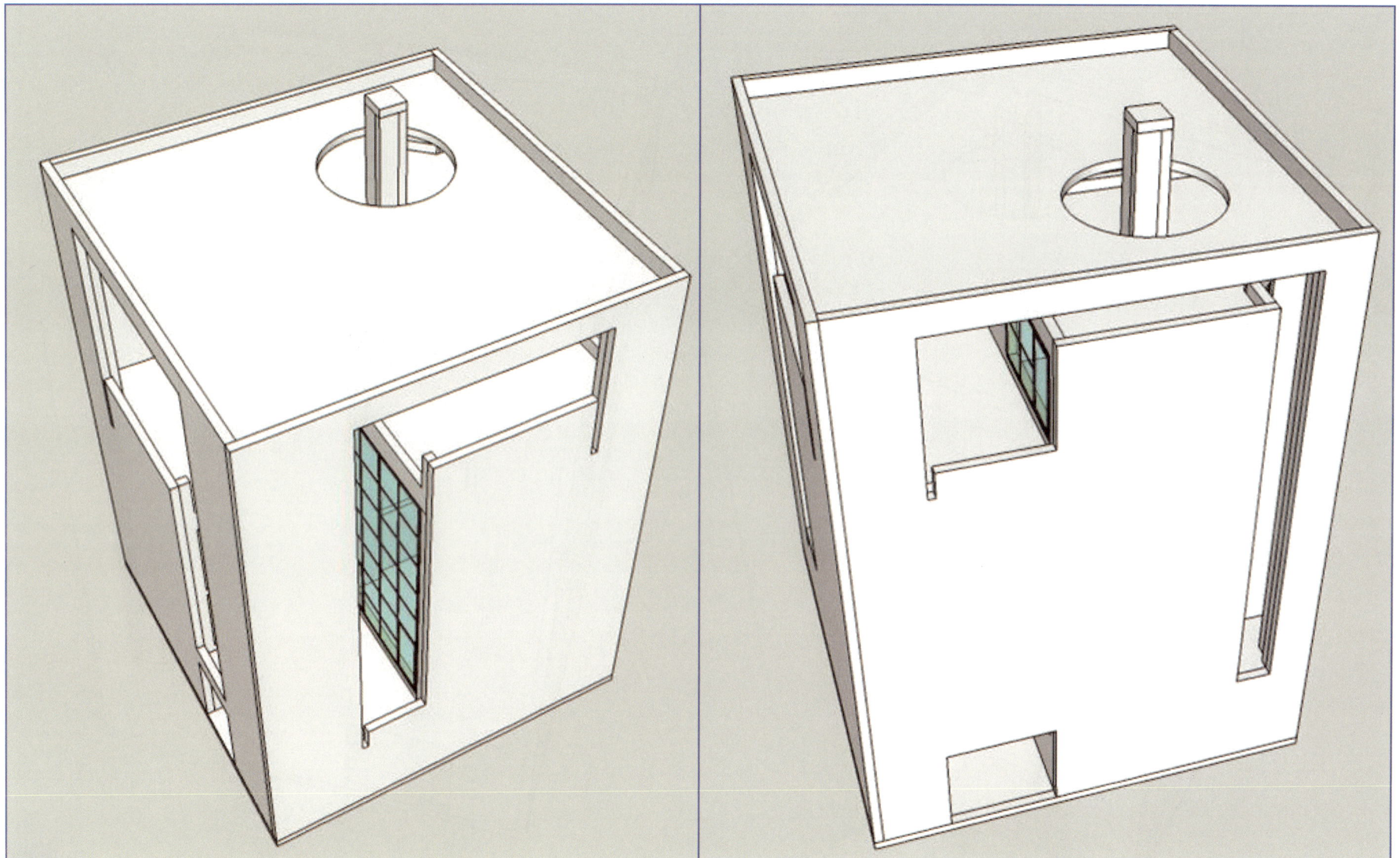

17 외부 지붕판 부착

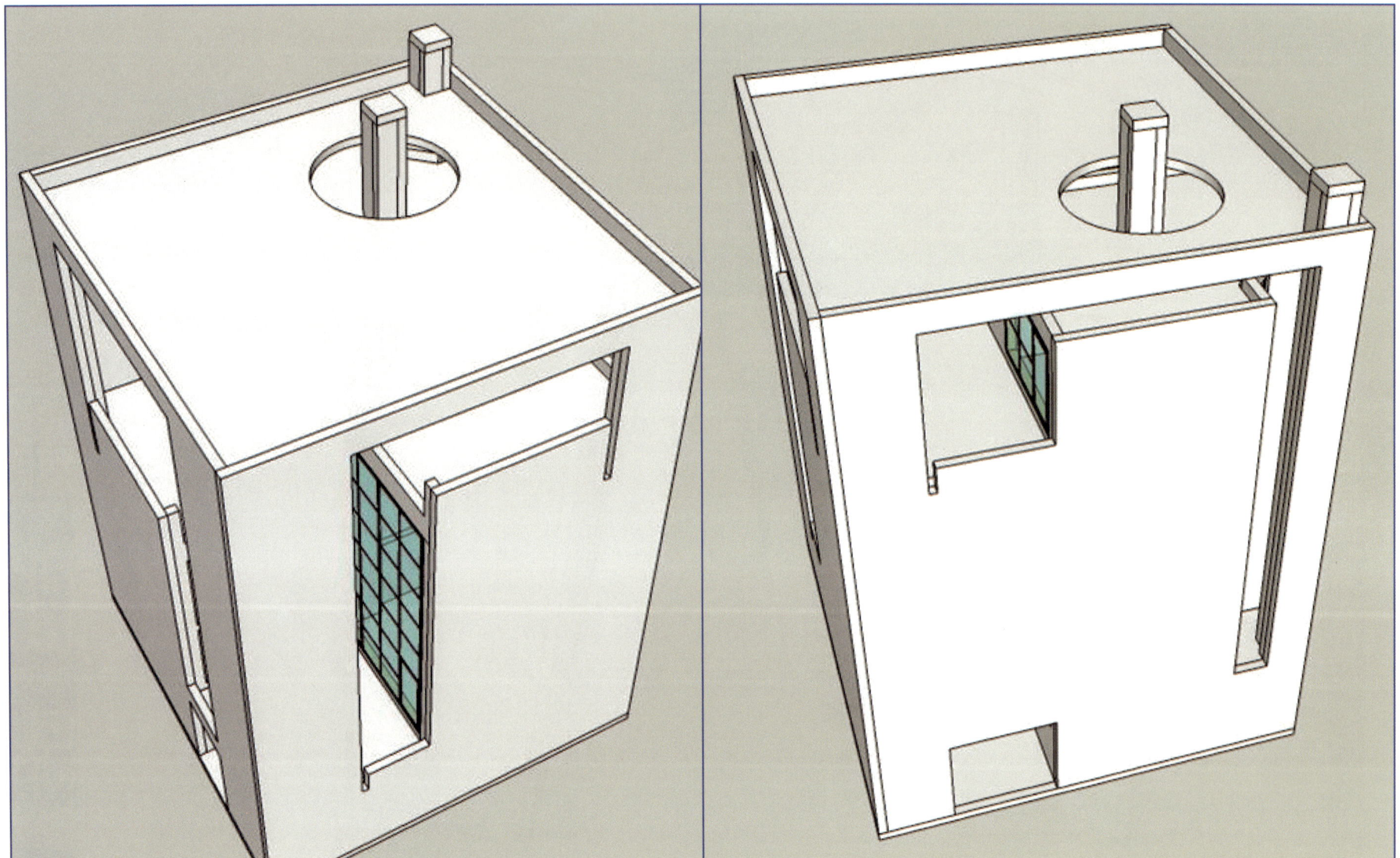

18 굴뚝 부착

19 Bridge 지지판을 먼저 부착해 둬야 한다.

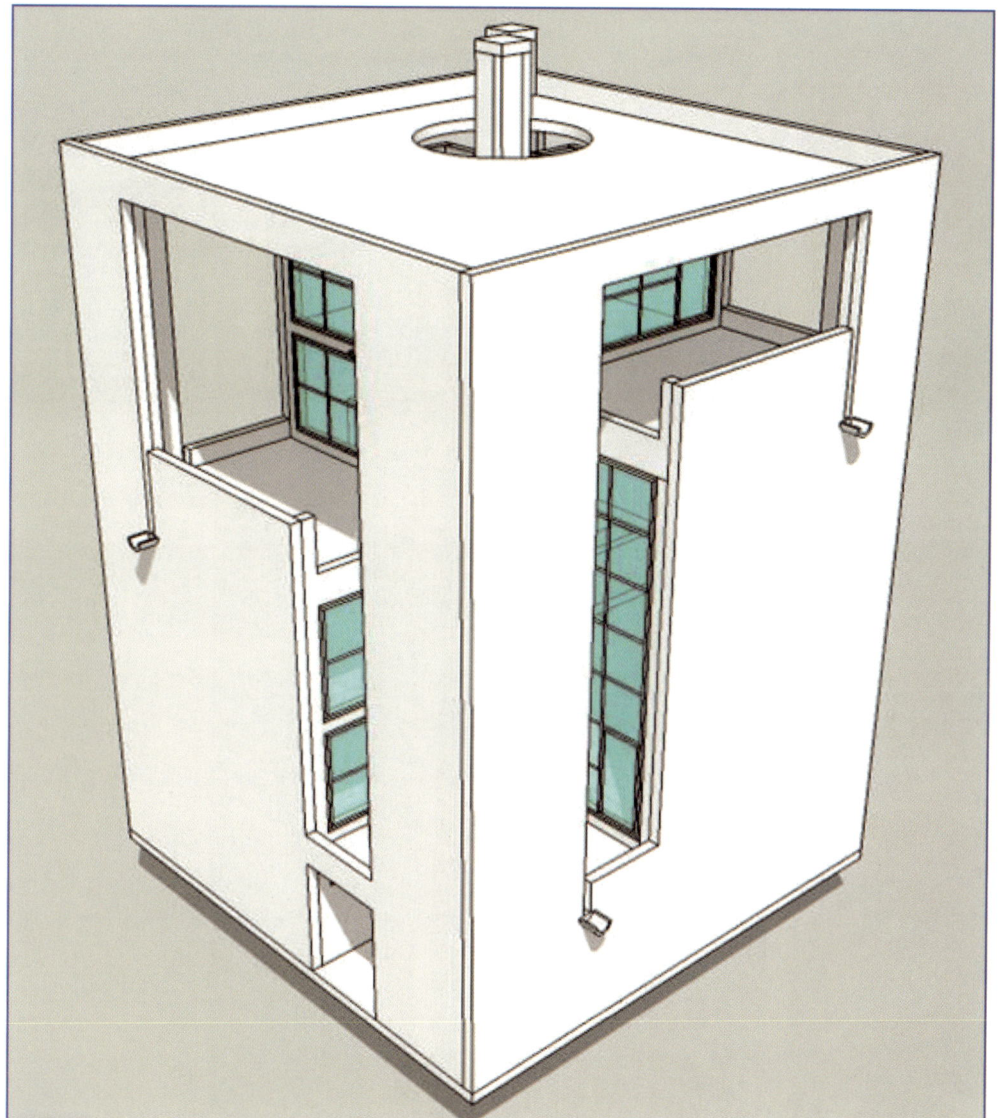

20 건물 외부의 배수로를 아트지로 만들어 부착하고, 건물을 완성한다.

02 Bridge

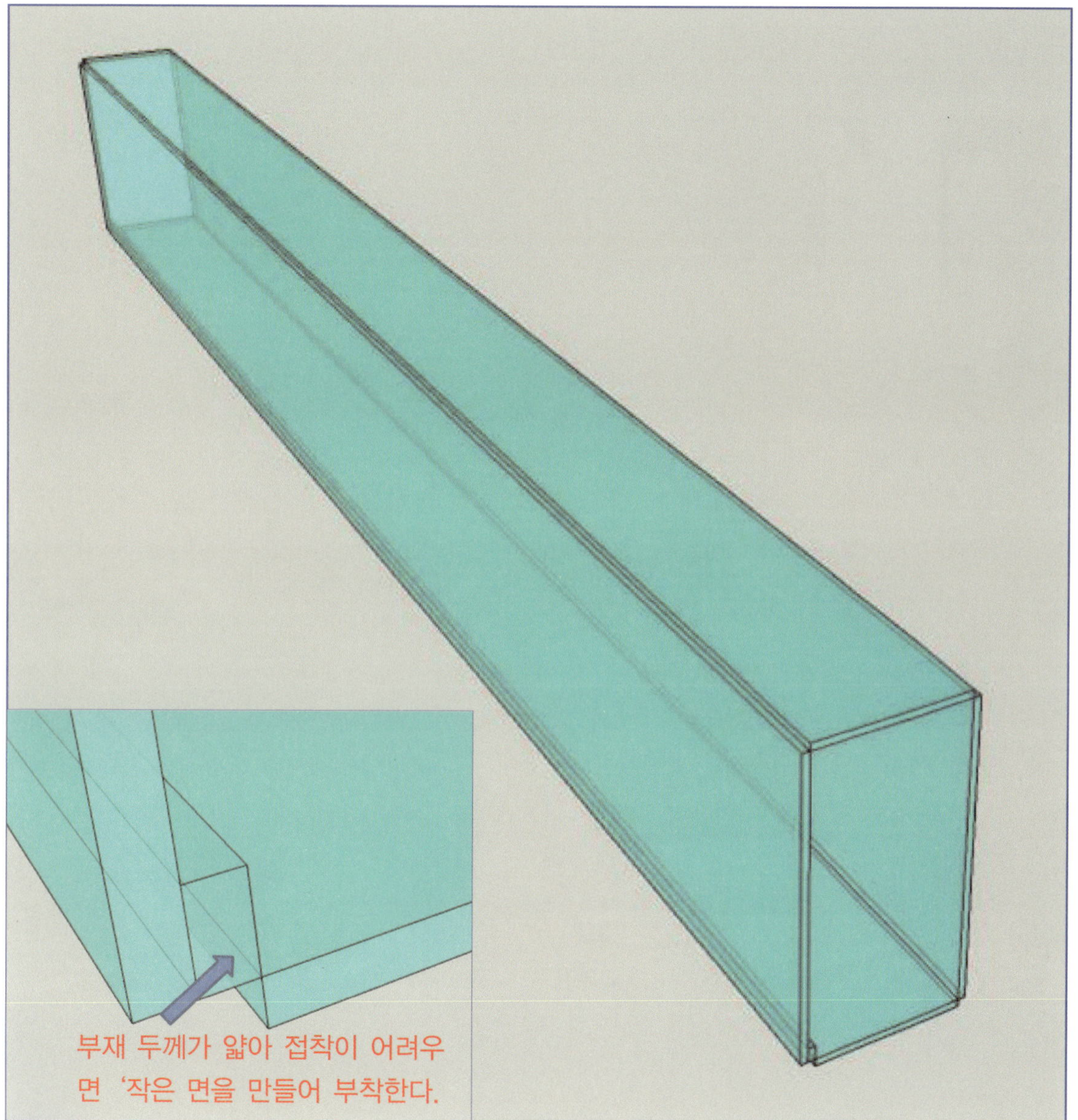

1 아크릴이 가공하기 어렵다면 필름지에 칼로 흠을 내고 접는 방법을 이용 한다.

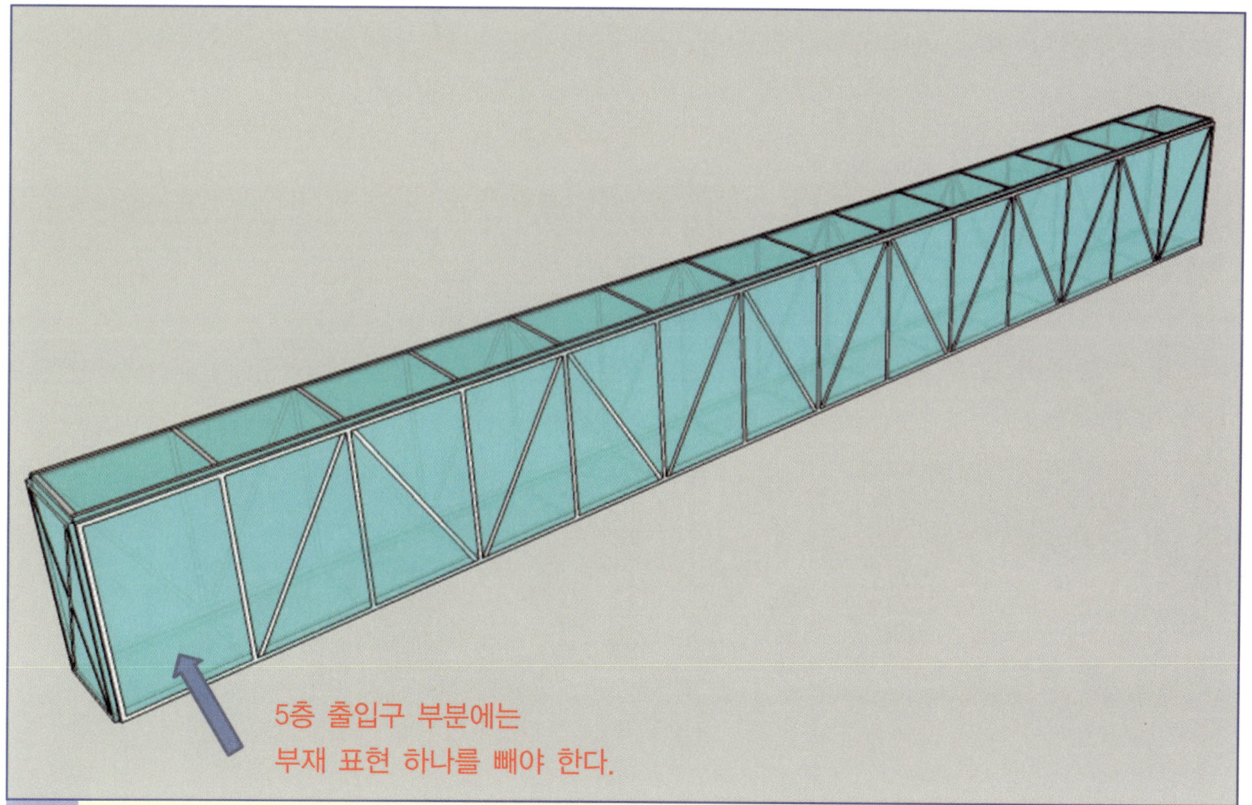

2 LINE TAPE를 이용 트러스(TRUSS)를 표현. 마스킹테이프를 얇게 잘라 쓸 수도 있다.

03 Contour

* 건물의과 관계를 고려한 위치 선정이 필요하다.

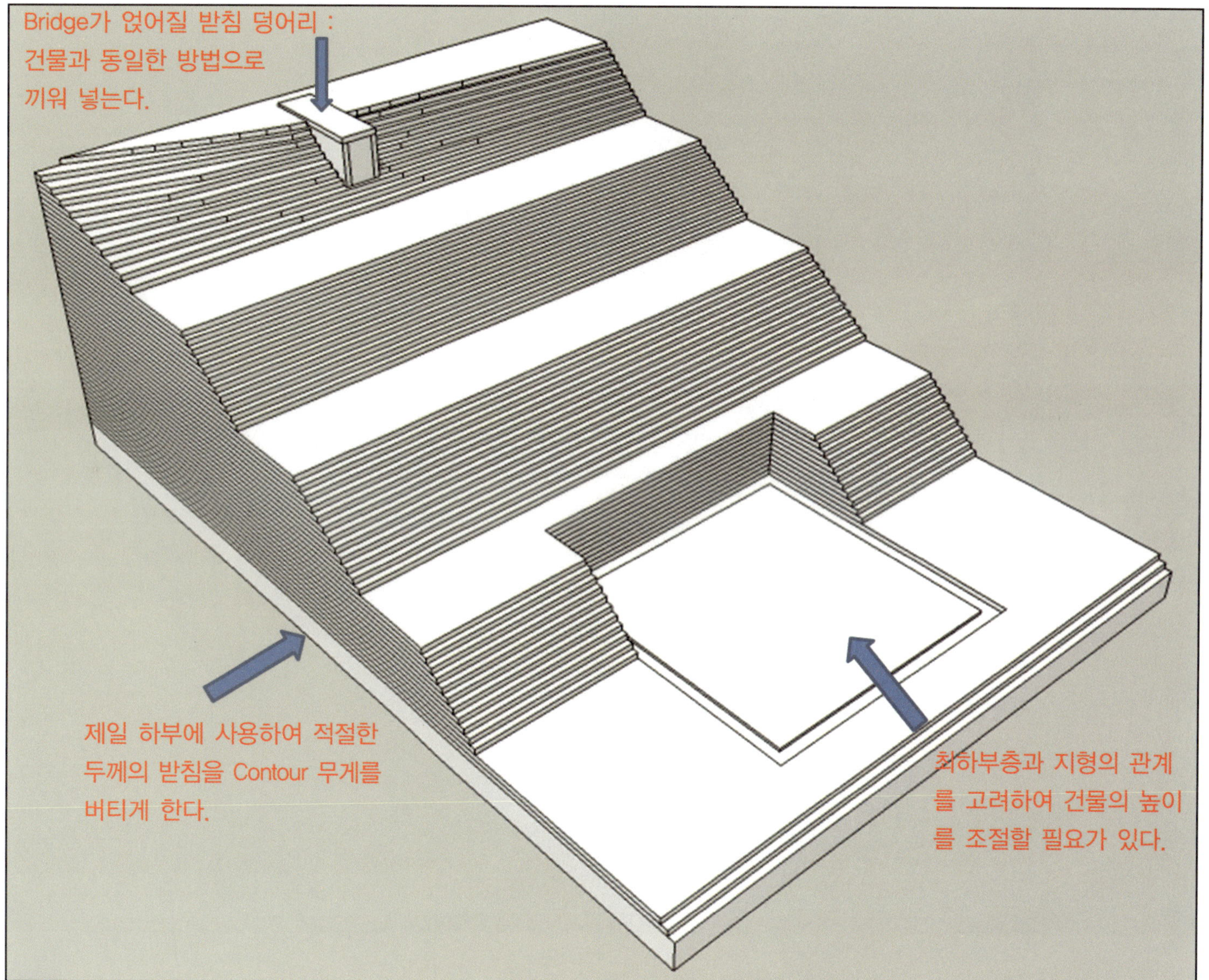

1 제일 단순한 형태의 지형(contour) 만들기 : 등고선을 따라 부재를 자르고 연속해서 부착한다.

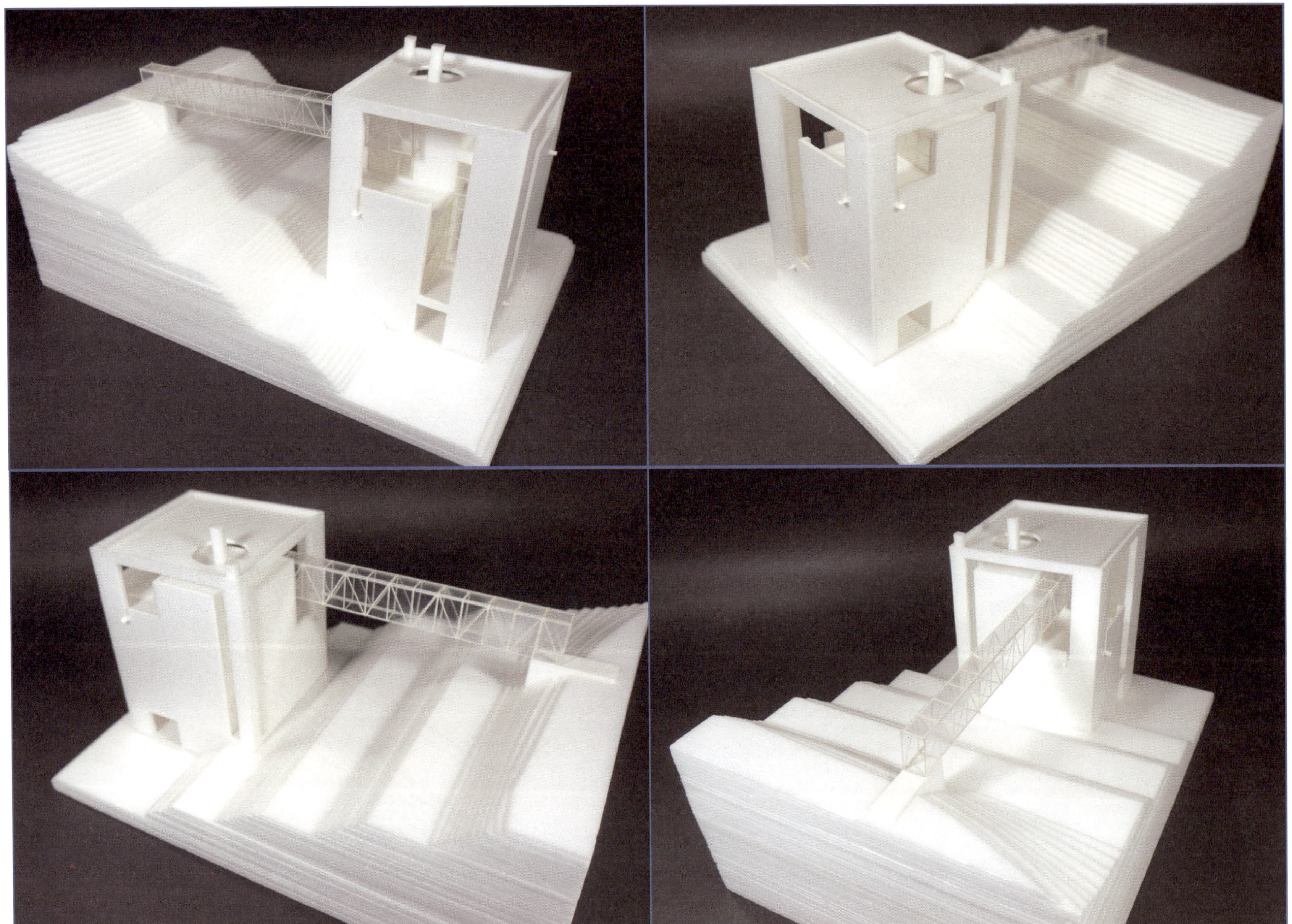

2 모형 완성

2. 참고 Site 소개

① http://www.archdaily.com

: 건축작품 소개

② http://www.auric.or.kr

: 문헌 검색

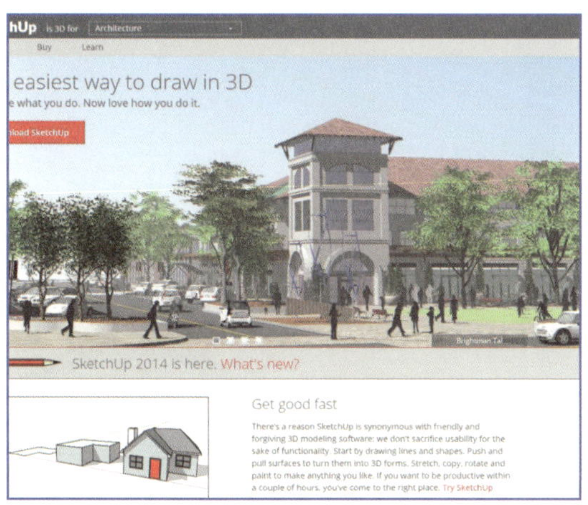

③ http://sketchup.google.com

: 스케치업 download

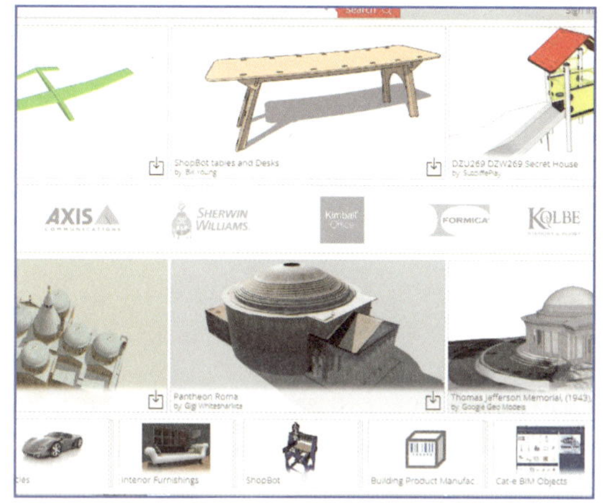

④ http://sketchup.google.com/3dwarehouse

: 건축작품 소개

⑤ http://luris.mltm.go.kr

: 토지 정보 검색

⑥ http://www.moleg.go.kr

: 법규 검색

MEMO

저자 약력

김기상(Kim, Ki-Sang)
- 숭실대학교 건축공학과 졸업
- 건축사
- 전주대학교, 숭실대학교 출강
- 건축사사무소 디아이피 대표

김인철(Kim, In-Chol)
- 숭실대학교 건축공학과 졸업
- 건축사
- 숭실대학교 출강
- (주)가경건축사사무소 대표

박종기(Park, Jong-Ki)
- 숭실대학교 건축학과 졸업
- 독일 국립 베를린 공과대학교(TU Berlin) 건축학과 학사 · 석사(Diplom) 졸업
- 독일 국립 베를린 공과대학교 건축대학원 박사 졸업(Dr, -ing)
- 광운대 건축학과 초빙교수
- 중국 칭다오 이공대학교(Qingdao Tech. Univ.) 국제학부 건축학과 교수

이선무(Lee, Sun-Moo)
- 숭실대학교 건축공학과 졸업
- 숭실대 대학원 건축공학과 졸업
- 건축사
- 부천대학교, 숭실대학교 출강
- (주)오일건축사사무소 대표

기초 건축설계 프로세스

2015년 4월 3일 초판 인쇄
2015년 4월 10일 초판 발행

저 자 김기상, 김인철, 박종기, 이선무
발 행 인 조규백
발 행 처 도서출판 구민사
(150-034) 서울특별시 영등포구 문래로 187, 604호(영등포동 4가, 동서빌딩)
전 화 (02) 701-7421(~2)
팩 스 (02) 3273-9642
홈페이지 www.kuhminsa.co.kr

등 록 제14-29호(1980년 2월 4일)
I S B N 979-11-5813-027-5 13540

값 21,000원